# 化工原理课程设计

主　编　杨长龙
副主编　徐功娣　国振双

哈尔滨工程大学出版社

## 内容简介

本书共分七章，包括绪论、化工物性数据、换热器设计、塔设备设计、蒸发器设计、干燥器设计及结晶器设计，着重介绍了五类常用化工过程及设备的设计资料和设计方法。每章除了强调设计的目的与要求、设计原理及方法外，重点阐述了流程方案的确定、设备选型、工艺尺寸的设计原理和程序。此外，还介绍了辅助设备的计算及选型。所涉及的单元操作都插入了具有工程背景的设计实例，以便于教与学，其目的在于启迪思维，增强工程观念和创新意识，可供不同类型专业课程设计时选用。

本书可作为高等院校化工、制药、环境等专业的教材，也可作为相关领域科研、设计、生产管理部门科技人员的参考书。


**图书在版编目(CIP)数据**

化工原理课程设计/杨长龙主编. —哈尔滨：哈尔滨工程大学出版社，2009.8(2016.1 重印)
ISBN 978-7-81133-533-0

Ⅰ.化… Ⅱ.杨… Ⅲ.化工原理-课程设计-高等学校-教材参考资料 Ⅳ.TQ02-41

中国版本图书馆 CIP 数据核字(2009)第 164228 号

出版发行 哈尔滨工程大学出版社
社　　址 哈尔滨市南岗区东大直街 124 号
邮政编码 150001
发行电话 0451-82519328
传　　真 0451-82519699
经　　销 新华书店
印　　刷 肇东市一兴印刷有限公司
开　　本 787mm×1 092mm 1/16
印　　张 17.25
插　　页 3
字　　数 443 千字
版　　次 2010 年 1 月第 1 版
印　　次 2016 年 1 月第 3 次印刷
定　　价 30.00 元
http://www.hrbeupress.com
E-mail:heupress@hrbeu.edu.cn

# 前　言

化工原理课程设计是化工原理课程的一个总结性和综合性教学环节,要求学生在规定的时间内,综合运用化工原理课程所学的知识,完成以化工单元操作为主的一次设计实践。在常规教学过程中课程设计往往分组进行,学生需在短短的两至三周内,搜集、查阅及整理种类繁多的参考资料,同时完成设计任务。编写本书的目的正是基于解决设计时间短,需要查阅的设计手册较多,而一般院校的资源有限的难题。本书在编写过程中遵循认知规律,由浅入深,循序渐进,层次清晰,难点分散,理论联系实际。每章除了强调课程设计的目的与要求、设计原理及方法外,还插入了具有工程背景的设计实例,以便于教与学,其目的在于启迪思维,增强工程观念和创新意识。

本书共七章内容,介绍了五类常用化工过程及设备的设计资料和设计计算方法,包括换热器设计、塔设备设计、蒸发器设计、干燥器设计及结晶器设计。除讨论流程方案的确定原则、设备选型、工艺尺寸的设计原理和程序外,还介绍了辅助设备的计算及选型。所介绍的单元操作都有设计计算示例,可供不同类型专业课程设计时选用。

本书由杨长龙主编,徐功娣、国振双任副主编。第 1 章及附录由杨长龙执笔,第 2 章由国振双执笔,第 3 章由吕君执笔,第 4 章由徐功娣执笔,第 5 章由邢进执笔,第 6 章由邸凯执笔,第 7 章由张伟光执笔,田景芝参加了部分附图的整理,最后由杨长龙、吕君定稿。

在本书的编写中,参考了大量有关数据和资料,在此向其作者表示感谢!另外,作者向黑龙江省自然科学基金[B200802]、黑龙江省博士后基金、黑龙江省教委基金、齐齐哈尔大学教务处、实践教学与设备管理处及科技处等对于本书出版所给予的支持表示感谢!

本书力求体现化工原理课程设计的基本要求,着眼于分析问题、解决问题及工程设计能力的培养,增强学生创新意识。本书内容充实、适用性强、注重实用、便于自学,可供不同层次的读者选用。本书可作为高等院校化工类及相关专业教材,也可供有关部门从事科研、设计及生产的工程技术人员参考。

由于作者水平有限,书中不足甚至错误之处在所难免,恳请读者批评指正,在此深表谢意。

编　者

2009 年 7 月

# 目　录

# 第1章 绪 论

## 1.1 化工原理课程设计的目的、要求及内容

化工原理课程设计是化工原理课程的一个总结性和综合性教学环节。要求学生在规定的时间内,按照设计任务书的要求,搜集、选择所需的资料和数据,综合运用化工原理课程和相关先修课程所学知识,完成以化工单元操作为主的设计实践,从而对学生进行设计技能的基本训练,培养学生综合运用所学的书本知识解决实际问题的能力。因此,化工原理课程设计是提高学生实际工作能力的重要教学环节。

### 1.1.1 课程设计的教学目的

化工原理课程设计的主要目的是通过课程设计,使学生掌握化工原理设计的基本程序和方法,并在查阅技术资料、选用公式和数据、用简洁文字和图表表达设计结果以及制图等方面得到一次基本训练。在设计过程中还应培养学生树立正确的设计思想,实事求是、认真负责的工作作风和运用工程观点解决实际问题的能力,加强理论与实践的联系。通过化工原理课程设计,学生应注意以下几方面能力的培养:

1. 查阅资料、选用公式和搜集数据的能力;
2. 既考虑技术上的先进性与可靠性,又考虑经济上的合理性,树立正确的设计思想;注意环境保护及能源合理利用等问题,提高全面分析问题和解决问题的能力;
3. 迅速且准确地进行工程计算的能力;
4. 了解一般化工设备图的基本要求,培养学生进行绘图基本技能训练的能力;
5. 通过编写设计说明书,培养学生用简洁的文字、清晰的图表表达设计思想的能力。

### 1.1.2 课程设计的主要内容

1. 设计方案简介:包括对给定或选定的工艺流程、主要设备的型式进行简要的论述。
2. 主要设备的工艺设计计算:包括工艺参数的选定、物料衡算、热量衡算、设备的结构尺寸计算及结构设计。
3. 典型辅助设备的选型和计算:包括典型辅助设备的主要结构尺寸计算和设备型号规格的选定。
4. 工艺流程简图:以单线图的形式绘制,标出主要设备和辅助设备的物料流向、物流量、能流量和主要化工参数测量点。
5. 主要设备工艺条件图:包括设备的主要工艺尺寸。
6. 编写设计说明书:包括设计任务书、目录、设计方案简介与评述、工艺设计及计算、主

要设备设计、设计结果汇总表、参考资料等内容,并附工艺流程图和主要设备结构图。

### 1.1.3 课程设计的基本要求

1. 要求设计者在接到下达的设计任务书后,认真收集查取相关的物性参数,运用所学知识,经详细、全面考虑,确定设计方案,选用计算公式。

2. 正确选用设计参数,树立从技术上可行和经济上合理两方面考虑的工程观点,兼顾操作维修的方便和环境保护的要求,从总体上得到最佳结果。

3. 准确而迅速地进行过程计算及主要设备的工艺设计计算,以确保在规定时间内完成设计任务。

4. 设计说明书的编写,应按照课程设计教学大纲规定及设计任务要求,用精练的语言、简洁的文字、清晰的图表来表达自己的设计思想和计算结果,做到设计内容完整,设计合理,计算正确,叙述层次分明,条理清楚。

5. 工艺流程图正确,主要设备工艺条件图结构基本合理,图面清晰,基本符合规范化要求。

## 1.2 设计的基本原则及程序

### 1.2.1 课程设计的基本原则

工程设计是一项政策性很强的工作,要求设计人员必须严格遵守国家的有关方针政策和法律法规以及有关的行业规范,特别是国家的工业经济法规、环境保护法规和安全法规。此外,由于设计本身是一个多目标优化问题,对于同一个问题,常会有多种不同的解决方案,设计者常常要在相互矛盾的选项中进行判断和选择,作出科学合理的决策,为此一般应遵循如下一些基本原则。

1. 技术的先进性和可靠性

工程设计工作,既是创造性劳动,也是特别需要严谨科学工作态度的工作。既然是一种创造性的劳动,就需要设计人员具有较强的创新意识和创新精神,掌握先进的设计工具和手段,在设计中,尽可能采用当前的先进技术,提高生产装置的技术水平,使其具有较强的竞争能力。但另一方面,应该实事求是,结合实际,对所采用的新技术,要进行充分的论证,以保证设计的可靠性、科学性。

2. 过程的经济性

一般情况下,设计生产装置总是以较少的投资获取最大的经济利益为目标,要求其经济技术指标具有竞争性。因此,在各种方案的分析对比过程中,其经济技术指标评价往往是最重要的决策因素之一。

3. 过程的安全性

化工生产的一个基本特点,就是在生产过程中,常会使用或产生大量的易燃、易爆或有毒物质,因此,在设计过程中要充分考虑到各生产环节可能出现的各种危险,并选择能够采取有效措施以防止发生危险的设计方案,以确保人员的健康和人身安全。

4. 清洁生产

作为化工生产过程,不可避免地要产生废弃物,有些可能对环境造成严重的污染,国家对各种污染物都制定了严格的排放标准,如果产生的污染物超过了规定的排放标准,则必须对其进行处理使其达标后,方可排放。这样,必然增加工程的投资和装置生产操作费用。因而,作为工程的设计者,应该建立清洁生产的观念,要尽量采用能够利用废弃物,减少废弃物排放,甚至能达到废弃物“零排放”的设计方案。

5. 过程的可操作性和可控制性

能够进行稳定可靠地操作,从而满足正常的生产需要是对化工装置的基本要求,此外,还应能够适应生产负荷以及操作参数在一定范围内的波动,所以系统的可操作性和可控制性是化工装置设计中,应该考虑的重要问题。

### 1.2.2 课程设计的基本程序

化工原理课程设计的步骤一般如下安排。

1. 布置设计任务及设计前准备工作

进行课程设计,首先必须认真阅读、分析下达的设计任务书,领会要点,明确所要完成的主要任务,为完成该项设计任务应具备哪些条件,对设计工作进行初步设想。然后,进行一些具体的准备工作。准备工作大体上可分为两类:一类是结合设计任务进行生产实际调研,另一类是查阅、搜集技术资料。化工原理课程设计所涉及的技术资料一般包括如下资料。

(1)有关生产过程的资料:包括工艺流程、生产操作条件、控制指标及安全规则等。

(2)设计所涉及物料的物性参数。

(3)工艺设计计算的数学模型及计算方法。

(4)设备的技术规范及实际参考图等。

2. 方案设计

过程的方案设计就是选择合适的生产方法和确定流程。在方案的选择过程中,应充分体现前述的基本原则,以系统工程的观点和方法,从众多的可用方案中,筛选出最理想的工艺流程。单元过程的方案设计虽然是比较原则的工作,但却是最重要的基础设计工作,将对整个单元过程及设备设计起决定性的影响。该项设计应以系统整体优化的思想,从过程的全系统出发,将各个单元过程视为整个过程的子系统,进行过程合成,使全系统达到结构优化。在这样的思想指导下,选择单元过程的实施方案和工艺流程。因而,在一般情况下,单元过程方案和流程设计,较强地受整体过程的结构优化的约束,甚至由全过程的结构决定。

3. 工艺流程设计

工艺流程设计的主要任务是依据单元过程的生产目的,确定单元设备的组合方式。工艺流程设计应在满足生产要求的前提下,充分利用过程的能量集成技术,提高过程的能量利用率,最大限度地降低过程的能量消耗,降低生产成本,提高产品的市场竞争能力。此外,应结合工艺过程设计出合适的控制方案,使系统能够安全稳定生产。

4. 工艺设计计算

单元过程计算的主要任务是依据所确定的单元过程工艺流程,进行必要的过程计算,包括进行过程的物料平衡和热量平衡计算,确定过程的操作参数和单元设备的操作参数,为单元设备的工艺设计提供设计依据。进行该项工作,常涉及到单元过程参数的选择,应对单元过程进行分析使单元过程达到参数优化，同时也应进行主要单元设备的工艺设计和选型，在此基础上，进行单元过程的综合评价，不断地进行优化、选择、直至达到优化目标，实现单元过程的参数优化。

5. 设备的工艺设计

单元设备的工艺设计就是从满足过程工艺要求的需要出发，通过对单元设备进行工艺计算，确定单元设备的工艺尺寸，为进行单元设备的详细设计（装配图设计）或选型提供依据。此项工作也应同过程计算结合起来，同样存在参数优化的问题，需要进行多方案对比才能选择出较为理想的方案。

6. 绘制工艺流程流程图

一般情况下，化工装置的工艺流程图是按单元过程顺序安排的，单元过程的工艺流程是作为全装置流程的一部分出现在装置流程图中，因而，单元过程工艺流程图是绘制全装置流程图的基础。

7. 绘制主要设备的工艺条件图

图样应包括设备的主要工艺尺寸、技术特性表及管口表等内容。

8. 工艺设计说明书

将以上设计的工艺流程方案、工艺设计计算主要步骤及计算结果、主要设备工艺条件图等汇集整理成工艺设计说明书。

## 1.3 工艺流程设计

工艺流程图是一种示意性图样，它以形象的图形、符号、代号表示出化工设备、管路附件和自控仪表等，用于表达生产过程中物料的流动顺序和生产操作程序，是化工工艺人员进行工艺设计的主要内容，也是进行工艺安装和指导生产的重要技术文件。不论在初步设计还是在施工图设计阶段，工艺流程图都是非常重要的组成部分。

工艺流程图在不同的设计阶段提供的图样也不同。

(1)可行性研究阶段

一般需提供全厂（车间、总装置）方块物料流程图和方案流程图。其中，方块物料流程图主要用于工艺及原料路线的方案比较、选择、确定；方案流程又称为流程示意图或流程简图，主要用于工艺方案的论证和进行初步设计的基本依据。

(2)初步设计阶段

一般包括物料流程图、带控制点的工艺流程图、公用工程系统平衡图。物料流程图是在全厂（车间、总装置）方块物料流程图的基础上，分别表达各车间（工段）内部工艺物料流程的图样，在工艺路线、生产能力等已定，完成物料衡算和热量衡算时绘制的，它以图形与表格相结合的形式来反映衡算的结果，主要用来进行工艺设备选型计算、工艺指标确定、管径核算以及作为确定主要原料、辅助材料、项目环境评价等的主要依据。带控制点的流程图是以物料流程图为依据，在管道和设备上画出配置的有关阀门、管件、自控仪表等有关符号，属于较为详细的一种工艺流程图。在初步设计阶段提供的带控制点的工艺流程图，其要求较施工图阶段的内容少一些，如辅助管线、一般阀门可以不画出。它是初步设计设备选型、管道材料估算、仪表选型估算的依据。

(3)施工图设计阶段

包括带控制点的工艺流程图、辅助管道系统图及蒸气伴管系统图。带控制点的工艺流程图也称工艺管道及仪表流程图(PID),它系统地反映了某个过程中的所有设备、物料之间的各种联系,是设备布置和管道布置设计的依据,也是施工安装,生产操作、检修等的重要参考图。因此,带控制点的工艺流程图是介绍设备装置最权威、最系统、最重要的图纸资料;辅助管道系统图是反映系统中除工艺管道以外的循环水、新鲜水、冷冻盐水、加热蒸气及冷凝液、置换系统用气、仪表用压缩空气等辅助物料与工艺设备之间关系的管道流程图;蒸气伴管系统图则是单指对具有特殊要求的设备、管道、仪表等进行蒸气加热保护的蒸气管道流程图。

鉴于课程设计的深度和时间所限,课程设计所提供的工艺部分图纸仅为初步设计阶段的带控制点的工艺流程图和主要设备的设备条件图。

### 1.3.1 物料流程图

1.3.1.1 物料流程图的内容

物料流程图一般包括如下内容。

1. 图形:设备的示意图和流程线。

2. 标注:设备的位号、名称及特性数据。

3. 物料平衡表:物料代号、物料名称、组分、流量、压力、温度、状态及来源去向等。

4. 标题栏:包括图名、图号、所属设计阶段等内容。

1.3.1.2 物料流程图的绘制

物料流程图图样采用展开图形式,一般以车间为单位进行。按工艺流程顺序,自左至右依次画出一系列设备的图形,并配以物料流程线和必要的标注说明。在保证图样清晰的原则下,图形不一定按比例绘制。

1. 设备表示法

(1)图形

设备示意图用细实线画出设备简略外形和内部特征(如塔的填充物、塔板、搅拌器和加热管等)。目前很多设备的图形已有统一规定,其图例见表1-1。

**表1-1 工艺流程图中装备、机器图例(HG 20519.32.92)**

| 类别 | 代号 | 图 例 |
|---|---|---|
| 塔 | T | 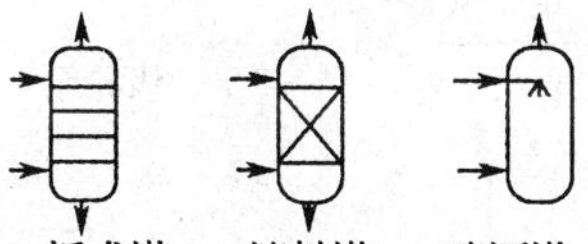 板式塔 填料塔 喷洒塔 |

**表1-1(续1)**

| 类别 | 代号 | 图例 |
|---|---|---|
| 反应器 | R | 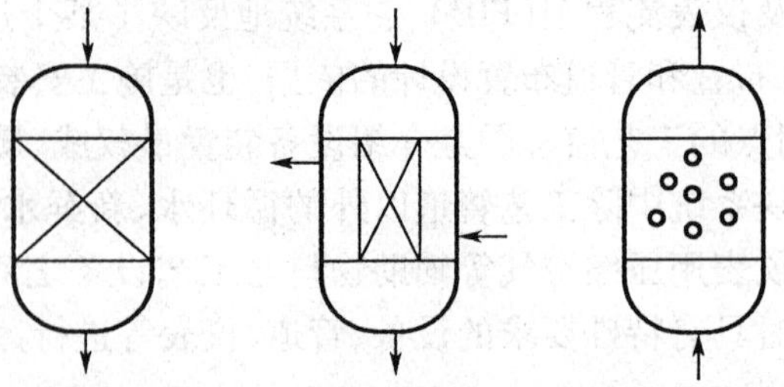<br>固定床反应器 列管式反应器 流化床反应器 |
| 换热器 | E | 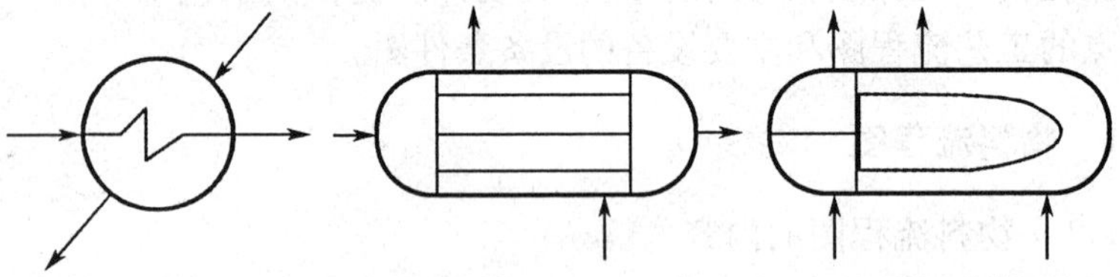<br>换热器（简图） 固定管板式列管换热器 U型管式换热器<br>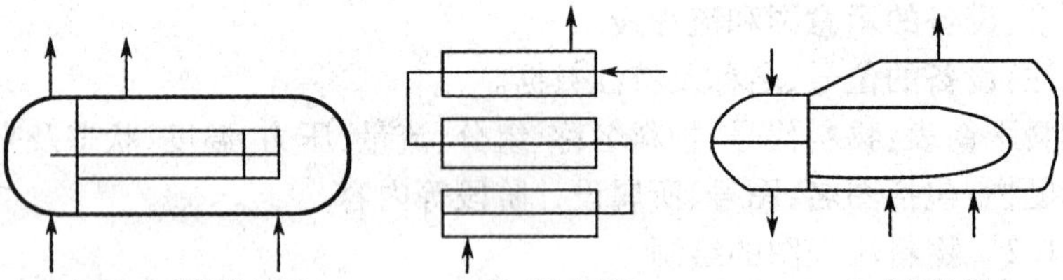<br>浮头式列管换热器 套管式换热器 釜式换热器 |
| 工业炉 | F | 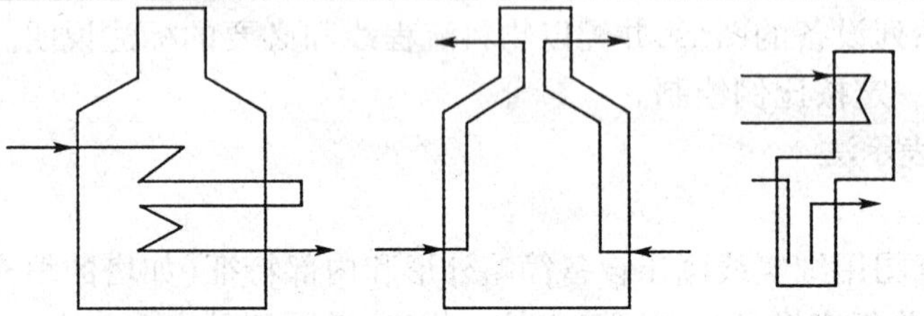<br>圆筒炉 圆筒炉 箱式炉 |
| 泵 | P | 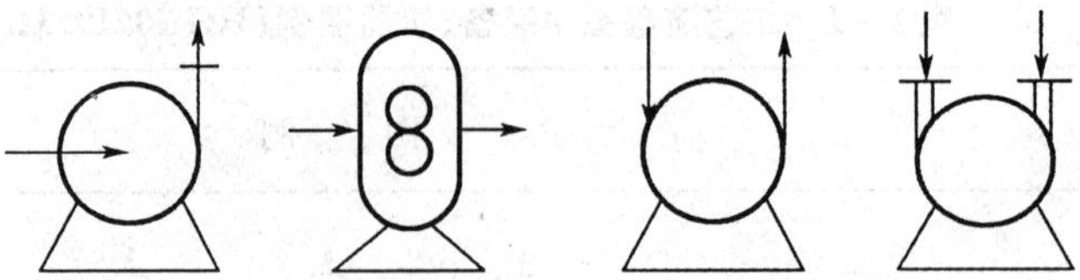<br>离心泵 旋转泵、齿轮泵 水环式真空泵 旋涡泵<br>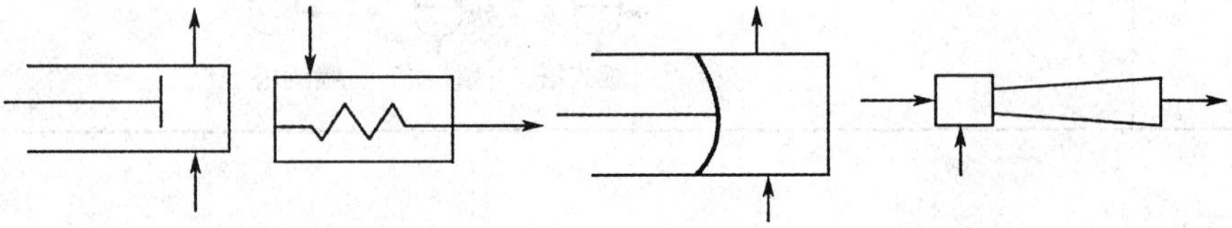<br>往复泵 螺杆泵 隔膜泵 喷射泵 |

**表 1－1(续 2)**

| 类别 | 代号 | 图　　例 |
|---|---|---|
| 容器 | V | 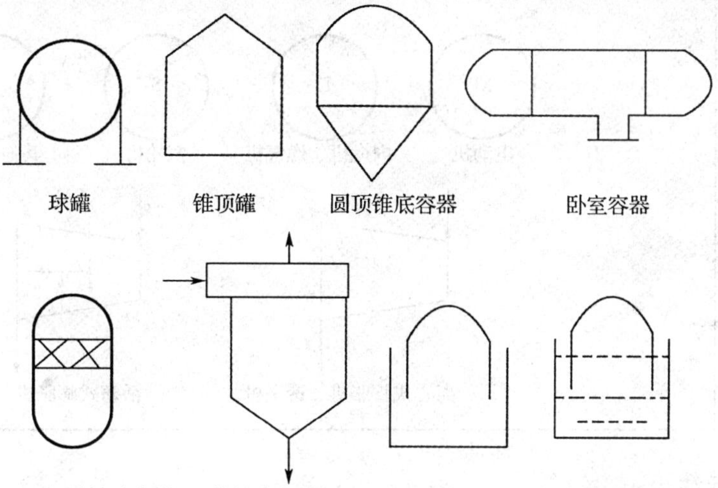 球罐　锥顶罐　圆顶锥底容器　卧室容器　丝网除沫分离器　旋风分离器　干式气柜　湿式气柜 |
| 压缩机 | C | 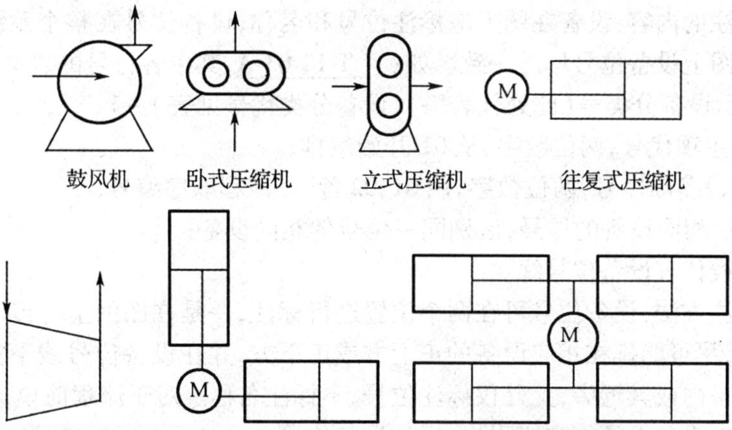 鼓风机　卧式压缩机　立式压缩机　往复式压缩机　离心式压缩机　二段往复式压缩机　四段往复式压缩机 |
| 称量机械 | W |  带式定量给料秤　地上衡 |
| 其他机械 | M | 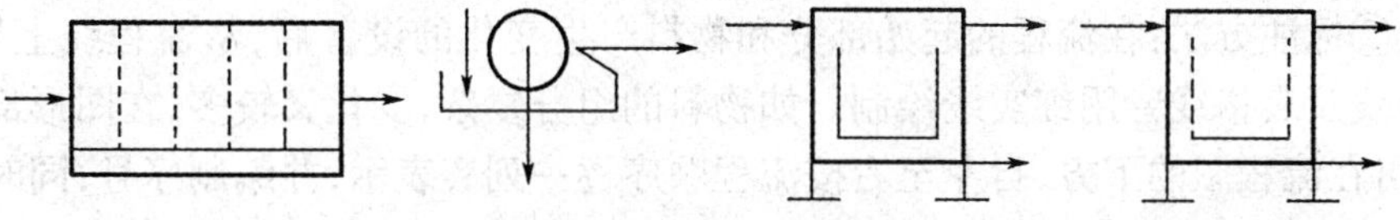 压缩机　转鼓式（转盘式）过滤机　无孔壳体离心机　有孔壳体离心机 |

**表1－1(续3)**

| 类别 | 代号 | 图例 |
| --- | --- | --- |
| 动力机 | MESD | 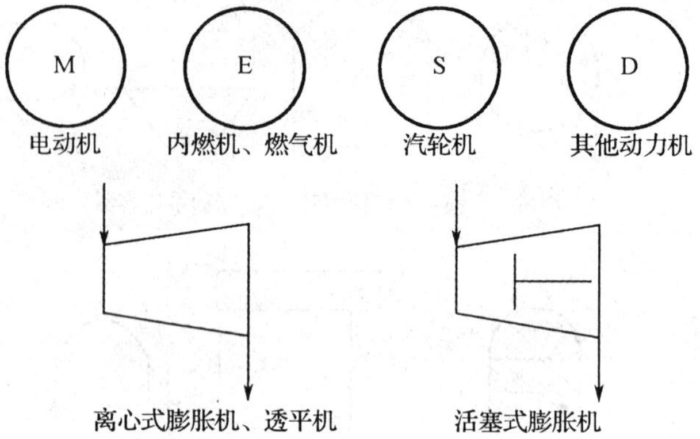  |

(2)标注

图上应标注设备的位号及名称。

①标注的内容:设备在图上应标注位号和名称,设备位号在整个系统内不得重复,且在所有工艺图上设备位号均需一致。如: <u>T 12 03 A</u>,其中各符号的含义如下:

T表示设备分类号(此处代表塔),设备分类代号见表1－1;

12为主项代号,两位数字,从01开始编排;

03为设备顺序号,两位数字,用01,02等,按流程顺序编号;

A表示相同设备的尾号,区别同一位号的相同设备;

下画线代表设备位号线。

②标注方法:设备位号可在两个位置进行标注,一是在图的上方或下方,标注的位号排列要整齐,尽可能排在相应设备的正上方或正下方,并在设备位号线下方标注设备的名称。二是在设备内或其近旁,此处仅标注位号,不标注名称。对于流程简单,设备较少的流程图,也可直接由设备上用细实线引出,标注设备位号。

2. 物料流程表示方法

(1)图线

一般用粗实线表示工艺物料的流程,流向在流程线上以箭头表示。

(2)标注

①标注内容:物料经过设备产生变化时,需以表格形式标注物料变化前后各组分的名称、流量、百分比等,并标出总和数,具体项目多少可按实际需要而定。此外,还应标注出物料经过时的温度和压力变化情况。

②标注方法:在流程的起始部分和物料产生变化的设备后,从流程线上用指引线引出,指引线及表格线皆用细实线绘制。如物料的组分复杂,变化又较多,在图形部分列表较困难时,可在流程图的下方,自左至右按流程顺序逐一列表表示,并编制序号,同时在相应的流程线上标注其序号,以便对照。

### 1.3.2　带控制点的工艺流程图

1.3.2.1　带控制点的工艺流程图的内容

1. 图形

将各设备的简单形状展开在同一平面上，再配以主辅管线及管件、阀门、仪表、控制点的等符号。

2. 标注

注明设备位号及名称、管段编号、控制点代号、必要的尺寸、数据等。

3. 图例

代号、符号及其他标注的说明，有时还有设备位号的索引等。

4. 标题栏

注写图名、图号、设计阶段等。

1.3.2.2　带控制点的工艺流程图的绘制

1. 比例及图幅

流程图的比例一般采用1∶100或1∶200。如设备过大或过小时，可单独适当缩小或放大。实际上，在保证图样清晰的条件下，图形不一定严格按比例画，因此，在标题栏中的“比例”一栏，不予注明。

流程图图样采用展开图形式。图形多为长条形，图幅可采用标准图幅，一般用 $A_1$ 或 $A_2$ 横幅，根据流程的复杂程度，也可采用标准图幅加长或其他规格，加长后的长度以方便阅读为宜。原则上一个主项绘一张图样，如流程复杂，可按工艺过程分段分别进行绘制，但应采用同一图号。

2. 图线与字体

工艺流程图中，工艺物料管道用粗实线，辅助物料管道用中粗线，其他用细实线。图线宽度见表1-2。图纸和表格中的所有文字采用长仿宋体。

**表1-2　工艺流程图中图线的画法**

| 类　别 | 图线宽度/mm | | |
| --- | --- | --- | --- |
| | 0.9~1.2 | 0.5~0.7 | 0.15~0.3 |
| 带控制点工艺流程图 | 主物料管道 | 辅助物料管道 | 其他 |
| 辅助物料管道系统图 | 辅助物料管道总管 | 分支管道 | 其他 |

3. 设备的表示方法

(1)设备的画法

①图形：化工设备在流程图上一般按比例用细实线绘制，画出能够显示形状特征的主要轮廓。对于外形过大或过小的设备，可以适当缩小或放大。常用设备的图形画法已标准化，参见表1-1。对于表中未列出的设备图形应按其实际外形和内部结构特征绘制，但在同一设计中，同类设备的外形应一致。

②相对位置：设备的高低和楼面高低的相对位置，一般也按比例绘制。如装于地平面上的设备应在同一水平线上，低于地平面的设备应画在地平线以下，对于有物料自上而下与其

他设备的位置有密切关系时，设备间的相对高度要尽可能地符合实际安装情况。对于有位差要求的设备还要注明其限定尺寸。设备间的横向距离应保持适当，保证图面布置匀称，图样清晰，便于标注。同时，设备的横向顺序应与主要物料管线一致，勿使管线形成过量往返。

③工艺流程图中一般应绘出全部的工艺设备及附件，当流程中包含两套或两套以上相同系统（设备）时，可以只绘出一套，剩余的用细双点划线绘出矩形框表示，框内需注明设备的位号、名称，并要绘制出与其相连的一段支管。

（2）设备的标注

标注内容及方式同物料流程图。

4. 管道的表示方法

（1）管道的画法

流程图中一般应画出所有工艺物料管道和辅助物料管道及仪表控制线。有关的各种常用管道规定的画法见表1-3。物料流向一般在管道上画出箭头表示。工艺物料管道均用粗实线画出，辅助管道、公用工程系统管道用中实线绘出与设备（或工艺管道）相连接的一小段，并在此管段标注物料代号及该辅助管道或公用工程系统管道所在流程图的图号。对各流程间衔接的管道，应在始（或末）端注明其连续图的图号（写在30 mm×6 mm的矩形框内）及所来自（或去）的设备位号或管段号（写在矩形框的上方）。仪表控制线用细实线或细虚线绘制。

绘制管线时，为使图面美观，管线应横平竖直，不用斜线。图上管道拐弯处，一般画成直角而不是圆弧形。所有管线不可横穿设备，同时，应尽力避免交叉，不能避免时，采用一线断开画法。采用这种画法时，一般规定“细让粗”，当同类物料管道交叉时尽量同一做法，即全部“横让竖”或“竖让横”。

**表1-3 工艺流程图中管道、管件及阀门的图例**

| 名 称 | 图 例 | 备 注 |
|---|---|---|
| 工艺物料管道 |  | 粗实线 |
| 辅助物料管道 |   | 中实线 |
| 引线、装备、管件、阀门、仪表等图例 |   | 细实线 |
| 原有管道 | 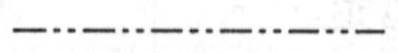  | 管线宽度与其相接的新管线相同 |
| 可折短管 |   | |
| 伴热（冷）管道 |   | |
| 电伴热管道 | 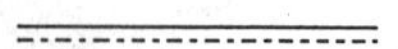  | |
| 翅片管 | 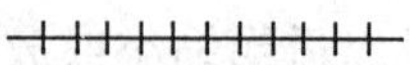 | |
| 柔性管 |  | |
| 管道交叉（不连接） | 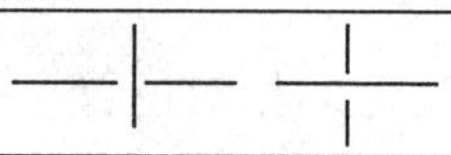 | |

表1-3(续1)

| 名　　称 | 图　　例 | 备　　注 |
| --- | --- | --- |
| 管道相连 | 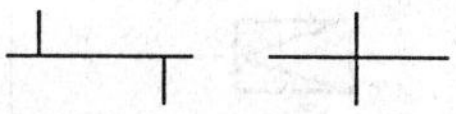 | |
| 流向箭头 |  | |
| 坡度 |  | |
| 闸阀 |  | |
| 截止阀 |  | |
| 节流阀 |  | |
| 球阀 | 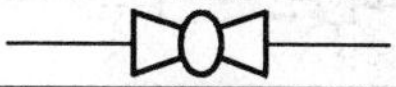 | |
| 旋塞阀 |  | |
| 隔膜阀 |  | |
| 角式截止阀 | 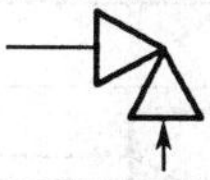 | |
| 角式节流阀 | 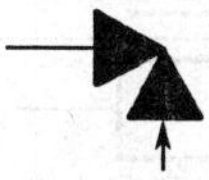 | |
| 角式节流阀 | 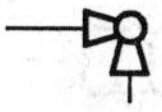 | |
| 三通截止阀 | 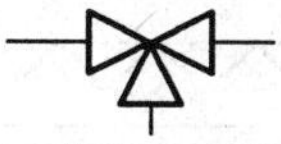 | |
| 三通球阀 |  | |
| 三通旋塞阀 |  | |
| 四通截止阀 | 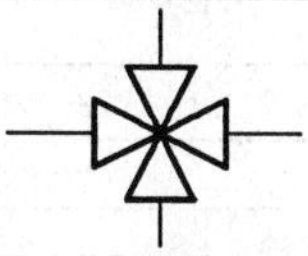 | |
| 四通球阀 | 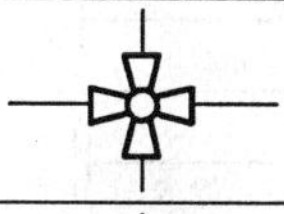 | |
| 四通旋塞阀 | 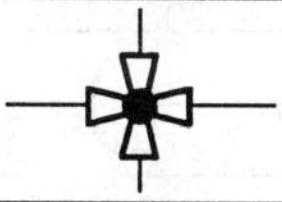 | |
| 疏水阀 |  | |
| 直通截止阀 | 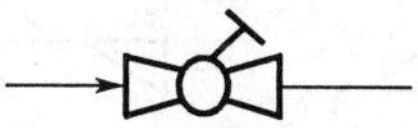 | |
| 底阀 |  | |

**表1-3(续2)**

| 名 称 | 图 例 | 备 注 |
|---|---|---|
| 减压阀 | 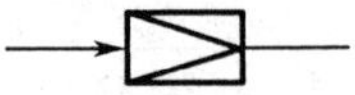 | |
| 蝶阀 |  | |
| 升降式止回阀 |  | |
| 旋起式止回阀 | 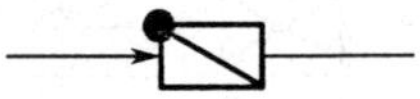 | |
| 喷射器 |  | |
| 文式管 |  | |
| Y型过滤器 | 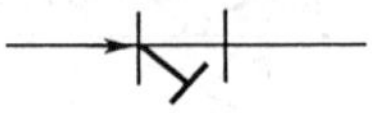 | |
| 锥形过滤器 | 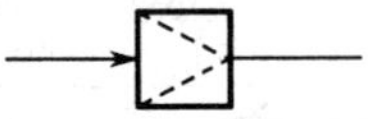 | 方框5 mm×5 mm |
| T型过滤器 | 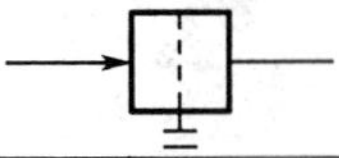 | 方框5 mm×5 mm |
| 膨胀节 |  | |
| 喷淋管 |  | |
| 焊接连接 |  | 仅用于表示装备管口与管道为焊接连接 |
| 螺纹管帽 | 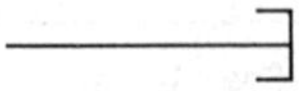 | |
| 法兰连接 | 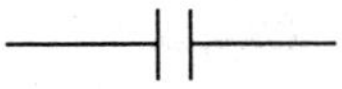 | |
| 软管接头 | 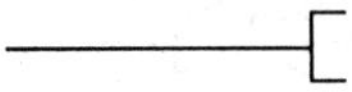 | |
| 管端盲板 | 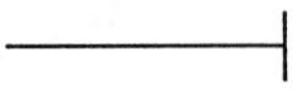 | |
| 管端法兰(盖) | 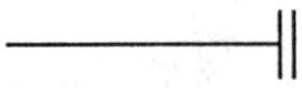 | |
| 管帽 | 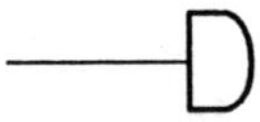 | |
| 同心异径管 | 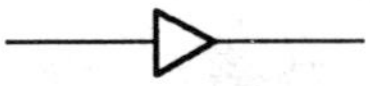 | |
| 偏心异径管 | 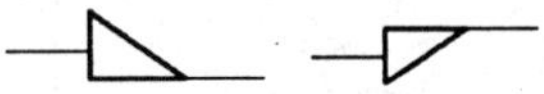 底平 顶平 | |

表1-3(续3)

| 名　称 | 图　例 | 备　注 |
|---|---|---|
| 圆形盲板 |  正常开启  正常关闭 | |
| 8字型盲板 | 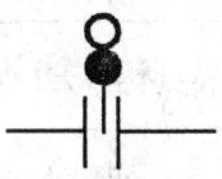 正常关闭  正常开启 | |
| 放空帽(管) |  帽  管 | |
| 漏斗 |  敞开  封闭 | |
| |  C.S.O. | 未经批准,不得关闭(加锁或铅封) |
| |  C.S.C. | 未经批准,不得开启(加锁或铅封) |

(2)管道的标注

①标注的内容:管道标注内容包括管道号、管径和管道等级三部分。其中前两部分为一组,其间用一短横线隔开。管道等级为另一组,组间留适当空隙。

如PG　13　01-300　B10F12,各符号的含义如下:

PG表示物料代号(此处PG代表工艺气体);

13为主项代号;

01为表示分段序号;

300为表示管径;

B10F12为管道等级。

管道:包括物料代号、主项代号、管道顺序号。常用物料代号见表1-4。对于物料在表中无规定的,可采用英文代号补充,但不得与规定代号相同。主项代号用二位数字01,02等表示,应与设备位号的主项代号一致。管段序号按生产流向依次编号,采用两位数字01,02等表示。

管径:一般标注公称直径,有时也注明管径、壁厚,公制管以mm为单位只注数字,不注单位,英制管径以英寸为单位,需标注英寸的符号如in。但在标注公制管径时,必须标注外径×厚度,如PG0801-50×2.5。

管道等级:管道按温度、压力、介质腐蚀等情况,预先设计各种不同管材规格,作出等级规定。在管道等级与材料选用表尚未实施前可暂不标注。

②标注方法:一般情况下,横向管道标注在管道上方,竖向管道标注在管道左侧。

**表1-4　常用物料代号**

| 物料名称 | 代号 | 物料名称 | 代号 | 物料名称 | 代号 | 物料名称 | 代号 |
|---|---|---|---|---|---|---|---|
| 工艺空气 | PA | 高压蒸气 | HS | 锅炉给水 | BW | 仪表空气 | IA |
| 工艺气体 | PG | 高压过热蒸气 | HUS | 循环冷却水上水 | CWS | 排液、排水 | DR |
| 气液两相工艺物料 | PGL | 低压蒸气 | LS | 循环冷却水回水 | CWR | 冷冻剂 | R |
| 气固两相工艺物料 | PGS | 低压过热蒸气 | LUS | 脱盐水 | DNW | 放空气 | VT |
| 工艺液体 | PL | 中压蒸气 | MS | 饮用水 | DW | 真空排放气 | VE |
| 液固两相工艺物料 | PLS | 中压过热蒸气 | MUS | 原水、新鲜水 | RW | 润滑油 | LO |
| 工艺固体 | PS | 蒸气冷凝水 | SC | 软水 | SW | 原料油 | RO |
| 工艺水 | PW | 伴热蒸气 | TS | 生产废水 | WW | 燃料油 | FO |
| 空气 | AR | 燃料气 | FG | 热水上水 | HWS | 密封油 | SO |
| 压缩空气 | CA | 天然气 | NG | 热水回水 | HWR | | |

5. 阀门与管件的表示方法

(1)图形

在管道上需用细实线画出全部阀门和部分管件的符号，并标注其规格代号。工艺流程图中的管道、管件及阀门的图例见表1-3。管道中的一般连接件如法兰、三通、弯头及管接头等，如无特殊要求，均不用画出。竖管上的阀门在图上的高低位置应大致符合实际高度。

(2)标注

带各类阀体的管道标注如下。

①同一管段号只是管径不同时，可以只标注管径。如图1-1(a)所示。

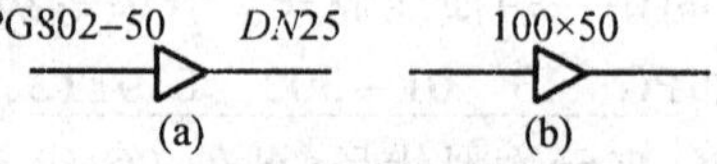


**图1-1　带各类阀体的管道的标注方法**

②异径管标注大端公称直径乘以小端公称直径，如图1-1(b)所示。

6. 图例与标题栏

(1)图例

图纸绘制及标注完毕，应在图纸的右上方把图中所涉及到的管道、管件、阀门、物料、仪表符号等图例绘制出来，以表明图中的文字、符号、数字等的含义。如流程复杂，图样分成数张绘制时，应将以上内容单独编制成首页图，各分项工艺流程图不必再表示这些图例。

(2)标题栏

标题栏应放在图的右下角，按一定的格式填写设计项目、图号、设计单位名称及设计者姓名等内容。

## 1.4　主要设备工艺条件图设计

一个完整的化工设计，除了化工工艺设计外，还需要非工艺专业的相应人员配合。非工艺专业人员是根据化工工艺人员提供的设计条件进行设计的。如化工设备图的绘制，是由设备专业人员进行设计完成的。其设计依据就是工艺人员提供的“设备工艺条件图”，该图提出了该设备的全部工艺要求，一般包含下列内容。

1. 设备简图

用单线条绘成的简图表示工艺设计所要求的设备结构形式、尺寸、所需管口及初步方位等。

2. 技术特性指标

列表给出工艺要求提出的设备操作压力、温度、介质名称、容积、材质以及传热面积等各项要求。

3. 管口表

列表注明各管口的符号、用途、公称尺寸和连接面形式等项。

设备的工艺条件图格式，目前尚无统一规定，各专业各部门按各自规格绘制。

## 1.5　设计说明书的编写

工艺设计说明书是整个课程设计工作的书面总结，也是后续相关设计工作的主要依据，应采用简洁、准确的文字及图表，实事求是地介绍设计过程及设计结果。设计说明书应包括以下几项内容。

1. 封面

课程设计题目、学生班级、姓名、学号、指导教师、设计时间等。

2. 目录

3. 设计题目(任务书)

4. 流程示意图

以单线图的形式绘制，标出主要设备和辅助设备的物料流向、物流量、能流量和主要化工参数测量点。

5. 流程方案的说明和论证

对选定的工艺流程、主要设备进行论述。

6. 设计结果概要

列出主要设备尺寸、各种物料的量和状态、能耗指标、设计时规定的主要参数以及附属设备的规格、型号和数量。

7. 设计计算及说明

包括工艺参数的选定、物料衡算、热量衡算、设备的工艺尺寸计算及结构设计。

8. 对设计的评述及有关问题讨论
9. 参考文献
10. 主要符号说明

## 1.6　本书的基本内容

第 1 章,绪论。介绍了化工原理课程设计的目的、要求及内容;设计的基本原则及程序;工艺流程图和主要设备工艺条件图的设计、绘制方法;设计说明书的编写程序。

第 2 章,化工物性数据。化工原理课程设计的重要目的之一,就是培养学生查阅各种资料、收集相关物性数据的能力。由于所涉及的物性数据种类繁多,包括纯组分物性数据和混合物物性数据,获取途径也多种多样,学生往往感到困惑,不知如何着手。本章对常用化工物性数据进行了系统分析,介绍了纯组分物性数据的查取方法、混合物物性数据的基本估算方法及常用的网上资源,以供涉及时选用。

第 3 章,换热器设计。本章对管壳式换热器的结构、特点作了详细介绍,以使设计者根据工艺要求选用适当的换热器类型。对传热过程的基本原理、选择流程、换热器基本尺寸的确定、传热面积的计算以及流体阻力的计算等内容进行了着重阐述。

第 4 章,塔设备设计。塔设备是工业生产的最常用设备之一,各种进行气液传质的单元操作都可在塔设备中完成,此外,在化学工业中塔设备也经常用于各种非均相反应过程,因此塔设备的设计和研究,受到极大重视。本章着重介绍了板式精馏塔和填料吸收塔的设计计算方法,包括设备及内部构件类型的选择、物料衡算及热量衡算、设备的主要尺寸计算及流体力学校核等内容。

第 5 章,蒸发器设计。蒸发是化工单元操作重要的组成部分。本章对各种类型蒸发器的结构进行了系统介绍,对单效、多效蒸发过程的工艺计算进行了系统讲解,对蒸发器的结构及辅助设备的计算进行了详尽介绍,通过例题使学生深入浅出地掌握蒸发器的设计。

第 6 章,干燥器设计。本章主要介绍了工业上几种常见的对流干燥器的结构及特点、干燥方案的确定及设计步骤,重点讲述了气流干燥器及流化床干燥器的设计方法及步骤,并简单介绍了干燥装置附属设备的计算及选型。

第 7 章,结晶器设计。近些年来,由于结晶过程在有机、高分子、油脂、轻工、医药产品及水的净化等方面的广泛应用,使结晶过程更是成为人们十分关注的技术。对于结晶过程的研究,除理论研究外,还涉及对其工艺过程和装置的研究。本章主要介绍结晶的基本概念、结晶过程的主要特征、结晶方式、结晶器类型、溶液结晶器的结构和设计方法等内容。

# 第 2 章　化工物性数据

## 本章符号说明

### 英文字母

| | |
|---|---|
| $A$ | 物质的特性常数 |
| $A$ | 关联系数 |
| $B$ | 物质的特性常数 |
| $B$ | 关联系数 |
| $C$ | 物质的特性常数 |
| $C$ | 关联系数 |
| $C_p$ | 定压比热容，kJ/(kg·℃) |
| $C_{p,m}^0$ | 气体摩尔热容，kJ/(kg·℃) |
| $C_{p,l}$ | 液体热容，kJ/(kg·℃) |
| $C_v$ | 定容比热容，kJ/(kg·℃) |
| $C_p$ | 定压比热容，kJ/(kg·℃) |
| $C_{pm}^0$ | 气体摩尔热容，kJ/(kg·℃) |
| $D$ | 物质的特性常数 |
| $D$ | 关联系数 |
| $D_{AB}$ | $A$ 在介质 $B$ 中分子扩散系数，$m/s^2$ |
| $d_c$ | 临界密度，$kg/m^3$ |
| $D_G$ | 气体中的扩散系数，$m/s^2$ |
| $D_L$ | 液体中的扩散系数，$m/s^2$ |
| $E$ | 亨利系数，kPa |
| $\hat{f}_k^K$ | 液相逸度，$m/s^2$ |
| $\hat{f}_i^V$ | 气相逸度，$m/s^2$ |
| $\Delta G_f$ | 生成自由能，kJ/mol |
| $\Delta G_{f,298}^o$ | 标准生成自由能，kJ/mol |
| $\Delta H$ | 焓差，kJ/mol |
| $\Delta H_C$ | 燃烧焓变，kJ/mol |
| $\Delta H_f^o$ | 标准生成焓，kJ/mol |
| $\Delta H_{f298}^o$ | 标准生成焓，kJ/mol |
| $\Delta H_m$ | 熔化热(焓)，kJ/mol |
| $\Delta H_S$ | 升华热(焓)，kJ/mol |
| $\Delta H_V$ | 蒸发热(焓)，kJ/mol |
| $M_A$ | $A$ 物质摩尔质量，kJ/mol |
| $M_B$ | $B$ 物质摩尔质量，kJ/mol |
| $M_m$ | 混合气体的平均摩尔质量，kJ/kmol |
| $P$ | 溶质在气相中分压，Pa |
| $P_A^0$ | 纯组分 $A$ 的饱和蒸气压，Pa |
| $P_B^0$ | 纯组分 $B$ 的饱和蒸气压，Pa |
| $P_c$ | 临界压力，Pa |
| $p_{c,m}$ | 混合物的临界压力，Pa |
| $R$ | 气体常数， kJ/(kmol·K) |
| $S$ | 熵，$J \cdot K^{-1}$ |
| $T$ | 温度，℃ |
| $T_C$ | 临界温度，℃ |
| $T_{c,m}$ | 混合物的临界温度，℃ |
| $T_f$ | 凝固点，℃ |
| $T_m$ | 熔点，℃ |
| $T_{tr}$ | 三相点，℃ |
| $\Delta U$ | 内能差，kJ/mol； |
| $\Delta U_V$ | 蒸发内能，kJ/mol； |
| $V_c$ | 临界体积，$m^3$ |
| $x$ | 摩尔分率 |
| $x_A$ | 组分 $A$ 的液相摩尔分数 |
| $Z_c$ | 临界压缩因子 |

**希腊字母**

$\alpha$ 相对挥发度
$\alpha$ 极化率
$\gamma_i$ $i$ 组分的气化潜热,kJ/kmol
$\gamma_m$ 混合液体的气化潜热,kJ/kmol
$\eta$ 黏度,Pa·s
$\lambda$ 导热系数,W/(m·K)
$\lambda_m^0$ 混合气体导热系数,W/(m·K)
$\lambda_i^0$ $i$ 组分的的导热系数,W/(m·K)
$\mu$ 偶极矩
$\mu_i^0$ $i$ 组分的黏度,Pa·s
$\mu_m^0$ 混合气体的黏度,Pa·s
$v_A$ $A$ 物质分子体积,$m^3$
$v_B$ 物质分子体积,$m^3$
$\rho$ 密度,$kg/m^3$
$\rho_c$ 临界密度,$kg/m^3$
$\rho_m$ 混合液体的密度,$kg/m^3$
$\rho_S$ 饱和液体密度,$kg/m^3$
$\sigma$ 表面张力, $N \cdot m^{-1}$
$\sigma_0$ 关联系数
$\sigma_o$ 有机物的表面张力,Pa
$\sigma_w$ 纯水表面张力,Pa
$\phi_i^V$ 组分 $i$ 在气相中的逸度系数
$\phi_i^L$ 组分 $i$ 在液相中的逸度系数
$\Omega$ 热力学几率

## 2.1 主要化工物性数据概述

主要化工物性数据包括:基本物性常数、微观参数、热力学性质、相平衡及传递性质等五个方面的数据。表2-1中列出了主要化工数据所包含的项目。

**表2-1 主要化工数据项目表**

| 分 类 | 项 目 |
|---|---|
| 基本物性常数 | 三相点,熔点或凝固点,常压沸点,临界温度,临界压力,临界体积,临界压缩因子,偏心因子,液体密度,常温折射率 |
| 微观参数 | 偶极矩,Lennard-Jones12-6参数 |
| 热力学性质 | 气体P-V-T数据,气体第二维里系数,蒸气压,比热容,超额体积,超额焓,蒸发焓,溶化焓,升华焓,标准燃烧焓,标准生成焓,生成自由能,熵 |
| 相平衡数据 | 气液平衡,液液平衡,固液平衡,固固平衡,气固平衡,超临界萃取 |
| 传递性质 | 气体黏度,液体黏度,导热系数,表面张力,扩散系数 |

化工原理课程设计中所涉及的常用物性数据有:密度、液体黏度、热焓、导热系数、定压比热容、蒸发潜热、溶解度、扩散系数、液体饱和蒸气压、液体表面张力及气液平衡数据等。

### 2.1.1 纯组分基本物性

1. 沸点

沸点($T_b$)一般指“常压沸点”,即纯物质蒸气压在101.325 kPa时所对应的平衡温度。

2. 熔点、凝固点和三相点

纯物质的凝固点和熔点是晶体和液体在本身蒸气压下的相平衡温度，由液体冷却至晶体的平衡温度是凝固点($T_f$)，由晶体加热至液体的平衡温度是熔点($T_m$)。

三相点($T_{tr}$)是指纯物质气、液、固三相处于平衡时的温度(及对应压力)。

3. 临界参数

临界参数包括临界温度($T_c$)、临界压力($P_c$)、临界体积($V_c$)、临界密度($d_c$)和临界压缩因子($Z_c$)。

每种气体都有这样一个温度，在该温度以上，无论加多大压力，气体也不能液化。该温度为临界温度($T_c$)，在 $T_c$ 下使气体液化的压力为临界压力($P_c$)，在 $T_c$ 和 $P_c$ 下单位量流体的体积为临界体积($V_c$)，若用单位质量表示则为临界密度($d_c$)。

4. 微观参数和光学性质

包括偶极矩($\mu$)、极化率($\alpha$)、Lennard-Jones12 - 6 参数、折射指数。

### 2.1.2　密度

单位体积的物质具有的质量($\rho$, kg/m$^3$)，即质量与体积之比。密度是 $P-V-T$ 数据的重要组成部分，在工程设计中，根据气体密度可以确定气体比空气重还是轻，液体不但可以直接决定容器的大小，而且在流体力学、传热、传质过程的计算也是不可缺少的。

### 2.1.3　黏度

黏度($\eta$)是反映流体流动阻力大小的一种流体性质。对于牛顿流体，黏度定义为单位速度梯度、单位面积的剪切应力。黏度是流体的一种重要传递性质或热物理性质，在流体力学、传热、传质等工程设计中占有重要地位。

### 2.1.4　相变热(焓)

相变热(焓)包括蒸发热(焓)$\Delta H_V$，熔化热(焓)$\Delta H_m$，升华热(焓)$\Delta H_S$，属于热力学的基础数据，在热量衡算中是不可缺少的。在相变热(焓)中，蒸发热(焓)$\Delta H_V$ 是最主要的。

蒸发是由液体转变为气体的相变过程，是化工生产中最常见、最重要的相变过程。蒸发热(焓)$\Delta H_V$ 定义为单位质量物质在某一温度下饱和气体和饱和液体间的焓差。按热力学关系，蒸发热(焓)$\Delta H_V$ 由两部分构成

$$\Delta H_V = \Delta U_V + p_V(V_g - V_l) \tag{2-1}$$

式中，$\Delta U_V$ 代表蒸发内能；$p_V(V_g - V_l)$ 是蒸发过程对气相所做的功。

### 2.1.5　热容、焓和熵

1. 热容

热容表示物系温度升高 1 ℃时所吸收的热。若过程在定压下进行，称为定压比热容($C_p$)，而在定容下进行为定容比热容($C_v$)。若物系为 1 摩尔，可分别称为定压摩尔比热容或定容摩尔比热容，但一般简称定压比热容或定容比热容，单位为 J · mol$^{-1}$ · K$^{-1}$。

比热容的热力学定义是

$$C_P = \left(\frac{\partial H}{\partial T}\right)_P \tag{2-2}$$

$$C_V = \left(\frac{\partial U}{\partial T}\right)_V \tag{2-3}$$

由以上两式可知，$C_P$ 和 $C_V$ 分别是焓和内能对温度的导数，可由实测的 $\Delta H$ 和 $\Delta U$ 求得，具有热力学函数的性质。由 $C_P$ 可求不同温度下焓差 $\Delta H$，由 $C_V$ 可求不同温度下内能差 $\Delta U$，实际应用中 $\Delta H$ 比 $\Delta U$ 重要得多。

2. 焓

焓是一个导出的热力学函数，没有绝对值。它等于物质的内能和物质压力与体积乘积之和，单位是 J 或 kJ，定义式为

$$H = U + pV \tag{2-4}$$

在化学化工计算中，需要的是各种焓变，包括反应过程的焓变、相变过程的焓变、温度、压力改变引起的焓变等。在化工原理课程设计中主要应用是进行热量衡算。

3. 熵

熵是由统计学观点导出的热力学函数。由著名的 Boltzman 定理可知

$$S = k\ln\Omega \tag{2-5}$$

式中，$S$ 是系统的熵，单位为 $J \cdot K^{-1}$；$\Omega$ 为热力学几率。熵是分子运动混乱程度的量度，物质的熵值与温度和压力有关，一般温度升高，微粒无序性运动增加，熵值增大；压力增加，微粒的运动受到限制，熵值减小。

### 2.1.6　燃烧焓、生成焓和生成自由能

燃烧焓、生成焓、生成自由能是化学反应中的热力学函数，用于计算反应热。

燃烧焓是单位量物质燃烧所放出的热，相应的焓变称为燃烧焓变 $\Delta H_C$，单位 $kJ \cdot mol^{-1}$。

生成焓是由稳定状态单质直接化合生成 1 mol 某化合物的焓变。在各种计算中，通常使用标准状态下的值，称为标准生成焓 $\Delta H_f^o$，单位 $kJ \cdot mol^{-1}$，常用数据 $\Delta H_{f298}^o$。

生成自由能 $\Delta G_f$ 是从稳定单质生成单位量（1 mol）该物质时，所涉及化学反应自由能的改变。手册中数据都是标准状态下的 $\Delta G_{f298}^o$。

### 2.1.7　导热系数

导热系数（$\lambda$）是重要传递性质之一，反映了物质的热传导能力，在传热计算中必不可少。定义为单位温度梯度下在单位时间内通过单位导热面所传递的热量（单位为 $W \cdot m^{-1} \cdot K^{-1}$）

$$\lambda = -\frac{dQ}{dS\,\frac{\partial t}{\partial n}} \tag{2-6}$$

### 2.1.8　蒸气压

在液体（或者固体）的表面存在着该物质的蒸气，这些蒸气对液体表面产生的压强就是该液体（或者固体）的蒸气压。比如，水的表面就有水蒸气压，当水的蒸气压达到水面上的气体总压时，水就沸腾。我们通常看到水烧开，就是在 100 ℃时水的蒸气压等于一个大气压。

蒸气压随温度变化而变化，温度越高，蒸气压越大，当然还和液体种类有关。一定的温度下，与同种物质的液态(或固态)处于平衡状态的蒸气所产生的压强叫饱和蒸气压，它随温度升高而增加。如：放在杯子里的水，会因不断蒸发变得愈来愈少。如果把纯水放在一个密闭的容器里，并抽走上方的空气，当水不断蒸发时，水面上方气相的压力，即水的蒸气所具有的压力就不断增加。但是，当温度一定时，气相压力最终将稳定在一个固定的数值上，这时的气相压力称为水在该温度下的饱和蒸气压力。

当气相压力的数值达到饱和蒸气压力的数值时，液相的水分子仍然不断地气化，气相的水分子也不断地冷凝成液体，只是由于水的气化速度等于水蒸气的冷凝速度，液体量才没有减少，气体量也没有增加，液体和气体达到平衡状态。所以，液态纯物质蒸气所具有的压力为其饱和蒸气压力时，气液两相即达到了相平衡。饱和蒸气压是物质的一个重要性质，它的大小取决于物质的本性和温度。饱和蒸气压越大，表示该物质越容易挥发。

### 2.1.9　表面张力

液体内部的分子所受周围分子的吸引力是相等的，彼此互相抵消，所受合力等于零。而液体表面的分子受内部分子对它的吸引力远大于外部蒸气分子对它的吸引力。表面层分子受到向内的拉力，使液体表面自动缩小，这就是水滴、汞滴呈现球形的原因。此种内向引力使表面尽量收缩而形成表面张力($\sigma$)。表面张力为抗拒表面积扩展单位长度的力，或单位表面长度所具有反抗表面积增加的力，单位为 $N \cdot m^{-1}$。

气液、液液、固液、气固都有内向引力，统称为界面张力。在各种界面张力中，气液表面间的表面张力最重要，在塔设备计算中不可缺少。

### 2.1.10　溶解度

在吸收操作中，使一定量的吸收剂与混合气体接触，溶质便向液相转移，直到液相中溶质达到饱和，组成不再增加为止。此时溶质分子溶解和逸出的速率相同，达到气液平衡即饱和状态，气相中的溶质分压为平衡分压，液相中溶质的组成就是气体在液体中的溶解度。低压下气体在液体中的溶解度常以经验公式亨利定律来表示

$$P = Ex \tag{2-7}$$

式中，$P$ 为溶质在气相中分压；$E$ 为亨利系数；$x$ 为溶质在液相中以摩尔分率表示的溶解度。

气体在液体中的溶解度表明一定条件下吸收可以达到的极限程度，其值与整个物系的温度、压强及该溶质在气相中的组成有关。

### 2.1.11　扩散系数

物质在单一相中的传递是靠扩散作用完成的，发生在流体中的扩散有分子扩散与涡流扩散。扩散过程进行的快慢可用扩散通量来度量，单位时间、单位面积上扩散传递的物质量称为扩散通量，其单位为 $kmol/m^2 \cdot s$。

扩散通量可用菲克定律描述，当物质 $A$ 在介质 $B$ 中发生扩散时，任一点物质 $A$ 的扩散通量与该位置上 $A$ 的浓度梯度成正比，即

$$J_A = -D_{AB}\frac{dc_A}{dz} \tag{2-8}$$

式中，$D_{AB}$为物质$A$在介质$B$中的分子扩散系数，$m/s^2$。扩散系数是表示物质扩散能力的物理量，是物质的特性常数之一。同一物质的扩散系数随介质种类、温度、压强及组成的不同而变化。

### 2.1.12 气液平衡数据

在化工生产和研究中，涉及气相和液相间物质传递的单元过程应用为数众多，如闪蒸、蒸发、精溜、吸收等。因此，有关系统的气－液平衡数据也是最重要的基础数据之一。

## 2.2 物性的测定和计算

### 2.2.1 定压比热容

1. 气体摩尔热容

气体的摩尔热容可以采用量热法和光谱法进行实验测定，多数气体热容是由光谱法测得。此外，定压比热容可表示成温度的函数，通过公式计算获得

$$C_{P,m}^{o} = A + BT + CT^2 + DT^3 \tag{2-9}$$

式中$A,B,C,D$为物质的特性常数，$T$为温度。

用于理想气体热容$C_{p,m}^{o}$计算的方法均属于基团贡献法，主要有Rihani-Doraiswanmy(RD)法，Jobank法，Benson法，Thinh法及Yoneda法。

2. 液体热容

常用关联式为

$$C_{P,l} = A + BT + CT^2 \tag{2-10}$$

液体热容计算方法有对应状态法、基团贡献法等，用的最普遍的是对应状态法，其中通用性较好的是Tyagi方程。

### 2.2.2 热焓

1. 气体的焓值与焓差

(1)理想气体的焓

设始态为$(T_0,p_0,H_{m,0}^0)$，末态为$(T,p,H_m^0)$，焓计算式为

$$H_m^0 = H_{m,0}^0 + \int_{T_0}^{T} C_{p,m}^0 \mathrm{d}T \tag{2-11}$$

焓差计算式为

$$H_{m,2}^0 - H_{m,1}^0 = \int_{T_1}^{T_2} C_{p,m}^0 \mathrm{d}T \tag{2-12}$$

(2)真实气体焓和焓差

真实气体的焓用剩余焓求取

$$H_m = H_m^0 - \Delta H_m^0 \tag{2-13}$$

式中，$H_m^0$为理想气体的焓，$\Delta H_m^0 = H_m^0 - H_m$是剩余焓。剩余焓求取方法有用PVT实验数据

求取;用真实气体状态方程计算;用普遍化方法计算;用 lee-Kesler 法计算等。

焓差计算式为

$$\Delta H_m = \int_{T_1}^{T_2} C_{p,m}^0 \mathrm{d}T + \int_0^{p_2}\left[V_m - T\left(\frac{\partial V_m}{\partial T}\right)_P\right]_{T_2}\mathrm{d}p - \int_0^{p_1}\left[V_m - T\left(\frac{\partial V_m}{\partial T}\right)_P\right]_{T_1}\mathrm{d}p \quad (2-14)$$

2. 液体的焓

与计算在某一 $T,P$ 下的焓与真实气体一样,可用普遍化法,也可用 lee-Kesler 法。

### 2.2.3　蒸发潜热

蒸发潜热测定方法包括直接和间接法,量热法是直接法,蒸气压法是间接法。蒸气压法得到的蒸发潜热数据较多。蒸发潜热的估算方法包括对应状态法、基团贡献法及由蒸发熵求取法。

### 2.2.4　液体密度

液体密度分为饱和液体密度($\rho_S$)和过冷液体密度($\rho$)两种,在沸点前测定的密度为过冷液体密度。通常物质 20 ℃和 25 ℃下液体密度实验值数据较多,容易查得。

1. 液体密度与温度关联式

液体密度与温度关联的多项式

$$\rho = A + BT + CT^2 + DT^3 \quad (2-15)$$

$$\rho = A + BT + CT^2 \quad (2-16)$$

$$\rho = A + BT \quad (2-17)$$

液体密度与温度关联的 Francis 方程

$$\rho = A - Bt - \frac{C}{E - t} \quad (2-18)$$

液体密度与温度关联的临界点关联式

$$(\rho_s - \rho_c)^h = G(T_c - T) \quad (2-19)$$

以上各式中,$A,B,C,D,E,h,G$ 为关联系数;$T_c,\rho_c$ 为临界温度和临界密度。

2. 估算

(1)沸点下液体密度 $\rho_b$ 或摩尔体积 $V_b$ 估算

包括临界参数法和结构加和法。

(2)饱和液体密度的估算

包括 Rachtt 方程及修正式,Spencer-Danner 法,Gunn-Yamada 法,Yen-woods 法,Bhirud 法。

(3)过冷液体密度的估算

①从饱和液体密度出发的估算法

包括 Yen-Woods 法,Cheh-Prausnitz 法,Thomson-Brobst-Hankinson 法,Chang-Zhao 法。

②压缩因子法

③等温下液体密度与压力的关系式

包括 Tait 类型方程,Hudleston 关系式,压力多项式。

### 2.2.5　气体及液体的黏度

1. 气体黏度

(1)关联方程

温度变化范围不大时可采用双参数关联式

$$\eta = A_0 + A_1 T \tag{2-20}$$

$$\eta = aT^n \tag{2-21}$$

$$\eta = kT^{\frac{2}{3}}/(T + S) \tag{2-22}$$

温度变化范围较大时通常采用三参数关联式或四参数关联式

$$\eta = A_0 + A_1 + A_2 T^2 \tag{2-23}$$

$$\eta = kT^n/(1 + S/T) \tag{2-24}$$

$$\eta = A_0 + A_1 T + A_2 T^2 + A_3 T^3 \tag{2-25}$$

$$\eta = A_0 + B_0 \ln T + B_1 + B_2 T^{-2} \tag{2-26}$$

(2) 估算方法

气体黏度估算方法有 Chung 法，Lucas 法，Reichen berg 法，Thodos 法，Golubev 法。

2. 液体黏度

(1)关联方程

液体黏度较易实验测定，实验数据比较丰富，其值随温度升高而减小。在低于常压沸点下，用 Andrede 方程关联

$$\ln\eta = A + B/T \tag{2-27}$$

温度高于沸点时通常采用 Antoine 型方程

$$\ln\eta = A + \frac{B}{T + C} \tag{2-28}$$

温度介于沸点和临界点之间，可用下式关联

$$\eta = A/(T + B)^n \tag{2-29}$$

上述式中 $A,B,C,n$ 为关联系数。

(2)估算方法

液体黏度的估算方法较多，包括 Van Velzen 的基团贡献法，Przezdziecki-Sridhar 的对应状态法和 Letsou-Stiel 法等。

### 2.2.6　表面张力

1. 表面张力的测定方法

表面张力的测定方法众多，包括毛细管高度法、鼓泡压力法、滴重法和滴体积法、悬滴法、静滴法、拉环法、吊片法等。

2. 温度关联式

当 $T_r$ 在 0.4 ~ 0.7 范围内时，常使用简单的线性关联式

$$\sigma = a - bt \tag{2-30}$$

当温度范围较大时，可使用对比态型指数关联式

$$\sigma = \sigma_1\left(\frac{1 - T_r}{1 - T_{r1}}\right)^n \tag{2-31}$$

$$\sigma = \sigma_0(1 - T_r)^m \tag{2-32}$$

上式中 $a,b,m,\sigma_0$ 为关联系数；$\sigma_1$ 为对比温度 $T_r$ 时的表面张力。

3. 表面张力估算

(1)对应状态法

包括 Brock-Bird 法、Hakim 法、Lielmezs-Herrik 法、Rice-Teja 双参考流体法等。

(2)结构法

包括 Macleod-Sugden 法、Grain 法。

(3)基团法

(4)对应态(CSGC)基团法

详细可参阅马沛生文献。

### 2.2.7　扩散系数

1. 测定方法

气体中的扩散系数 $D_G$ 测定方法包括闭管法、双球法、点原法、气体色谱法及蒸发管法等；液体中的扩散系数 $D_L$ 测定方法包括膜池法、光干涉法、Taylor 分散法及核磁共振法等。

2. 低压下二元气体 $D_G$ 的估算

低压下二元气体 $D_G$ 的估算方法包括半理论计算方法：Chapman 和 Enskog 法，Brokaw 修正式；经验估算法：Maxwell-Gillilang 法，Gillilang 法，Chen-Othmer 法，Othmer-Chen 法及 Wike-Lee 法等。

Maxwell-Gillilang 法估算式为

$$D = \frac{4.36 \times 10^{-5} T^{\frac{3}{2}}\left(\frac{1}{M_A} + \frac{1}{M_B}\right)^{\frac{1}{2}}}{P\left(v_A^{\frac{1}{3}} + v_B^{\frac{1}{3}}\right)} \tag{2-33}$$

式中 $T,P$ 为温度，压强；$M_A,M_B$ 为 $A,B$ 物质摩尔质量；$v_A,v_B$ 为 $A,B$ 物质分子体积。

3. 无限稀释液体扩散系数的估算

无限稀释液体扩散系数的估算方法包括 Scheibel 法，Wike-Chang 法，Sitaman-Ibrahim-Kuloor 法，King-Hsueh-Mao 法，Reddy-Doraiwamy 法，Tyn-Calus 法，Nakanishi 法，Hayduk-Minhas 法，Siddiqi-Lucas 法，Akgerman-Gainer 法，赵-陈法，杨-马-陈法等。

非电解质稀溶液中的扩散系数可用下式粗略估算

$$D_L = \frac{7.7 \times 10^{-15} T}{\mu\left(v_A^{\frac{1}{3}} - v_0^{\frac{1}{3}}\right)} \tag{2-34}$$

式中，$T$ 为温度；$\mu$ 为黏度；$v_A$ 为扩散物质的分子体积；$v_0$ 为常数。

### 2.2.8　液体的饱和蒸气压

1. 测定方法

测定方法有静态法，沸点法，气体饱和法等，其中沸点法适合在常压附近蒸气压的测量。

2. 关联方程

Antoine 方程是目前应用最广泛的 $p_v - T$ 关联方程

$$\ln p_v = A - B/(t + C)$$

上式中 $t$ 为摄氏温度,℃;$A,B,C$ 为 Antoine 常数,由 $p_v$ 为 $T$ 实验数据拟合。

3. 估算方法

按估算方法所依据的原理可分为对应状态法,基团贡献法,参考物质法三类,前两类最重要。

### 2.2.9　二组分气液平衡关系计算

1. 气液平衡数据测定方法及来源

气液平衡数据绝大部分来自直接测量,测量方法包括蒸馏法、静态法、流动法、循环法、泡点法和露点法等,循环法是测定中最常用的方法。其来源主要包括以下几种:

(1)实验测定或有关手册查得;

(2)由纯组分的某些物性按经验的或理论的公式估算;

(3)根据少量实验数据,经验的或理论的公式估算。

2. 二组分气液平衡数据关联计算

(1)二组分气液理想物系

通常采用饱和蒸气压法和相对挥发度法关联二组分气液理想物系的平衡数据。

①饱和蒸气压法

$$x_A = \frac{P - P_B^0}{P_A^0 - P_B^0} \tag{2-35}$$

$$y_A = \frac{P_A^0}{P} x_A \tag{2-36}$$

式中 $P_A^0, P_B^0$ 为纯组分 $A,B$ 的饱和蒸气压,$y_A, x_A$ 为组分 $A$ 的气液摩尔分数,一定温度、压力下饱和蒸气压数据可用 Antoine 方程获取。

②相对挥发度法

$$y_A = \frac{\alpha x_A}{1 + (\alpha - 1) x_A} \tag{2-37}$$

式中,$\alpha$ 是相对挥发度,一般视为常数,可由实验测得。

(2)二组分气液非理想物系

二组分气液非理想物系的气液平衡数据,用逸度代替压强进行相平衡计算。在两组分气液平衡时,任一组分在气液两相中的逸度相等,即

$$\hat{f}_i^V = \hat{f}_i^L \tag{2-38}$$

式中 $\hat{f}_i^V, \hat{f}_i^L$ 为在系统温度和压力下 $i$ 组分在气相和液相中的逸度。

用逸度系数表示变为

$$y_i \varphi_i^V P = x_i \varphi_i^L p \tag{2-39}$$

式中 $\varphi_i^V, \varphi_i^L$ 为组分 $i$ 在气相和液相中的逸度系数。

气液组成比

$$K_i = \frac{\gamma_i}{x_i} = \frac{\varphi_i^L}{\varphi_i^V} \tag{2-40}$$

只要计算出组分 $i$ 的逸度系数就可求出 $K_i$ 的值。

气相逸度系数可用状态方程法计算

$$\ln\varphi_i = \frac{1}{RT}\int_V^{\infty}\left[\left(\frac{\partial p}{\partial n_i}\right)T,V,n_j - \frac{RT}{V}\right]\mathrm{d}V - \ln z \tag{2-41}$$

式中 $V$,$z$ 为总体积和压缩因子。用不同状态方程可得到不同活度系数计算式。

液相逸度系数采用活度系数法计算

$$K_i = \frac{\gamma_i}{x_i} = \frac{\gamma_i f_i^L}{\varphi_i^V p} \tag{2-42}$$

求出 $\gamma_i$ 即可确定 $K_i$ 值。常用二组分物系 $\gamma_i$ 关联式包括 Margules 式、Van laar 式、Wilson 式等,详细内容可参阅马沛生文献。

## 2.3　混合物物性数据估算

通过查询有关手册、文献资料一般可以获得纯物质的物性数据,而化工生产过程中所处理的物料大多为混合物。对于各种不同的混合物,物性数据只能通过计算的方法来获得。

### 2.3.1　平均摩尔质量

混合气体平均摩尔质量可由各组分的摩尔质量及摩尔分率求得

$$M_m = \sum y_i M_i \tag{2-43}$$

式中,$y_i$ 为 $i$ 组分的摩尔分率;$M_i$ 为 $i$ 组分的摩尔质量;$M_m$ 为混合气体的平均摩尔质量。

### 2.3.2　混合物的临界常数

计算混合物临界性质的简单而广泛应用的方法是 Kay 规则,即混合物的临界常数为纯物质(组分)临界常数的平均值

$$p_{c,m} = \sum_{i=1}^{n} y_i p_{c,i} \tag{2-44}$$

$$T_{c,m} = \sum_{i=1}^{n} y_i T_{c,i} \tag{2-45}$$

式中,$p_{c,m}$为混合物的临界压力;$T_{c,m}$为混合物的临界温度;$y_i$ 为混合物中纯组分 $i$ 的摩尔分数;$p_{c,i}$为组分 $i$ 的临界压力;$T_{c,i}$为组分 $i$ 的临界温度;$n$ 为混合物中纯组分总数。

### 2.3.3　密度

1. 混合液体的密度

混合液体的密度可用加和法处理

$$\rho_m = \frac{1}{\sum \frac{x_i}{\rho_i}} \tag{2-46}$$

式中，$x_i$ 为 $i$ 组分的摩尔分率；$\rho_i$ 为 $i$ 组分的密度，kg/m³；$\rho_m$ 为混合液体的密度，kg/m³。

2. 混合气体的密度

气体密度可用理想气体状态方程计算

$$\rho = \frac{M}{22.4} \times \frac{273}{T} \times \frac{p}{1.013 \times 10^5} = \frac{pM}{RT} \tag{2-47}$$

式中，$\rho$ 为气体或蒸气的密度，kg/m³；$M$ 为气体或蒸气的摩尔质量；$p$ 为气体或蒸气的绝对压力，Pa；$T$ 为气体或蒸气的温度，K；$R$ 为气体常数，8.314 kJ/(kmol · K)。

气体混合物的密度可用混合物的平均摩尔质量代入上式进行计算，也可用加和法计算

$$\rho_m = \sum y_i \rho_i \tag{2-48}$$

式中，$y_i$ 为 $i$ 组分的摩尔分率；$\rho_i$ 为 $i$ 组分的密度，kg/m³；$\rho_m$ 为混合液体的密度，kg/m³。

### 2.3.4　黏度

1. 混合气体的黏度

常压下气体混合物的黏度可以通过各组分的纯物质黏度、摩尔质量及摩尔分率由下式求得

$$\mu_m^0 = \frac{\sum y_i \mu_i^0 (M_i)^{\frac{1}{2}}}{\sum y_i (M_i)^{\frac{1}{2}}} \tag{2-49}$$

式中，$y_i$ 为 $i$ 组分的摩尔分率；$\mu_i^0$ 为常压下 $i$ 组分的黏度；$M_i$ 为 $i$ 组分的摩尔质量；$\mu_m^0$ 为常压下混合气体的黏度。若压力较高或要求更高的精度，可用其他方法进行处理。

2. 混合液体的黏度

液体混合物的黏度与组成之间一般不存在线性关系，有时会出现极大值、极小值或者既有极大值又有极小值或 $S$ 形曲线关系，目前还难以用理论预测。除实验测定外，工程上大多采用一些经验或半经验的黏度模型进行关联和计算。

非缔合混合液体的黏度可用下式计算

$$\lg\mu_m = x_1 \lg\mu_1 + x_2 \lg\mu_2 \tag{2-50}$$

式中，$x_1$，$x_2$ 为混合液体中各组分的摩尔分率；$\mu_1$，$\mu_2$ 为各组分在同一温度下的黏度；$\mu_m$ 为混合液体的黏度。

### 2.3.5　比热

混合液体或混合气体的比热可用叠加法计算

$$c_{pm} = \sum x_i c_{pi} \tag{2-51}$$

式中，$x_i$ 为 $i$ 组分的摩尔分率；$c_{pi}$为 $i$ 组分的比热，kJ/(mol · K)；$c_{pm}$为混合液体或混合气体的比热。

### 2.3.6　导热系数

1. 混合气体的导热系数

迄今为止已有人提出了许多关于常压下气体导热系数的计算式，其中下式最为常用

$$\lambda_m^0 = \frac{\sum y_i \lambda_i^0 (M_i)^{\frac{1}{3}}}{\sum y_i (M_i)^{\frac{1}{3}}} \tag{2-52}$$

式中，$y_i$ 为 $i$ 组分的摩尔分率；$\lambda_i^0$ 为常压下 $i$ 组分的的导热系数；$M_i$ 为 $i$ 组分的相对摩尔质量；$\lambda_m^0$ 为混合气体在低压下的导热系数(热导率)。

2. 混合液体的导热系数

至今已有许多液体混合物导热系数的关联式发表。电解质水溶液导热系数的计算式为

$$\lambda = \lambda_{水} \frac{c_p}{c_{p水}} \left(\frac{\rho_p}{\rho_{水}}\right)^{\frac{4}{3}} \left(\frac{M_{水}}{M}\right)^{\frac{1}{3}} \tag{2-53}$$

式中 $c_p$，$\rho$，$M$ 分别表示电解质水溶液的比热容、密度、相对摩尔质量；$\lambda_{水}$，$c_{p水}$，$\rho_{水}$，$M_{水}$ 分别表示水的导热系数(热导率)、比热容、密度、相对摩尔质量；$\lambda$ 表示电解质水溶液的导热系数(热导率)。

### 2.3.7　气化潜热

混合液体的气化潜热也可按组分叠加方法求取

$$\gamma_m = \sum x_i \gamma_i \tag{2-54}$$

式中，$x_i$ 为 $i$ 组分的摩尔分率；$\gamma_i$ 为 $i$ 组分的气化潜热，kJ/kmol；$\gamma_m$ 为混合液体的气化潜热，kJ/kmol。

### 2.3.8　表面张力

1. 非水溶液混合物的表面张力

(1) Macleod-Sugden 法

$$\sigma_m^{\frac{1}{4}} = \sum [p_i](\rho_{Lm} x_i - \rho_{Vm} y_i) \tag{2-55}$$

式中，$\sigma_m$ 为混合物的表面张力，mN/m；$[p_i]$ 为 $i$ 组分的等张比容，$mN \cdot cm^3/mol \cdot m$；$x_i$，$y_i$ 为液相及气相的摩尔分率；$\rho_{Lm}$，$\rho_{Vm}$ 为混合物液相及气相的摩尔密度，$mol/cm^3$。

本法的误差对非极性混合物一般为 5% ~10%，对极性混合物 5% ~15%。

(2) 快速估算法

$$\sigma_m^{\gamma} = \sum x_i \sigma_i^{\gamma} \tag{2-56}$$

对于多大混合物，$\gamma = 1$，若为了更好地符合实际，$\gamma$ 可以在 $-3 \sim +1$ 之间选择。

2. 含水溶液的表面张力

有机物分子中烃基是疏水性的，有机物在表面的浓度高于主体部分的浓度，因而当少量的有机物溶于水时，足以影响水的表面张力。在有机物溶质浓度不超过 1% 时可应用下式求取溶液的表面张力

$$\sigma/\sigma_w = 1 - 0.411 \lg(1 + x/\alpha) \tag{2-57}$$

式中，$\sigma_w$ 为纯水的表面张力，mN/m；$x$ 为有机物溶液的摩尔分率；$\alpha$ 为特性常数，见表 2-2。

表2-2 特征常数$\alpha$值

| 有机物 | $\alpha\times10^4$ | 有机物 | $\alpha\times10^4$ | 有机物 | $\alpha\times10^4$ | 有机物 | $\alpha\times10^4$ | 有机物 | $\alpha\times10^4$ |
|---|---|---|---|---|---|---|---|---|---|
| 丙酸 | 26 | 甲乙酮 | 19 | 甲酸丙酯 | 8.5 | 醋酸丙酯 | 3.1 | 丙酸丙酯 | 1.0 |
| 正丙酸 | 26 | 正丁酸 | 7 | 醋酸乙酯 | 8.5 | 正戊酸 | 1.7 | 正己酸 | 0.75 |
| 异丙酸 | 26 | 异丁酸 | 7 | 丙酸甲酯 | 8.5 | 戊酸 | 1.7 | 正庚酸 | 0.17 |
| 醋酸丙酯 | 26 | 正丁醇 | 7 | 二乙酮 | 8.5 | 正戊醇 | 1.7 | 正辛酸 | 0.034 |
| 正丙胺 | 26 | 异丁醇 | 7 | 丙酸乙酯 | 3.1 | 戊醇 | 1.7 | 正癸酸 | 0.025 |

二元的有机物-水溶液的表面张力在宽浓度范围内可用下式求取

$$\sigma_m^{\frac{1}{4}} = \varphi_{sw}\sigma_w^{\frac{1}{4}} + \varphi_{so}\sigma_o^{\frac{1}{4}} \qquad (2-58)$$

式中，$\varphi_{sw}$——$x_{sw}V_w/V_s$，$\varphi_{so}$——$x_{so}V_o/V_{so}$。

并以下列各关联式求出$\varphi_{sw}$，$\varphi_{so}$。

$$\varphi_o = x_oV_o/(x_wV_w + x_oV_o) \qquad (2-59)$$

$$\varphi_w = x_wV_w/(x_wV_w + x_oV_o) \qquad (2-60)$$

式中下角$w$，$o$，$s$分别指水，有机物及表面部分；$x_w$，$x_o$指主体部分的摩尔分率；$V_w$，$V_o$指主体部分的摩尔体积；$\sigma_w$，$\sigma_o$为纯水及有机物的表面张力。

### 2.3.9 蒸气压

遵守Raoult定律的混合液体，$i$组分的分压计算公式为

$$p_i = x_ip_i^o \qquad (2-61)$$

式中，$P_i$为$i$组分的分压；$p_i^o$为$i$组分的饱和蒸气压；$x_i$为$i$组分在液相中的摩尔分率。

遵守Raoult气体分压定律的混合蒸气的总压力计算公式为

$$p = \sum p_i \qquad (2-62)$$

式中，$P$为系统蒸气总压力；$P_i$为$i$组分的分压。

## 2.4 物性数据的查取及Internet网上化工数据资源

### 2.4.1 物性数据的查取

物质的物性数据量大，查取计算方法较多，在这里列出有关文献。

1. 化学工程手册编委会.《化学工程手册》第一篇——物性数据[M]. 北京：化学工业出版社，1989.
2. 上海医药设计院.《化学工艺设计手册》[M]. 北京：化学工业出版社，1989.
3. 刘光启等.《化工物性算图手册》[M]. 北京：化学工业出版社，2002.
4. 童景山等.《流体的热物理性质》[M]. 北京：中国石化出版社，1996.
5. 卢焕章等.《石油化工基础数据手册》[M]. 北京：化学工业出版社，1982.

6. 马沛生等.《石油化工基础数据手册》续编[M]. 北京:化学工业出版社,1993.
7. 王松汉等.《石油化工设计手册》第一卷——石油化工基础数据[M]. 北京:化学工业出版社,2002.
8. 陈敏恒等. 化工原理(上、下册)(第二版)[M]. 北京:化学工业出版社,1999.

化工物性数据总量浩繁,非有限的卷帙所能包容,为此我国已于 20 世纪 70 年代中期开始建立化工物性数据库。例如,1978 年完成的"化工物性数据库",是化学工业部组织有关设计、科研、高校等单位开发合成氨和乙烯分离两个流程模拟软件时由化工部化工设计公司完成的。20 世纪 90 年代后,化工物性数据库有了很大发展,设计单位对基础物性数据的需要和重视程度也与日俱增。现在可以利用的化工物性数据库不少,由于篇幅所限,这里只介绍两个有代表性的数据库。

1. ECSS(Engineering Chemistry Simulation System)工程化学模拟系统数据库及物性推算包

ECSS 工程化学模拟系统是青岛化工研究所于 1987 年 5 月推出的规模较大、功能较全面的在 PC 机上运行的组合型化工软件包,到 1995 年 5 月已升级为 V3. 10 版。目前已有石油化工设计、科研、生产企业、高校等共 50 多个单位在使用。

2. 天津市化工物性数据库和烃类实验物性数据库

天津市化工物性数据库是天津市化工设计院、南开大学于 1988 年完成的检索化工物性数据库,它由数据检索、物性估算、气液相平衡计算、数据回归 4 个系统组成。该数据库具有数据可靠、操作简便、运行效率高以及兼备中英文操作语言等特点,并附带文献源库。

### 2.4.2　利用 Internet 上化工数据资源

目前,Internet 是全球最大的计算机网络,150 多个国家的用户都可以使用它。Internet 不仅是全球范围的快速的传递信息的通信手段,也是全球最大的资源和信息系统。

Internet 上的化学化工资源极其丰富,在浩瀚的信息海洋中查找自己需要的数据信息,也不是一件很容易的事情。下面首先引入一些指南性的资源,然后再介绍 Internet 上的化学化工资源,着重介绍数据库和 ASPENTECH 公司。

1. Internet 上的图书目录 – Titlenet

该目录是一个 gopher 服务器,URL 地址为:Gopher://infx. infor. com。用户可利用 gopher 对图书目录进行浏览,也可以通过作者名、书名、关键词三种方式进行图书目录的检索。

2. UNCOVER 的文章拷贝服务

通过 Internet 可获得 UNCOVER(http://www. carl. org)的文章拷贝服务,用户可在线订阅杂志中的文章,并在 24 小时内获得所订文章的传真拷贝。

3. 免费获取最新美国专利目录

免费获取最新美国专利目录(Free New PATENT Titles Mailing List Via Email),即凡是在 Internet 上收发电子邮件(E-mail)的用户,均可以通过订阅相应的通信讨论组来获得美国专利局(USPTO Patent Gazette)最新专利信息的免费服务。

4. 通过讨论组(Mailing List)

参加 Internet 上的化学化工有关的通过讨论组可进行广泛的信息交流,用户可以发布学术会议消息、征集论文、寻找某种参考书等。

5. STN联机检索系统

STN是著名的国际科技信息网络系统，由三个著名的科技信息中心组成。

(1)德国专业信息中心FIZ(Fachin Formations Zentrum, Karlsruhe)，网址：http://www.fiz-karlsruhe.de.

(2)美国化学会的化学文摘CAS(Chemical Abstracts Services of the American Chemical Society)，网址：http://info.cas.org.

(3)日本科技信息中心JICST(Japan Information Center of Science and Technology)，网址：http://www.jicst.go.jp.

目前STN中与化工有关的部分数据库如下：

a. APILIT2 美国石油研究所API文献1965-，供非API支持者；

b. CBNB 化工行业数据库(重点是欧洲)1985-；

c. CEABA 化工行业和生物技术文摘1975-；

d. CIN 全球化工行业大事件信息库1974-；

e. CSCHEM 美国及全球(约80个国家)化工产品目录；

f. CSCORP 美国及全球(约80个国家)化工产品厂商目录(约2 300家)；

g. CSNB 有害化学品的安全使用与健康数据库1981-；

h. DRUGLAUNCH 新药物产品数据库；

i. VTB 化工及远程工程文献库，数据库主要使用语言为德语。

有关各数据库的内容介绍，读者可以通过WWW浏览器到http://info.cas.org中查找。

6. ASPENTECH公司

ASPENTECH公司是目前世界上最大的提供过程模拟技术的公司，它的稳态模拟、动态模拟以及系统合成技术，为过程的研究与开发、过程设计、过程的生产提供了一整套工程工具。ASPENTECH公司的主页(http://www.aspentech.com)的内容十分丰富，有ASPEN PLUS的“虚拟图书馆”等。

值得一提的是，ASPENTECH公司所提供的有关使用其软件的介绍与教程还提供了一个用户练习的例子(Case Study)，题目是“Basic Refrigeration Cycle Modeling Exercises”(基本冷却系统)，通过练习可掌握建立冷却循环的详细步骤。

Internet最重要的特征之一是它的动态性，资源是一个动态系统。用户定期访问某特定资源的WWW服务器或gopher服务器就会了解到最新动态。另外，由于用户可以自由的使用Internet提供给自己的资源，而没有特定的组织对资源进行严格的管理和审查，因此用户可能获得错误的数据或信息，对这一点用户必须有清新的认识。故对于所获得的数据或信息不可拿来就用，而要进行必要的检验和识别。

# 第 3 章　换热器设计

## 本章符号说明

**英文字母**

| | |
|---|---|
| $A$ | 传热面积，$m^2$ |
| $b$ | 厚度，m |
| $c$ | 常数 |
| $C_p$ | 定压比热容，kJ/(kg·℃) |
| $d$ | 管径，m |
| $D$ | 换热器壳径，m |
| $f$ | 摩擦因数 |
| $F$ | 系数 |
| $g$ | 重力加速度，$m/s^2$ |
| $h$ | 挡板间距，m |
| $K$ | 总传热系数，$W/(m^2 \cdot ℃)$ |
| $l$ | 长度，m |
| $L$ | 长度，m |
| $m$ | 指数 |
| $M$ | 冷凝负荷，kg/(m·s) |
| $M$ | 组分的摩尔质量，kg/kmol |
| $n$ | 指数 |
| $n$ | 管数 |
| $N$ | 程数 |
| $p$ | 压强，Pa |
| $P$ | 因数 |
| $q$ | 热通量，$W/m^2$ |
| $Q$ | 传热速率或热负荷，W |
| $r$ | 半径，m |
| $r$ | 气化热或冷凝热，kJ/kg |
| $R$ | 热阻，$(m^2 \cdot ℃)/W$ |
| $R$ | 因数 |
| $t$ | 冷流体温度，℃ |
| $t$ | 管心距 |
| $T$ | 热流体温度，℃ |
| $u$ | 流速，m/s |
| $W$ | 质量流量，kg/s |
| $x, y, z$ | 空间坐标 |
| $Z$ | 参数 |

**希腊字母**

| | |
|---|---|
| $\alpha$ | 对流传热系数，$W/(m^2 \cdot ℃)$ |
| $\beta$ | 体积膨胀系数，1/℃ |
| $\varepsilon$ | 系数 |
| $\triangle$ | 有限差值 |
| $\theta$ | 时间，s |
| $\mu$ | 黏度，Pa·s |
| $\rho$ | 密度，$kg/m^2$ |
| $\varphi$ | 系数 |
| $\varphi$ | 校正系数 |

**下标**

| | |
|---|---|
| c | 冷流体 |
| c | 临界 |
| e | 当量 |
| h | 热流体 |
| i | 管内 |
| m | 平均 |
| o | 管外 |
| s | 污垢 |
| w | 壁面 |
| $\Delta t$ | 温度差 |
| min | 最小 |
| max | 最大 |

# 3.1　概　述

### 3.1.1　换热器在工业生产中的应用

在化工生产中，为了满足生产工艺的需要，常涉及到低温流体加热、高温流体冷却、液体气化及蒸气冷凝等单元操作，这些进行热量传递的设备称为换热设备，也称为热交换器或换热器。换热器在化工、石油、轻工、食品、动力、制药、冶金、电力等许多工业部门中广泛应用，据统计，在石油炼制、化工装备中换热器约占设备总数量的40%，占设备总投资的30%～45%。

近年来随着节能技术的发展，换热器的应用领域不断扩大，利用换热器进行高温和低温热能回收已带来了显著的经济效益。随着研究的深入，换热器的工业应用取得了令人瞩目的成果，如板翅式换热器、大型板壳式换热器和强化沸腾的表面多孔管、T形翅片管、强化冷凝的螺纹管、锯齿管等都得到广泛应用，社会效益非常显著，大大缓解了能源的紧张状况。换热设备也是回收余热、废热，特别是低位热能的有效装置。例如，烟道气（约200～300 ℃）、高炉炉气（约1 500 ℃）、需要冷却的化学反应工艺气（约300～1 000 ℃）等的余热，通过余热锅炉可生产压力蒸气，作为供热、供电和动力的辅助能源，从而提高热能的总利用率，降低燃料消耗和电耗，提高工业生产的经济效益。

### 3.1.2　换热器的分类及特点

按传热方式可将换热器分为直接接触式换热器、蓄热式换热器及间壁式换热器三种形式。

1. 直接接触式换热器

这类换热器又称混合式换热器，如图3－1所示。它是利用冷、热流体直接接触，彼此混合进行换热的换热器。例如常见的喷射式冷却塔、气液混合式冷凝器等。这种换热方式对于在工艺上允许两种流体相互混合的情况是比较方便和有效的。直接接触式换热器具有传热效率高、单位容积提供的传热面积大、设备结构简单、价格便宜等优点。

2. 蓄热式换热器

这类换热器又称回热式换热器，如图3－2所示。它是借助于由固体（如固体填料或多孔性格子砖等）构成的蓄热体与热流体和冷流体交替接触，把热量从热流体传递给冷流体。在换热器内首先导入热流体，把热量积蓄在蓄热体中，然后由冷流体通过，由蓄热体把热量释放给冷流体。由于两种流体交替与蓄热体接触，因此不可避免地会使两种流体少量混合。若工艺上不允许两种流体有混合，则不能采用蓄热式换热器。

蓄热式换热器结构紧凑、价格便宜、单位体积传热面大，故较适合用于气－气热交换的场合，如回转式空气预热器就是一种蓄热式换热器。

3. 间壁式换热器

间壁式换热器是化工生产中应用最广泛的一种形式，亦称表面式换热器或间接式换热器。在这类换热器中，冷、热两股流体被固体壁隔开，通过固体壁面的导热和对流换热进行热量的传递。参与换热的流体不会混合，传热过程连续而稳定地进行。其形式多种多样，如

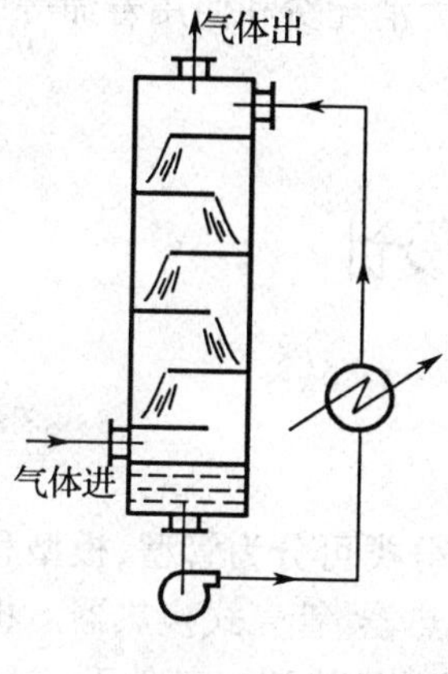


图 3－1　直接接触式换热器

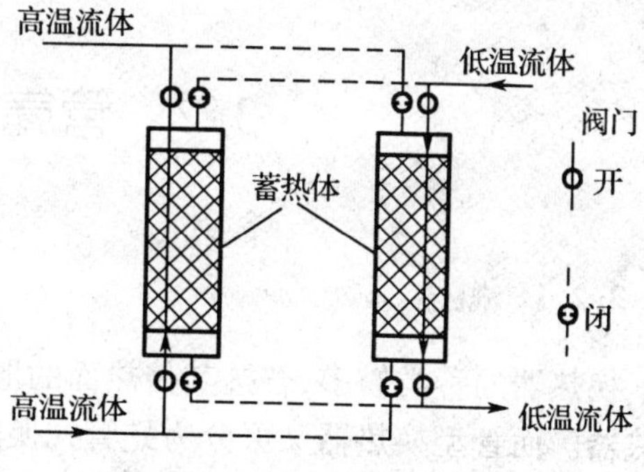


图 3－2　蓄热式换热器

常见的管壳式换热器和板式换热器都属于间壁式换热器。

### 3.1.3　换热器的研究现状

随着社会的进步和科学技术的发展，各种不同形式和种类的换热设备发展很快，各种新型高效换热设备及传热元件不断出现，并在生产中得到推广应用，带来了巨大的经济效益。由于能源日趋紧张、全球环境气温不断升高、环境保护要求提高，给换热器、空冷式换热器及高温、高压换热器带来了日益广阔的应用前景。在化工行业中一些新型高效换热设备如热管换热器、空心环管壳式换热器和阳极保护钛制硫酸铝蒸发器等也得到了广泛的推广和使用。

纵观当今技术，换热器的基本发展方向包括提高设备整体紧凑性，强化传热效果，便于制造、安装、操作和维修，经济合理，保证互换性和扩大容量的灵活性，结构安全可靠，减少操作事故，并向大型化系列化方向发展。我国已颁布实施了 GB 151《钢制管壳式换热器》国家标准。

### 3.1.4　换热器选型

换热设备有多种多样的形式，每种结构形式的换热设备都有其本身的结构特点和工作特性，有些结构形式，在某种情况下使用是好的，但在另外的情况下，却不太合适或就根本不能使用。只有熟悉和掌握这些特点，并根据生产工艺的具体情况，才能进行合理的选型和正确的设计。换热器选型时，需要考虑的因素主要包括流体的性质，压力、温度及允许压力降的范围，对清洗、维修的要求，材料价格，使用寿命等。

流体的种类、热导率、黏度等物理性质，以及腐蚀性、热敏性等化学性质，对换热器选型有很大的影响，例如冷却湿氯气时，湿氯气的强腐蚀性决定了设备必须选用聚四氟乙烯等耐腐蚀材料。对于处理热敏性流体的换热器，要求能有效地控制加热过程中的温度和停留时间。对于易结垢的流体，应选用易清洗的换热器。换热介质的压力、温度等参数对选型也有影响。如在高温和高压下操作的大型换热器，需要承受高温、高压，可选用管壳式换热器。若操作温度和压力都不高，处理的量又不大，处理的物料具有腐蚀性，可选用板面式换热器。因为板面式换热器具有传热效率高、结构紧凑和金属材料消耗低等优点。

在换热器选型时，还应考虑材料的价格、制造成本、动力消耗费和使用寿命等因素，力求使换热器在整个使用寿命内最经济地运行。

## 3.2　管壳式换热器设计

### 3.2.1　概述

换热器的种类繁多，若按其传热面的形状和结构进行分类可分为管型、板型和其他型式换热器。而管型换热器又可分为蛇管式换热器、套管式换热器、管壳式换热器。板型换热器可分为螺旋板式换热器、板式换热器、板翅式换热器、板壳式换热器。其他型式的换热器是为了满足一种特殊要求而出现的换热器，如回转式换热器、热管换热器等。在众多类型的换热器结构中，管壳式换热器是用得最为广泛的一种换热设备类型。

一般来说，管壳式换热器制造容易，生产成本低，选材范围广，清洗方便，适应性强，处理量大，工作可靠，且能适应高温高压。虽然它在结构紧凑性、传热强度和单位金属消耗量方面无法与板式或板翅式换热器相比，但它由于具有前述的一些优点，因而在化工、石油、能源等行业的应用中仍处于主导地位。在换热器向高温、高压、大型化发展的今天，随着新型高效换热管的不断出现，使得管壳式换热器的应用范围得以扩大，更增添了管壳式换热器的新的生命力。

### 3.2.2　管壳式换热器的类型

管壳式换热器属于间壁式换热器的一种。在管壳式换热器中，传递热量的间壁为圆管形。一些小直径的管子固定在管板上形成一组管束，管束外套有圆筒形薄壳，冷热流体分别走管内与管间，这两种流体通过间壁的热传导和间壁表面上流体的对流而进行热量交换。由于管束和壳体结构的不同，管壳式换热器可以进一步划分为固定管板式、浮头式、填料函式和 U 型管式。

3.2.2.1　固定管板式

固定管板式换热器的结构如图 3－3 所示。它由壳体、管束、封头、管板、折流挡板、接管等部件组成。其结构特点是管束焊接或胀接在两块管板上，管板分别焊接在壳体两端并在其上与封头连接，封头和壳体上装有流体进出口管。与其他形式的换热器相比，其结构简单、紧凑，制造成本较低；能得到最小的壳体内径，管程可分成多程，壳程也可分成双程，规格范围广，故在工程中广泛应用；管内不易积垢，即使产生了污垢也便于清洗。缺点是壳程不能清洗，检查困难，对于较脏或有腐蚀性的介质不宜采用。它宜用于壳程结垢不严重或能化学清洗的场合。

由于管束和管板与外壳的连接均为刚性，而管内管外是两种不同温度的流体，因此，当两流体温度差较大（大于 50 ℃）时产生温差应力，以致管子扭弯或从管板上松脱，甚至于损坏整个换热器，故应考虑设置热补偿——膨胀节。膨胀节通常焊接在外壳的适当部位上，常见有 U 型、平板型和 Ω 型等几种，由于 U 型膨胀节的挠性与强度都比较好，所以使用得最为普遍。

当管子和壳体的壁温差大于70 ℃和壳程压力超过0.6 MPa时，由于补偿圈过厚，难以伸缩，失去温差的补偿作用，应考虑采用其他结构类型的换热器。

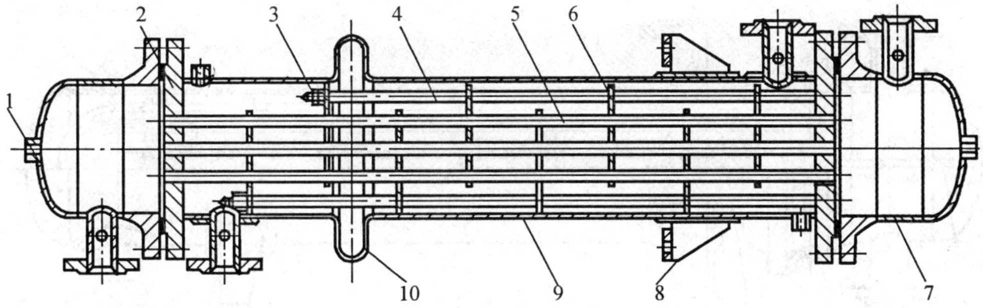


**图3-3 固定管板式换热器**

1—排液孔；2—固定管板；3—拉杆；4—定距管；5—换热管；6—折流板；7—封头管箱；8—悬挂式支座；9—壳体；10—膨胀节

3.2.2.2 浮头式换热器

浮头式换热器的结构形式如图3-4所示，两端管板中只有一端与壳体固定，另一端可相对壳体自由移动，称为浮头。浮头由浮头管板、钩圈和浮头端盖组成，是可拆连接，管束可从壳体内抽出。管束与壳体的热变形互不约束，因而不会产生热应力。

浮头式换热器的特点是管间和管内清洗方便，不会产生热应力，但其结构复杂，造价比固定管板式换热器高，设备笨重，材料消耗量大，且浮头端小盖在操作中无法检查，制造时对密封要求较高。适用于壳体和管束之间温差较大或壳程介质易结垢的场合。

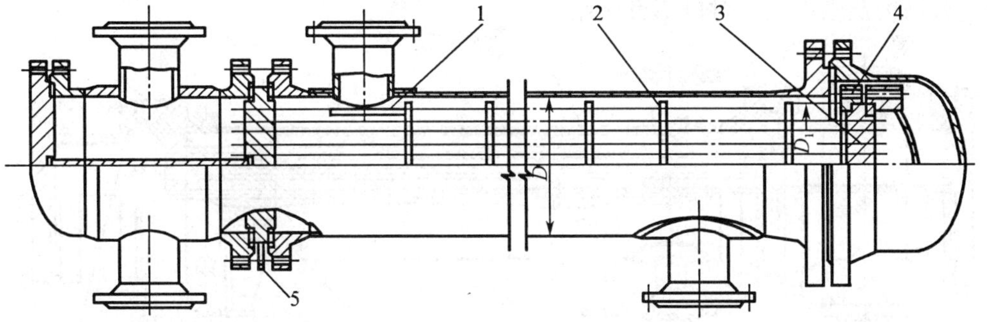


**图3-4 浮头式换热器**

1—防冲板；2—挡板；3—浮头管板；4—钩圈；5—支耳

3.2.2.3 U型管式换热器

U型管式换热器的结构特点如图3-5所示。这种换热器的内部管束被弯成U型，管子两端固定，在同一块管板上。由于管程与壳程只有一端固定连接，所以不必考虑管程与壳程的热膨胀引起的温差应力。因为该结构仅有一块管板，没有浮头，故结构简单，造价低廉。另外该种换热器的管束可从壳体内抽出，便于清洗。该种换热器的不足之处在于管内清洗需要专门的清洗工具，管束内部的管子大部分不能维修、更换。管束中心部分存在空隙，流体易走短路，影响传热效果，管板上管子排列少，结构不紧凑，管束中各弯管曲率不同，长短不一,物料分布不如固定管板式换热器均匀,管子因泄漏被堵塞后会损失传热面积,当管内介质流量很大,或者壳径很大时管束有可能产生振动。此外,其造价比固定管板式高10%。

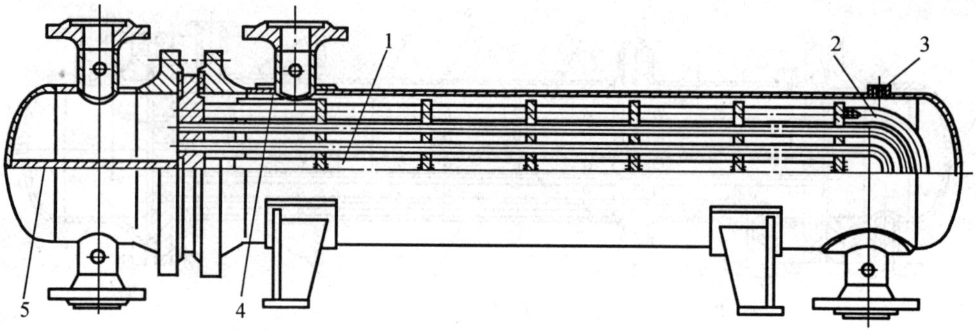


**图3-5　U型管式换热器**

1—中间挡板;2—U形换热管;3—排气口;4—防冲板;5—分程隔板

3.2.2.4　填料函式换热器

填料函式换热器的结构见图3-6。其特点是管板只有一端与壳体固定连接,另一端采用填料函密封。管束可以自由伸缩,不会产生因壳壁与管壁温差而引起的温差应力。这种结构特别适用于介质腐蚀性较严重、温差较大且要经常更换管束的冷却器。因为它有浮头式的优点,又克服了固定式的不足,结构比浮头式简单,制作比浮头式方便,清洗检修比浮头式容易,泄漏时能及时发现。

但填料函式换热器也有它自身的不足,主要是由于填料函密封性能相对较差,故在操作压力及温度较高的工况及大直径壳体($DN>700$ mm)下很少使用。壳程内介质具有易挥发、易燃、易爆及剧毒性质时也不宜应用。

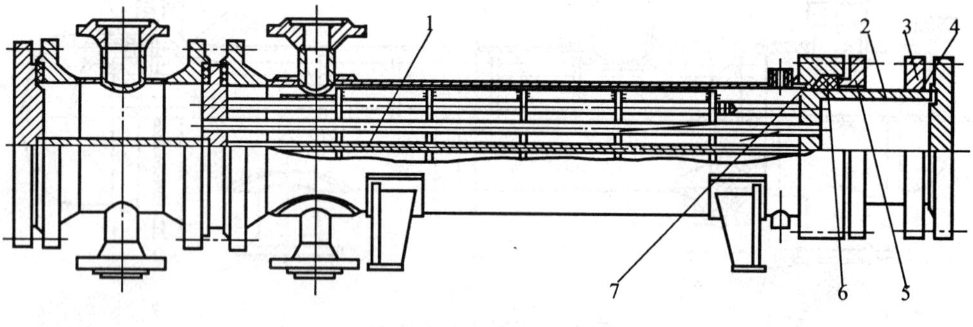


**图3-6　填料函式换热器**

1—纵向隔板;2—浮动管板;3—活套法兰;4—部分剪切环;5—填料压盖;6—填料;7—填料函

### 3.2.3　管壳式换热器的设计方案

设计方案选择的原则是要保证达到工艺要求的热流量,操作上要安全可靠,结构上要简单,便于维护,并尽可能节省操作费用和设备投资费用。只有熟悉和掌握换热器的结构特点和工作特性,并根据生产工艺的具体情况,才能合理的选型和正确的设计,选择设计方案主要考虑下述几个问题。

3.2.3.1　类型的选定

换热器选型时，需要考虑的因素很多，主要是流体的性质；压力、温度及允许压力降的范围；对清洗、维修的要求；材料价格；使用寿命等。此外，还应考虑材料的价格、制造成本、动力消耗费和使用寿命等因素，力求使换热器在整个使用寿命内最经济地运行。

固定管板式换热器具有结构简单和造价低廉等优点，但它仅适用于壳程流体压强小于 0.6 MPa，管、壳程壁温温度差小于 70 ℃，且管间只能通过清洁流体的场合。此外，当管、壳温度差大于 50 ℃时，则应考虑设置温度补偿装置。

U 型管式换热器适用于管、壳程温差较大或壳程介质易结垢，而管程介质清洁不易结垢以及高温、高压、腐蚀性强的场合。一般，高温、高压、腐蚀性强的介质走管内，可使高压空间减小，密封易解决，并可节约材料和减少热损失。

浮头式换热器的管束可以从壳体中抽出，便于清洗管间和管内。它可适用于高压及壳体壁温与管壁温差较大，且管内、外流体均易结垢的场合。

填料函式换热器适用于壳程流体的压力不高；管、壳壁温差较大或介质易结垢，需经常清洗的场合。此外，目前所使用的填料函式换热器的直径一般在 700 mm 以下，很少采用大直径的填料函式换热器。

3.2.3.2　流体通道的选择

冷、热流体在换热器内的流动路径，需进行合理安排，通常可依下述原则确定：

1. 不洁净和易结垢的流体宜走易于清洗的一侧。对于固定管板式、浮头式换热器，一般应将易结垢流体流经管程；但对于 U 型管式换热器，易结垢流体应走壳程。

2. 具有腐蚀性的流体宜走管程，以免管束和壳体同时受到腐蚀，节约耐腐蚀材料用量，降低换热器成本。

3. 压强高的流体宜走管程。这是因为管子直径小，耐压能力高，并避免采用耐压的壳体和密封措施。

4. 有饱和蒸气冷凝的换热器，应使饱和蒸气走壳程。因饱和蒸气比较清洁，传热系数与流速无关而且冷凝液容易排出。

5. 被冷却的流体宜走壳程，便于散热；有毒的流体宜走管程，减少泄漏的机会。

6. 为提高流体的流速，以增大其传热系数时，宜将这一流体走管程。因为管程流通截面积一般较小，且易于采用多管程来提高流速。

7. 若两流体温差较大，宜将传热系数大的流体通入管程，这样可降低管壁与壳壁的温差，以减少热应力。

8. 流量小而黏度大的液体一般以走壳程为宜，因为壳程内流体在折流扳的作用下，流通截面和方向均不断变化，在较低的雷诺数下（$Re<100$）就可达到湍流状态。有利于提高传热系数。

需要指出的是，上述要求常常不能同时满足，在设计中仅能按保证其中一些主要要求考虑。

3.2.3.3　加热剂和冷却剂的选择

在工业生产中，除工艺流体之间的热量交换外，还常需外来的加热介质（加热剂）和冷却介质（冷却剂）与工艺流体进行热交换，加热介质和冷却介质统称为载热体，工业上常用的载热体见表 3－1。可用作加热剂和冷却剂的物料有很多，列管式换热器常用的加热剂有饱和水蒸气、烟道气和热水等，常用的冷却剂有水、空气和氨等。一般情况下，除低温及冷冻外，冷却剂应优先选用水，水的初温应由当地的气候条件决定。此外，应注意：

1. 水与被冷却流体冷端之间一般需有5～35 ℃的温度差。

2. 水出口温度不宜太高，如出口温度超过50 ℃时，溶解于水中的无机盐（如$MgCO_3$，$CaCO_3$，$MgSO_4$，$CaSO_4$等）要析出在壁面上形成污垢。因此，用未经处理过的河水作冷却剂时，其出口温度一般不应超过50 ℃，否则会加快污垢的生成，大大增加传热阻力。

**表3-1　工业上常用载热体**

| | 载热体 | 使用温度范围 | 说明 |
|---|---|---|---|
| 加热剂 | 热水 | 40～100 ℃ | 利用水蒸气冷凝水或废热水的余热 |
| | 饱和水蒸气 | 100～180 ℃ | 180 ℃水蒸气压力为1.0 MPa（压力再高就不经济了），温度易调节，冷凝相变热大，对流传热系数大 |
| | 烟道气 | 500～1 000 ℃ | 温度高，比热容小，对流传热系数小 |
| 冷却剂 | 冷水（河水、井水、水厂给水、循环水） | 15～20 ℃<br>15～35 ℃ | 来源广，价格便宜，冷却效果好，调节方便，水温受季节和气候影响，冷却水出口温度易≤50 ℃，以免结垢 |
| | 空气 | <35 ℃ | 缺乏水资源地区可用空气，对流传热系数小，温度受季节、气候影响 |
| | 冷冻盐水（氯化钙溶液） | -15～0 ℃ | 用于低温冷却，成本高 |

3.2.3.4　流速的选择

换热器内流体速度的大小对传热系数及压力降的影响较大，选择时应全面分析比较或通过经济核算进行。一般来说，流速的增加，对流传热系数增大，且还可减少污垢在管子表面沉积的可能性，降低了污垢热阻，从而使总的传热系数K值提高。所需传热面积减少，设备投资费也减少。但随着流速的增加，流体阻力也相应增加，动力消耗增大，使得长期操作费用增加。工程上通常要求所选择的流速应使流体处于稳定的湍流状态，即$Re>10^4$。只有在流体黏度过大时，为避免压降过大，才不得不采用滞流流动。列管式换热器中常用的流速范围见表3-2～表3-4。

**表3-2　列管式换热器中常用的流速范围**

| 流体种类 | | 一般流体 | 海水、河水等易结垢流体 | 气体 |
|---|---|---|---|---|
| 流速/($m\cdot s^{-1}$) | 管程 | 0.5～3 | >1 | 5～30 |
| | 壳程 | 0.2～1.5 | >0.5 | 3～15 |

**表3-3　列管式换热器中不同黏度液体的最大流速**

| 液体黏度/(Pa·s) | 最大流速/($m\cdot s^{-1}$) | 液体黏度/(Pa·s) | 最大流速/($m\cdot s^{-1}$) |
|---|---|---|---|
| >1.5 | 0.6 | 0.035～0.001 | 1.8 |
| 1.500～0.5 | 0.75 | 0.001 | 2.4 |
| 0.5～0.1<br>0.1～0.035 | 1.1<br>1.5 | 烃类 | 3 |

表3-4 列管式换热器中易燃、易爆液体的安全允许速度

| 液体名称 | 乙醚、二硫化碳、苯 | 甲醇、乙醇、汽油 | 丙酮 |
|---|---|---|---|
| 安全允许速度/$(m\cdot s^{-1})$ | <1 | <2~3 | <1 |

3.2.3.5 流体两端温度确定

若换热器中冷、热流体的温度都由工艺条件规定,就不存在确定两端温度的问题。若其中一个流体仅已知进口温度,则出口温度应由设计者来确定。例如用冷水冷却某热流体,冷水的进口温度可以根据当地的气温条件作出估计,而从换热器出口的冷水温度,便需要根据经济衡算来决定。为了节省水量,可让水的出口温度提高些,但传热面积就需要加大;反之,为了减小传热面积,则要增加水量。两者是相互矛盾的。一般来说,设计时冷却水两端温度差可取为5~10 ℃。缺水地区选用较大的温度差,水源丰富地区选用较小的温度差。

### 3.2.4 管壳式换热器的选用

3.2.4.1 我国管壳式换热器设计的有关标准

随着我国化工及石油化工等现代工业的不断发展,换热器应用的普遍性和重要性日益突出,我国制定了换热器系列技术标准,标准里规定了各类换热器的基本参数和结构形式等内容,已有标准图纸供制造厂及有关单位使用,它反映了我国换热器设计和制造的水平。管壳式换热器系列标准有《固定管板式换热器型式与基本参数》(JB/T 4715—92)、《浮头式换热器、冷凝器形式与基本参数》(JB/T 4714—92)、《U型管式换热器形式与基本参数》(JB/T 4717—92)以及GB 151《钢制管壳式换热器》等。其中GB 151《钢制管壳式换热器》应用较广。以下简单介绍GB 151《钢制管壳式换热器》中的有关内容。

根据GB 151《钢制管壳式换热器》规定的换热器形式为固定管板式(列管式)换热器、浮头式换热器、U型管式换热器和填料函式换热器。

(1)列管式换热器主要组合部件的分类及代号

列管式换热器主要组合部件的分类及代号见表3-5。

表3-5 管壳式换热器主要组合部件的分类及代号

| 前端管箱型式 | | 壳体型式 | | 后端结构型式 | |
|---|---|---|---|---|---|
| A | 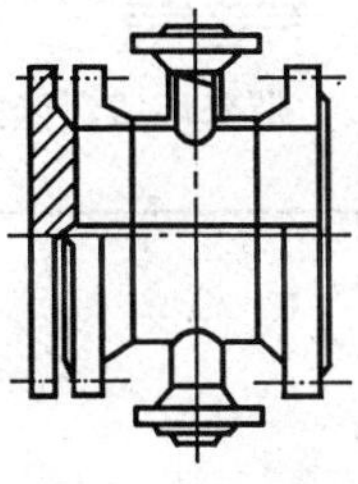 平盖管箱 | E | 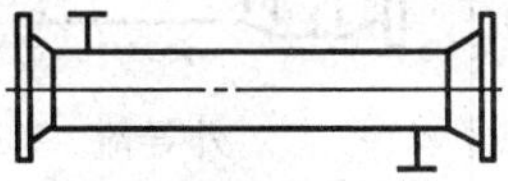 单程壳体 | L | 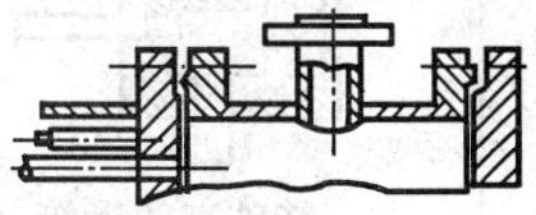 与A相似的固定管板结构 |
| | | F | 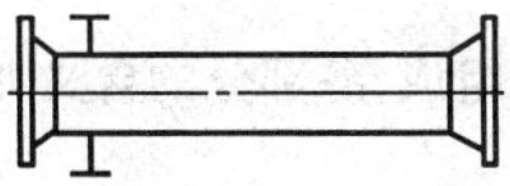 具有纵向隔板的双程壳体 | M | 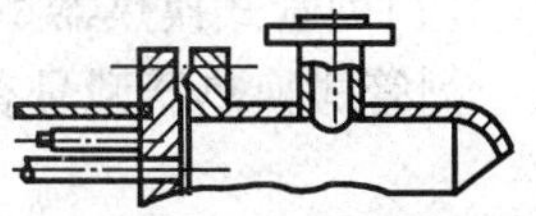 与B相似的固定管板结构 |

**表 3－5(续)**

| 前端管箱型式 | | 壳体型式 | | 后端结构型式 | |
|---|---|---|---|---|---|
| B | 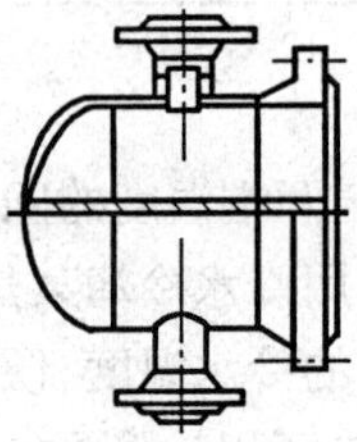 封头管箱 | G | 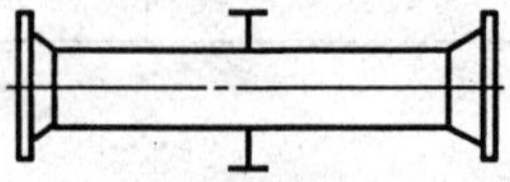 分流 | N | 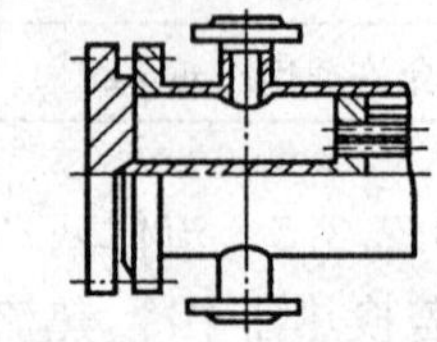 与 C 相似的固定管板结构 |
| | | H | 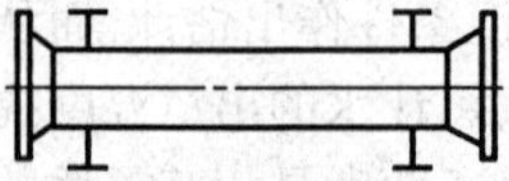 双分流 | P | 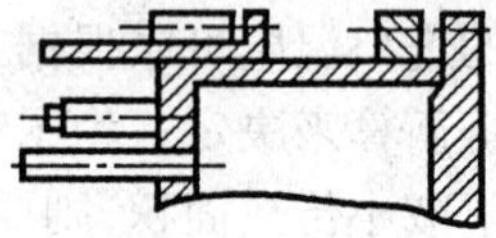 填料函式浮头 |
| C | 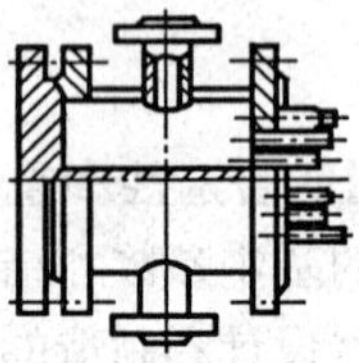 用于可拆管束与管板制成一体的管箱 | I | 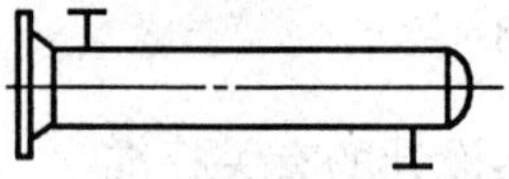 U 型管式换热器 | S | 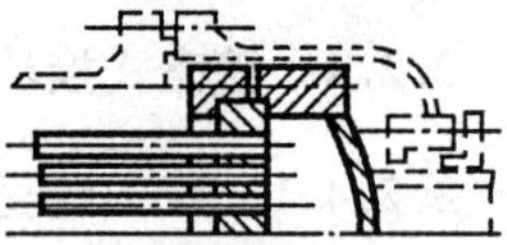 勾圈式浮头 |
| | | J | 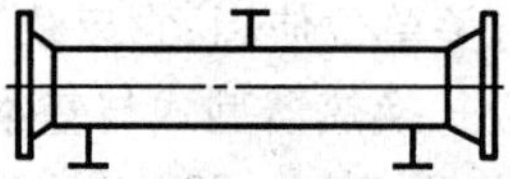 无隔板分流(或冷凝器壳体) | T | 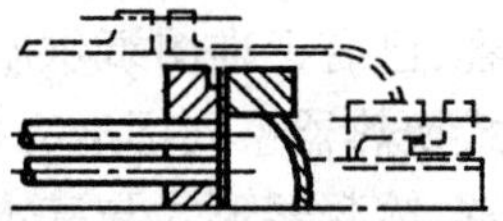 可抽式浮头 |
| N | 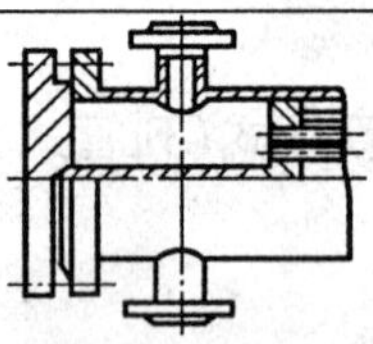 与管板制成一体的固定管板管箱 | K | 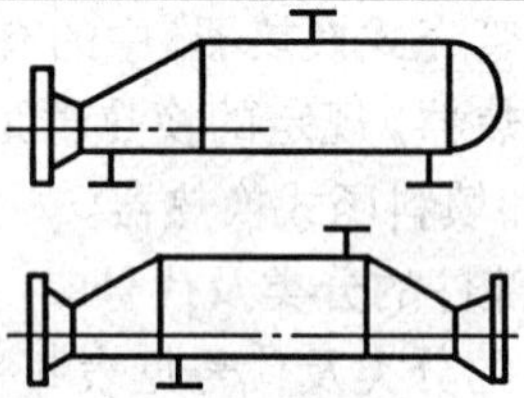 釜式重沸器 | U | 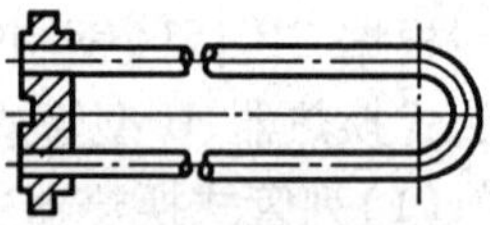 U 型管束 |
| D | 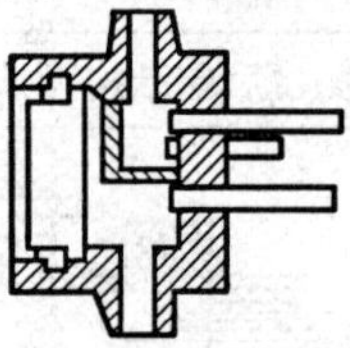 特殊高压管箱 | O | 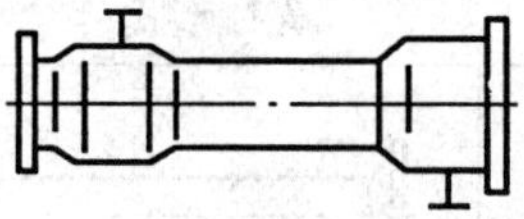 外导流 | W | 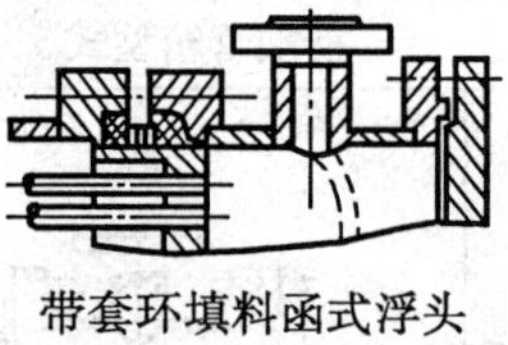 带套环填料函式浮头 |

(2)列管式换热器型号

列管式换热器型号有七部分组成,各部分的含义如下:

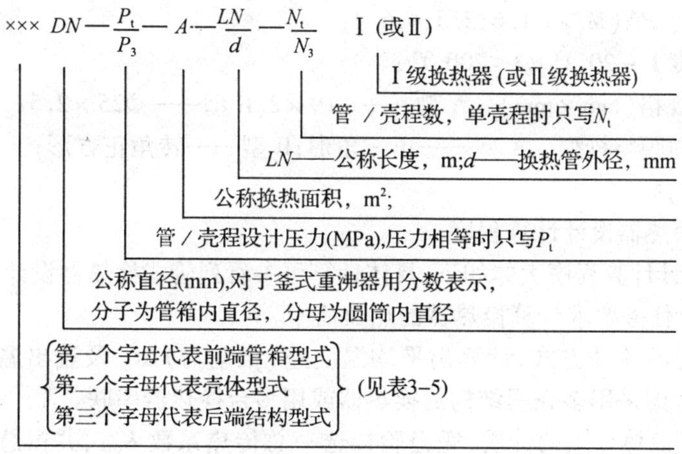


例如，封头管箱，公称直径 800 mm，管程设计压力 1.6 MPa，壳程设计压力 0.6 MPa，公称换热面积 160 m$^2$，换热管外径 25 mm，管长 6 m，4 管程，单壳程的固定管板式换热器，其型号为

$$\mathrm{BEM800}-\frac{1.6}{0.6}-160-\frac{6}{25}-4I$$

（3）列管式换热器基本参数

①固定管板式换热器的基本参数

（a）公称换热面积 $A$(m$^2$) 1～370；

（b）公称直径 $DN$(mm) 159,273,400,500,600,800,1 000，前两种一般采用无缝钢管制造，后几种则采用钢板卷焊；

（c）公称压力 $PN$(MPa) 0.6,1,1.6,2.5；

（d）设计温度 $t \leqslant 200$ ℃；

（e）换热管长(mm) 1 500,2 000,3 000,4 500,6 000,9 000 六种；

（f）换热管规格(mm×mm) $\Phi25\times2.5$(10 钢)，$\Phi25\times2$(不锈耐酸钢)；

（g）管子间距和排列 间距 32 mm，采用正三角形排列。

②浮头式、填料函式换热器的基本参数

（a）公称直径 $DN$(mm) 325,400,5 000,600,700,800,900,1 000,1 100,1 200,(1 300),1 400,(1 500),1 600,(1 700),1 800；

（b）公称压力 $PN$(MPa) 1.0,1.6,2.5,4；

（c）设计温度 $t$ $-20$ ℃ $<t\leqslant400$ ℃；

（d）换热管长度(mm) 3 000,6 000,9 000；

（e）换热管规格(mm×mm)　A 型——$\Phi19\times2$；B 型——$\Phi25\times2.5$；

（f）管子间距和排列　A 型——间距 25 mm 采用转角正方形排列；B 型——间距 32 mm 采用转角正方形排列；

（g）管程数 当 $DN=325\sim1\ 200$ 时为 2；当 $DN=325\sim1\ 800$ 时为 4；当 $DN=600\sim1\ 800$ 时为 6。

③U 型管式换热器的基本参数

（a）公称直径 $DN$(mm) 325,400,500,600,700,800,900,1 000,1 100,1 200；

(b)公称压力 $PN$(MPa) 1.6,2.5,4,6.4;

(c)设计温度 $t$ $-20$ ℃ $<t\leq200$ ℃;

(d)换热管规格(mm × mm)　A 型——$\Phi19\times2$;B 型——$\Phi25\times2.5$;

(e)换热管间距与排列　A 型——正三角形;B 型——转角正方形;

(f)管程数 2,4。

3.2.4.2　换热器设计计算程序

换热器的设计计算程序大体如下,具体计算可参看列管式换热器设计中有关内容。

1. 根据设计任务要求计算换热器的热负荷 $Q$。

2. 按所选定的流动方式,计算出平均温度差(推动力)$\Delta t_m$ 及查出温差校正系数 $\varphi_{\Delta t}$。若 $\varphi_{\Delta t}<0.8$,应考虑采用多壳程结构的换热器或用多台换热器串联。

3. 依所处理流体介质的性质,凭经验初选一总传热系数 $K_{0估}$,并由总传热速率方程计算传热面积 $A'$

$$A' = \frac{Q}{K_{0估}\Delta t_m}$$

式中,$Q$ 为热负荷,W;$K_{0估}$为凭经验选取的总传热系数,W/(m$^2$ · K);$\Delta t_m$ 为平均温度差,℃。

4. 根据计算出的 $A'$值,查有关换热器系列标准,确定型号规格并列出各结构主要基本参数。

5. 利用总传热系数关联式计算 $K_{0计}$,再由总传热速率方程式求出 $A_{计}$。考虑到所用传热计算式的准确程度及其他未可预料的因素,应使得所选用换热器具有的传热面积 $A$ 留有的裕度 15% ~25%,即$[(A-A_{计})/A_{计}]=15\%\sim25\%$,否则需重新估计一个 $K_{0估}$,重复以上计算。也可依所选用换热器具有的传热面积 $A$,通过总传热速率方程式求出 $K_{0选}$,然后比较 $K_{0选}/K_{0计}$之值是否在 1.15 ~1.25 范围。

6. 计算出管、壳程压力降,验算是否满足要求。

### 3.2.5　管壳式换热器结构尺寸与结构连接

3.2.5.1　主体工艺结构尺寸设计

1. 换热管

(1)换热管形式

除光滑管外,换热管还可采用各种各样的强化传热管,如翅片管、螺旋槽管、螺纹管等。当管内外两侧传热系数相差较大时,翅片管的翅片应布置在传热系数低的一侧。

(2)换热管尺寸

换热管常用的尺寸(外径 × 壁厚)主要为 $\Phi19$ mm × 2 mm,$\Phi25$ mm × 2.5 mm 和 $\Phi38$ mm × 2.5 mm 的无缝钢管,以及 $\Phi25$ mm × 2 mm 和 $\Phi38$ mm × 2.5 mm 的不锈钢管。标准管长有 1.5,2.0,3.0,4.5,6.0,9.0 m 等。采用小管径,可使单位体积的传热面积增大、结构紧凑、金属耗量减少、传热系数提高。据估算,将同直径换热器的换热管由 $\Phi25$ mm 改为 $\Phi19$ mm,其传热面积可增加 40% 左右,节约金属材料 20% 以上。但小管径流体阻力大,不便清洗,易结垢堵塞。一般大直径管子用于黏性大或污浊的流体,小直径管子用于较清洁的流体。

(3)换热管材料

常用材料有碳素钢、低合金钢、不锈钢、铜、铜镍合金、铝合金、钛等。此外还有一些非金属材料,如石墨、陶瓷、聚四氟乙烯等。设计时应根据工作压力、温度和介质腐蚀性等选用合适的材料。

(4)换热管排列

管子在管板上的排列有正三角形、正方形和同心圆排列三种方式,如图3-7所示。

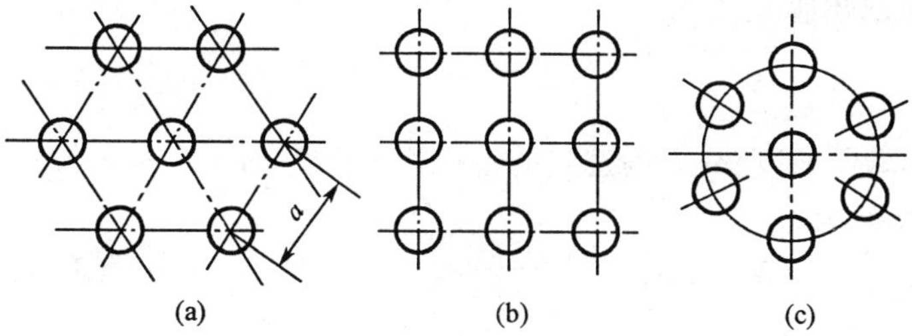


**图3-7 管子的排列方式**

(a)正三角形法;(b)正方形法;(c)同心圆法

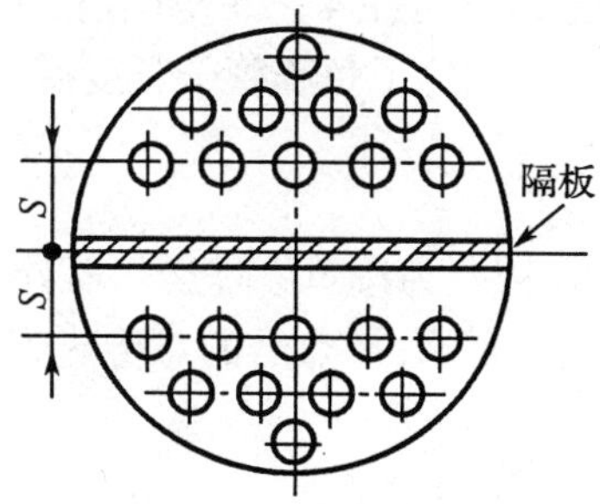


**图3-8 组合排列法**

传热管的排列应使其在整个换热器圆截面上均匀分布,同时还要考虑流体的性质,管箱结构及加工制造等方面的问题。一般来说,正三角形排列在一定的管板面积上可配置较多的管子,而且管外表面传热系数较大,但正三角形排列时管外机械清洗较为困难,而且管外流体的流动阻力也较大。正方形排列在同样的管板面积上可排列的管子数量为最少,但管外易于进行机械清洗,所以当管子外壁需要机械清洗时,常采用这种排列方法,此法在浮头式和填料函式换热器中用得较多。同心圆排列方式优点在于靠近壳体的地方管子分布较均匀,在壳体直径较小的换热器中可排列的传热管数比三角形排列还多。

由图3-7可以看出,采用正三角形排列时,管子排列面积是一个正六边形,排在正六边形内的管数为

$$N = 3a(a+1)+1 \tag{3-1}$$

式中,$N$为排列的管子数目;$a$为正六边形的个数。

采用正三角形排列,当管子总数超过127根,即正六边形的个数$a>6$时,最外层六边形和壳体间的弓形部分空间较大,也应配置传热管。

对于多管程换热器,常采用组合排列法。如每一程多采用三角形排列法,而在各程之间,为便于安排隔板,则采用正方形排列方法,见图3-8所示。

(5)管子数目与管长

在选定了管子的规格后,可由下式先求出单管程所需的管子数目

$$n = \frac{V_s}{\frac{\pi}{4}d_i^2 u_i} \tag{3-2}$$

式中,$n$为单程管子数目;$V_s$为管程流体的体积流量,$m^3/s$;$u_i$为管程流体的适宜流速,m/s;$d_i$为管子内径,m。

由上述估算出的管外表面积又可计算出单程管束长度

$$L' = \frac{A'_o}{\pi n d_o} \tag{3-3}$$

式中，$L'$为按单程计算的管束长度，m；$A'_o$为估算的传热面积，$m^2$；$d_o$ 为管子外径，m。

若计算出单程管束长度 $L'$过长，应对管束分程。此时应按实际情况选择每程管子的长度 $L$。国标（GB 151—89）推荐的传热管长度为 1.0，1.5，2.0，2.5，3.0，4.5，6.0，7.5，9.0，12.0 m。此外还要验算管长 $L$ 与壳体的直径 $D$ 的长径比是否适当。列管式换热器的长径比 $L/D$ 可在 4 ~25 范围内，一般情况下为 6 ~10，竖直放置的换热器，长径比为 4 ~6。

确定了每程管子长度后，就可求出管程数 $N_P$

$$N_p = \frac{L'}{L} \tag{3-4}$$

式中，$L'$为按单管程换热器计算的管子长度，m；$L$ 为选定的每程管子长度，m。

那么，换热器的总传热管子数 $N$ 为

$$N = nN_p \tag{3-5}$$

（6）管心距

管板上两管子中心距离 $t$ 称为管心距（或管间距）。管心距取决于管板的强度、清洗管子外表面时所需的空隙、管子在管板上的固定方法等。

传热管和管板的连接方法有胀接和焊接两种，当管子采用焊接方法固定时，相邻两根管的焊缝太近，会相互受到影响，使焊接质量不易保证，因此管心距应有一定的数值范围。一般取 $t=1.25d_o$（$d_o$ 为管子的外径）。当管子采用胀接固定时，过小管心距会造成管板在胀接时由于挤压力的作用发生变形，失去管子与管板之间的连接力，故一般采用 $t=(1.3\sim1.5)d_o$。对于直径较小的管子，要注意管心距最小不能小于（$d_o+6$）mm，而且 $t/d_o$ 值应稍大些。

多管程结构中，隔板占有管板部分面积。一般情况下，隔板中心到离其最近一排管中心的距离可用下式计算

$$s = \frac{t}{2} + 6 \tag{3-6}$$

于是可求各程相邻管的管心距为 2s。常用的换热管中心距见表 3 -6。

**表 3 -6　常用的换热管中心距**

| 换热管外径 $d_o$/mm | 10 | 12 | 14 | 19 | 25 | 32 | 38 | 45 | 57 |
|---|---|---|---|---|---|---|---|---|---|
| 换热管中心距 $t$/mm | 14 | 16 | 19 | 25 | 32 | 40 | 48 | 57 | 72 |

2. 管板

管板是管壳式换热器最重要的零部件之一，用来排布换热管，将管程和壳程的流体分隔开，避免冷、热流体混合，并同时受管程、壳程压力和温度的作用。

（1）管板材料

在选择管板材料时，除力学性能外，还应考虑管程和壳程流体的腐蚀性，以及管板和换热管之间的电位差对腐蚀的影响。当流体无腐蚀性或有轻微腐蚀性时，管板一般采用压力容器用碳素钢或低合金钢板或锻件制造。

当流体腐蚀性较强时，管板应采用不锈钢、铜、铝、钛等耐腐蚀材料。但对于较厚的管

板，若整体采用价格昂贵的耐腐蚀材料，造价很高。例如，高温、高压换热器中，管板厚达300 mm以上，有的甚至达到500 mm。为节约耐腐蚀材料，工程上常采用不锈钢+钢、钛+钢、铜+钢等复合板，或堆焊衬里。

(2)管板结构

当换热器承受高温、高压时，高温和高压对管板的要求是矛盾的。增大管板厚度，可以提高承压能力，但当管板两侧流体温差很大时，管板内部沿厚度方向的热应力增大；减薄管板厚度，可以降低热应力，但承压能力降低。此外，在开车、停车时，由于厚管板的温度变化慢，换热管的温度变化快，因此在换热管和管板连接处会产生较大的热应力。当迅速停车或进气温度突然变化时，热应力往往会导致管板和换热管在连接处发生破坏。因此，在满足强度的前提下，应尽量减少管板厚度。

一般浮头式换热器受力较小，其厚度只要满足密封性即可。对于胀接的管板，考虑胀接刚度的要求，其最小厚度可按表3-7选用。考虑到腐蚀裕量，以及有足够的厚度才能防止接头的松脱、泄漏和引起振动等原因，建议最小厚度应大于20 mm。

**表3-7　胀接管板的最小厚度**

| 换热器外径 $d_o$/mm | ≤25 | 32 | 38 | 57 |
|---|---|---|---|---|
| 管板厚度/mm | $3d_o/4$ | 22 | 25 | 32 |

3. 管箱与封头

壳体直径较大的换热器大多采用管箱结构。管箱位于管壳式换热器的两端，管箱的作用是把从管道输送来的流体均匀地分布到各换热管和把管内流体汇集在一起送出换热器。在多管程换热器中，管箱还起到改变流体流向的作用。

管箱的结构形式主要以换热器是否需要清洗或管束是否需要分程等因素来决定。图3-9为管箱的几种结构形式。图3-9(a)的管箱结构适用于较清洁的介质情况，因为在检查及清洗管子时，必须将连接管道一起拆下，很不方便。图3-9(b)为在管箱上装箱盖，将盖拆除后(不需拆除连接管)，就可检查及清洗管子，但其缺点是用材较多。图3-9(c)形式是将管箱与管板焊成一体，从结构上看，可以完全避免在管板密封处的泄漏，但管箱不能单独拆下，检修、清理不方便，所以在实际使用中很少采用。图3-9(d)为一种多程隔板的安置形式。

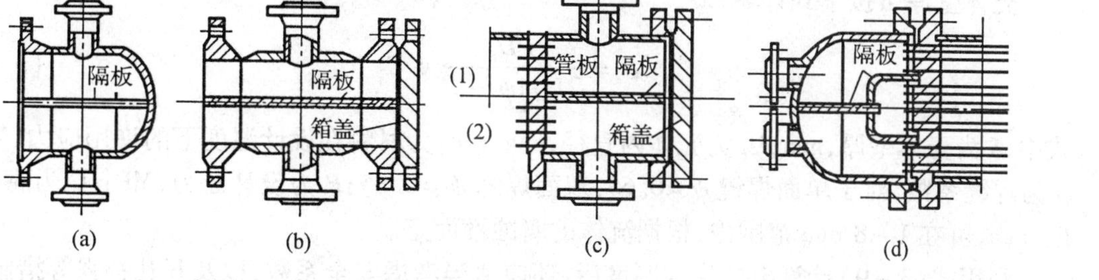


**图3-9　管箱结构型式**

封头的类型有很多。在列管式换热器中，常用的封头形式有椭圆形封头、平板形封头和碟形封头。封头的计算复杂，在设计中有关封头的尺寸可从有关标准中直接查取。

4. 壳体

壳体一般为圆筒，在壳壁上焊有接管，供壳程流体进入和排出用。为防止进口流体直接冲击管束而造成管子的侵蚀和振动，在壳程进口接管处常装有防冲挡板，或称缓冲板。当壳体法兰采用高颈法兰或壳程进出口接管直径较大或采用活动管板时，壳程进出口接管距管板较远，流体停滞区过大，靠近两端管板的传热面积利用率很低。为克服这一缺点，可采用导流筒结构。导流筒除可减小流体停滞区，改善两端流体的分布，增加换热管的有效换热长度，提高传热效率外，还起防冲挡板的作用，保护管束免受冲击。

(1)壳体直径的计算

换热器壳体的内径应等于或稍大于(在浮头式换热器中)管板的直径，通常根据计算出的实际管径、管数、管中心距及采用的管子的排列方法，用作图法确定壳体内径。当管束较多又要反复计算时，可参考系列标准或通过估算初选外壳直径，待全部设计完成后，再用作图法画出管子的排列图。

对于单管程换热器，壳体的内径可以用下式计算

$$D_i = t(n_c - 1) + 2b' \tag{3-7}$$

式中，$D_i$ 为壳体内径，m；$t$ 为管子中心距。用胀接方法连接时，$t=(1.3\sim1.5)d_o$；用焊接方法连接时，$t=1.25d_o$。$n_c$ 为横过管束中心线的管数，管子按正三角形排列时，$n_c=1.1\sqrt{N}$；管子按正方形排列时，$n_c=1.19\sqrt{N}$，$N$ 为换热器的总管数。$b'$为管束中心线上最外层管中心至壳体内壁的距离，一般取 $b'=(1\sim1.5)d_o$。

多管程换热器壳体的内径还和管程数有关，可用下式近似估算

$$D_i = 1.05t\sqrt{\frac{N}{\eta}} \tag{3-8}$$

式中，$\eta$ 为管板利用率，对于正三角形排列，2 管程，$\eta=0.7\sim0.85$；4 管程以上 $\eta=0.6\sim0.8$。正方形排列，2 管程，$\eta=0.55\sim0.7$，4 管程以上 $\eta=0.45\sim0.65$。

估算出壳体内径后，应按下列壳体直径标准系列尺寸进行圆整

$D_i$(mm)：325，400，500，600，700，800，900，1 000，1 100，1 200

必须指出，以式(3-8)计算多管程换热器壳体内径，所得结果仅作参考，确定壳体内径的可靠方法是按比例在管板上画出隔板位置，并进行排管，从而确定壳体内径。

(2)壳体壁厚的计算

壳体壁厚可按下式计算

$$\delta = \frac{PD_i}{2[\sigma]\psi - P} + C \tag{3-9}$$

式中，$\delta$ 为壳体壁厚，mm；$D_i$ 为壳体内直径，mm；$[\sigma]$为材料在设计温度下的许用应力，MPa；$\psi$ 为焊缝系数，对于单面焊缝 $\psi=0.65$，双面焊缝 $\psi=0.85$；$P$ 为设计压力，MPa；$C$ 为腐蚀裕度，mm，可在 1～8 mm 范围内，根据流体的腐蚀性而定。

利用式(3-9)计算出外壳的厚度后，还应适当考虑安全系数，以及开孔补强等措施，故要求外壳的厚度应大于表 3-8 所列出的最小壁厚。

**表3-8 壳体的最小壁厚**

| 壳体内径 $D_i$/mm | 325 | 400 | 500 | 600 | 700 | 800 | 900 | 1 000 | 1 100 | 1 200 |
|---|---|---|---|---|---|---|---|---|---|---|
| 最小厚度/mm | 8 | | 10 | | 12 | | 14 | | 16 | |

5. 管束分程

换热器的换热面积较大而管子又不很长时，就得排列较多的管子。为了提高流体在管内的流速，增大管内传热膜系数，可将管束分程。分程可采用不同的组合方法，但每程中的管数应该大致相同，分程隔板应尽量简单，密封长度应短。管程数一般有1,2,4,6,8,10,12等七种。偶数管程的换热器无论对制造、检修或是操作都比较方便，所以用得最多。除单程外，奇数管程一般少用，程数不能分得太多，不然隔板要占去相当大的布管面积，而且在壳程中形成许多旁路，影响传热。

管束分程方法常采用平行和T型方式。当管程流体进、出口温度变化很大时，应避免流体温差较大的两部分管束紧邻，否则在管束与管板中将产生很大的温差应力。根据经验，跨程温差最大不得超过28 ℃，故程数小于4时，采用平行的隔板更为有利。管束分程前后管箱中隔板形式及介质的流通顺序见表3-9。

**表3-9 分程布置形式**

| 程数 | 1　　2　　4　　6 |
|---|---|
| 流动顺序 | 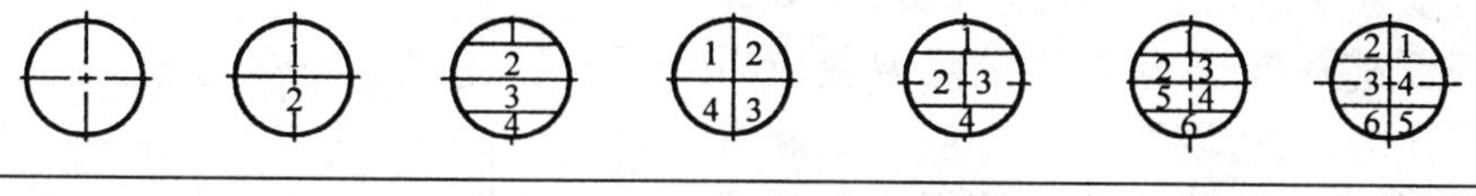 |
| 管箱隔板 |  |
| 介质返回侧隔板 |  |
| 程数 | 8　　10　　12 |
| 流动顺序 | 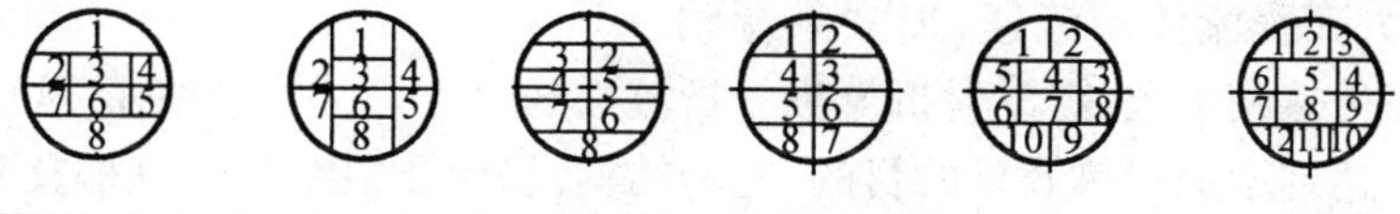 |
| 管箱隔板 | 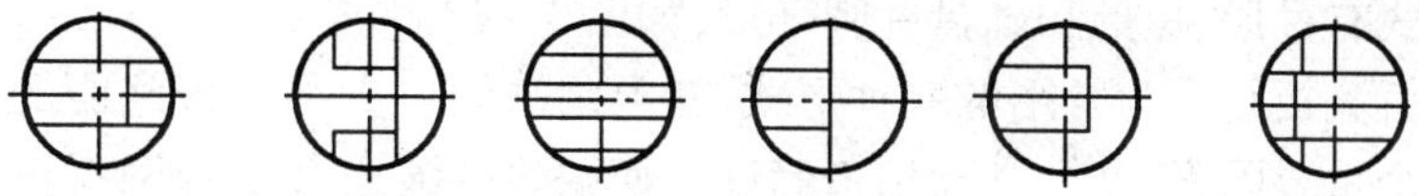 |
| 介质返回侧隔板 | 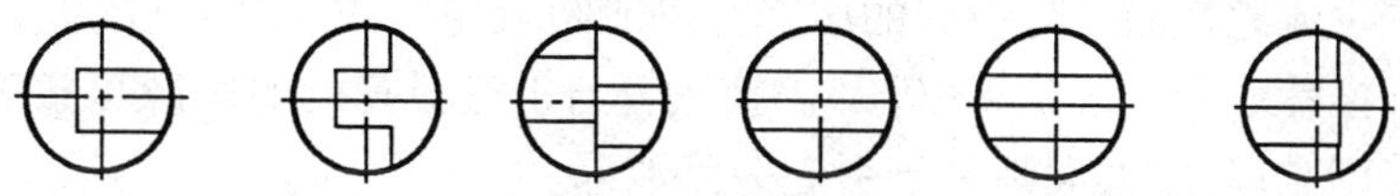 |

6. 壳程分程

图3－10表示出几种壳程形式。图中(a)为E型，是最普通的一种，壳程是单程，管程可为单程，也可多程。为了增大平均温度差提高传热效率，在壳程中装入一块平行于轴线的纵向隔板，便成为二壳程的换热器，如图中(b)所示F型，流体按逆流方式进行热交换。图中(c)为G型，也属二壳程的换热器，纵向隔板从管板的一端移开使壳程流体得以分流。壳体上的进、出口接管对称地分置于两侧中央部位。壳程中流体压力降与E型的相同，但在传热面积与流量相同的情况下，具有更高的效率。G型壳体也称为对称分流壳体，壳体中可通入单相流体，也可通入有相变的流体。如用作水平的热虹吸式再沸器，壳程中的隔板起着防止轻组分的闪蒸与增强混合的作用。图中(d)为H型，与G型相似，同属二壳程的换热器，但进、出口接管与纵向隔板均高一倍，故又称双分流壳体。G型与H型都可用于压力降作为控制因素的换热器中，且有利于降低壳程流体的压力降。

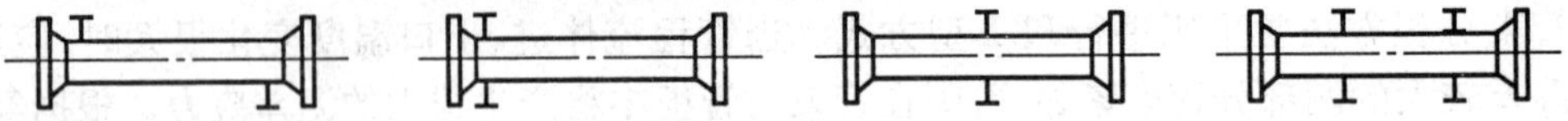


图3－10 换热器的壳程形式

3.2.5.2　辅助结构工艺结构尺寸设计

1. 波形膨胀节

对于管壁与壳壁温度差大于50 ℃的固定管板式换热器，应考虑消除温差应力的温度补偿装置，以防止温差应力引起管子弯曲，或可能造成管子与管板连接处泄露，甚至使得管子从管板上拉脱等影响。最常用的补偿装置是波形膨胀节，它是装在固定管板式换热器壳体上的挠性元件，其结构如图3－11所示。基本参数和尺寸可从有关手册所列的标准中查取。

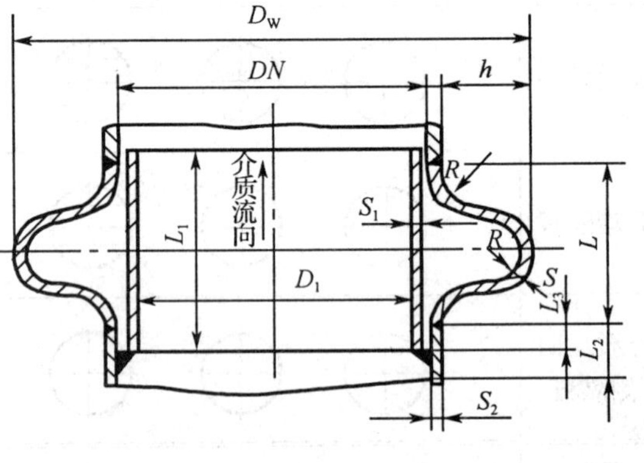


图3－11　波形膨胀节

2. 折流板

为增大壳程流体的流速，加强其湍动程度，提高传热膜系数，需设置折流板。折流板的作用是为了改变壳程介质的流向，增加管间流速，以达到增加传热效果的目的，它的结构设计，要根据工艺过程及要求来确定，常见折流板的形式有弓形、矩形和圆盘－圆环形，如图3－12。

弓形折流板是最为常用的一种形式，其上圆缺切口大小和板间距的大小是影响传热和压降的两个重要因素，其中圆缺切口高度应使缺口处流通截面与两折流板间的流通面积相接近，以减少流通截面变化引起的压降。一般圆缺切口的高度 $h$ 取$(0.1\sim0.45)D_i$，对于无相变流体，推荐取 $h/D_i=0.2\sim0.25$。换热管与折流板孔间的间隙可按表3－10选取，间隙太小，穿管困难；间隙太大则易于引起旁路泄漏。

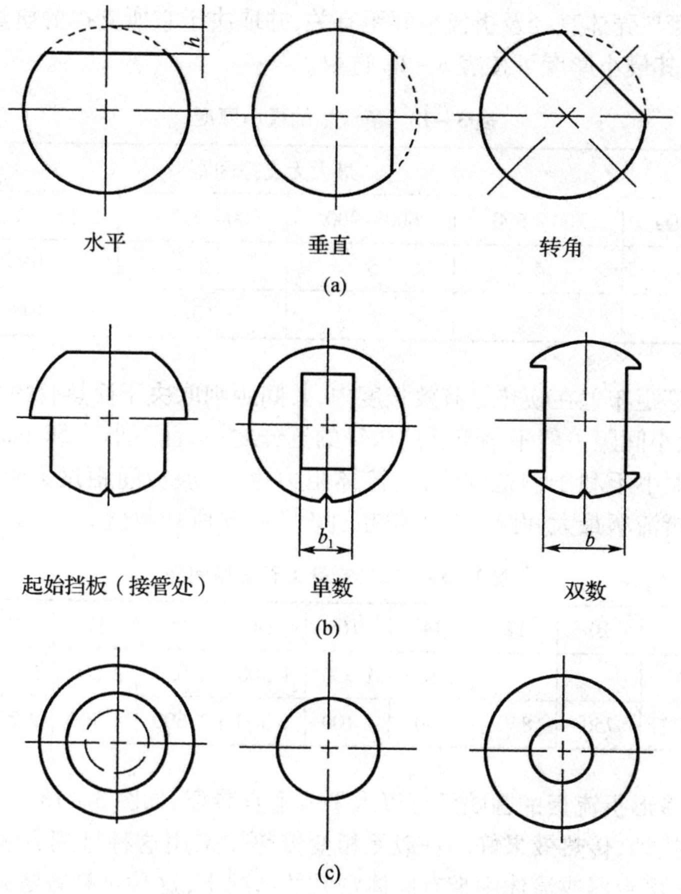


**图 3－12　常见折流板结构形式**

(a)单弓形折流板;(b)矩形折流板;(c)圆盘－圆环形折流板

**表 3－10　折流板管孔直径与允许误差**

| 管子外径 $d_o$ | 14 | 16 | 19 | 25 | 32 | 38 | 45 | 57 |
|---|---|---|---|---|---|---|---|---|
| 管孔直径 $d$ | 14.6 | 16.6 | 19.6 | 25.8 | 32.8 | 38.8 | 45.8 | 58.0 |
| 允许误差 | $^{+0.4}_{0}$ | | | | $^{+0.45}_{0}$ | | $^{+0.5}_{0}$ | |

折流板外直径与壳体的直径之间应有一个合适的间隙,间隙太小,安装困难;间隙太大会造成流体短路,影响传热,折流板的外径可按表 3－11 选取。

**表 3－11　折流板的外径**

| 公称直径 DN | <400 | 400 ~ 500 | 500 ~ 900 | 900 ~ 1 300 | 1 300 ~ 1 700 | 1 700 ~ 2 000 | 2 000 ~ 2 300 | 2 300 ~ 2 600 |
|---|---|---|---|---|---|---|---|---|
| 折流板名义直径 | $DN-2.5$ | $DN-3.5$ | $DN-4.5$ | $DN-6$ | $DN-8$ | $DN-10$ | $DN-12$ | $DN-14$ |
| 允许误差 | $^{0}_{-0.5}$ | | $^{0}_{-0.8}$ | | $^{0}_{-1.2}$ | | $^{0}_{-1.4}$ | $^{0}_{-1.6}$ |

折流板的厚度与壳体直径及折流板间距有关，并取决于它所支撑的质量。板厚增大，管束不易激发振动，其最小厚度可按表3－12选取。

**表3－12 折流板的最小厚度**

| 公称直径 DN | 最大无支撑间距 | | | | | |
|---|---|---|---|---|---|---|
| | ≤300 | 300～600 | 600～900 | 900～1 200 | 1 200～1 500 | >1 500 |
| <400 | 3 | 4 | 5 | 8 | 10 | 10 |
| 400～700 | 4 | 5 | 6 | 10 | 10 | 12 |

折流板通常等距布置在换热管有效长度内，其间距则取决于换热管的用途、壳程介质流量等，折流板的最小间距一般不小于圆筒内径的五分之一，且不小于50 mm。最大间距不得超过$D_i$，板间距太小不利于制造和维修，流体阻力也大，但板间距过大时则接近于纵向流动，传热效果差，折流板最大间距一般不得超过表3－13所列数值。

**表3－13 换热管最大无支撑间距**

| 换热管外直径 | | 10 | 12 | 14 | 16 | 19 | 25 | 32 | 38 | 45 | 57 |
|---|---|---|---|---|---|---|---|---|---|---|---|
| 最大无支撑间距 | 钢管 | | | 1 100 | 1 300 | 1 500 | 1 850 | 2 200 | 2 500 | 2 750 | 3 200 |
| | 有色金属管 | 750 | 850 | 950 | 1 100 | 1 300 | 1 600 | 1 900 | 2 200 | 2 400 | 2 800 |

卧式换热器弓形折流板的圆缺面可以水平或垂直装配，如图3－13所示。水平装配，可造成流体的强烈扰动，传热效果好。一般无相变传热均采用这种排列方法。垂直装配主要用于卧式冷凝器，再沸器或流体中带有固体颗粒的情况下，这种排列方法有利于冷凝器中的不凝气和冷凝液的排放。

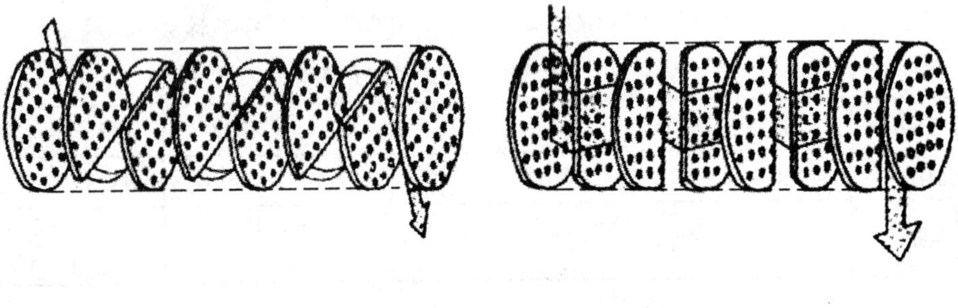

**图3－13 弓形折流板的排列及流向**

3. 折流杆

传统的装有折流板的管壳式换热器存在着影响传热的死区，流体阻力大，且易发生换热管振动与破坏。为了解决传统折流板换热器中换热管与折流板的切割破坏和流体诱导振动，并且强化传热提高传热效率，近年来开发了一种新型的管束支撑结构—折流杆支撑结构。该支撑结构由折流圈和焊在折流圈上的支撑杆（杆可以水平、垂直或其他角度）所组成。折流圈可由棒材或板材加工而成，支撑杆可由圆钢或扁钢制成。一般4块折流圈为一组，如图3－14所示，也可采用2块折流圈为一组。支撑杆的直径等于或小于管子之间的间隙。因而能牢固地将换热管支撑住，提高管束的刚性。

4. 防冲结构与导流筒

在管壳式换热器的介质进口处，其列管段经常受到高速介质的冲刷，容易受到侵蚀和引起振动，对换热器的传热效率及换热管的寿命都会产生不利影响。因此要求在介质进口处设置起防护作用的相应结构。

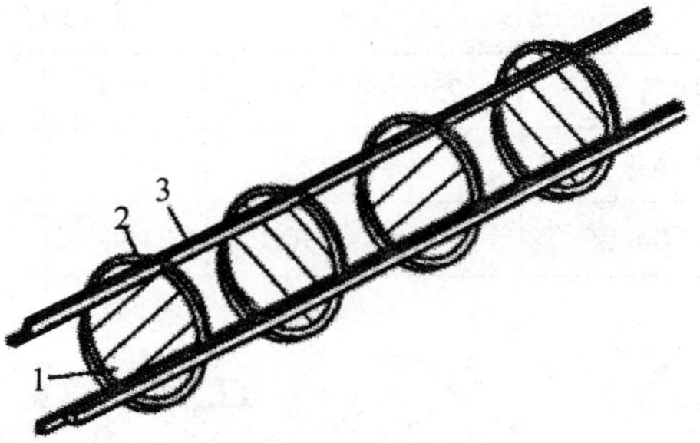


**图3-14 折流杆结构**

1—支撑杆；2—折流杆；3—滑轨

(1)防冲板：一般规定，当壳程入口管的 $\rho u^2$ 值为下列数值时，应设置防冲板：

①腐蚀性、非腐蚀性的单相流体当 $\rho u^2 > 2\ 230\ \mathrm{kg/(m \cdot s^2)}$；

②其他液体，包括沸点以下的液体当 $\rho u^2 > 740\ \mathrm{kg/(m \cdot s^2)}$。

防冲板一般都焊在拉杆上，进口直径较小时也可焊在折流板上。防冲板与筒体内侧的距离 $H_1$ 应大于接管内径的1/4。其通道截面积必须大于接管的流通截面积。图3-15(a)，(b)，(c)中，防冲板均焊接在拉杆上。图(a)，(b)均为拉杆位于换热管上侧的结构。当拉杆间距较大时，可用图(b)中的结构，以保证流体分布均匀及有充足的流通面积。图(c)是拉杆位于换热管两侧的结构。图(d)为带孔的弓形防冲板，该板可焊在壳体上。图(e)和图(f)为带开孔及带开槽的防冲板。一般防冲板可不开孔，若开孔则需要计算来确定相应的开孔截面积。防冲板的参考尺寸见表3-14。

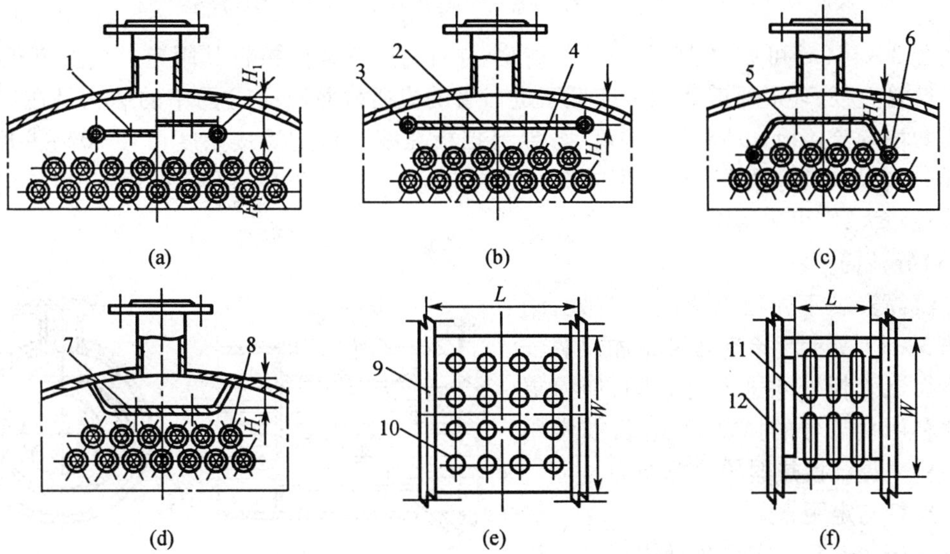


**图3-15 防冲板结构**

1,7,11—弓形防冲板；2,5,10—矩形防冲板；3,6,9,12—拉杆；4,8—加热管

(2)扩大管和直管防冲结构

蒸气进口管可采用扩大管(喇叭口形状)以起到缓冲作用，其结构见图3-16。

表3-14　防冲板参考尺寸(mm)

| 接管直径 | 25 | 50 | 100 | 150 | 200 | 250 | 300 | 350 | 400 |
|---|---|---|---|---|---|---|---|---|---|
| 防冲板厚度 | | | | | 6 | | | | |
| $L \approx W$ | 75 | 100 | 150 | 225 | 300 | 375 | 450 | 500 | 570 |

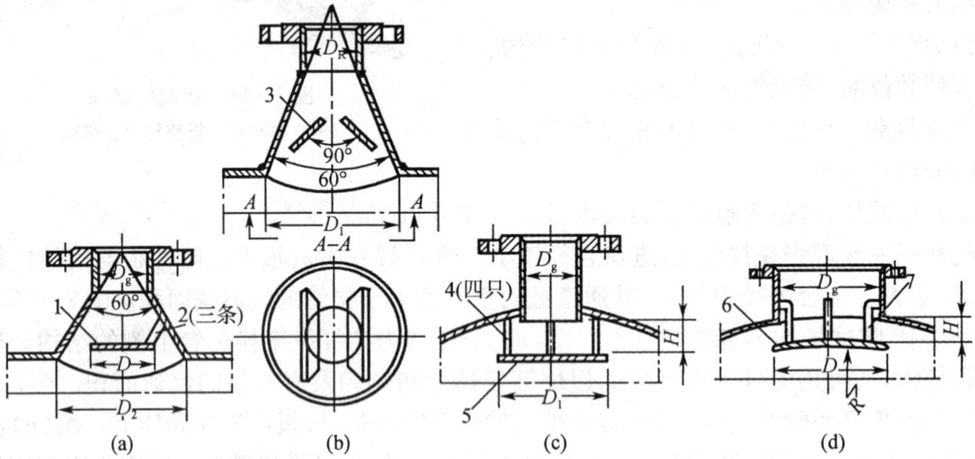


图3-16　扩大管和直管防冲结构

1,5,6—挡板;2—筋(三条);3—导流板;4,7—支脚(四只)

由图3-16(a)可见,在喇叭形口内侧设一挡板,用三条筋板将其固定。挡板直径$D$约等于进口管直径,环形通道面积不应低于进口管的流通截面积;(b)图中的结构是在喇叭形口处焊两块导流挡板,以降低气流流速,导流挡板在喇叭口的焊接角度可在60°~90°范围内选择。如果进口管是用直管口形式时,为防止上述现象的发生,可采用图(c)的结构。若进口管径较大,则可采用图(d)的结构。

(3)导流筒

导流筒安装于壳程流体的入口处,结构如图3-17所示。导流筒可将加热蒸气或流体靠近管板处才进入管束间,使得更充分地利用换热器的换热面积,目前常用这种结构来提高换热器的换热能力。

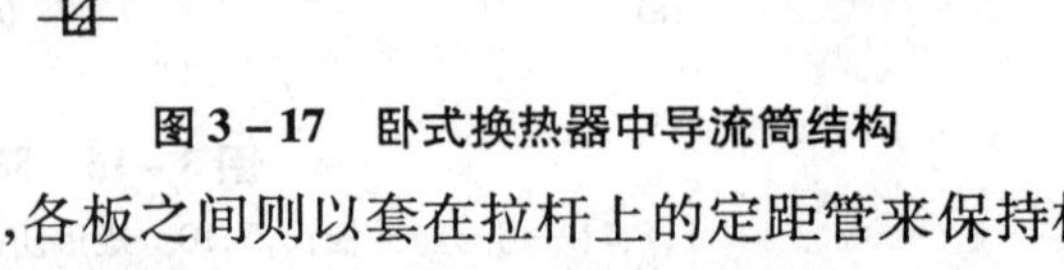


图3-17　卧式换热器中导流筒结构

5. 拉杆与定距管

折流板的安装固定是通过拉杆和定距管来实现的。拉杆是一根两端皆带有螺纹的长杆,一端拧入管板,折流板就穿在拉杆上,各板之间则以套在拉杆上的定距管来保持板间距离,最后一块折流板可用螺母拧在拉杆上予以紧固。拉杆直径及数量可依换热器壳体内直径选定,各种尺寸换热器的拉杆直径和拉杆数,可参考表3-15选取。定距管通常采用与换热管材料、直径相同的管子。

表 3－15　拉杆直径与最小拉杆数

| 壳体直径/mm | 拉杆直径/mm | 最小拉杆数 |
|---|---|---|
| 200～250 | 10 | 4 |
| 273,400,500,600 | 12 | 4 |
| 800,1 000 | 12 | 6 |
| 1 200 | 12 | 8 |
| >1 250 | 12 | 10 |

6. 排气孔与排液孔

在管壳式换热器的管程与壳程中，为了排放或回收介质残气（残液），可在管板上或靠近管板的壳体上设置排气孔或排液孔。它们的尺寸一般不小于 Φ15 mm。

卧式换热器的壳程排气、排液孔多采用图 3－18(a)所示的结构。该形式位于筒体的上部或者底部。在立式换热设备中，壳程的排气（排液口），采用在管板上或壳体上开设不小于 Φ16 mm 的小孔，孔端采用螺塞或焊上接管法兰，如图 3－18(b)，(e)，该结构适宜用清洁的介质，不易堵塞。图 3－18(c)，(d)的结构也可用作排气或排液口，并能将液体排尽。

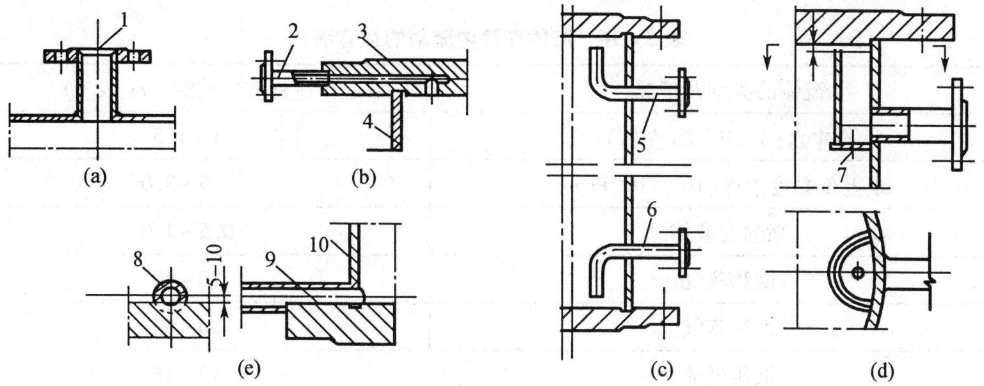


图 3－18　排气、排液口

1,2,8—排气口（排液口）；3,9—管板；4,10—筒体；5—排气口；6—排液口；7—泪孔

7. 分程隔板

为了把换热器做成多管程，可在流道室（管箱）中安装与管子中心线平行的分程隔板。管程分程可采用各种不同的组合形式，但每一程中的管数应该大致相等，隔板的形式应简单，其密封长度应短。管板上刨出沟槽以安放垫片，以保证管内各程之间的密封。分程的开槽结构如图 3－19，槽宽 12 mm，交角处用直线过渡。若影响管子胀口时，直线可改为虚线所示圆角结构，圆角半径 $R=7$ mm。此外，管板上法兰面应与加工成的沟槽凹面相齐平，隔板槽两侧第一排管子中心之间的距离 $c$ 参考图 3－20 选定。

8. 流体进出口接管

换热器流体进出口接管对换热器性能也有一定影响。管程流体进出口接管不宜采用轴向接管。如必须采用轴向接管时，应考虑设置管程缓冲挡板，以防流体分布不良或对管端的侵蚀。接管直径取决于处理量和适宜的流速，同时还应考虑结构的协调性及强度要求。流

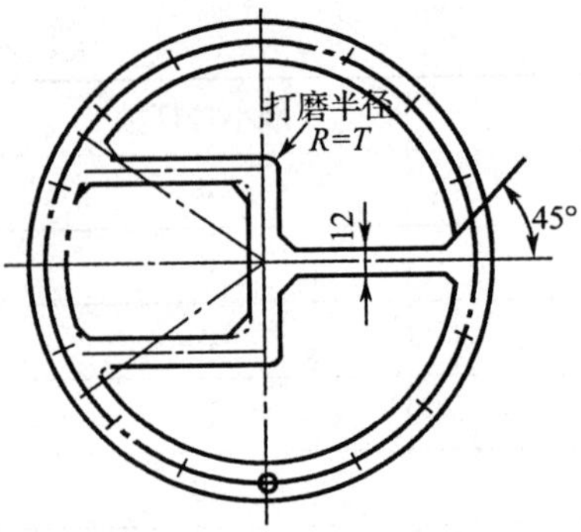


图 3－19　分程开槽结构

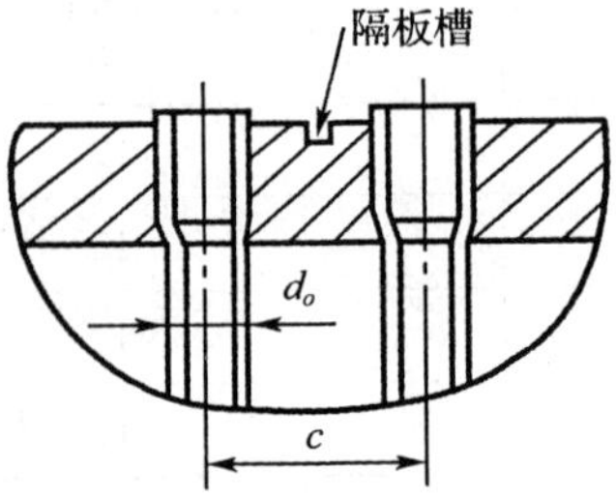


| $d_o$/mm | 19 | 25 | 38 |
|---|---|---|---|
| $c$/mm | 38 | 44 | 57 |

图 3－20　隔板两侧中心距

体进、出口接管的大小，可先利用公式计算出接管内直径 $d_i$，即

$$d_i = \sqrt{\frac{4V_s}{\pi u}} \tag{3-10}$$

式中，$d_i$ 为接管内径，m；$V_s$ 为进、出换热器流体的体积流量，$m^3/s$；$u$ 为流体在管内流动的适宜流速，m/s；见表 3－16。利用式(3－10)计算出 $d_i$ 值后，需按商品管标准管径系列尺寸圆整；此外，依圆整确定的管内直径校核管内的实际流速是否仍在适宜的流速范围。

表 3－16　流体在管内流动的适宜流速

| 流体的类别及情况 | 适宜流速范围/($m \cdot s^{-1}$) |
|---|---|
| 自来水($3 \times 10^5$ Pa 左右) | 1～1.5 |
| 水及低黏度液体($10^5$～$10^6$ Pa) | 1.5～3.0 |
| 高黏度液体 | 0.5～1.0 |
| 饱和蒸气 | 20～40 |
| 过热蒸气 | 30～50 |
| 低压气体 | 12～15 |
| 高压气体 | 15～20 |
| 一般空气(常压) | 10～20 |
| 液体自流速度(冷凝水等) | 0.5 |
| 真空操作下气体流速 | <10 |

3.2.5.3　结构连接

1. 管子与管板的连接

管子与管板通常采用胀接或焊接方法固定。胀接是利用胀管器挤压伸入管板孔中的管子端部，使管端发生塑性变形，使管板与管子之间产生一定的挤紧压力，紧密地贴在一起. 达到密封固紧连接的目的，见图 3－21。采用胀接时管板硬度应比管端硬度高，以保证胀接质量。胀接法多用于压力低于 3.92 MPa 和温度低于 300 ℃的场合。

当温度高于 300 ℃或压力高于 3.92 MPa 时，一般采用焊接法。焊接接口的形式见图 3－22。图中(a)是常用的一种，为了减少管口处的流体阻力或避免立式换热器在管板上方滞留液体,可采用图中(b)的结构;为了不使小直径管子被熔融金属堵住管口,则改成图中(c)的结构;图中(d)的形式适用于易产生热裂纹的材料,但加工量大。

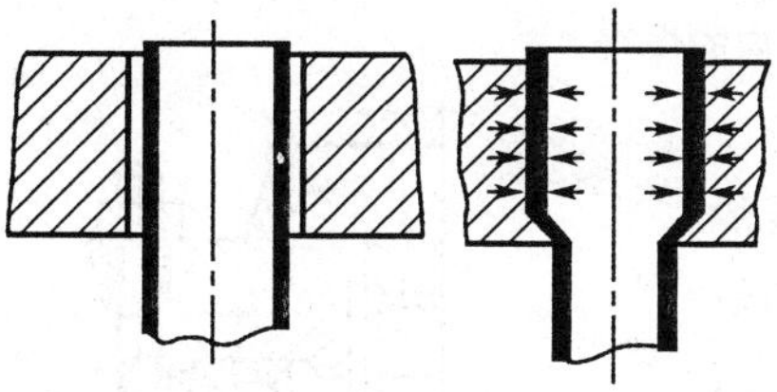

图 3-21　胀接前后示意图

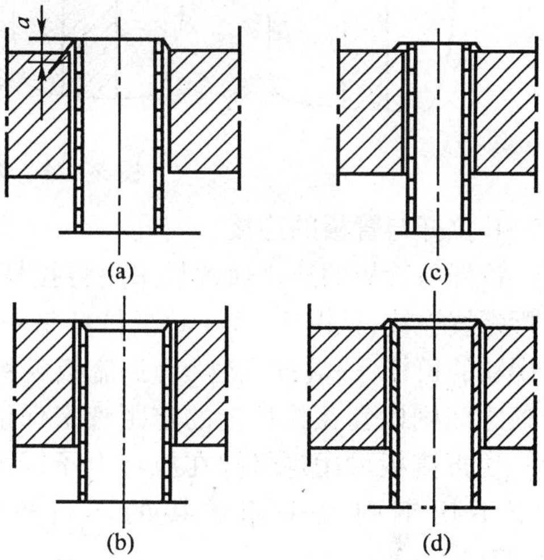


图 3-22　焊接的形式

2. 管板与壳体的连接

管板与壳体的连接方式与换热器的型式有关。在刚性结构、两端管板均固定的换热器中,常采用不可拆连接,这时两端管板通常是直接焊在壳体上。由于管板较厚,壳体壁较薄,为了保证必要的焊接强度,常采用如图 3-23 所示的几种焊接结构。图中(a),(b)的结构适用于公称压力小于 15.7 MPa 的条件下,若壳壁厚小于 10 mm 时用(a)结构;壳壁厚大于或等于 10 mm 时用(b)结构;结构(c)由于加有衬环,且将角焊改为对焊,提高了焊接质量,故可用于公称压力大于 15.7 MPa;结构(d)没有加衬环,而是一种单面焊的对焊结构,因此,必须在保证焊透时才可用于公称压力大于 15.7 MPa 的场合。

图 3-23 结构中,管板均兼作法兰用;有时也可不兼作法兰,将管板直接焊在壳体内。如果管板不兼作法兰,管板与壳体连接时,焊缝的结构可用如图 3-24 所介绍的几种。

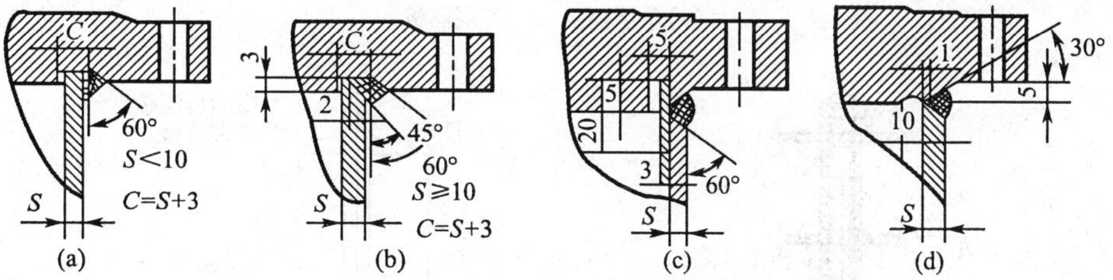


图 3-23　管板与壳体的焊接结构

对于浮头式、U 型管式和填料函式换热器的管束要从壳体中抽出,以便进行清洗,故需将固定管板作成夹于壳体法兰和封头法兰之间的可拆连接,见图 3-25。

3. 管板与分程隔板的连接

管板与分程隔板的连接有单层隔板与管板之间的密封连接与双层隔板与管板之间的密封连接两种,见图 3-26。隔板的密封面宽度最小为$(S+2)$mm。由于隔板另一端与封头焊接连接,因此要求隔板材料应与封头材料相同。双层隔板具有隔热空间,可防止热流短路。

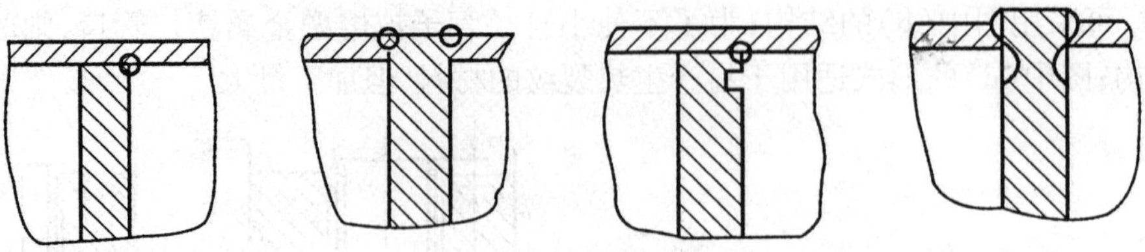

图 3－24　管板在壳体内的焊接

4. 拉杆与管板的连接

拉杆与管板的连接通常是采用将拉杆拧入管板的可拆螺纹连接，见图 3－27(a)。拉杆是一根两端均带有螺纹的长杆，一端拧入管板，折流板就穿在拉杆上，各板之间则以套在拉杆上的定距管来保证板间距，最后一块折流板可用螺母拧在拉杆上予以固紧。此外，对于不锈钢则可采用焊接的不可拆连接，如图 3－27(b)。

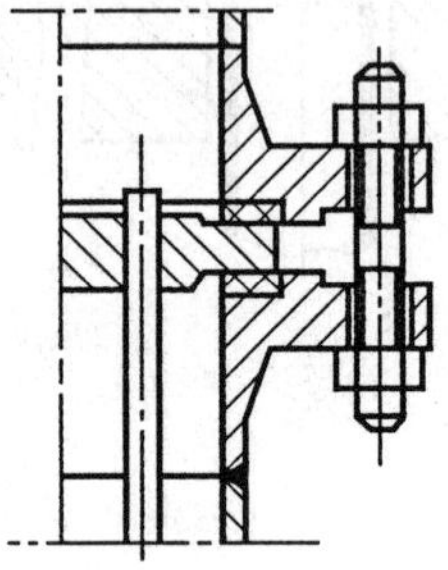

图 3－25　管板与壳体可拆连接

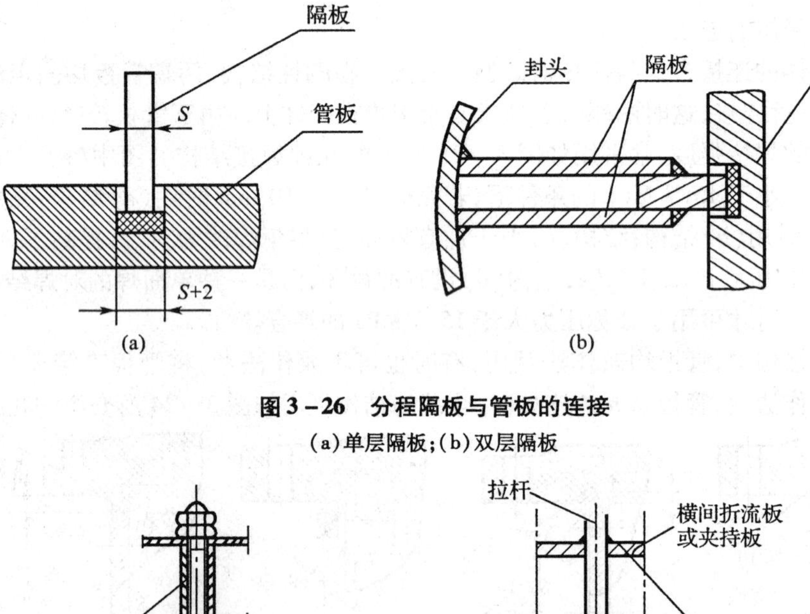


图 3－26　分程隔板与管板的连接

(a)单层隔板；(b)双层隔板

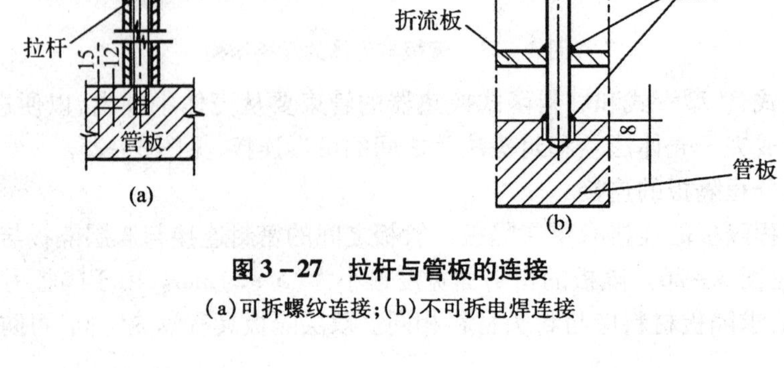


图 3－27　拉杆与管板的连接

(a)可拆螺纹连接；(b)不可拆电焊连接

### 3.2.6　管壳式换热器的设计计算与校核

管壳式换热器可根据生产任务要求，自行进行设计，利用有关的计算，确定出各结构构造及其基本参数，设计计算过程大体包括下述方面内容。

3.2.6.1　换热器热负荷的计算

换热器的热负荷又称为传热量，是指在确定的物流进口条件下，使其达到规定的出口状态，冷流体和热流体之间所交换的热量，或是通过冷、热流体的间壁所传递的热量。在热损失很小，可以忽略不计的条件下，对于无相变的工艺流程，换热器的热负荷由下式计算：

热损失忽略不计的条件下，对于无相变的工艺流程，换热器的热负荷由下式计算

$$Q = W_h C_{ph}(T_1 - T_2) = W_c C_{pc}(t_2 - t_1) \tag{3-11}$$

若热流体有相变，例如饱和蒸气冷凝且冷凝液在饱和温度下流出时，则

$$Q = W_h[\gamma + C_{ph}(T_s - T_2)] = W_c C_{pc}(t_2 - t_1) \tag{3-12}$$

若冷凝液低于饱和温度下流出换热器时，则

$$Q = W_h\gamma = W_c C_{pc}(t_2 - t_1) \tag{3-13}$$

式中，$Q$ 为热负荷，W；$W_h$，$W_c$ 为热、冷流体的质量流量，kg/s；$C_{ph}$，$C_{pc}$为热、冷流体的定压比热容，kJ/(kg·K)；$T_1$，$T_2$ 为热流体的进、出口温度，℃；$t_1$，$t_2$ 为冷流体的进、出口温度，℃；$T_s$ 为冷凝液的饱和温度，℃；$\gamma$ 为饱和蒸气的冷凝潜热，kJ/kg。

在换热器的设计计算中，冷、热流体的物性数据，如比热容 $C_p$、密度 $\rho$、动力黏度 $\mu$ 及导热系数 $\lambda$ 等的查取，依流体的定性温度 $t_m$ 进行。

对于黏度较小的流体，定性温度 $t_m(\mu<2\mu_{水})$

$$t_m = \frac{t_1 + t_2}{2}\left(或\ t_m = \frac{T_1 + T_2}{2}\right) \tag{3-14}$$

对于黏度较大的流体，定性温度 $t_m(\mu\geqslant 2\mu_{水})$

$$t_m = 0.4 \times t_h + 0.6 \times t_c \tag{3-15}$$

式中，$t_h$ 为流体进、出口温度中较高的温度，℃；$t_c$ 为流体进、出口温度中较低的温度，℃。

应该注意，当换热器壳体保温后仍与环境温度相差较大时，则热损失不可忽略，在计算热负荷时，还应计入热损失量，以保证换热器设计的可靠性，使之满足生产要求。

3.2.6.2　加热剂或冷却剂用量的计算

加热剂或冷却剂的用量取决于工艺流体所需的热量及加热剂或冷却剂的进出口温度，此外还和设备的热损失有关。若忽略设备的热损失，那么加热剂或冷却剂的耗用量

$$W_h = \frac{Q}{C_{ph}\Delta T} = \frac{Q}{\lambda} \tag{3-16}$$

$$W_c = \frac{Q}{C_{pc}\Delta t} \tag{3-17}$$

式中，$Q$ 为热负荷，W；$W_h$ 为加热剂的质量流量，kg/s；$\Delta T$ 为加热剂的进出口温度变化，℃；$C_{ph}$为加热剂的定压比热容，kJ/(kg·K)；$\gamma$ 为加热剂的冷凝潜热，kJ/kg；$W_c$ 为冷却剂的质量流量，kg/s；$\Delta t$ 为冷却剂的进出口温度变化，℃；$C_{ph}$为冷却剂的定压比热容，kJ/(kg·K)。

关于换热设备热损失的计算可参考有关文献，一般可取换热器热负荷的3%～5%。

3.2.6.3　平均温度差的计算

平均温度差是换热器的传热推动力，其值不仅与流体的进出口温度有关，而且还与换热

器内两种流体的流型有关。对于列管式换热器，常见的流型有并流、逆流、错流和折流四种。

1. 对于并流和逆流操作，平均温度差用换热器两端流体温度的对数平均温度差 $\Delta t_m$ 表示

$$\Delta t_m = \frac{\Delta t_1 - \Delta t_2}{\ln \frac{\Delta t_1}{\Delta t_2}} \tag{3-18}$$

式中，$\Delta t_1$ 为进、出口两端流体温差中较高一侧的温差，℃；$\Delta t_2$ 为进、出口两端流体温差中较低一侧的温差。℃。

当 $1/2 < \Delta t_1/\Delta t_2 < 2$，可取算术平均温度差，即 $\Delta t_m = (\Delta t_1 + \Delta t_2)/2$；若 $\Delta t_1 = \Delta t_2$，则可取 $\Delta t_m = \Delta t_1 = \Delta t_2$。

2. 错流和折流情况下的平均温度差可先按逆流情况计算，然后加以校正

$$\Delta t'_m = \varphi_{\Delta t} \times \Delta t_m \tag{3-19}$$

式中，$\varphi_{\Delta t}$为平均温度差校正系数，量纲为1；$\Delta t'_m$ 为错流和折流情况下的平均温度差，℃

3. 温差校正系数 $\varphi_{\Delta t}$的确定

平均温度差校正系数 $\varphi_{\Delta t}$与冷、热流体的温度变化有关，是 $P$ 和 $R$ 两因数的函数

$$P = \frac{\text{冷流体的温升}}{\text{两流体最初温度差}} = \frac{t_2 - t_1}{T_1 - t_1}; \tag{3-20a}$$

$$R = \frac{\text{热流体的温降}}{\text{冷流体的温升}} = \frac{T_1 - T_2}{t_2 - t_1} \tag{3-20b}$$

图3－28所示为温度校正系数算图。根据确定的管程数和 $P$，$R$ 的数值，利用图3－28所示对数平均温度差校正系数图，查出 $\varphi_{\Delta t}$值。平均温度差校正系数 $\varphi_{\Delta t} < 1$，这是由于在列管换热器内增设了折流挡板及采用多管程，使参与换热的冷、热流体在换热器内呈错流或折流，导致实际平均传热温度差小于纯逆流时的平均传热温度差。但 $\varphi_{\Delta t}$值也不宜小于0.8，这样 $\Delta t_m$ 太小，一方面经济上不合理，另一方面设备操作时的稳定性较差，如果出现此情况应考虑增加壳程数，再由相应壳程数算图查出温度校正系数值，使得 $\varphi_{\Delta t} > 0.8$。通常增加换热器壳程数是将用同一规格设备多台串联组成。

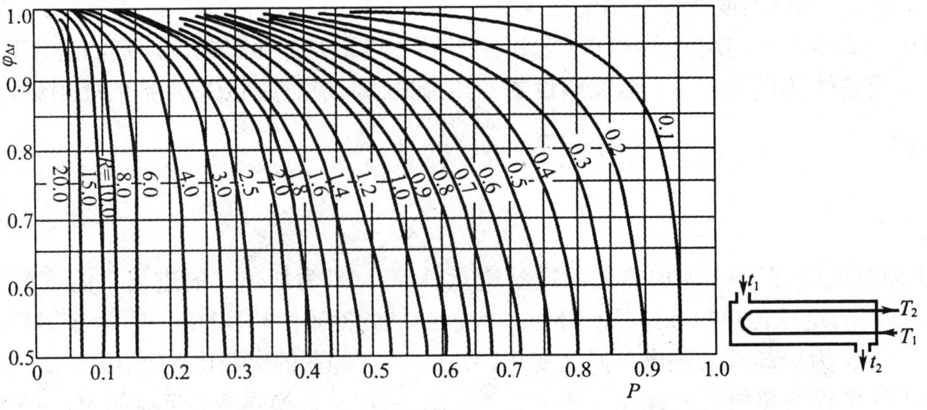


(a)

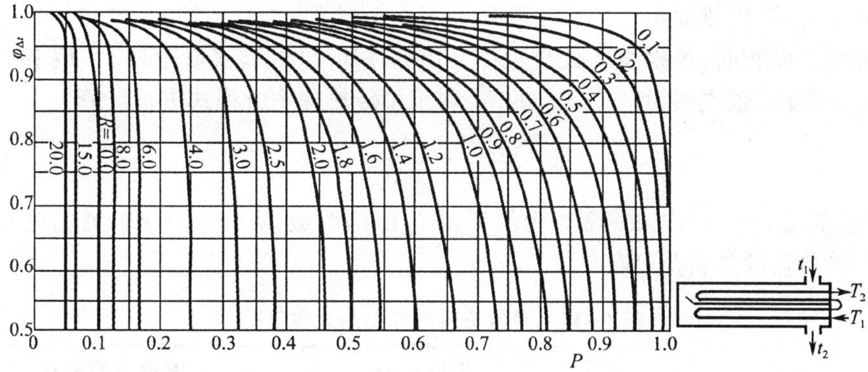


(b)

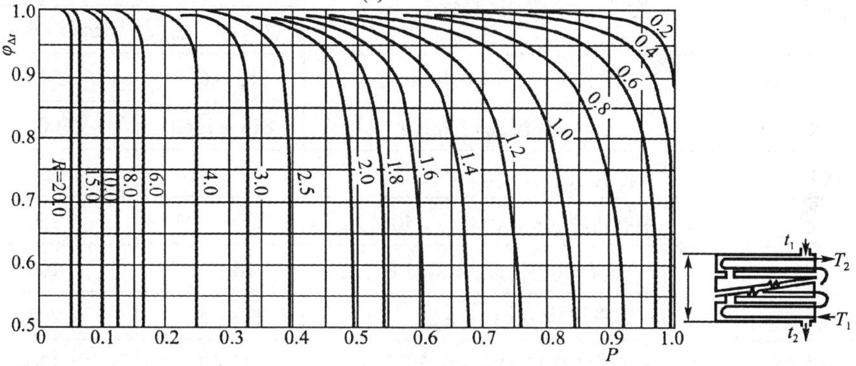


(c)

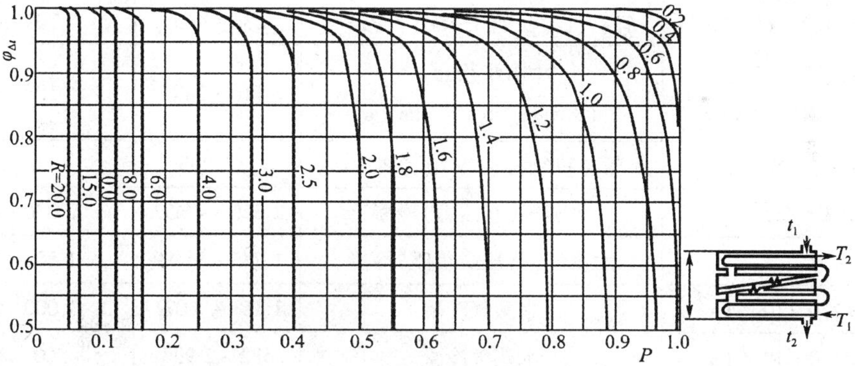


(d)

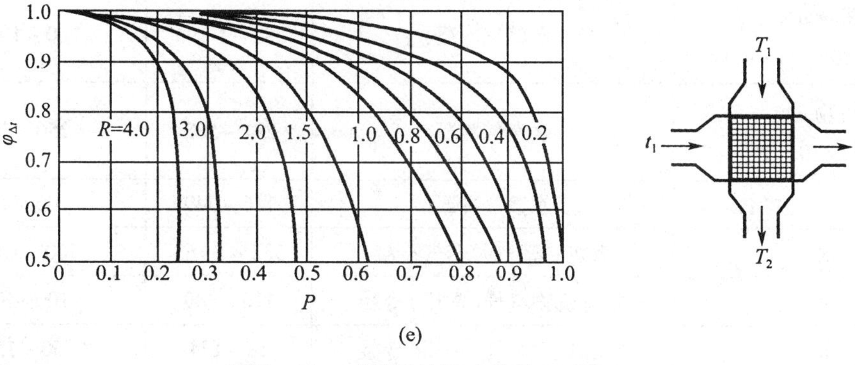


(e)

**图 3－28　对数平均温度差校正系数 $\varphi_{\Delta t}$**

(a)单壳程;(b)二壳程;(c)三壳程;(d)四壳程;(e)错流

#### 3.2.6.4　估算传热面积

在估算传热面积时,可根据所处理流体介质的性质,凭经验或参考表 3－17 换热器总传热系数的大致范围,预先假设一个 $K_{o估}$ 的值,利用总传热速率方程式进行计算

$$A' = \frac{Q}{K_{o估}\Delta t_m} \tag{3－21}$$

式中,$A'$ 为估算的传热面积,$m^2$;$K_{o估}$ 为假设的总传热系数,$W/(m^2 \cdot K)$;$\Delta t_m$ 为平均温度差,℃;$Q$ 为换热器的热负荷,W。

**表 3－17　总传热系数 *K* 值的大致范围**

| 管内(管程) | 管间(壳程) | 传热系数 *K* 值 | |
|---|---|---|---|
| | | $W/(m^2 \cdot K)$ | $kcal/(m \cdot h \cdot ℃)$ |
| 水(0.9～1.5 m/s) | 净水(0.3～0.6 m/s) | 582～698 | 500～600 |
| 水 | 水(流速较高时) | 814～1163 | 700～1 000 |
| 冷水 | 轻有机物 $\mu<0.5\times10^{-3}$ Pa·s | 467～814 | 350～700 |
| 冷水 | 中有机物 $\mu=(0.5\sim1)\times10^{-3}$ Pa·s | 290～698 | 250～600 |
| 冷水 | 重有机物 $\mu>1\times10^{-3}$ Pa·s | 116～467 | 100～350 |
| 盐水 | 轻有机物 $\mu<0.5\times10^{-3}$ Pa·s | 233～582 | 200～500 |
| 有机溶剂 | 有机溶剂(0.3～0.55 m/s) | 198～233 | 170～200 |
| 轻有机物 $\mu<0.5\times10^{-3}$ Pa·s | 轻有机物 $\mu<0.5\times10^{-3}$ Pa·s | 233～465 | 200～400 |
| 中有机物 $\mu=(0.5\sim1)\times10^{-3}$ Pa·s | 中有机物 $\mu=(0.5\sim1)\times10^{-3}$ Pa·s | 116～349 | 100～300 |
| 重有机物 $\mu>1\times10^{-3}$ Pa·s | 重有机物 $\mu>1\times10^{-3}$ Pa·s | 58～233 | 50～200 |
| 水(1 m/s) | 水蒸气(有压力)冷凝 | 2 326～4 652 | 2 000～4 000 |
| 水 | 水蒸气(常压或负压)冷凝 | 1 745～3 489 | 1 500～3 000 |
| 水溶液 $\mu<2.0\times10^{-3}$ Pa·s | 水蒸气冷凝 | 1 163～4 071 | 1 000～3 500 |
| 水溶液 $\mu>2.0\times10^{-3}$ Pa·s | 水蒸气冷凝 | 582～2 908 | 500～2 500 |
| 有机物 $\mu<0.5\times10^{-3}$ Pa·s | 水蒸气冷凝 | 582～1 193 | 500～1 000 |
| 有机物 $\mu=(0.5\sim1)\times10^{-3}$ Pa·s | 水蒸气冷凝 | 291～582 | 250～500 |
| 有机物 $\mu>1\times10^{-3}$ Pa·s | 水蒸气冷凝 | 116～349 | 100～300 |
| 水 | 有机物蒸气及蒸气冷凝 | 582～1 163 | 500～1 000 |
| 水 | 重有机物蒸气(常压)冷凝 | 116～349 | 100～300 |
| 水 | 重有机物蒸气(负压)冷凝 | 58～174 | 50～150 |
| 水 | 饱和有机溶剂蒸气(常压)冷凝 | 582～1 163 | 500～1 000<br>150～300 |

表3-17(续)

| 管内(管程) | 管间(壳程) | 传热系数K值 | |
|---|---|---|---|
| | | W/(m²·K) | kcal/(m·h·℃) |
| 水 | 含饱和水蒸气和氯气(20~50 ℃) | 174~349 | 水蒸气含量越低K越小 |
| 水 | $SO_2$(冷凝) | 814~1 163 | 700~1 000 |
| 水 | $NH_3$(冷凝) | 698~930 | 600~800 |
| 水 | 氟利昂(冷凝) | 756 | 650 |

注:kcal/(m·h·℃)为非法定单位,1 kcal/(m·h·℃)=1.164 W/(m·K)

#### 3.2.6.5　流体流动阻力(压力降)的计算

计算换热器压力降的目的是校验流体通过所设计换热器的压力降是否符合工艺提出的要求。若达不到要求时,需调整流速,再确定管、壳程数或折流板间距等,重新进行计算,直至满足要求。

一般情况下,液体流过换热器的阻力或压力降为$10^4 \sim 10^5$ Pa,气体为$10^3 \sim 10^4$ Pa,允许的流体阻力与换热器的操作压力有关,操作压力大,允许流体阻力可相应大些。列管式换热器允许流体阻力如表3-18所示。

表3-18　列管式换热器允许阻力范围

| 操作压力/Pa | 允许阻力/Pa |
|---|---|
| $P<10^5$(绝对) | $\Delta P=0.1\times P$ |
| $P=0\sim10^5$(表压) | $\Delta P=0.5\times P$ |
| $P>10^5$(表压) | $\Delta P<5\times10^4$ |

对于流体无相变化的换热器,可用下述方法计算流体阻力:

1. 管程压力降的计算

管程压力降可由一般的摩擦阻力计算公式求得。对于多管程换热器,其总压力降等于各程直管阻力与局部阻力之和。一般进、出口阻力可忽略不计,故管程总阻力的计算式为

$$\sum \Delta P_i = (\Delta P_1 + \Delta P_2)\cdot F_t \cdot N_s \cdot N_p \qquad (3-22)$$

式中,$\sum \Delta P_i$为管程总压力降,Pa;$\Delta P_1$,$\Delta P_2$分别为直管阻力及回弯管中因摩擦阻力引起的压强降,Pa;$F_t$为结垢校正系数,量纲为1,对于$\Phi$25 mm×2.5 mm的管子,取$F_t=1.4$;对于$\Phi$19 mm×2 mm的管子,取$F_t=1.5$;$N_s$为串联的壳程数;$N_p$为管程数。

流体流过直管段由于摩擦所引起的压力降

$$\Delta P_1 = \lambda \frac{l}{d_i}\frac{\rho u_i^2}{2} \qquad (3-23)$$

式中,$\lambda$为摩擦阻力系数;$l$为传热管长度,m;$d_i$为传热管内径,m;$u_i$为管内流速,m/s;$\rho$为流体密度,kg/m³。

流体流过回弯管(进、出口阻力忽略不计)因摩擦所引起的压力降

$$\Delta P_2 = \zeta\left(\frac{\rho u_i^2}{2}\right) \tag{3-24}$$

式中，$\zeta$ 为局部阻力系数，一般情况下取 $\zeta = 3$。

2. 壳程压力降的计算

当壳程无挡板时，流体顺着管束流动，此时壳程流体压力降可按直管压力降的方法进行计算，但需用当量直径代替公式中的管内径

$$d_e = \frac{D_i^2 - Nd_o^2}{D_i + Nd_o} \tag{3-25}$$

式中，$d_e$ 为当量直径，m；$D_i$ 为壳体内径，m；$N$ 为总管子数；$d_o$ 为管子外径，m。

当壳程装有弓形折流板时，壳程流体总压力降等于在折流板间流动的阻力与流体通过折流板缺口平行与管束流动的阻力之和。工程中常用下式计算

$$\sum \Delta P_o = (\Delta P'_1 + \Delta P'_2) \cdot F_s \cdot N_s \tag{3-26}$$

式中，$\sum \Delta P_0$ 为壳程总压力降，Pa；$\Delta P'_1$ 为流体横过管束的压力降，Pa；$\Delta P'_2$ 为流体流过折流板缺口的压力降，Pa；$F_s$ 为壳程压力降结垢校正因数，量纲为1，对于液体，$F_s = 1.15$，对于气体或可凝蒸气，$F_s = 1.0$。其中，流体流过管束的压力降

$$\Delta P'_1 = Ff_o n_c (N_B + 1)\frac{\rho u_o^2}{2} \tag{3-27}$$

流体通过折流板缺口的压力降

$$\Delta P'_2 = N_B\left(3.5 - \frac{2B}{D_i}\right)\frac{\rho u_o^2}{2} \tag{3-28}$$

式中，$N_B$ 为折流挡板数目；$h$ 为折流挡板间距，m；$F$ 为管子排列方式对压力降的校正因数，对于正三角形排列，$F = 0.5$，对于正方形斜转45°，$F = 0.4$，正方形排列为0.3；$f_o$ 为壳程流体的摩擦系数，当 $Re_o > 500$ 时，$f_o = 5.0Re_o^{-0.228}$，其中，$Re_o = \dfrac{(d_e u_o \rho)}{\mu}$；$n_c$ 为横过管束中心线的管子数，管子按正三角形排列时，$n_c = 1.1\sqrt{N}$，按正方形排列时，$n_c = 1.19\sqrt{N}$，其中 $N$ 为每一壳程的管子总数；$u_o$ 为按壳程流通面积 $A_o$ 计算的流速，m/s，$u_o = \dfrac{V_s}{h(D_i - n_c d_o)}$，$V_s$ 为壳程流体的体积流量，$m^3/s$。

3.2.6.6　总传热系数的计算与校核

列管式换热器面积的计算通常以传热管外表面积为基准，在利用关联式计算总传热系数时也应以管外表面积为基准，其计算通式为

$$\frac{1}{K_{o计}} = \frac{1}{\alpha_o} + R_{so} + \frac{bd_o}{\lambda d_m} + R_{si}\frac{d_o}{d_i} + \frac{d_o}{\alpha_i d_i} \tag{3-29}$$

式中，$K_{o计}$ 为总传热系数，$W/(m^2 \cdot K)$；$\alpha_i$，$\alpha_o$ 分别为管程和壳程流体的传热膜系数，$W/(m^2 \cdot K)$；$R_{si}$，$R_{so}$ 分别为管程和壳程的污垢热阻，$(m^2 \cdot K)/W$；$d_i$，$d_o$，$d_m$ 分别为传热管内直径、外直径和平均直径，m；$\lambda$ 为传热管壁的导热系数，$W/(m \cdot K)$；$b$ 为管壁的厚度，m。

由式(3-29)可见，换热器总热阻为管、壳程对流传热热阻、传热管导热热阻与管内外流体污垢热阻之和。管、壳程对流传热热阻可通过传热膜系数表示。传热膜系数的关联式

与传热过程是否存在有相变、换热器的结构及流动状态等因素有关。各种传热条件下传热膜系数的关联式有很多，在选用时应注意其适用范围。这里仅对常见的无相变化及壳程为饱蒸气冷凝的作简单介绍。

1. 壳程流体传热膜系数

(1)壳程流体无相变传热：对于装有弓形折流板、壳程流体无相变时，传热膜系数计算有贝尔(Bell)法、克恩(Ken)法、多诺霍(Donohue)法。其中贝尔法精度较高，但计算过程很麻烦。目前设计人员较为常用的是克恩法和多诺霍法，其中克恩法最为简单便利。

克恩提出下式作为采用弓形折流板时壳程流体的传热膜系数的计算式

$$\alpha_o = 0.36\frac{\lambda}{d_e}Re_o^{0.55}P_r^{\frac{1}{3}}\left(\frac{\mu}{\mu_w}\right)^{0.14} \tag{3-30}$$

式中，$\alpha_o$ 为壳程流体传热膜系数，W/(m²·℃)；$\lambda$ 为壳程流体的导热系数，W/(m·℃)；$d_e$ 为当量直径，m；$Re_o$ 为管外流动雷诺数；$P_r$ 为普兰特准数，取定性温度下的值；$\mu$ 为流体在定性温度下的黏度，Pa·s；$\mu_w$ 为流体在壁温下的黏度，Pa·s。

当量直径 $d_e$ 随管子布置方式而变，用下式计算

管子正方形排列时

$$d_e = \frac{4\left[t^2 - \frac{(\pi d_o^2)}{4}\right]}{\pi d_o} \tag{3-31}$$

管子正三角形排列时

$$d_e = \frac{4\left[\frac{\sqrt{3}t^2}{2} - \frac{(\pi d_o^2)}{4}\right]}{\pi d_o} \tag{3-32}$$

式中，$t$ 为管间距，m；$d_o$ 为传热管外径，m。

雷诺数 $Re_o = \frac{d_e u_o \rho}{\mu}$，其中 $u_o = \frac{V_o}{A_o}$，$V_o$ 表示壳程流体的体积流量

$$A_o = h \cdot D_i\left(1 - \frac{d_o}{t}\right) \tag{3-33}$$

式中，$h$ 为折流板间距，m；$t$ 为管子间距，m。

式(3-30)的适用条件是 $Re_o = 2\times10^3 \sim 10^6$，弓形折流板圆缺高度为直径的 25%。若折流板切去的圆缺高度为其他值时，可用图 3-29 求出传热因子 $j_H$，并用下式求壳程传热膜系数

$$\alpha_o = j_H\frac{\lambda}{d_e}P_r^{\frac{1}{3}}\left(\frac{\mu}{\mu_w}\right)^{0.14} \tag{3-34}$$

(2)壳程为饱和蒸气冷凝：工业上冷凝器以采用水平管束和垂直管束居多，且管表面液膜多为层流。在该种情况下一般实测的传热膜系数多大于努塞尔理论公式的计算值。德沃尔(Devore)基于努塞尔的理论公式和实测值，提出层流时的冷凝膜系数的计算公式。

垂直管外冷凝

$$\alpha = 1.13\left(\frac{\gamma\rho^2 g\lambda^3}{\mu L\Delta t}\right)^{\frac{1}{4}} \tag{3-35}$$

式中，$\Delta t$ 为蒸气饱和温度 $t_s$ 和管壁面温度 $t_w$ 之差，℃；$\rho$ 为定性温度下冷凝液的密度，

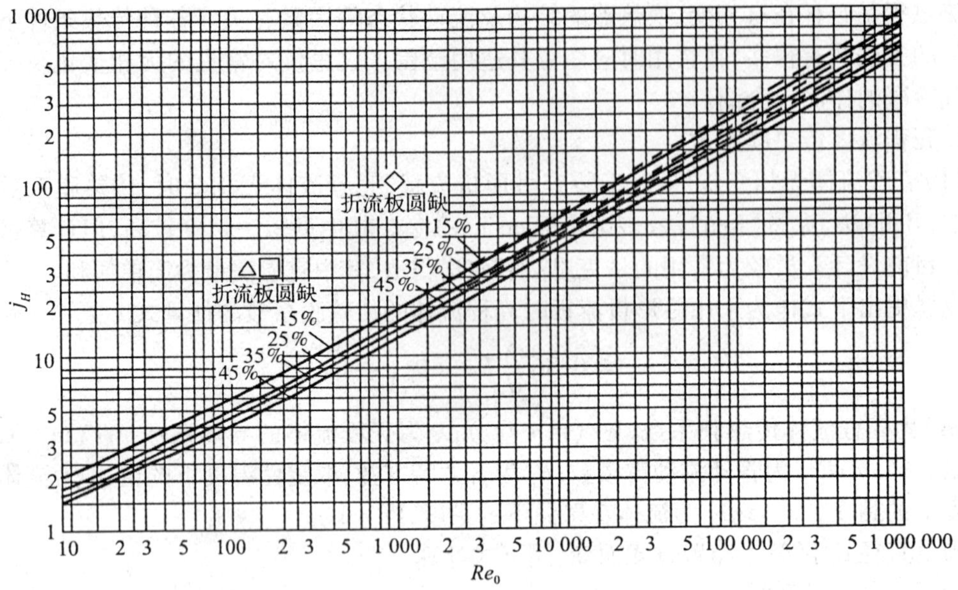


**图 3-29　传热因子 $j_H$ 关联图**

kg/m³;$\mu$ 为定性温度下冷凝液的黏度,Pa · s;$\lambda$ 为定性温度下冷凝液的导热系数,W/(m · ℃);$\gamma$ 为饱和蒸气的冷凝潜热,kJ/kg;$L$ 为垂直管或板的高度,m。

水平管束外冷凝

$$\alpha = 0.725\left(\frac{\lambda^3\rho^2 g\gamma}{n^{\frac{2}{3}}\mu d_o \Delta t}\right)^{\frac{1}{4}} \tag{3-36}$$

式中,$d_o$ 为传热管子外径,m;$n$ 为水平管束在垂直列上的管数。

在列管冷凝器中,若管束由相互平行的 $z$ 列管子所组成,一般各列管子在垂直方向上的排数不相等,设分别为 $n_1, n_2, \cdots, n_z$,则平均管排数 $n_m$ 可按下式计算

$$n_m = \frac{n_1 + n_2 + \cdots + n_z}{n_1^{0.75} + n_2^{0.75} + \cdots + n_z^{0.75}} \tag{3-37}$$

式(3-35)和式(3-36)是在冷凝液膜为层流状态,即液膜雷诺数 $Re < 1\ 800$ 下适用。$Re$ 的表达式为

$$Re = \frac{d_e u\rho}{\mu} \tag{3-38}$$

式中,$d_e$ 为当量直径,m;$u$ 为凝液的平均流速,m/s。

用来判断膜层流型的 $Re$ 准数经常表示为冷凝负荷 $M$ 的函数。冷凝负荷是指在单位长度润湿周边上单位时间流过的冷凝液量,其单位为 kg/(m · s),即 $M = W/b$,此处 $W$ 为冷凝液的质量流量 kg/s,$b$ 表示润湿周边长度(m)。

若膜状流动时液流的横截面积(即流通面积)为 $A$,故当量直径为 $d_e = 4A/b$,则有

$$Re = \frac{d_e u\rho}{\mu} = \frac{\frac{4A}{b}\frac{W}{A}}{\mu} = \frac{4M}{\mu} \tag{3-39}$$

2. 管程流体传热膜系数

若管程流体无相变传热时，通常情况下可用下式计算其传热膜系数

$$\alpha_i = 0.023\frac{\lambda}{d_i}Re^{0.8}P_r^n \tag{3-40}$$

式中，$\alpha_i$ 为管程流体传热膜系数，W/(m·℃)；$d_i$ 为管子内径，m；$n$ 为指数，视热流方向而定，当流体被加热时，$n=0.4$；当流体被冷却时 $n=0.3$。

上式的适用范围是：低黏度流体（$\mu<2\times10^{-3}$ Pa·s）；雷诺数 $Re>10\ 000$；普兰特准数 $P_r$ 在 0.6～160 之间；管长管径之比 $L/d_i>50$；定性温度可取流体进出口温度的算术平均值；特征尺寸取传热管内径 $d_i$。

3. 污垢热阻和管壁热阻

目前对污垢热阻的选取主要凭生产经验数据。选择污垢热阻时，应特别慎重，尤其对易结垢的物料更应如此。常见的污垢热阻见表3-19，供设计时选用。

**表3-19 某些物料的污垢热阻**

| 流体 | 污垢热阻 | |
|---|---|---|
| | $m^2\cdot$℃/kW | $m^2\cdot h\cdot$℃/kcal |
| 水 | | |
| 蒸馏水 | 0.09 | 0.000 105 |
| 海水 | 0.09 | 0.000 105 |
| 洁净的河水 | 0.21 | 0.000 244 |
| 未处理的凉水塔用水 | 0.58 | 0.000 675 |
| 已处理的凉水塔用水 | 0.26 | 0.000 302 |
| 已处理锅炉用水 | 0.26 | 0.000 302 |
| 硬水、井水 | 0.58 | 0.000 675 |
| 优质—不含油 | 0.052 | 0.000 060 5 |
| 劣质—不含油 | 0.09 | 0.000 105 |
| 往复机排出液体 | 0.176 | 0.000 205 |
| 处理过的盐水 | 0.264 | 0.000 307 |
| 有机物 | 0.176 | 0.000 205 |
| 燃料油 | 1.056 | 0.001 23 |
| 焦油 | 1.76 | 0.002 05 |
| 空气 | 0.26～0.53 | 0.000 302～0.000 617 |
| 溶剂蒸气 | 0.14 | 0.000 163 |

管壁热阻取决于传热管壁厚度和材料，其计算式为

$$R_w = \frac{b}{\lambda_w} \tag{3-41}$$

式中，$R_w$ 为管壁热阻，$(m^2 \cdot ℃)/W$；$\lambda_w$ 为传热管导热系数，$W/(m \cdot ℃)$，常用金属材料的导热系数见表 3－20；$b$ 为传热管壁厚，m。

**表 3－20　常用金属材料的导热系数**

| 温度/℃ | 0 | 100 | 200 | 300 | 400 |
|---|---|---|---|---|---|
| 铝 | 227.95 | 227.95 | 227.95 | 227.95 | 227.95 |
| 铜 | 383.79 | 379.14 | 372.16 | 367.51 | 362.86 |
| 铁 | 73.27 | 67.45 | 61.64 | 54.66 | 48.85 |
| 铅 | 35.12 | 33.38 | 31.40 | 29.77 | — |
| 镁 | 172.12 | 167.47 | 162.82 | 158.17 | — |
| 镍 | 93.04 | 82.57 | 73.27 | 63.97 | 59.31 |
| 银 | 414.03 | 409.38 | 373.32 | 361.69 | 359.37 |
| 锌 | 112.81 | 109.90 | 105.83 | 101.18 | 93.04 |
| 碳钢 | 52.34 | 48.85 | 44.19 | 41.87 | 34.89 |
| 不锈钢 | 16.28 | 17.45 | 17.45 | 18.49 | — |

4. 换热器面积裕度

求得了平均传热温度差和总传热系数后，对于确定的换热器的热负荷所需要的传热面积为

$$A_n = \frac{Q}{K_{o计}\Delta t_m} \tag{3－42}$$

根据这个数值和所设计换热器的实际传热面积就可求出换热器的面积裕度

$$F = \frac{A_o - A_n}{A_n} \tag{3－43}$$

式中，$F$ 为换热器面积裕度；$A_o$ 为换热器的实际传热面积，$m^2$；$A_n$ 为计算的传热面积，$m^2$。

为了保证换热器的可靠性，一般应使换热器的面积裕度大于 15%～25%。满足此要求，所设计的换热器较为合适，否则应予以调整或重新设计，直到满足要求为止。此外，还可通过总传热速率方程式，计算出所设计换热器的实际传热面积 $A_o$ 下的总传热系数 $K_{o选}$，然后比较 $K_{o计}/K_{o选}$ 之比值是否在 1.15～1.25 范围内。

3.2.6.7　传热管和壳体壁温核算

有些情况下，传热膜系数与壁温有关，这种情况下，计算传热膜系数需先假设壁温，求得传热膜系数后，再核算壁温。另外，计算温差应力，检验所选换热器的形式是否合适，是否需要加设温度补偿装置等均需核算壁温。

对于稳定的传热过程，若忽略污垢热阻，则有

$$Q = \alpha_h A_h (T_m - T_w) = \alpha_c A_c (t_w - t_m) \tag{3－44}$$

式中，$Q$ 为换热器热负荷，W；$T_m$ 为热流体的平均温度，℃；$T_w$ 为热流体侧的管壁温度，℃；$t_m$ 为冷流体的平均温度，℃；$t_w$ 为冷流体侧的管壁温度，℃；$\alpha_h$ 为热流体侧的传热膜系数，$W/(m^2 \cdot ℃)$；$\alpha_c$ 为冷流体侧的传热膜系数，$W/(m^2 \cdot ℃)$；$A_h$ 为热流体侧的传热面积，$m^2$；

$A_c$ 为冷流体侧的传热面积，$m^2$。

由式(3-44)可得

$$T_w = T_m - \frac{Q}{\alpha_h A_h} \tag{3-45}$$

$$t_w = t_m + \frac{Q}{\alpha_c A_c} \tag{3-46}$$

若考虑到污垢热阻的影响，则有

$$T_w = T_m - \frac{Q}{A_h}\left(\frac{1}{\alpha_h} + R_h\right) \tag{3-47a}$$

$$t_w = t_m + \frac{Q}{A_c}\left(\frac{1}{\alpha_c} + R_c\right) \tag{3-47b}$$

式中，$R_h$，$R_c$ 分别为热流体和冷流体侧的污垢热阻，$(m^2 \cdot ℃)/W$。

一般情况下，管壁温度可取

$$t = \frac{t_w + t_m}{2} \tag{3-48}$$

当管壁热阻很小时，可忽略不计，则可依下式计算管壁温度

$$t = \frac{T_m\left(\frac{1}{\alpha_c} + R_c\right) + t_m\left(\frac{1}{\alpha_h} + R_h\right)}{\frac{1}{\alpha_c} + R_c + \frac{1}{\alpha_h} + R_h} \tag{3-49}$$

液体平均温度（过渡流及湍流）

$$T_m = 0.4T_1 + 0.6T_2 \tag{3-50}$$

$$t_m = 0.4t_2 + 0.6t_1 \tag{3-51}$$

液体（层流阶段）及气体的平均温度

$$T_m = \frac{1}{2}(T_1 + T_2) \tag{3-52}$$

$$t_m = \frac{1}{2}(t_1 + t_2) \tag{3-53}$$

壳体壁温的计算方法与传热管壁温的计算方法类似。当壳体外部有良好的保温，或壳程流体接近环境温度，或传热条件使壳体壁温接近介质温度，则壳体壁温取壳程流体平均温度。

## 3.3　设计示例

### 3.3.1　浮头式换热器设计与校核

#### 3.3.1.1　设计任务和操作条件

某生产过程的流程图如图3-30所示。出反应器的混合气体经与进料物流换热后，用循环冷却水将其从110 ℃冷却至60 ℃之后，进入吸收塔吸收其中的可溶组分。已知混合气

体的流量为227 801 kg/h,压力为6.9 MPa,循环水入口温度为29 ℃,出口温度为39 ℃,试设计一台列管式换热器,完成生产任务。

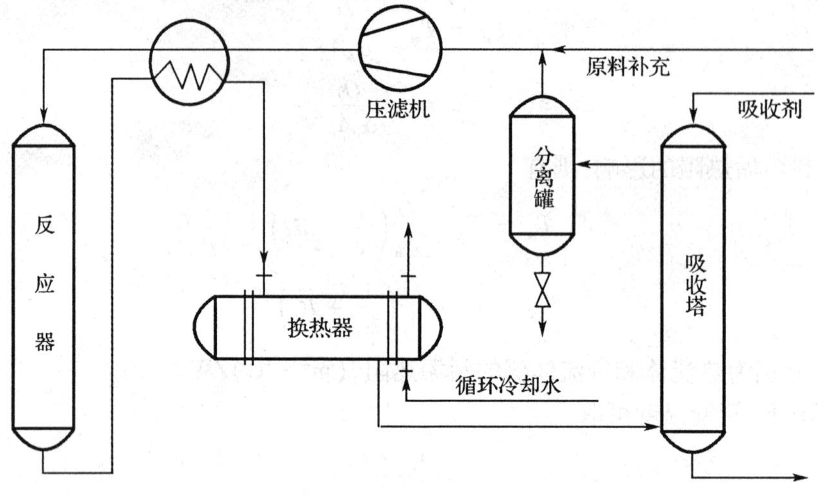


**图3-30 某生产过程的流程图**

3.3.1.2 确定设计方案

1. 选择换热器的类型

两流体温度变化情况:热流体进口温度110 ℃,出口温度60 ℃;冷流体进口温度29 ℃,出口温度39 ℃。该换热器用循环冷却水冷却,冬季操作时,其进口温度会降低,考虑到这一因素,估计该换热器的管壁温和壳体壁温之差较大,因此初步确定选用浮头式换热器。

2. 流程安排

从两物流的操作压力看,应使混合气体走管程,循环冷却水走壳程。但由于循环冷却水较易结垢,若其流速太低,将会加快污垢增长速度,使换热器的传热速率下降,所以从总体考虑,应使循环水走管程,混合气体走壳程。

3.3.1.3 确定物性数据

定性温度,对于一般气体和水等低黏度流体,其定性温度可取流体进出口温度的平均值,故壳程混合气体的定性温度及管程流体的定性温度分别为

$$T = \frac{110 + 60}{2} = 85\ ℃$$

$$t = \frac{39 + 29}{2} = 34\ ℃$$

根据定性温度,分别查取壳程和管程流体的有关物性数据。对混合气体来说,最可靠的物性数据是实测值。若不具备此条件,则应分别查取混合物各组分的有关物性数据,然后按相应的加和方法求出混合气体的物性数据,详细内容参见第2章。

混合气体在85 ℃下的有关物性数据如下(来自生产中的实测值):

密度 $\rho_h = 90\ kg/m^3$;

热容 $C_{ph} = 3.297\ kJ/(kg \cdot ℃)$;

导热系数 $\lambda_h = 0.027\ 9\ W/(m \cdot ℃)$;

黏度 $\mu_h = 1.5 \times 10^{-5}\ Pa \cdot s$。

循环冷却水在 34 ℃下的物性数据：

密度 $\rho_c = 994.3\ \text{kg/m}^3$；

热容 $C_{pc} = 4.174\ \text{kJ/(kg·℃)}$；

导热系数 $\lambda_c = 0.624\ \text{W/(m·℃)}$；

黏度 $\mu_c = 0.742 \times 10^{-3}\ \text{Pa·s}$。

3.3.1.4　估算传热面积

1. 热负荷

依据式(3-11)得

$$Q = W_h C_{ph}(T_1 - T_2) = 227\,801 \times 3.297 \times (110 - 60) = 3.76 \times 10^7 (\text{kJ/h}) \approx 10\,431(\text{kW})$$

2. 平均传热温差

先按纯逆流计算，依据式(3-18)得

$$\Delta t_m = \frac{\Delta t_1 - \Delta t_2}{\ln \frac{\Delta t_1}{\Delta t_2}} = \frac{(110 - 39) - (60 - 29)}{\ln \frac{110 - 39}{60 - 29}} = 48.3(℃)$$

3. 传热面积

由于壳程气体的压力较高，故可选取较大的 $K$ 值。假设 $K = 360\ \text{W/(m}^2\text{·℃)}$，则估算的传热面积为

$$A = \frac{Q}{K\Delta t_m} = \frac{10\,431 \times 10^3}{360 \times 48.3} = 600(\text{m}^2)$$

根据前述提供的经验范围，取实际传热面积为估算值的 1.15 倍，则实际传热面积为

$$A_o = 1.15 \times 600 = 690(\text{m}^2)$$

4. 冷却水用量

由式(3-17)得

$$W_c = \frac{Q}{C_{pc}(t_2 - t_1)} = \frac{10\,431 \times 10^3}{4.174 \times 10^3 \times (39 - 29)} = 249.9(\text{kg/s}) = 899\,655(\text{kg/h})$$

3.3.1.5　工艺结构尺寸

1. 管径和管内流速

选用 $\Phi 25\ \text{mm} \times 2.5\ \text{mm}$ 较高级冷拔传热管（碳钢）。取管内流速 $u_i = 1.3\ \text{m/s}$。

2. 管程数和传热管数

可根据传热管内径和流速确定单程传热管数，由式(3-2)得

$$n = \frac{V_s}{\frac{\pi}{4} d_i^2 u_i} = \frac{\frac{249.9}{994.3}}{0.785 \times 0.02^2 \times 1.3} = 615.7 \approx 616(\text{根})$$

按单管程计算，所需的传热管长度为

$$L = \frac{A_o}{\pi d_o n} = \frac{690}{3.14 \times 0.025 \times 616} = 14.3(\text{m})$$

按单管程设计，传热管过长，宜采用多管程结构。根据本设计实际情况，采用非标设计，现取传热管长 $L' = 7\ \text{m}$，则该换热器的管程数为

$$N_P = \frac{L}{L'} = \frac{14.3}{7} \approx 2(\text{管程})$$

传热管总根数：$N=616\times2=1\ 232$（根）

3. 平均传热温差校正及壳程数

按式(3-20a)和式(3-20b)计算平均传热温差校正系数

$$P=\frac{39-29}{110-29}=0.124$$

$$R=\frac{110-60}{39-29}=5$$

按单壳程，双管程，查图3-28(a)得 $\varphi_{\Delta t}=0.96$。

平均传热温差：$\Delta t_m=\varphi_{\Delta t}\Delta t_{m逆}=0.96\times48.3=46.4$(℃)。

由于平均传热温差校正系数大于0.8，同时壳程流体流量较大，故取单壳程合适。

4. 传热管排列和分程方法

采用组合排列法，即每程内均按正三角形排列，隔板两侧采用正方形排列。见图3-8。取管心距 $t=1.25d_o$，则

$$t=1.25\times25=31.25\approx32(\text{mm})$$

隔板中心到离其最近一排管中心距离按式(3-6)计算为

$$s=\frac{t}{2}+6=\frac{32}{2}+6=22(\text{mm})$$

各程相邻管的管心距为 $22\times2=44$(mm)。

管束的分程方法，每程各有传热管616根，其前后管箱中隔板设置和介质的流通顺序按图3-9选取。

5. 壳体内径

采用多管程结构，壳体内径可按式(3-8)估算。取管板利用率 $\eta=0.7$，则壳体内径为

$$D_i=1.05t\sqrt{\frac{N}{\eta}}=1.05\times32\times\sqrt{\frac{1\ 232}{0.7}}=1\ 409(\text{mm})$$

按卷制壳体的进级档，取 $D_i=1\ 450$ mm。

6. 折流板

采用弓形折流板，取弓形折流板圆缺高度为壳体内径的25%，则切去的圆缺高度为

$$h'=0.25\times1\ 450=362.5(\text{mm})$$

故可取 $h'=360$ mm。

折流板间距 $h$：取折流板间距 $h=0.3D_i$，则 $h=0.3\times1\ 450=435$ mm，可取 $h$ 为450 mm。

折流板数 $N_B$ 为

$$N_B=\frac{传热管长}{折流板间距}-1=\frac{700}{450}-1=14.5\approx14(块)$$

折流板圆缺面水平装配，见图3-13。

7. 其他附件

拉杆数量与直径可按表3-15选取，本换热器壳体内径为1 450 mm，故其拉杆直径为 $\Phi12$，拉杆数量不得少于10个。

壳程入口处，应设置防冲挡板，如图3-15所示。

8. 接管

壳程流体进出口接管，取接管内流体流速为 $u_1=10$ m/s，则接管内径为

$$d_1 = \sqrt{\frac{4V_s}{\pi u_1}} = \sqrt{\frac{4 \times \frac{227\ 801}{(3\ 600 \times 90)}}{3.14 \times 10}} = 0.299\ (\mathrm{m})$$

管程流体进出口接管，取接管内流体流速 $u_2 = 2.5\ \mathrm{m/s}$，则接管内径为

$$d_2 = \sqrt{\frac{4 \times \frac{899\ 655}{(3\ 600 \times 994.3)}}{3.14 \times 2.5}} = 0.357\ (\mathrm{mm})$$

圆整后，取壳程流体进出口接管规格为，$\Phi 377\ \mathrm{mm} \times 20\ \mathrm{mm}$；管程流体进出口接管规格为，$\Phi 377\ \mathrm{mm} \times 9\ \mathrm{mm}$。

3.3.1.6　换热器核算

1. 传热能力核算

(1)壳程流体传热膜系数

用克恩法计算，依据式(3－30)得 $\alpha_o = 0.36\frac{\lambda}{d_e}Re_o^{0.25}P_r^{\frac{1}{3}}\left(\frac{\mu}{\mu_w}\right)^{0.14}$。

依据式(3－32)得当量直径为 $d_e = \dfrac{4\left[\frac{\sqrt{3}}{2} \times 0.032^2 - 0.785 \times 0.025^2\right]}{3.14 \times 0.025} = 0.020\ (\mathrm{m})$。

壳程流体截面积为 $A_o = h \cdot D_i\left(1 - \frac{d_o}{t}\right) = 0.45 \times 1.45 \times \left(1 - \frac{0.025}{0.032}\right) = 0.142\ 7\ (\mathrm{m^2})$。

壳程流体流速为 $u = \dfrac{\frac{227\ 801}{(3\ 600 \times 90)}}{0.142\ 7} = 4.9\ (\mathrm{m/s})$

雷诺数为 $Re_o = \dfrac{0.02 \times 4.9 \times 90}{1.5 \times 10^{-5}} = 588\ 000$。

普兰特准数为 $P_r = \dfrac{3.297 \times 10^3 \times 1.5 \times 10^{-5}}{0.029\ 7} = 1.773$。

黏度校正$\left(\frac{\mu}{\mu_w}\right)^{0.14} \approx 1$，所以，$\alpha_o = 0.36 \times \frac{0.027\ 9}{0.02} \times 588\ 000^{0.55} \times 1.773^{\frac{1}{3}} = 905.4(\mathrm{W/(m^2 \cdot ℃)})$。

(2)管内传热膜系数：依据式(3－40)有 $\alpha_i = 0.023\frac{\lambda}{d_i}Re^{0.8}P_r^{0.4}$。

管程流体流通截面积为 $A_i = 0.785 \times 0.02^2 \times \frac{123\ 2}{2} = 0.193\ 4(\mathrm{m^2})$。

管程流体流速为 $u_i = \dfrac{\frac{899\ 655}{(3\ 600 \times 994.3)}}{0.1934} = 1.299\ (\mathrm{m/s})$。

雷诺数为 $Re = \dfrac{0.02 \times 1.299 \times 994.3}{0.742 \times 10^{-3}} = 34\ 814$。

普兰特数为 $P_r = \dfrac{4.174 \times 10^3 \times 0.742 \times 10^{-3}}{0.624} = 4.96$。

所以，$\alpha_i = 0.023 \times \frac{0.624}{0.02} \times 34\ 814^{0.8} \times 4.96^{0.4} = 5\ 854\ (\mathrm{W/(m^2 \cdot ℃)})$。

(3)污垢热阻和管壁热阻：按表3－19，取管外侧污垢热阻 $R_o = 0.000\ 4(\mathrm{m^2 \cdot ℃})/\mathrm{W}$；管

内侧污垢热阻 $R_i=0.0006\ (m^2\cdot ℃)/W$。管壁热阻按式(3－41)计算，依据表3－20，碳钢在该条件下的导热系数约为50 W/(m·℃)，所以

$$R_w=\frac{0.0025}{50}=0.00005((m^2\cdot ℃)/W)$$

(4)总传热系数 $K$

依式(3－29)有

$$K=1\Big/\left(\frac{1}{905.4}+0.0004+0.00005\times\frac{25}{22.5}+0.0006\times\frac{25}{20}+\frac{1}{5854}\times\frac{25}{20}\right)$$
$$=396(W/(m^2\cdot ℃))$$

(5)传热面积裕度

依据式(3－42)可得所需要的传热面积 $A_n=\dfrac{Q_1}{K\Delta t_m}=\dfrac{10431\times10^3}{396\times46.4}=568(m^2)$。

该换热器的实际传热面积为 $A_o=\pi d_oL'N=3.14\times0.025\times7\times1232=677(m^2)$。

该换热器的面积裕度为 $F=\dfrac{A_o-A_n}{A_n}=\dfrac{677-568}{568}=19.2\%$。

该换热器能够完成生产任务。

2. 壁温核算

因管壁很薄，且管壁热阻很小，故管壁温度可按式(3－49)计算。

由于该换热器用循环冷却水冷却，冬季操作时，循环冷却水的进口温度将会降低。为确保可靠，取循环冷却水进口温度为15 ℃，出口温度为39 ℃，计算传热管壁温。另外，由于传热管内侧污垢热阻较大，会使传热管壁温升高，降低了壳体和传热管壁温之差。但在操作初期，污垢热阻较小，壳体和传热管壁温差可能较大。计算中，应按最不利的操作条件考虑，因此，取两侧污垢热阻为零计算传热管壁温。按式(3－49)有

$$t=\frac{T_m/\alpha_c+t_m/\alpha_h}{1/\alpha_c+1/\alpha_h}$$

式中，$t_m=0.4\times39+0.6\times15=24.6$ ℃；$T_m=\dfrac{1}{2}(110+60)=85$ ℃；$\alpha_c=\alpha_i=5854\ W/(m^2\cdot ℃)$；$\alpha_h=\alpha_o=905.4\ W/(m^2\cdot ℃)$。

传热管平均壁温为 $t=\dfrac{85/5854+24.6/905.4}{1/5854+1/905.4}=32.6(℃)$。

壳体壁温，可近似取为壳程流体的平均温度，即 $T=85$ ℃。

壳体壁温和传热管壁温之差为 $\Delta t=85-32.6=52.4(℃)$。

该温差较大，故需设温度补偿装置。由于换热器壳程流体压力较高，因此，需选用浮头式换热器。

3. 换热器内流体的流动阻力

(1)管程流体阻力

依据式(3－22)，式(3－23)，式(3－24)有

$$\sum\Delta P_i=(\Delta P_1+\Delta P_2)\cdot F_t\cdot N_s\cdot N_p$$

$$N_s = 1, N_p = 2$$

$$\Delta P_1 = \lambda \frac{l}{d_i} \frac{\rho u_i^2}{2}$$

由 $Re = 34\ 184$，传热管相对粗糙度 $\frac{0.2}{20} = 0.01$，查莫狄图得 $\lambda_i = 0.04$，流速 $u = \frac{1.299\ \text{m}}{994.3\ \text{kg/m}^2}$，则

$$\Delta P_1 = 0.04 \times \frac{7}{0.02} \times \frac{1.299^2 \times 994.3}{2} = 11\ 744.5(\text{Pa})$$

$$\Delta P_2 = \zeta \frac{\rho u_i^2}{2} = 3 \times \frac{1.299^2 \times 9\ 943}{2} = 2\ 517(\text{Pa})$$

$$\sum \Delta P_i = (11\ 744.5 + 2\ 517) \times 2 \times 1.5 \approx 42\ 785(\text{Pa})$$

管程流体阻力在允许范围之内。

(2)壳程流体阻力：依据式(3－26)，式(3－27)，式(3－28)有

$$\sum \Delta P_o = (\Delta P_1' + \Delta P_2') \cdot F_s \cdot N_s$$

$$N_s = 1, F_s = 1$$

流体流经管束的阻力损失

$$\Delta P_1' = F f_o n_c (N_B + 1) \frac{\rho u_o^2}{2}$$

式中，$F = 0.5$；$f_o = 5 \times 588\ 000 - 0.228 = 0.241\ 9$；$n_c = 1.1 N^{0.5} = 1.1 \times 1\ 232^{0.5}$；$N_B = 14$；$u_o = 4.9\ \text{m/s}$。

故 $\Delta P_1' = 0.5 \times 0.241\ 9 \times 38.6 \times (14 + 1) \times \frac{4.9^2 \times 90}{2} \approx 75\ 664(\text{Pa})$。

流体流过折流板缺口的阻力损失

$$\Delta P_2' = N_B \left(3.5 - \frac{2B}{D_i}\right) \frac{\rho u_o^2}{2}$$

式中，$B = 0.45\ \text{m}$；$D_i = 1.45\ \text{m}$。

故 $\Delta P_2' = 14 \times \left(3.5 - \frac{2 \times 0.45}{1.45}\right) \times \frac{4.9^2 \times 90}{2} = 43\ 553(\text{Pa})$。

总阻力损失

$$\sum \Delta p_o = 75\ 664 + 43\ 553 = 1.19 \times 10^5\ \text{Pa}。$$

由于该换热器壳程流体操作压力较高，所以，壳程流体的阻力损失也比较适宜。

3.3.1.7　换热器主要结构尺寸和计算结果表

如表 3－21 所示。

**表 3－21 换热器主要结构尺寸和计算结果表**

<table>
<tr><th colspan="2"></th><th colspan="2">管程</th><th colspan="2">壳程</th></tr>
<tr><td></td><td>流率/(kg/h)</td><td colspan="2">899 655</td><td colspan="2">227 801</td></tr>
<tr><td></td><td>温度进/出/℃</td><td colspan="2">29/39</td><td colspan="2">110/60</td></tr>
<tr><td></td><td>压力/MPa</td><td colspan="2">0.4</td><td colspan="2">6.9</td></tr>
<tr><td rowspan="6">物性</td><td>定性温度/℃</td><td colspan="2">34</td><td colspan="2">85</td></tr>
<tr><td>密度/(kg/m³)</td><td colspan="2">994.3</td><td colspan="2">90</td></tr>
<tr><td>热容/(kJ/(kg · ℃))</td><td colspan="2">4.173</td><td colspan="2">3.279</td></tr>
<tr><td>黏度/(Pa · s)</td><td colspan="2">$0.742\times10^{-3}$</td><td colspan="2">$1.5\times10^{-5}$</td></tr>
<tr><td>导热系数/(W/(m · ℃))</td><td colspan="2">0.624</td><td colspan="2">0.027 9</td></tr>
<tr><td>普兰特数</td><td colspan="2">4.96</td><td colspan="2">1.773</td></tr>
<tr><td rowspan="6">设备结构参数</td><td>型式</td><td>浮头式</td><td colspan="2">台数</td><td>1</td></tr>
<tr><td>壳体内径/mm</td><td>1 450</td><td colspan="2">壳程数</td><td>1</td></tr>
<tr><td>管径/mm</td><td>Φ25 × 2.5</td><td colspan="2">管心距/mm</td><td>32</td></tr>
<tr><td>管长/mm</td><td>7 000</td><td colspan="2">管子排列</td><td>Δ</td></tr>
<tr><td>管数目/根</td><td>1 232</td><td colspan="2">折流板数/个</td><td>14</td></tr>
<tr><td>传热面积/m²</td><td>677</td><td colspan="2">折流板间距/mm</td><td>450</td></tr>
<tr><td colspan="2">管程数</td><td>2</td><td colspan="2">材质</td><td>碳钢</td></tr>
<tr><td colspan="2">主要计算结果</td><td colspan="2">管程</td><td colspan="2">壳程</td></tr>
<tr><td colspan="2">流速/(m/s)</td><td colspan="2">1.299</td><td colspan="2">4.9</td></tr>
<tr><td colspan="2">传热膜系数/(W/(m² · ℃))</td><td colspan="2">5 854</td><td colspan="2">905.4</td></tr>
<tr><td colspan="2">污垢热阻/((m² · ℃)/W)</td><td colspan="2">0.000 6</td><td colspan="2">0.000 4</td></tr>
<tr><td colspan="2">阻力损失/kW</td><td colspan="2">0.043</td><td colspan="2">0.119</td></tr>
<tr><td colspan="2">热负荷/kW</td><td colspan="4">10 431</td></tr>
<tr><td colspan="2">传热温差/℃</td><td colspan="4">46.4</td></tr>
<tr><td colspan="2">传热系数/(W/(m² · ℃))</td><td colspan="4">396</td></tr>
<tr><td colspan="2">裕度/%</td><td colspan="4">19.2</td></tr>
</table>

### 3.3.1.8 换热器主要结构尺寸示意图

如图 3－31 所示。

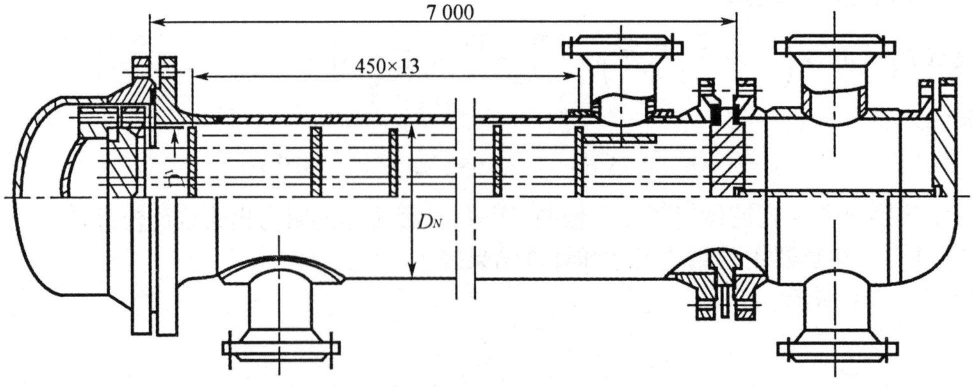


**图 3－31 换热器主要结构尺寸示意图**

### 3.3.2　固定管板式换热器设计与校核

#### 3.3.2.1　设计任务和操作条件

试自行设计一台固定管板式换热器以完成合成氨车间用冷水冷却变换气的任务。已知操作条件下变换气的数据：

| | | | |
|---|---|---|---|
| 体积流率(标准) | $V=6\,000\ m^3/h$ | 相对分子质量 | $M_r=17$ |
| 密度 | $\rho=0.925\ kg/m^3$ | 黏度 | $\mu=1.55\times10^{-5}\ Pa\cdot s$ |
| 导热系数 | $\lambda=0.058\ W/(m\cdot K)$ | 比热容 | $C_p=1.9\ kJ/(kg\cdot K)$ |
| 进口温度 | $T_1=144.5\ ℃$ | 出口温度 | $T_2=57\ ℃$ |
| 允许压强降 $\Delta P=3\,920\ N/m^2$ | | | |

操作条件下水的数据：

| | |
|---|---|
| 水质 | 处理过软水 |
| 全年最高温度 | 30 ℃ |

#### 3.3.2.2　确定设计方案

1. 类型的选择

根据设计要求，采用固定管板式换热器。

2. 流动路径的选择

由于变换气被冷却且要求压力降不允许超过 3 920 $N/m^2$，按变换气走管内考虑；而冷却水为处理过的软水，结垢不严重，安排走管间(即壳程)。

3. 冷却介质的选用及其物性

按已知条件给出，冷却介质为处理过的软水，根据全年最高温度设定为冷却水进口温度 $t_1=30$ ℃，冷却水出口温度 $t_2=36$ ℃，因此平均温度下冷却水物性如下：

密度 $\rho_2=994.7\ kg/m^3$，黏度 $\mu_2=0.757\times10^{-3}\ Pa\cdot s$

导热系数 $\lambda_2=62.2\times10^{-2}\ W/(m\cdot K)$，比热容 $C_{p2}=4.174\ kJ/(kg\cdot K)$

4. 流速的选择

变换气在管内的流速取 $u_i=30\ m/s$。

#### 3.3.2.3　初算换热器的传热面积

1. 热负荷及冷却介质消耗量的计算

标准状况下变换气的密度

$$\rho_1=\frac{PM}{RT}=\frac{1.013\,3\times10^5\times17}{8.316\times273}=0.759(kg/m^3)$$

变换气的质量流量

$$W_{s1}=V\rho_1=6\,000\times0.759=4\,550(kg/h)$$

热负荷

$$Q = W_h C_{ph}(T_1 - T_2) = 4\,550 \times 1.9 \times (144.5 - 57) = 756\,440(\mathrm{kJ/h}) = 210(\mathrm{kW})$$

冷却水的消耗量

$$W_{s2} = \frac{Q}{C_{pc}(t_2 - t_1)} = \frac{756\,440 \times 10^3}{4.174 \times 10^3 \times (36 - 30)} = 30.2(\mathrm{t/h})$$

2. 计算平均温度差 $\Delta t_m$，并确定管程数

选取逆流流向，先按单壳程单管程考虑，计算出平均温度差 $\Delta t_m'$。

$$\Delta t_m' = \frac{\Delta t_1 - \Delta t_2}{\ln \dfrac{\Delta t_1}{\Delta t_2}} = \frac{(144.5 - 36) - (57 - 30)}{\ln \dfrac{144.5 - 36}{57 - 30}} = 58.6(℃)$$

有关参数 $R = \dfrac{T_1 - T_2}{t_2 - t_1} = \dfrac{144.5 - 57}{36 - 30} = 14.6$，$P = \dfrac{t_2 - t_1}{T_1 - t_1} = \dfrac{36 - 30}{144.5 - 30} = 0.052$。

根据 $R$，$P$ 值，查温度校正系数图 3 - 28 得温度校正系数 $\varphi_{\Delta t} = 0.975 > 0.8$，可见用单壳程单管程合适。因此，平均温度差 $\Delta t_m = \Delta t_m' = 58.6$ ℃。

3. 按经验数值初选总传热系数

$$K_{0(估)} = 120(\mathrm{W/(m^2 \cdot K)})。$$

4. 初算出所需传热面积

$$A_o' = \frac{Q}{K_o \Delta t_m} = \frac{210 \times 10^3}{120 \times 58.6} = 29.9(\mathrm{m^2})。$$

3.3.2.4　主要工艺及结构基本参数的计算

1. 换热管规格及材质的选定

选用 $\Phi 25$ mm × 2.5 mm 钢管。

2. 换热管数量及长度的确定

$$管数\ n = \frac{4V}{u_i \pi d_i^2} = \frac{4 \times \dfrac{\left(\dfrac{4\,550}{3\,600}\right)}{0.925}}{30 \times 3.14 \times 0.02^2} = 145(根)$$

$$管长\ l' = \frac{A_o'}{n \pi d_o} = \frac{29.9}{145 \times 3.14 \times 0.025} = 2.63(\mathrm{m})$$

按商品管长系列规格，取管长 $L = 3$ m。

3. 管子的排列方式及管子与管板的连接方式的选定

管子的排列方式，采用正三角形排列；管子与管板的连接，采用焊接法。

4. 计算外壳内直径 $D_i$

$$D_i = t(n_c - 1) + 2b'$$

管中心距 $t = 1.25\ d_0 = 1.25 \times 25 = 32(\mathrm{mm})$。

横过管束中心线的管数 $n_c = 1.1\sqrt{n} = 1.1\sqrt{145} = 13.25$，取整 $n_c = 13$ 根。

管束中心线上最外层管的中心至壳体内壁的距离 $b' = 1.5d_0 = 1.5 \times 0.025 = 0.038(\mathrm{m})$。

则 $D_i = 0.032(13 - 1) + 2 \times 0.038 = 0.492(\mathrm{m})$。

按壳体直径标准系列尺寸圆整，取 $D = 500$ mm。因为 $\dfrac{L}{D} = \dfrac{3\,000}{500} = 6$，管长径比合适。

5. 画出排管图

根据壳体内径 $D_i$、管中心距 $t$、横过管束中心线的管数 $n_c$ 及其排列方式，绘出排管图，如图3－32。由图可见，中心排有13根管时，按正三角形排列，可排127根，若在六角形每边各加4根，总共排151根，除去6根拉杆位置，实际排出145根，与上述计算相符。因此，实际管子数 $N=n=145$ 根。

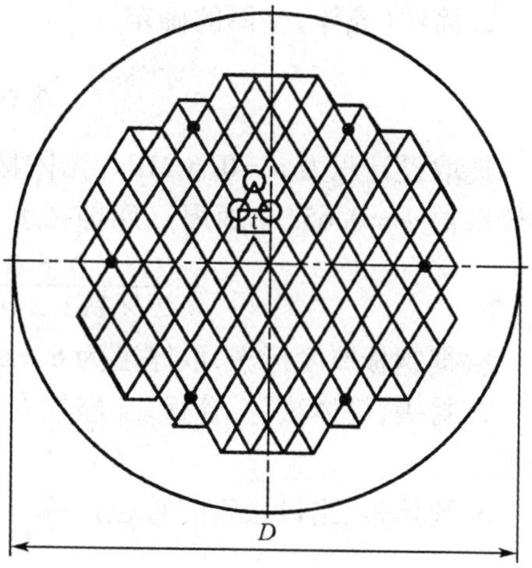


图3－32　管子排列图

6. 计算实际传热面积 $A_o$ 及过程的总传热系数 $K_{0(选)}$

$$A_o = N\pi d_o(L-0.1) =$$

$$145\times3.14\times0.025\times(3-0.1) = 33(\mathrm{m}^2)$$

$$K_{o(选)} = \frac{Q}{A_o\Delta t_m} = \frac{210\times10^3}{33\times58.6} = 109(\mathrm{W/(m^2\cdot K)})$$

7. 折流板直径 $D_c$、数量及有关尺寸的确定

选取折流板与壳体间的间隙为3.5 mm，因此

折流板直径 $D_c=500-2\times3.5=493(\mathrm{mm})$。

切去弓形高度 $h'=0.25D=0.25\times500=125(\mathrm{mm})$。

折流板数量 $N_B=\dfrac{L-0.1}{h_0}-1$。

取折流板间距 $h_0=300$ mm，则 $N_B=\dfrac{3\,000-100}{300}-1=8.7$（块）。取整得 $N_B=9$ 块。

实际折流板间距 $h=\dfrac{3\,000-100}{9+1}=290(\mathrm{mm})$。

8. 拉杆的直径和数量与定距管的选定

选用 $\Phi12$ mm 钢拉杆，数量6条。定距管采用与换热管相同的管子，即 $\Phi25\ \mathrm{mm}\times2.5$ mm钢管。

9. 温度补偿圈的选用

由于 $\dfrac{144.5+57}{2}-\dfrac{30+36}{2}=67.8\ ℃>50\ ℃$，故需考虑设置温度补偿圈。具体结构尺寸可从有关标准查取。

10. 列出所设计换热器的结构基本参数

外壳直径 $D_i=500$ mm；换热面积 $A_o=33\ \mathrm{m}^2$；换热器数量 $N=145$ 根；管长 $L=3\,000$ mm；管子规格 $\Phi25\ \mathrm{mm}\times2.5$ mm（钢管）；管中心距 $t=32$ mm；管子排列方式为正三角形；管程数1；壳程数1；折流板数量 $N_B=9$（块）；折流板间距 $h=290$ mm；拉杆数量6根；拉杆直径 $\Phi12$ mm；定距管与换热管相同规格；通过管板中心的管子数 $n_c=13$ 根。

3.3.2.5　换热器主要构件尺寸与接管尺寸的确定

换热器的主要构件有封头、筒体法兰、管板、筒体、折流板（或支撑板）、支座等。主要接管有流体进、出口接管，排气管，排液管等。

1. 筒体(壳体)壁厚的确定

$$\delta = \frac{pD_i}{2[\sigma]\psi - p} + C$$

选取设计压力 $p = 0.6$ MPa,壳体材料为 Q235,查得其相应的许用应力 $[\delta] = 113$ MPa;焊缝系数 $\psi = 0.65$(单面焊),腐蚀裕度 $C = 3 + 0.5 = 3.5$ mm,所以

$$\delta = \frac{0.6 \times 500}{2 \times 113 \times 0.65 - 0.6} + 3.5 = 5.6(\text{mm})$$

根据钢板厚度标准,取厚度为6 mm钢板,即 $\delta_{(壳)} = 6$ mm。

2. 封头、筒体法兰、管板、支座均有标准供选用,具体结构尺寸可从有关手册所列标准中查取。

3. 流体进、出口接管的直径计算

$$d = \sqrt{\frac{4V_s}{\pi u}}$$

变换气进、出口接管 $d_1$,取 $u_1 = 20$ m/s,那么

$$d_1 = \sqrt{\frac{4 \times (4\ 500/3\ 600)/0.925}{3.14 \times 20}} = 0.295(\text{m})$$

经圆整采用 $\Phi$299 mm×6 mm 热轧无缝钢管(YB 231－64)实际变换气进、出口管内流速为

$$u_1 = \frac{4 \times 4\ 500}{3\ 600 \times 0.925 \times 3.14 \times 0.287^2} = 20.9(\text{m/s})$$

冷却水进、出口接管 $d_2$,取 $u_2 = 1.5$ m/s,那么

$$d_2 = \sqrt{\frac{4 \times (30\ 200/3\ 600)/994.7}{3.14 \times 1.5}} = 0.085(\text{m})$$

经圆整采用 $\Phi$95 mm×6 mm 热轧无缝钢管(YB 231－64)实际冷却水进、出口管内流速为

$$u_2 = \frac{4 \times 30\ 200}{3\ 600 \times 994.7 \times 3.14 \times 0.083^2} = 1.56(\text{m/s})$$

3.3.2.6 管、壳程压强降的校验

1. 计算管程压强降

$$\sum \Delta p_i = (\Delta p_1 + \Delta p_2) F_t N_s N_p$$

据上述结果可知:管程数 $N_p = 1$,串联壳程数 $N_s = 1$;对于 $\Phi$25 mm×2.5 mm 的换热管,结构校正系数为 $F_t = 1.4$。

换热器为单管程,$\Delta p_2 = 0$;流体流经直管段(包括进、出口)的压力降为

$$\Delta p_1 = \left(\lambda \frac{l}{d} + \xi_e + \xi_c\right)\frac{\rho u_i^2}{2} = \left(\lambda \frac{l}{d} + 1.5\right)\frac{\rho u_i^2}{2}$$

由于

$$G_i = \frac{4\ 550}{3\ 600 \times \left(\frac{\pi}{4}\right)(0.02)^2 \times 145} = 27.8(\text{kg/(m}^2 \cdot \text{s}))$$

$$Re_i = \frac{d_i G_i}{\mu} = \frac{0.02 \times 27.8}{0.015\ 5 \times 10^{-3}} = 35\ 800$$

取 $\varepsilon=0.2$ mm,那么$\frac{\varepsilon}{d_i}=\frac{0.2}{20}=0.01$,可查得 $\lambda=0.027$,故

$$\Delta p_1=\left(0.027\times\frac{3}{0.02}+1.5\right)\times\frac{0.925\times30^2}{2}=2\ 310(\mathrm{N/m^2})$$

所以 $\sum\Delta p_i=(2\ 310+0)\times1.4\times1\times1=3\ 230<3\ 290$,管程流体压强降满足要求。

2. 计算壳程压强降(冷却水走壳程)

$$\sum\Delta p_0=(\Delta p_1'+\Delta p_2')F_sN_s$$

式中,流体流经管束的压强降 $\Delta p_1'=Ff_0N_c(N_B+1)\frac{\rho u_0^2}{2}$。

由于,管子排列方式对压强降的校正因子,$F=0.5$(正三角形排列)。

壳程流体的摩擦系数 $f_0=5Re^{-0.228}$。

横过管子中心的管子数 $N_c=13$ 根。

折流板数 $N_B=9$ 块。

$$Re_0=\frac{d_eu_0\rho_2}{\mu}$$

$$d_e=\frac{4\left(\frac{\sqrt{3}}{2}t^2-\frac{\pi}{4}d_0^2\right)}{\pi d_0}=\frac{4\times\left[\frac{\sqrt{3}}{2}\times(0.032)^2-\frac{\pi}{4}\times(0.025)^2\right]}{\pi\times0.025}=0.020\ 2(\mathrm{m})$$

$$u_0=\frac{V_s}{hD\left(1-\frac{d_0}{t}\right)}=\frac{V_s}{h(D-n_cd_0)}=\frac{30\ 200}{3\ 600\times994.7\times0.29\times(0.5-13\times0.025)}=0.263(\mathrm{m/s})$$

$$Re_0=\frac{0.020\ 2\times0.263\times994.7}{0.757\times10^{-3}}=6\ 981>500$$

$$f_0=5\times(6\ 981)^{-0.228}=0.67$$

$$\Delta p_1'=0.5\times0.67\times13\times(9+1)\times\frac{994.7\times0.263^2}{2}=1\ 498(\mathrm{N/m^2})$$

$$\Delta p_2'=N_B\left(3.5-\frac{2h}{D}\right)\frac{\rho u_0^2}{2}=9\times\left(3.5-\frac{2\times0.29}{0.5}\right)\times\frac{994.7\times0.263^2}{2}=724(\mathrm{N/m^2})$$

$$N_s=1(\text{单壳程})$$

$$F_s=1.15(\text{液体})$$

所以 $\Delta p_0=1.15\times(1\ 498+724)=2\ 555<3\ 920$,壳程压强降满足题给要求。

3.3.2.7 总传热系数的校验

总传热系数由下式计算

$$\frac{1}{K_{o(\text{计})}}=\frac{1}{\alpha_o}+R_{so}+\frac{bd_o}{\lambda d_m}+R_{si}\frac{d_o}{d_i}+\frac{d_o}{\alpha_id_i}$$

其中,管内变换气的传热系数 $\alpha_i$ 的计算

$$\alpha_i=0.023\frac{\lambda_i}{d_i}Re_i^{0.8}Pr^{0.3}=0.023\times\frac{0.058}{0.02}\times(35\ 800)^{0.8}\times\left(\frac{1.9\times0.015\ 5\times10^{-3}}{0.058\times10^{-3}}\right)$$

$$=239(\mathrm{W/(m^2\cdot K)})$$

管间水的传热系数 $\alpha_o$ 的计算 $\alpha_o = 0.36\dfrac{\lambda_o}{d_e}Re_o^{0.55}Pr^{\frac{1}{3}}\varphi_W^{0.14}$

由于水被加热，取黏度校正系数 $\varphi_W^{0.14} = 1.05$，所以

$$\alpha_o = 0.36 \times \frac{0.622}{0.020\,2} \times 6\,981^{0.55} \times \left(\frac{4.174 \times 10^3 \times 0.757 \times 10^{-3}}{0.622}\right)^{\frac{1}{3}} \times 1.05$$

$$= 2\,485(\mathrm{W/(m^2 \cdot K)})$$

取水侧与气侧污垢热阻均为 $0.26 \times 10^{-3}(\mathrm{m^2 \cdot K/W})$，钢管导热系数 $\lambda = 51(\mathrm{W/(m \cdot K)})$，故

$$\frac{1}{K_{o(计)}} = \frac{1}{2\,485} + 0.26 \times 10^{-3} + \frac{0.002\,5 \times 25}{51 \times 225} + 0.26 \times 10^{-3} \times \frac{25}{20} + \frac{25}{239 \times 20}$$

$$K_{o(计)} = 161(\mathrm{W/m^2 \cdot K})$$

所以 $\dfrac{K_{o(计)}}{K_{o(选)}} = \dfrac{161}{109} = 1.48$。

一般 $K_{0(计)}/K_{(选)}$ 应在 1.15 ~ 1.25 之间。本设计的换热器可适用，但传热面积稍大，要取得更合理的设计，可重复上述步骤，直至满足为止。

# 第 4 章　塔设备设计

## 本章符号说明

**英文字母**

| | |
|---|---|
| $A_a$ | 塔板开孔(鼓泡)面积,$m^2$ |
| $A_f$ | 降液管面积,$m^2$ |
| $A_0$ | 筛孔面积,$m^2$ |
| $A_T$ | 塔截面积,$m^2$ |
| $a_t$ | 填料的总比表面积,$m^2/m^3$ |
| $a_w$ | 填料层的润湿表面积,$m^2/m^3$ |
| $C$ | 负荷系数,无因次 |
| $C_0$ | 流量系数,无因次 |
| $D$ | 塔顶流出液流量,kmol/h |
| $D$ | 塔径,m |
| $D_{AB}$ | 扩散系数,$m^2/s$ |
| $d_0$ | 筛孔直径,mm |
| $E$ | 液流收缩系数,无因次 |
| $E$ | 亨利系数,kPa |
| $E_T$ | 全塔效率(总板效率),无因次 |
| $e_V$ | 雾沫夹带量,kg(液)/kg(气) |
| $F$ | 进料流量,kmol/h |
| $F_a$ | 气相动能因数,$m/s(kg/m^3)^{1/2}$ |
| $G$ | 进塔惰性气体流量,kmol/h |
| $g$ | 重力加速度,$m/s^2$ |
| $H$ | 塔高,m |
| $H$ | 溶解度系数 |
| $H_{OG}$ | 气相总传质单元高度,m |
| $h_c$ | 与干板压降相当的液柱高度,m |
| $h_d$ | 液柱高度,m |
| $h_f$ | 板上鼓泡层高度,m |
| $h_l$ | 与气流穿过板上液层的压降相当的液柱,m |
| $h_L$ | 板上液层高度,m |
| $h_0$ | 降液管底隙高度,m |
| $h_{ow}$ | 堰上液层高度,m |
| $h_p$ | 与单板压降相当的液层高度,m |
| $h_\sigma$ | 与克服液体表面张力压降相当的液柱高度,m |
| $h_w$ | 溢流堰高度,m |
| $K$ | 筛板的稳定性系数,无因次 |
| $k_G$ | 气膜吸收系数 |
| $L$ | 塔内下降液体的流量,kmol/h |
| $L_s$ | 塔内下降液体的流量,$m^3/s$ |
| $l_w$ | 溢流堰长度,m |
| $M$ | 相平衡常数 |
| $M$ | 摩尔质量,g/mol |
| $N$ | 塔板数 |
| $N_p$ | 实际塔板数 |
| $N_{OG}$ | 气相传质单元数 |
| $N_T$ | 理论塔板数 |
| $n$ | 筛孔数 |
| $\Delta P$ | 压强降,Pa 或 kPa |
| $P$ | 操作压强,Pa 或 kPa |
| $q$ | 进料热状态参数 |
| $R$ | 回流比 |
| $S$ | 直接蒸气量,kmol/h |
| $S$ | 脱吸因素 |
| $t$ | 筛孔中心距,mm |
| $U_{喷min}$ | 最小喷淋密度,$m^3/(m^2h)$ |
| $U_V$ | 气体质量通量,$kg/(m^2s)$ |
| $u$ | 空塔气速 |

| | | | |
|---|---|---|---|
| $u_\sigma$ | 开孔区流通面积计算的气速,m/s | $\varepsilon_0$ | 板上液层充气系数,无因次 |
| $u_F$ | 液泛气速,m/s | $\mu$ | 黏度,mPas |
| $u_0$ | 筛孔气速,m/s | $\rho$ | 密度,kg/m$^3$ |
| $u_0'$ | 降液管底隙处液体流速,m/s | $\sigma$ | 表面张力,N/m 或 mN/m |
| $u_{ow}$ | 漏液点气速,m/s | $\sigma_c$ | 临界表面张力,N/m |
| $V$ | 塔内上升蒸气流量,kmol/h | $\varphi$ | 填料因子,m$^{-1}$ |
| $V_s$ | 塔内上升蒸气体积流量,m$^3$/s | $\tau$ | 液体表面张力,s |
| $W$ | 釜残液(塔底产品)流量,kmol/h | $\varphi$ | 开孔率 |
| $W_c$ | 无效区宽度,m | $\varphi_A$ | 回收率 |
| $W_d$ | 弓形降液管宽度,m | $\psi$ | 液体密度校正系数 |
| $W_L$ | 液相质量流量,kg/h | **下标** | |
| $W_s$ | 安定区宽度,m | $A$ | 易挥发组分 |
| $W_V$ | 质量流量,kg/h | $B$ | 难挥发组分 |
| $x$ | 液相中易挥发组分的摩尔分率 | $D$ | 馏出液 |
| $x$ | 开孔区宽度的 1/2 宽度,m | $F$ | 原料液 |
| $Y_1$ | 气相摩尔比 | $L$ | 液相 |
| $y$ | 气相中易挥发组分的摩尔分率 | $V$ | 气相(气体) |
| $z$ | 塔有效高度,m | $G$ | 气体 |
| **希腊字母** | | $m$ | 平均 |
| $\alpha$ | 相对挥发度,无因次 | max | 最大 |
| $\beta$ | 干筛孔流量系数的修正系数,无因次 | min | 最小 |
| $\delta$ | 筛板厚度,mm | | |

## 4.1　概　述

### 4.1.1　塔设备在化工生产中的作用和地位

塔设备是化工、炼油生产中最重要的设备之一。它可使气(或汽) 液或液液两相之间进行充分接触,达到相际之间传质及传热的目的。可在塔设备中完成的单元操作有:精馏、吸收、解吸和萃取等。此外,气体的湿法净制和干燥、气体的冷却、回收以及增湿、减湿等过程都可以在塔设备中完成。塔设备的性能对于整套生产装置的产品产量、质量、生产能力和消耗以及三废处理和环境保护等各个方面,都有重大的影响,塔设备的设计对化工及与之相关工业生产等行业是极其重要的。

### 4.1.2　塔设备的类型和构造

塔设备在发展过程中为了满足各行业生产的需要,形成了型式繁多的各种结构,可以从不同的角度对塔设备进行分类。例如:按操作压力分为加压塔、常压塔和减压塔;按单元操作分为精馏塔、吸收塔、解吸塔、萃取塔、反应塔和干燥塔；按形成相际接触界面的方式分为具有固定相界面的和流动过程中形成相界面的塔，也有按塔釜型式分类的；但是长期以来，最常用的分类是按塔的内件结构分为板式塔(图4－1)和填料塔(图4－2)两大类。

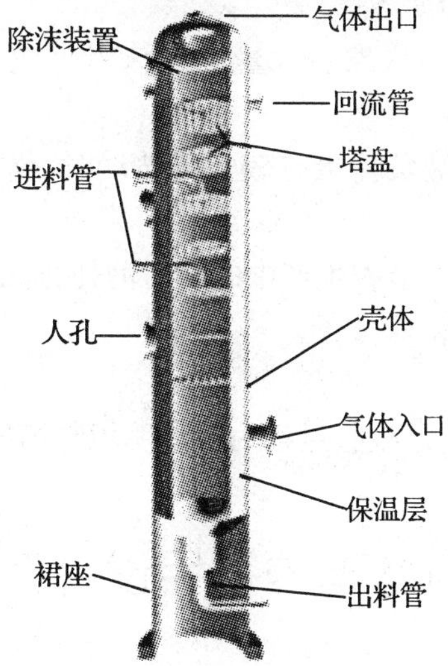


图4－1 板式塔

图4－2 填料塔

在板式塔中，塔内装有一定数量的塔盘，气体以鼓泡或喷射的形式穿过塔盘上的液层使两相密切接触，进行传质，两相的组分浓度沿塔高呈阶梯式变化。在填料塔中，塔内装填一定高度的填料层，液体沿填料表面呈膜状流动，气体在填料的空隙中流动，气液两相充分接触进行传质，两相的组分浓度沿塔高呈连续变化。塔内组分是连续变化还是阶梯式变化是两类塔的根本区别。

塔设备除了种类繁多的各种内部构件外，其余构件大致相同，主要包括以下构件。

1. 塔体

塔体是塔设备的外壳。常见的塔体是由等直径、等壁厚的圆筒和作为头盖和底盖的椭圆形封头所组成；当有工艺特殊要求的情况下，也有采用不等直径、不等壁厚的塔体。

2. 接管

用以连接工艺管路，把塔设备与相关设备连成系统，包括进液管、出液管、进气管、出气管、回流管、侧线抽出管和仪表接管等。

3. 除沫器

用于捕集夹带在气流中的液滴。

4. 人孔和手孔

为安装、检修和检查的需要而设置。

5. 塔体支座

塔体安放到基础上的连接部分，用以保证塔体座落在确定的位置上进行正常的工作。

6. 吊耳

便于大型塔设备的运输和安装，在塔设备上焊以吊耳，用于起吊。

7. 吊柱

为了在安装和检修时方便塔内件的运送。

### 4.1.3　塔设备设计的基本要求

对塔设备的设计的基本要求如下：

1. 应使塔内气液两相充分接触以获得较高的传质效率。

2. 生产能力大。在较大的气（汽）液流速下，仍不致发生大量的雾沫夹带或液泛等破坏正常操作的现象。

3. 操作稳定、操作弹性大。当塔设备的气（汽）液负荷量有较大的波动时，仍能在较高的传质效率下进行稳定操作。

4. 流动阻力小。即流体通过塔设备的压力降小，以节省生产中的动力消耗，降低操作费用。

5. 结构简单、材料耗用量小、制造和安装容易、检修方便。

6. 耐腐蚀和不易堵塞，方便操作、调节。

下节中以精馏过程为例说明板式塔的设计过程，以吸收过程为例说明填料塔的设计过程。

## 4.2　精馏过程板式塔设计的基本内容与设计方案

### 4.2.1　精馏塔设计的基本内容

1. 确定精馏精馏过程工艺流程方案

根据待分离混合物的物性、流量、组成及分离要求，选择精馏的类型和塔设备类型。在此基础上选择精馏塔的适宜操作条件，如操作温度、压力以及辅助设备，从而形成较适宜的工艺流程方案，并对选择依据进行论述。

2. 精馏塔工艺计算

确定塔高和塔径。根据原料液的流量、状态、物性及工艺分离要求，对精馏过程进行工艺计算，完成塔高、塔径的设计计算。

3. 塔板结构设计

选择合适的塔板形式，计算塔板各主要工艺尺寸，并进行流体力学校核、验算，画出塔的操作性能图。

4. 辅助设备选择

主要包括再沸器、冷凝器、贮罐、预热器及冷却器等的设备类型的选择，以及接管尺寸、泵等的计算。

5. 编写设计说明书

6. 绘制精馏装置工艺流程图和精馏塔的设备图

### 4.2.2　精馏塔设计方案

精馏方案是指确定整个精馏装置的流程、主要设备的结构型式和主要操作条件。在实际的设计问题中，必须考虑以下原则：(1) 能满足工艺要求，达到指定的产量和质量；(2) 操作平稳，易于调节；(3) 经济合理；(4) 安全生产。

当流程和设备结构类型确定后，应选择各单元设备的操作条件初值，以便系统的设计计算和操作参数的优化。操作条件的选择通常以物系的性质、分离要求、工艺条件以及所能提供的公用工程实际条件作为前提，以达到某一目标为最优来选择适宜操作条件。同时，还要考虑本装置与上、下游装置衔接的工况。精馏塔操作条件的选择通常从以下几方面进行考虑。

1. 操作压力

精馏操作可以在常压、加压或减压下进行，确定操作压力时主要是根据处理物料的性质、技术上的可行性和经济上的合理性来考虑的。常压精馏最为简单和经济，在常压下为液态混合物，且沸点适中，则可选择常压蒸馏，若物料性质无特殊要求，应尽可能在常压下操作。若物料的沸点很高，且具有一定的热敏性，则应选择减压精馏。反之，如果待分离混合物为气相，只有在较高的压力下或很低的温度下才能液化，采用加压精馏。

2. 进料状态

精馏过程的进料可以是过冷液体、饱和液体、饱和蒸气、气液混合物或过热蒸气，不同的进料状态对塔的热流量、塔径和所需的塔板数都有一定的影响。通常，进料状态由前一工序来的原料的状态所决定，从设计角度考虑，如果来料为过冷液体，则可考虑加设原料预热器，将料液预热至泡点，以饱和液体状态进料。这时，进料温度不受季节、气温变化和前道工序波动的影响，便于设计和制造，操作上比较容易控制；另外，精馏段和提馏段的气相流率相近，两段的塔径可以相同，对冷进料的预热器，可采用比再沸器热源温位低的其他热源或工艺物流作为热源，从而减少过冷进料时再沸器热流量，节省高品位热能，降低系统的有效能损失，使系统用能趋于合理。但是，预热进料导致提馏段气、液相流量同时减少，从而引起提馏段液、气比的增加，为此削弱了提馏段各板的分离能力，使其所需塔板数有所增加。

3. 加热方式

由于作为热源的饱和水蒸气相对其他加热剂容易生产、输送和控制，并且具有较高的冷凝潜热和较大的传热系数，所以，再沸器的热源通常选择饱和水蒸气。如果再沸器热源要求温位过高，也可选择其他加热剂，如燃料加热的导热油等。如果在系统内某些工艺热物流的温位及热流量可以满足再沸器的需要，也可选作加热剂，回收系统的热量，实现过程能量集成，降低系统的能耗。在一般情况下，加热剂不能与塔内物料混合，故常采用间壁式换热器。但若釜液为水溶液，且该系统中水为难挥发组分时，可采用水蒸气直接加热。直接蒸气加热不仅具有较高的传热效率，而且只需在塔釜内安装鼓泡管，减少设备投资，并且可以利用压力较低的蒸气来进行加热，操作费用和设备费用均可降低。但在塔顶轻组分回收率一定时，由于蒸气冷凝水的稀释作用，使残液的轻组分浓度降低，所需的塔板数略有增加。对于某些物系(如酒精 - 水)，低浓度时的相对挥发度很大，所增加的塔板数不多，此时采用直接蒸气加热是合适的。若釜液黏度很大，用间壁式换热器加热困难，此时用直接蒸气可以取得很好的效果。

4. 冷却方式

精馏塔常以循环冷却水为冷却剂，将热量从塔顶冷凝器中移出。冷却水进口温度，随生产厂所在地全年气象条件以及凉水塔能力而定。在设计中通常按夏天出凉水塔的水温而定，使装置在最恶劣条件下也能正常运行。冷却水换热后温升一般在 5 ~ 10 ℃ 或稍高一些，但出口温度一般不超过 50 ℃。

5. 进料方式

有时原料来源不同，其浓度也有很大的差别。此时，从分离的角度考虑，不同浓度的物料应从不同的位置加入塔内。一般来说入塔位置上的物料浓度与加料浓度相近为好，即应以多股进料来处理。但若所处理的物料量不多，从设备加工和操作方便上来考虑，也往往是多股物料混合以后作一股物料加入。

# 4.3　精馏过程工艺计算

## 4.3.1　物料衡算

物料衡算的任务包括以下几点。

(1) 根据设计任务所给定的处理原料量、原料浓度及分离要求(塔顶、塔底产品的浓度)，计算塔顶、塔底的产量。

(2) 在加料热状态 $q$ 和回流比 $R$ 选定后，分别算出精馏段和提馏段的上升蒸气量和下降液体量。

(3) 写出精馏段和提馏段的操作线方程。通过物料衡算确定精馏塔中各股物料的流量和组成情况，塔内各段的上升蒸气量和下降液体量，为计算理论板数以及塔径和塔板结构参数提供依据。

### 4.3.1.1　常规塔物料衡算

1. 全塔物料衡算

$$F = D + W \tag{4-1}$$

$$Fx_F = DX_D + WX_W \tag{4-2}$$

若以塔顶轻组分为主要产品，则回收率为

$$\eta = \frac{Dx_D}{Fx_F} \times 100\% \tag{4-3}$$

式中，$F$，$D$，$W$ 分别为原料液、馏出液和釜残液流量，kmol/h；$x_F$，$x_D$，$x_W$ 分别为原料液、馏出液和釜残液中易挥发组分的摩尔分率。

联立式(4－1)和式(4－2)可得

$$D = F\frac{x_F - x_W}{x_D - x_W} \tag{4-4}$$

$$W = F\frac{x_D - x_F}{x_D - x_W} \tag{4-5}$$

2. 操作线方程

(1) 精馏段

上升蒸气量
$$V = (R+1)D \tag{4-6}$$

下降液体量
$$L = RD \tag{4-7}$$

操作线方程
$$y_{n+1} = \frac{L}{V}x_n + \frac{D}{V}x_D \tag{4-8}$$

或表示为
$$y_{n+1} = \frac{R}{R+1}x_n + \frac{1}{R+1}x_D \tag{4-9}$$

式中,$R$ 为回流比;$x_n$ 为精馏段内第 $n$ 层板下降液体中易挥发组分的摩尔分率;$y_{n+1}$ 为精馏段内第 $n+1$ 层板上升蒸气中易挥发组分的摩尔分率。

(2) 提馏段

上升蒸气量
$$V' = (R+1)D - (1-q)F \tag{4-10}$$

或表示为
$$V' = L + qF - W \tag{4-11}$$

下降液体量
$$L' = RD + qF \tag{4-12}$$

操作线方程
$$y'_{m+1} = \frac{L+qF}{L+qF-W}x'_m - \frac{W}{L+qF-W}x_W \tag{4-13}$$

式中,$x'_m$ 为提馏段内第 $m$ 层板下降液体中易挥发组分摩尔分率;$y'_{m+1}$ 为提馏段内第 $m+1$ 层板上升蒸气中易挥发组分摩尔分率。

3. 进料线方程($q$ 线方程)

$$y = \frac{q}{q-1}x - \frac{x_F}{q-1} \tag{4-14}$$

4.3.1.2　直接蒸气加热塔物料衡算

1. 全塔总物料衡算

总物料衡算
$$F + V_0 = D + W^* \tag{4-15}$$

易挥发组分衡算
$$Fx_F + V_0 y_0 = Dx_D + W^* x_W^* \tag{4-16}$$

式中,$V_0$ 为直接加热蒸气的流量,kmol/h;$y_0$ 为加热蒸气中易挥发组分的摩尔分率,一般 $y_0=0$;$W^*$ 为直接蒸气加热时釜液流量,kmol/h;$x_W^*$ 为直接蒸气加热时釜液中易挥发组分的摩尔分率。

联立式(4-15)和式(4-16)得

$$W^* = W + V_0 \tag{4-17}$$

$$x_W^* = \frac{W}{W+V_0}x_W \tag{4-18}$$

2. 操作线方程

(1) 精馏段

与常规塔相同:
$$y_{n+1} = \frac{L}{V}x_n + \frac{D}{V}x_D = \frac{R}{R+1}x_n + \frac{x_D}{R+1} \tag{4-19}$$

(2) 提馏段

$$y'_{m+1} = \frac{W^*}{V_0}x'_m - \frac{W^*}{V_0}x_W \tag{4-20}$$

### 4.3.2　塔内压力

在设计任务书中给定的操作压力通常是指塔顶压力。由于塔板压降,从塔顶到塔底压力又逐渐增加,温度也有相应的变化(物料组成变化和压力变化两个因素同时作用的结果),因而沿塔物性和气相负荷也随之而变。一般先假设,再校核,经多次试差后确定。对于常压或加压操作的精馏塔,如板压降不是很大,在工艺计算时可假定全塔各处压力相等。

### 4.3.3　回流比的选定

回流比的选原则是使塔的设备费用和操作费用的总和最低,并应考虑到操作时的调节弹性。回流比的大小不仅影响所需要的理论板数、塔径、塔板的结构尺寸,还影响加热蒸气和冷却水的消耗量,在精馏操作中常用改变回流比来调节塔的分离能力。从调节弹性的要求出发,回流比不宜选得过大。通常可用下述方法之一来选定回流比:

1. 参考实际生产,寻找设计物系相同、分离要求相近,操作情况良好的工业精馏塔的回流比数据;

2. 取最小回流比的1.2 ~ 2倍;

3. 先求最少理论板数$N_{min}$,作出回流比$R$和理论板数$N$的曲线图。在曲线图上确定合适的回流比$R$。

### 4.3.4 理论塔板数的确定

通常确定理论板的基本方法有图解法或逐板计算法两种,选择使用的基本原则为:

1. 若物系符合恒摩尔流假定,操作线为直线,相平衡关系符合或接近理想物系,可用图解法或逐板计算法求取理论板数及理论加料板位置。如用图解法,为了得到较准确的结果,应采取适当比例的图。当分离要求较高时,应将平衡线的两端局部放大,以减少作图误差。

2. 当分离物系的相对挥发度较小,或分离要求较高时,操作线和平衡线比较接近,所需的理论板数多。因用图解法不易得到准确的结果,应用逐板计算法进行计算,并注意相平衡数据的准确表达及精度。

3. 当分离物系与理想物系偏离较远,难以用相平衡方程和操作线方程表达平衡关系和操作关系时,则最好采用图解法。

### 4.3.5 实际塔板数的确定

4.3.5.1 实际塔板数及实际加料板位置

设塔釜为一块理论板,则

$$N = \frac{N_T - 1}{E_T} \tag{4-21}$$

式中,$N$为塔内实际板数;$N_T$为计算(或图解)所得理论板数;$E_T$为全塔总效率。

加料板位置

$$N_m = \frac{N_R}{E_T} - 1 \tag{4-22}$$

式中,$N_m$为实际加料板位置;$N_R$为精馏段理论板数。

为避免计算中引用诸多简化假定而引起的与实际情况有一定偏差,在设计时可在$N_m$的上下各多设一个加料口,待开车调试时再确定最佳实际加料位置。

4.3.5.2 塔板效率的估计

目前工业上使用的板式塔的塔板效率通常在0.3 ~ 0.7之间。常用塔板效率的估算方法有以下几种。

1. 参考相关数据

参考生产现场塔板类型相同、结构相近以及物系性质相同或相近的塔板效率数据。

2. 使用O′connell关联图进行估算

图4-3所示是对几十个工业生产中的泡罩塔和筛板塔实测的结果,实践证明此图也可

用于浮阀塔的效率估计。

3. 用朱汝瑾公式计算

朱汝瑾等在 O'connell 方法的基础上，进一步考虑了板上液层高度及液气比对塔板总效率的影响，提出了下列算式

$$\lg E_T = 1.67 + 0.30\lg\left(\frac{L}{V}\right) - 0.25\lg(\alpha\mu_L) + 0.301h_L \qquad (4-23)$$

式中，$E_T$ 为塔板总效率；$L$、$V$ 分别为液相及气相流量，kmol/h；$\alpha$、$\mu_L$ 同 O'connell 关联图；$h_L$ 为有效液层高度，m，对于筛板塔：$h_L = h_w + h_{ow}$。

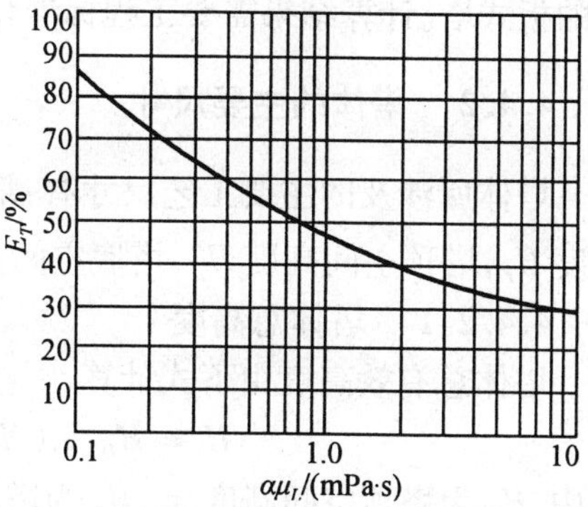


图4-3　精馏塔全塔效率关联图

4. Van Winkle 关联式

用于二元物系的板效率估算

$$E_{mV} = 0.07Dg^{0.14}Sc^{0.25}Re^{0.08} \qquad (4-24)$$

式中，$E_{mV}$ 为默夫里板效率；$Dg = \sigma_L/\mu_L u_V$ 表示表面张力影响的准数；$\mu_L$ 为液体表面张力 mN/m；$u_V$ 为表观气相速度，m/s；$\mu_L$ 为液体黏度，MPa·s；$Sc = \mu_L/\rho_L D_{LK}$ 表示 Schmidt 准数；$\rho_L$ 为液体密度，kg/m$^3$；$D_{LK}$ 为轻组分在液相扩散系数，m$^2$/s；$Re = h_w u_V \rho_V/\mu_L(FA)$，$(FA)$ − 面积百分率 $=\dfrac{\text{孔或生气管面积}}{\text{塔横截面积}}$；$h_w$ 为堰高，m；$\rho_V$ 为气相密度，kg/m$^3$。

### 4.3.6　热量衡算

通过热量衡算，确定再沸器的热负荷和塔顶冷凝负荷，进而可算出加热蒸气消耗量和冷却水用量及相关的操作费用，确定设计的技术经济指标，相关计算可参考教科书或文献。

## 4.4　塔体和塔板主要尺寸的设计

### 4.4.1　板式塔设计的主要依据

板式塔主要尺寸的设计计算，包括塔高、塔径的设计计算，板上液流形式的选择、溢流装置的设计，塔板布置、气体通道的设计等工艺计算。由于各块塔板的组成及温度不同，因此气，液两相的体积流量和密度也随之发生变化。若气液相的体积流量变化不是很大，可取进料组成和塔顶组成的平均值(或以精馏段中间的一块塔板组成)为代表，以及与此相对应的气液相体积流量和密度作为精馏段的设计依据。也可分别求出塔顶、加料和塔底条件下的各项参数，然后以塔顶和加料参数的平均值作精馏段的设计依据，以塔底和加料参数的平均值作提馏段的设计依据。

塔板设计的目标是计算出具有良好性能的塔板结构尺寸。设计的基本步骤是根据已定的气、液体积流量和密度等条件，参考经验数据初步选择有关参数，然后进行流体力学校核计算，并绘制负荷性能图。在设计过程中需要不断地调整、修正、和核算，直到设计出较为满

意的板式塔。计算结果需要工程标准化。若塔内气液相流量变化较大，一般需分段处理。

### 4.4.2　塔体的主要尺寸

塔体所涉及的主要工艺尺寸有：塔径 $D$，塔板间距 $H_T$，开有人孔的塔板间距 $H'_T$，进料段高度 $H_F$，塔顶空间高度 $H_D$，塔底空间高度 $H_B$ 及其塔体总有效高度 $H$。

4.4.2.1　塔体总高度

塔体总有效高度由下式计算

$$H = H_D + (N - 2 - S)H_T + SH'_T + H_F + H_B \tag{4-25}$$

式中，$H_D$ 为塔顶空间高度，m；$H_T$ 为塔板间距，m；$H'_T$ 为开有人孔的塔板间距，m；$H_F$ 为进料段空间高度，m；$H_B$ 为塔底空间高度，m；$N$ 为实际塔板数；$S$ 为人孔数（不包括塔顶空间和塔底空间的人孔）。

1. 塔顶空间高度

塔顶空间高度要满足安装塔板和开人孔的需要，也使气体中的液滴自由沉降，减少塔顶出口气体中液滴夹带，必要时还可节省破沫装置。塔顶空间高度 $H_D$ 一般取 1.0 ~ 1.5 m，塔径大时可适当增大。

2. 塔板间距

塔板间距 $H_T$ 的大小与液气和雾沫夹带有密切关系。板间距大，可允许气流速度较高，塔径可小些；反之，所需的塔径就要增大。一般来说，取较大的板间距对提高操作弹性有利，安装检修方便，但会增加塔的造价，因此，$H_T$ 应适当选择。对于不同的塔径，初选板间距时可参考表 4 - 1 的数据。设计时首先选定板间距，然后根据板间距计算空塔速度，若由此算得的塔径与初选的板间距不协调，须对板间距进行调整。在其他参数都选定后要进行流体力学验算。若塔板性能不佳，应对塔板结构参数（包括板间距在内）进行适当调整。

**表 4 - 1　板间距参考数据**

| 塔径 $D$/m | 0.3 ~ 0.5 | 0.5 ~ 0.8 | 0.8 ~ 1.6 | 1.6 ~ 2.4 | 2.4 ~ 4.0 | 4.0 ~ 6.0 |
|---|---|---|---|---|---|---|
| 板间距 $H_T$/mm | 200 ~ 300 | 250 ~ 350 | 300 ~ 500 | 350 ~ 600 | 400 ~ 600 | 600 ~ 800 |

3. 开有人孔的板间距

人孔直径一般为 450 ~ 550 mm。凡设有人孔的上下两塔板间的间距 $H'_T$ 应等于或大于 600 mm。人孔数目 $S$ 是根据物料清洁程度和塔板安装方便而确定。对于易结垢、结焦的物料，因需经常清洗，每隔 4 ~ 6 块塔板就要开一个人孔；对于无需经常清洗的清洁物料，可每隔 8 ~10 块板设置一个人孔；若塔板上下都可拆卸，可隔 15 块板设置一个人孔。

4. 进料板空间高度

进料段空间高度 $H_F$ 取决于进料口的结构型式和物料状态，一般 $H_F$ 要比 $H_T$ 大，有时要大一倍。为了防止进料直冲塔板，常在进料口处考虑安装防冲设施，如防冲板、入口堰、缓冲管等，$H_F$ 应保证这些设施的安装。

5. 塔底空间高度

塔底空间高度 $H_B$ 具有中间贮槽的作用，塔釜料液最好能在塔底有 10 ~ 15 min 的储量，以保证塔底料液不致排完。若塔的进料设有缓冲时间的容量，则塔底容量可较小。对于塔底产量大的塔，塔底容量也可取小些，有时仅取3 ~ 5 min的储量。对于易结焦物料，塔底停留时间则应按工艺要求而定，$H_B$ 值可按储量和塔径计算。

### 4.4.2.2　塔径

塔的横截面应满足气液接触部分的面积、溢流部分的面积和塔板支撑、固定等结构处理所需面积的要求。计算塔径的方法有两类：一类是根据适宜的空塔气速，求出塔截面积，即可求出塔径；另一类计算方法则是先确定适宜的孔流气速，算出一个孔（阀孔或筛孔）允许通过的气量，定出每块塔板所需孔数，再根据孔的排列及塔板各区域的相互比例，最后算出塔的横截面积和塔径。

1. 塔径初步计算

板式塔的塔径可依据空塔气速和流量公式计算

$$D = \sqrt{\frac{4V_s}{\pi u}} \tag{4-26}$$

式中，$D$ 为塔径，m；$V_s$ 为塔内气体流量，$m^3/s$；$u$ 为空塔气速，m/s。设计中，空塔气速 $u$ 是由最大空塔气速 $u_{max}$，根据设计经验，乘以一定的安全系数。一般有

$$u = (0.6 \sim 0.8)u_{max} \tag{4-27}$$

最大空塔气速 $u_{max}$ 可根据悬浮液滴沉降原理导出

$$u_{max} = C\sqrt{\frac{\rho_L - \rho_V}{\rho_V}} \tag{4-28}$$

式中，$u_{max}$ 为允许空塔气速，m/s；$\rho_V$，$\rho_L$ 分别为气相和液相的密度，$kg/m^3$；$C$ 为气体负荷系数，m/s，对于浮阀塔和泡罩塔可用图4 - 4所示的史密斯关联图确定。

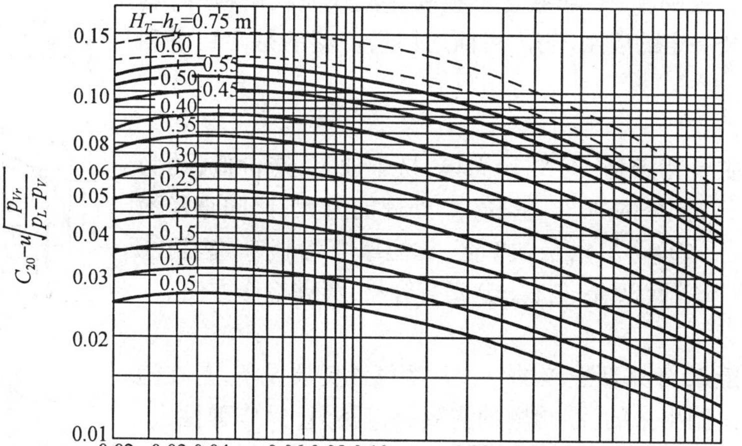


**图4－4　史密斯关联图**

图中的气体负荷参数 $C_{20}$ 仅适用于液体的表面张力为0.02 N/m，若液体的表面张力为6 N/m，则其气体负荷系数 $C$ 可用下式求得

$$C = C_{20}\left(\frac{\sigma}{0.02}\right)^{0.2} \tag{4-29}$$

对于精馏过程，精馏段与提馏段的气液负荷及物性是不相同的，故分别计算出 $D$ 和 $D'$；在初算塔径中，精馏段的塔径可按塔顶第一块板上物料的有关物理参数计算，提馏段的塔径可按釜中物料的有关物理参数计算。也可分别按精馏段、提馏段的平均物理参数计算。若二者相差不大时，为制造方便，可取较大者作为两段塔径；若二者相差较大，则应采用变径塔。

2. 塔径的圆整

目前，塔的直径已标准化，所求得的塔径必须圆整到标准值以利于制造。塔径在 1 m 以下者，标准化先按 100 mm 增值变化；塔径在 1 m 以上者，按 200 mm 增值变化，即 1 000 mm、1 200 mm、1 400 mm、1 600 mm 等。

### 4.4.3　塔板的主要尺寸

#### 4.4.3.1　塔板的主要参数

以单流型塔板为例，如图 4 – 5 所示，其主要工艺尺寸列于表 4 – 2。

**表 4 – 2　单流型塔板主要工艺尺寸**

| $H_T$ | $D$ | $Lw$ | $hw$ | $Wc$ | $Ws, Ws'$ | $d$ | $t$ | $h_o$ |
|---|---|---|---|---|---|---|---|---|
| 板间距 | 塔径 | 堰长 | 堰高 | 边缘区 | 出口（入口）稳定区 | 筛孔（或阀孔）直径 | 筛孔（或阀孔）中心距 | 降液管与下层塔板距离 |

#### 4.4.3.2　塔板型式及构造

塔板型式很多，有筛板塔、浮阀塔、泡罩塔、舌形塔板、网孔塔板、垂直筛板、林德筛板、多降液管塔板和穿流式波纹塔板等，均有各自的特点及一定的应用场合。目前应用最广泛的是筛板塔和浮阀塔。

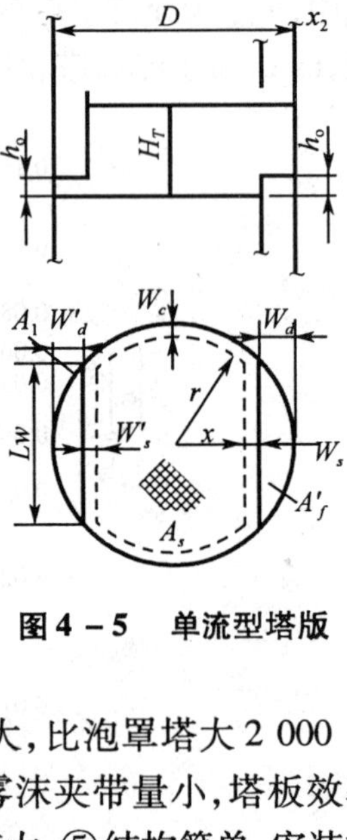


**图 4 – 5　单流型塔版**

1. 筛板塔

筛板塔的主要特点是：① 结构简单，易于加工，造价低，约为泡罩塔的 60%，浮阀塔的 80% 左右；② 处理能力大，比同直径泡罩塔增加 20% ~ 40%；③ 塔板效率高，比泡罩塔高 15% 左右；④ 板压降低，比泡罩塔低 30% 左右；⑤ 安装容易，清理检修方便。

2. 浮阀塔

浮阀塔是近 30 年来新发展的一种新型气液传质设备，是在泡罩塔的基础上研制出来的。浮阀塔的主要特点是 ① 操作弹性大，在较宽的气液负荷变化范围内均可保持高的板效率；② 处理能力大，比泡罩塔大 2 000 ~ 4 000，但比筛板塔略小；③ 气体为水平方向吹出，气液接触良好，雾沫夹带量小，塔板效率高，一般比泡罩塔高 15% 左右；④ 干板压降比泡罩塔小，但比筛板塔大；⑤ 结构简单、安装方便，制造费用约为泡罩塔的 60% ~ 80%，为筛板塔的 120% ~ 130%；

浮阀的型式很多，国内最常用的为 Fl 型（相当于国外的 V – 1 型），已确定为部颁标准 CTB 1118，其参数见表 4 – 3。

**表 4 – 3　F1 型浮阀基本参数明细表**

| 序号 | 型式代号 | 阀片厚度 /mm | 阀重 /g | 适用于塔板厚度 $S$/mm | $H$/mm | $L$/mm |
|---|---|---|---|---|---|---|
| 1 | F1Q – 4A | 1.5 | 24.9 | | | |
| 2 | F1Z – 4A | 2.0 | 33.1 | 4 | 12.5 | 16.5 |
| 3 | F1Q – 4B | 1.5 | 24.6 | | | |
| 4 | F1Z – 4B | 2.0 | 32.7 | | | |
| 5 | F1Q – 3A | 1.5 | 24.7 | | | |
| 6 | F1Z – 3A | 2.0 | 32.8 | | | |
| 7 | F1Q – 3B | 1.5 | 24.3 | | | |
| 8 | F1Z – 3B | 2.0 | 32.4 | 3 | 11.5 | 15.5 |
| 9 | F1Q – 3C | 1.5 | 24.8 | | | |
| 10 | F1Z – 3C | 2.0 | 33.0 | | | |
| 11 | F1Q – 3D | 1.5 | 25.0 | | | |
| 12 | F1Z – 3D | 2.0 | 33.2 | | | |
| 13 | F1Q – 2C | 1.5 | 24.6 | | | |
| 14 | F1Z – 2C | 2.0 | 32.7 | 2 | 10.5 | 14.5 |
| 15 | F1Q – 2D | 1.5 | 24.7 | | | |
| 16 | F1Z – 2D | 2.0 | 32.9 | | | |

F1 型浮阀分轻阀(代表符号 Q) 和重阀(代表符号 Z) 两种。轻阀采用厚度为 1.5 mm 的薄板冲压制成,质量约 25 g;重阀采用厚度为 2 mm 薄板冲压制成, 质量约 33 g。浮阀的最小开度为 2.5 mm,最大开度为 8.5 mm。塔板的厚度 $S$ = 2,3 或 4 mm,塔盘升气孔 $\phi39^{+0.3}_{-0.1}$。如图 4 – 6 所示。

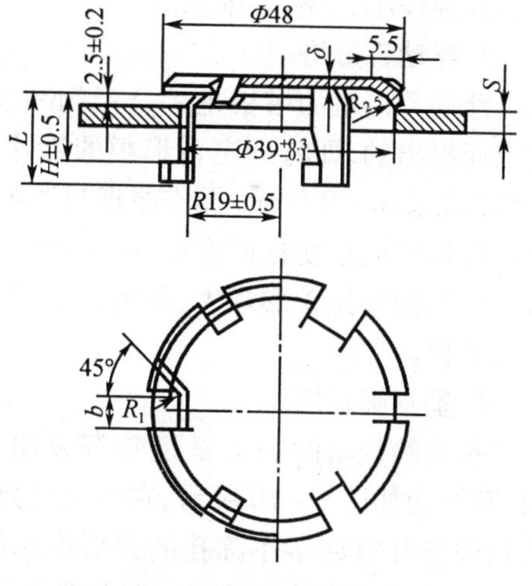


**图 4 – 6　F1 型浮阀**

3. 泡罩塔

泡罩塔是应用最早的气液传质设备之一。在泡罩塔的泡罩塔板上开有若干个孔,孔上焊有短管作为上升气体的通道,称为升气管。短管上覆以泡罩,泡罩上部周边开有许多齿缝,齿缝一般有矩形、三角形及梯形三种,常用的是矩形;泡罩在塔板上依等边三角形排列。泡罩的尺寸有三种,其结构如图 4 – 7 所示。操作时,液体横向流过塔板,靠溢流堰保持塔板上有一定厚度的流动液层,齿缝浸没于液层之中而形成液封。上升气体通过齿缝进入液层时,被分散成许多细小的气泡或流股,在板上形成了鼓泡层和泡沫层,为气液两相提供了大量的传质界面。

4. 舌形塔

舌型塔板的结构如图 4 – 8 所示。舌形塔塔板上冲出许多舌形孔,舌片与板面成一定角度,向塔板的溢流出口侧张开。舌片与板面成一定角度,有 18°,20°,25° 三种,常用的为 20°,舌片尺寸有 50 mm × 50 mm 和 25 mm × 25 mm 两种。舌孔按正三角形排列,塔板上的液流出口侧不设溢流堰,只保留降液管,降液管截面积要比一般塔板设计得大些。操作时,上升气流

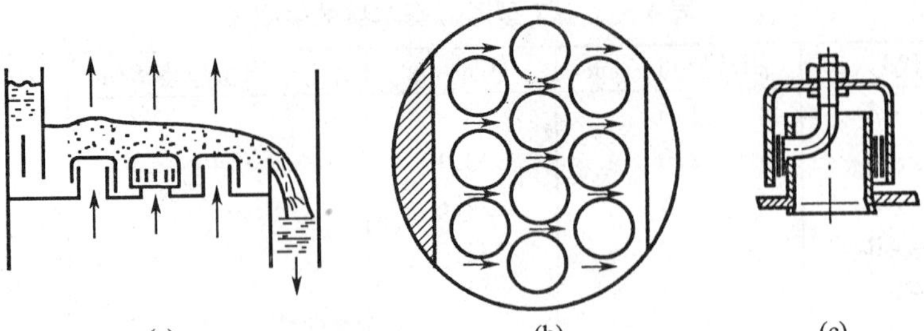


**图 4－7　泡罩塔板**

(a) 泡罩塔板操作示意图;(b) 泡罩塔板平面幽;(c) 圆形泡罩

穿过舌孔后以较高的速度(20 ~ 30 m/s) 沿舌片的张角向斜上方喷出。从上层塔板降液管流出的液体,流过每排舌孔时,为喷出的气流强烈扰动而形成泡沫体,并有部分液滴被斜向喷射到液层上方,喷射的液流冲至降液管上方的塔壁后流入降液管中,进入下一层塔板。舌型塔板的优点是生产能力大,塔板压降小,传质效率高。其缺点是操作弹性较小,塔板效率低。

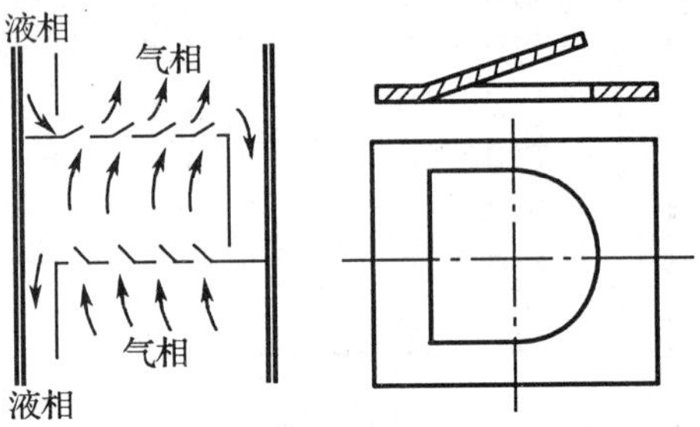


**图 4－8　舌型塔板示意图**

5. 浮动舌形塔

浮动舌形塔的塔板是综合浮阀和固定舌形塔板的优点而提出的,即将固定舌形板的舌片改成浮动舌片,其结构如图4 －9 所示。操作原理与浮阀塔相类似,由于舌片可随气流量变化而浮动,故其处理能力大、压降低,且操作弹性远比舌形塔大,特别适用于热敏物系的减压分离过程。

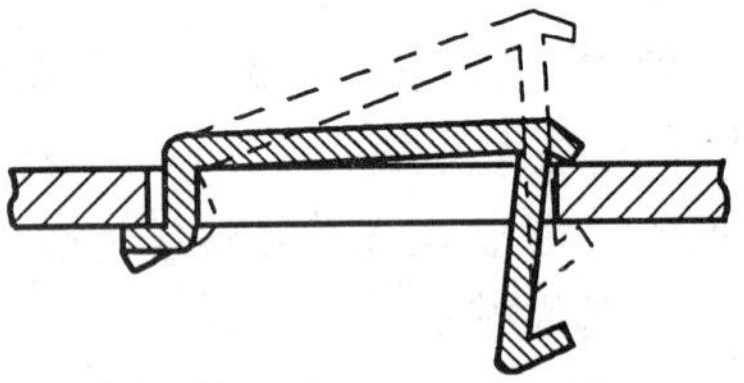

**图 4－9　浮舌塔板示意图**

6. 垂直筛板塔

垂直筛板塔的塔板是近年开发出的一种新型喷射型塔板,其结构如图4－10所示。它由直径为100 ~ 200 mm的大筛孔和侧壁开有许多小筛孔的圆形泡罩组成。垂直筛板集中了泡罩塔板、筛孔塔板的特点,具有雾沫夹带量小、生产能力大、传质效率高等特点。

**图 4－10　垂直筛板示意图**

4.4.3.3　塔板结构及选取

塔板有整块式塔板和分块式塔板,对于小直径的塔板(直径小于 800 mm),通常采用整块式塔板,当直径大于 900 mm 时,常用分块式塔板。

1. 整块式塔板

小直径塔的塔板常做成整块式的。而整个塔体分成若干塔节,塔节之间用法兰连接。塔节长度与塔径有关,当塔径为 300 ~ 500 mm 时,只能伸入手臂安装,塔节长度以 800 ~ 1 000 mm 为宜;塔径为500 ~ 800 mm 时,塔节长度可适当加长,但一般也不宜超过2 000 ~

2 500 mm，每个塔节内塔板数不希望超过 5 ～ 6 块，否则会使安装困难。

2. 分块式塔板

当塔径大于 800 mm 时，塔板也可拆分成若干块通过人孔送入塔内。因此，大直径塔常用分块式塔板结构（如图 4 － 11），此时塔体也不必分成若干节。塔板的分块数与塔径大小有关，可按表 4 － 4 选取。塔板的分块宽度由人孔尺寸、塔板结构强度、开孔排列的匀对称性等因素决定，其最大宽度以能通过人孔为宜。

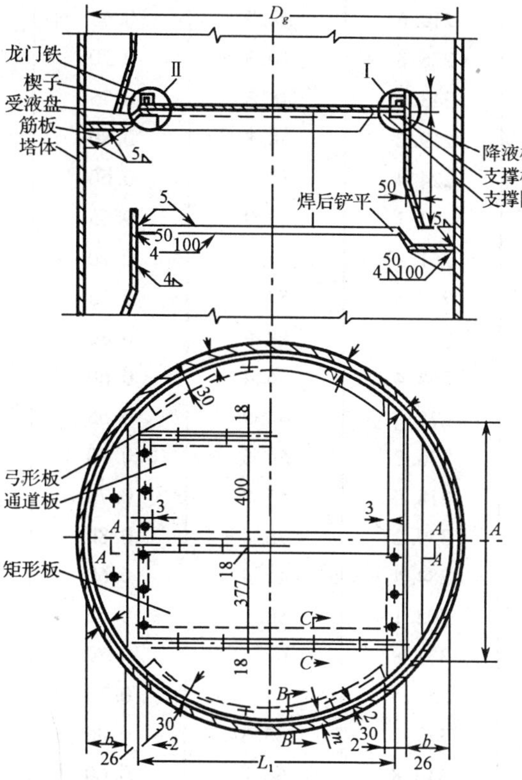


**图 4 － 11　单流分块式塔板结构**

**表 4 － 4　塔板分块数与塔径的关系**

| 塔径 /mm | 800 ～ 1 200 | 1 400 ～ 1 600 | 1 800 ～ 2 000 | 2 200 ～ 2 400 |
|---|---|---|---|---|
| 塔板分块数 | 3 | 4 | 5 | 6 |

### 4.4.3.4　塔板结构参数系列化

为便于设备设计及制造，在满足工艺生产要求的条件下，将塔板的一些参数系列化，摘录一部分列于表 4 － 5 至表 4 － 7 中，供选用参考（摘自 JB1026）。

**表 4 － 5　小直径塔板某些参数推荐值**

| $D$/mm | $A_T$/m$^2$ | $l_w$/mm | $b_d$/mm | $(l_w/D)$/mm | $A\times10^4$ /mm | $(A_d/A_T)$/mm |
|---|---|---|---|---|---|---|
| 300 | 0.070 6 | 164.4 | 21.4 | 0.60 | 20.9 | 0.029 6 |
| | | 173.1 | 26.9 | 0.65 | 29.2 | 0.041 3 |

表 4 – 5　（续）

| $D$/mm | $A_T$/mm | $l_w$/mm | $b_D$/mm | $(l_w/D)$/mm | $A\times10^4$ /mm | $(A_d/A_T)$/mm |
|---|---|---|---|---|---|---|
| | | 191. 8 | 33. 2 | 0. 70 | 39. 7 | 0. 056 2 |
| | | 205. 5 | 40. 4 | 0. 75 | 52. 8 | 0. 074 7 |
| | | 219. 2 | 48. 4 | 0. 80 | 69. 3 | 0. 098 0 |
| 350 | 0. 096 0 | 194. 4 | 26. 4 | 0. 60 | 31. 1 | 0. 032 3 |
| | | 210. 6 | 32. 9 | 0. 65 | 43. 0 | 0. 044 7 |
| | | 226. 8 | 40. 3 | 0. 70 | 57. 9 | 0. 060 2 |
| | | 243. 0 | 48. 3 | 0. 75 | 76. 4 | 0. 079 4 |
| | | 259. 2 | 58. 8 | 0. 80 | 100. 0 | 0. 103 9 |
| 400 | 0. 125 3 | 224. 4 | 31. 4 | 0. 60 | 43. 4 | 0. 034 5 |
| | | 243. 1 | 38. 9 | 0. 65 | 59. 6 | 0. 047 4 |
| | | 261. 8 | 47. 5 | 0. 70 | 79. 8 | 0. 063 5 |
| | | 280. 5 | 57. 3 | 0. 75 | 104. 7 | 0. 083 3 |
| | | 299. 2 | 68. 8 | 0. 80 | 236. 3 | 0. 108 5 |
| 450 | 0. 159 0 | 254. 4 | 36. 4 | 0. 60 | 57. 7 | 0. 036 3 |
| | | 275. 6 | 44. 9 | 0. 65 | 78. 8 | 0. 049 5 |
| | | 296. 8 | 54. 6 | 0. 70 | 104. 7 | 0. 065 8 |
| | | 318. 0 | 65. 8 | 0. 75 | 137. 3 | 0. 086 3 |
| | | 339. 2 | 78. 8 | 0. 80 | 178. 1 | 0. 112 0 |
| 500 | 0. 196 0 | 284. 4 | 41. 4 | 0. 60 | 74. 3 | 0. 037 8 |
| | | 308. 1 | 50. 9 | 0. 65 | 100. 6 | 0. 051 2 |
| | | 331. 8 | 61. 8 | 0. 70 | 133. 4 | 0. 067 9 |
| | | 355. 5 | 74. 2 | 0. 75 | 174. 0 | 0. 088 6 |
| | | 379. 2 | 88. 8 | 0. 80 | 225. 5 | 0. 114 8 |
| 600 | 0. 282 | 340. 8 | 50. 8 | 0. 60 | 110. 7 | 0. 039 2 |
| | | 369. 2 | 62. 2 | 0. 65 | 148. 8 | 0. 052 6 |
| | | 397. 6 | 75. 2 | 0. 70 | 196. 4 | 0. 069 5 |
| | | 426. 0 | 90. 1 | 0. 75 | 255. 4 | 0. 090 3 |
| | | 454. 4 | 107. 6 | 0. 80 | 329. 7 | 0. 116 6 |
| 700 | 0. 384 | 400. 8 | 60. 8 | 0. 60 | 157. 5 | 0. 040 9 |
| | | 434. 2 | 74. 2 | 0. 65 | 210. 9 | 0. 054 8 |
| | | 467. 6 | 89. 5 | 0. 70 | 276. 8 | 0. 071 9 |
| | | 501. 0 | 107. 0 | 0. 75 | 358. 9 | 0. 093 9 |
| | | 534. 4 | 127. 6 | 0. 80 | 462. 4 | 0. 120 2 |
| 800 | 0. 050 3 | 260. 8 | 70. 8 | 0. 60 | 212. 3 | 0. 042 2 |
| | | 499. 2 | 86. 2 | 0. 65 | 283. 3 | 0. 056 3 |
| | | 537. 6 | 102. 8 | 0. 70 | 371. 2 | 0. 073 8 |
| | | 576. 0 | 124. 0 | 0. 75 | 480. 3 | 0. 095 6 |
| | | 614. 4 | 147. 6 | 0. 80 | 517. 2 | 0. 122 8 |

表4－6 大直径塔板(整块式)

| 塔径 $D$/mm | 塔截面积 $A_T$/$m^2$ | 塔板间距 $H_T$/mm | 弓形降液管 堰长 $l_w$/mm | 管宽 $b_d$/mm | 降液管面积 $A_d$/$m^2$ | $A_d/A_T$ /% | $l_w/D$ /mm |
|---|---|---|---|---|---|---|---|
| 800 | 0. 502 7 | 350 | 529 | 100 | 0. 036 3 | 7. 22 | 0. 661 |
| | | 450 | 581 | 125 | 0. 050 2 | 10 | 0. 726 |
| | | 500 | 640 | 160 | 0. 071 7 | 14. 2 | 0. 8 |
| | | 600 | | | | | |
| 1 000 | 0. 785 4 | 350 | 650 | 120 | 0. 053 4 | 6. 8 | 0. 65 |
| | | 450 | 714 | 150 | 0. 077 | 9. 8 | 0. 714 |
| | | 500 | 800 | 200 | 0. 112 | 14. 2 | 0. 8 |
| | | 600 | | | | | |
| 1 200 | 1. 131 | 350 | 794 | 150 | 0. 081 6 | 7. 22 | 0. 661 |
| | | 450 | 876 | 190 | 0. 115 | 10. 2 | 0. 73 |
| | | 500 | 960 | 240 | 0. 161 | 14. 2 | 800 |
| | | 600 | | | | | |
| | | 800 | | | | | |
| 1 400 | 1. 539 | 350 | 903 | 165 | 0. 102 | 6. 63 | 0. 645 |
| | | 450 | 1 029 | 225 | 0. 161 | 10. 45 | 0. 735 |
| | | 500 | 1 104 | 270 | 0. 206 5 | 13. 4 | 0. 79 |
| | | 600 | | | | | |
| | | 800 | | | | | |
| 1 600 | 2. 011 | 450 | 1 056 | 199 | 0. 145 | 7. 21 | 0. 66 |
| | | 500 | 1 171 | 255 | 0. 207 | 10. 3 | 0. 732 |
| | | 600 | 1 286 | 325 | 0. 291 8 | 14. 5 | 0. 805 |
| | | 800 | | | | | |
| 1 800 | 2. 545 | 450 | 1 165 | 214 | 0. 171 | 6. 74 | 0. 647 |
| | | 500 | 1 312 | 284 | 0. 257 | 10. 1 | 0. 73 |
| | | 600 | 1 434 | 254 | 0. 354 | 13. 9 | 0. 797 |
| | | 800 | | | | | |
| 2 000 | 3. 142 | 450 | 1 308 | 244 | 0. 219 | 7 | 0. 654 |
| | | 500 | 1 456 | 314 | 0. 315 5 | 10. 4 | 0. 727 |
| | | 600 | 1 599 | 399 | 0. 445 7 | 14. 2 | 0. 799 |
| | | 800 | | | | | |
| 2 200 | 3. 801 | 450 | 1 598 | 344 | 0. 38 | 10 | 0. 726 |
| | 0. 532 | 500 | 1 686 | 394 | 0. 46 | 12. 1 | 0. 766 |
| | | 600 | 1 750 | 434 | | 14 | 0. 795 |
| | | 800 | | | | | |
| 2 400 | 4. 524 | 450 | 1 742 | 374 | 0. 452 4 | 10 | 0. 726 |
| | | 500 | 1 830 | 424 | 0. 543 | 12 | 0. 763 |
| | | 600 | 1 916 | 479 | 0. 643 | 14. 2 | 0. 798 |
| | | 800 | | | | | |

表 4－7　双流型塔板（分块式）

| 塔径 $D$/mm | 塔截面积 $A_T$/$m^2$ | 塔板间距 $H_T$/mm | 弓形降液管 | | | 降液管面积 $A_f$/$m^2$ | $A_f/A_T$ /% | $L_w/D$ /mm |
|---|---|---|---|---|---|---|---|---|
| | | | 堰长 $l_w$/mm | 管宽 $W_d$/mm | 管宽 $W_d$/mm | | | |
| 2 200 | 3. 801 | 450 | 1 287 | 208 | 200 | 0. 380 1 | 10. 15 | 0. 585 |
| | | 500 | 1 368 | 238 | 200 | 0. 456 1 | 11. 8 | 0. 621 |
| | | 600 | 1 462 | 278 | 240 | 0. 539 8 | 14. 7 | 0. 665 |
| | | 800 | | | | | | |
| 2 400 | 4. 523 | 450 | 1 434 | 238 | 200 | 0. 452 4 | 10. 1 | 0. 597 |
| | | 500 | 1 486 | 258 | 240 | 0. 542 9 | 11. 6 | 0. 62 |
| | | 600 | 1 582 | 298 | 280 | 0. 642 4 | 14. 2 | 0. 66 |
| | | 800 | | | | | | |
| 2 600 | 5. 309 | 450 | 1 526 | 248 | 200 | 0. 530 9 | 9. 7 | 0. 587 |
| | | 500 | 1 606 | 278 | 240 | 0. 637 1 | 11. 4 | 0. 617 |
| | | 600 | 1 702 | 318 | 320 | 0. 753 9 | 14 | 0. 655 |
| | | 800 | | | | | | |
| 2 800 | 3. 801 | 450 | 1 598 | 258 | 240 | 0. 615 8 | 9. 3 | 0. 577 |
| | | 500 | 1 686 | 308 | 280 | 0. 738 9 | 12 | 0. 626 |
| | | 600 | 1 750 | 338 | 320 | 0. 874 4 | 13. 74 | 0. 652 |
| | | 800 | | | | | | |
| 3 000 | 7. 069 | 450 | 17 682 | 288 | 240 | 0. 706 9 | 9. 8 | 0. 589 |
| | | 500 | 1 896 | 338 | 280 | 0. 843 2 | 12. 4 | 0. 632 |
| | | 600 | 1 968 | 368 | 360 | 1. 003 7 | 14 | 0. 655 |
| | | 800 | | | | | | |

4.4.3.5　塔板液流形式

选择液相流动形式的目的，是为了保证液相横向流过塔板时，不致产生较大的液面落差，以避免产生倾向性漏液及气相的不均匀分布所引起的板效率下降。液体横过塔板的流动形式最常用的是由塔的一侧流至另一侧的单流型，液流程数常见的有单流型和双流型两种。

1. 单流型

单流型是最简单也是最常用的一种型式，但若塔径和液流量都较大时，单流型塔板会产生过大的液面落差，使气流分布不均，使塔板效率降低。

2. 双流型

双流型把溢流量分成两部分，使液体在塔板上的流程减少一半，所以液体负荷能力大，液面落差小。但双流型塔板结构复杂，造价要比单流型高出 10% ~ 15%。

若塔径及液流量都特别大，双流型仍不能满足要求时，可采用四流型、阶梯型等。当液气比很小时，可采用折流型。图4－12所示为几种常见的液流程数。目前国内一般采用单流型和双流型两种。通常，塔径在2.2 m以下时多采用单流型，塔径在2.0 m以上时多采用双流型，塔径为2.0 ～2.2 m时，两种流型均有采用。

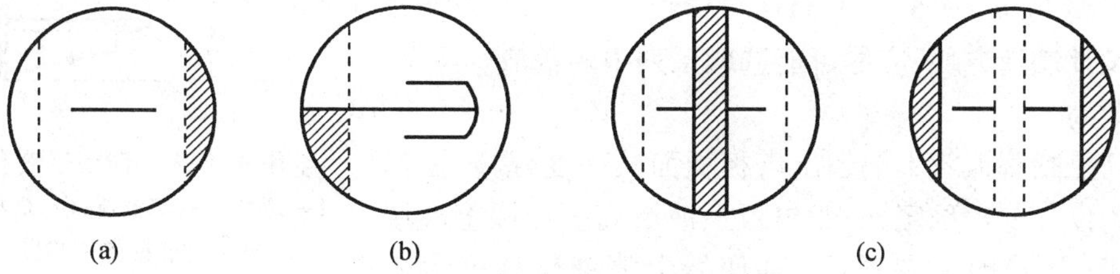


**图4－12 液流程数**

(a) 单溢流；(b) U型流动；(c) 双流型(双溢液)

3. U型流型

液体的进出口都置于塔盘的同一侧，塔盘中部设置比液层高的挡板，迫使液流在塔盘上作一个U形的行程。若液体流量或塔径较小，则可采用U型流型。

4.4.3.6 溢流装置

溢流装置通常有以下三种类型。

1. 降液管型式

降液管可分为圆形降液管和弓形降液管两种。当液体负荷很小、塔径较小时可采用一根或数根圆形降液管，一般情况下多采用弓形降液管。

2. 溢流堰

溢流堰设置在塔板的液体出口处，其作用是维持板上有一定高度的液层并使液体在板上均匀流动的装置。将降液管的上端高出塔板板面，即形成溢流堰。降液管端面高出塔板板面的距离，称为堰高，以$h_w$表示，弓形溢流管的弦长称为堰长，以$l_w$表示。

溢流堰的形式有平直形和齿形两种。一般工业上使用较多的是平直堰。为使液流分布均匀，堰上清液层高度$h_{ow}$应大于6 mm。若堰上清液层高度$h_{ow}$小于6 mm时，可改用齿形堰。在设计中也有把溢流堰做成活动式的，可以调节塔板上液层高度。

3. 受液盘

受液盘有平型和凹型两种型式，如图4－13、图4－14所示。对于较小塔径以及处理易聚合物系时，要求塔板上没有死角存在，此时采用平型受液盘为宜；塔径较大时常采用凹型受液盘，并与倾斜式降液管联合使用。凹型受液盘所增加的费用不大，效果却很明显，因此，对于直径大于800 mm的塔板，推荐使用凹型受液盘。

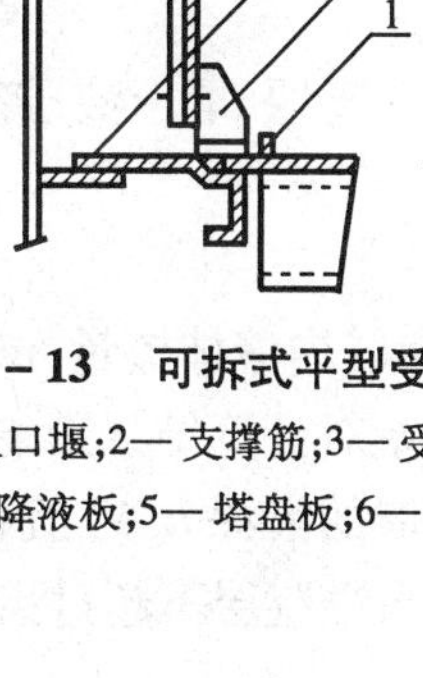


**图4－13 可拆式平型受液盘**

1—入口堰；2—支撑筋；3—受液盘；4—降液板；5—塔盘板；6—塔壁

#### 4.4.3.7　堰的设计

1. 堰长 $l_w$

堰长即弓形降液管的弦长。对于常用的弓形降液管：

单流型 $l_w = (0.6 \sim 0.8)D$

双流型 $l_w = (0.5 \sim 0.6)D$。

为设计制造方便，应尽可能选取系列中的数值。

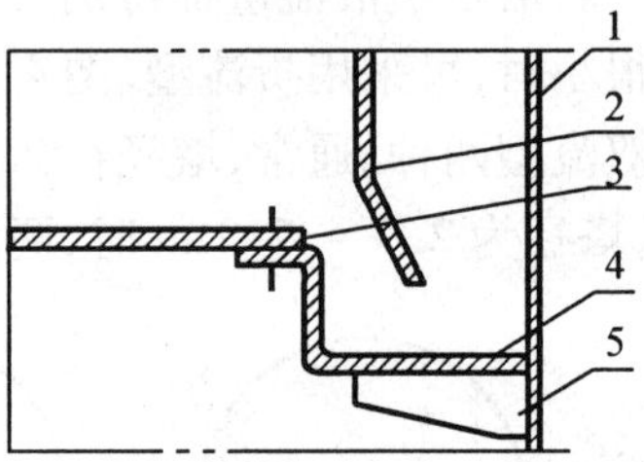


**图 4－14　凹型受液盘**

1—塔壁；2—降液板；3—塔盘板；4—受液盘；5—筋板

2. 堰高 $h_w$

堰高是指降液管上端超出塔板板面的高度，需根据工艺条件与操作要求确定，一般由板上液层高度和堰上液层高度决定。选择时主要考虑：① 使堰上清液层高度大于 6 mm，若小于此值须采用齿形堰，对弓形堰必须使液体的降液管内有足够的停留时间（大于 3 ~ 5 s），或液体在降液管内的流速不大于 0.1 m/s。② 在加压或常压操作时，一般保持板上清液层高度 $h_L = h_w + h_{ow}$ 在 50 ~ 100 mm 之间，对一般的液流量堰高 $h_w$ 可取 25 ~ 50 mm。若液流量很大，$h_{ow}$ 本身已经完全足够起到维持液层高度和液封的作用，可以不设堰。对于减压塔，要求压力降小，堰高 $h_w$ 常取 20 ~ 25 mm。堰高 $h_w$ 可参考表 4－8 中的推荐数据选定。

**表 4－8　各种操作情况的堰高参考表**

| 堰高 $h_w$/mm | 减压 | 常压 | 加压 |
|---|---|---|---|
| 最小值 | 10 | 20 | 40 |
| 最大值 | 20 | 50 | 80 |

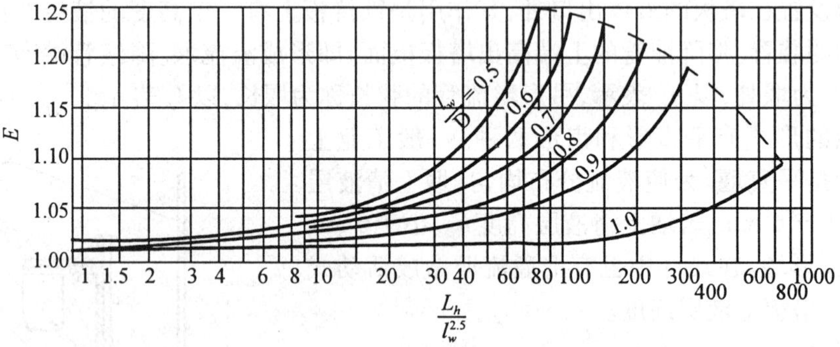


**图 4－15　液流收缩系数计算图**

对于平直堰，堰上液层高度 $h_{ow}$ 可用弗朗西斯（Francis）经验公式求算

$$h_{ow} = \frac{2.84}{1\,000}E\left(\frac{L_s}{l_w}\right)^{\frac{2}{3}} \tag{4-30}$$

式中，$L_s$ 为塔内液体流量，$m^3/h$；$l_w$ 为堰长，m；$E$ 为液流收缩系数，一般情况下可取 $E = 1$，所引起的误差对计算结果影响不大，也可由图 4－15 所示液流收缩系数计算图查取。

齿形堰的齿深 $h_n$ 一般在 15 mm 以下。液流高度（由齿底算起）可用按以下方法计算：

（1）当溢流层不超过齿顶时，如图 4－16（a）所示，用下式计算

$$h_{ow} = 1.17\left(\frac{Lh_n}{l_w}\right)^{0.4} \tag{4-31}$$

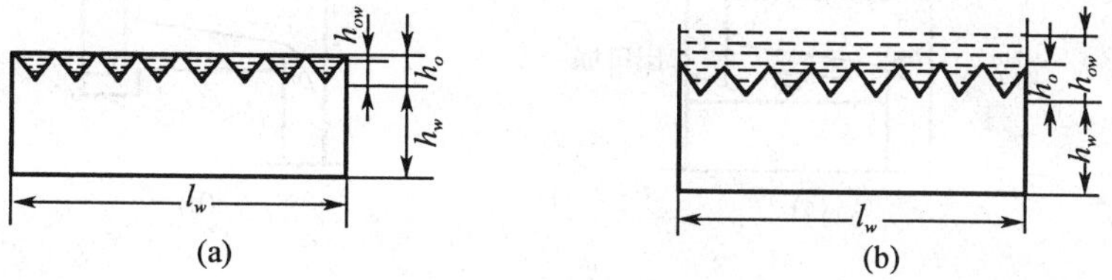


**图 4－16　齿形堰 $h_{ow}$ 示意图**

(2) 当溢流层超过齿顶时，如图 4－16(b) 所示，用下式计算

$$L = 0.735\left(\frac{l_w}{h_n}\right)\left[h_{ow}^{2.5} - (h_{ow} - h_n)^{2.5}\right] \tag{4-32}$$

式中，$h_{ow}$ 为堰上液层高度，m；$L$ 为塔内液体流量，$m^3/h$；$h_n$ 为齿深，m；$l_w$ 为堰长，m。因为板上清液层高度变化应在 50 ～ 100 mm 范围内选取，因此在求出 $h_{ow}$ 后，堰高应在下式范围

$$0.1 - h_{ow} \geqslant h_w \geqslant 0.05 - h_{ow} \tag{4-33}$$

堰高 $h_w$ 一般在 0.03 ～ 0.05 m 范围内，对于减压塔的，$h_w$ 值应较低，以降低塔板的压降。

3. 降液管底隙高度 $h_o$

降液管底隙高度是指降液管底端与塔板的距离。确定 $h_o$ 的原则是：保证液体夹带的悬浮固体在通过底隙时不致沉降下来而堵塞通道，同时又要有良好的液封，防止气体通过降液管造成短路，所以降液管与下层塔板间必须保持一定的高度 $h_o$，可用下式计算

$$h_o = \frac{L_s}{l_w u_0'} \tag{4-34}$$

式中，$L_s$ 为塔内液体流量，$m^3/s$；$u_0'$ 为液体通过降液管底隙的流速，m/s，一般可取 $u_0' = 0.07 \sim 0.25$ m/s。

降液管底隙高度一般应低于出口堰高度 6 mm 才能保证降液管底端有良好的液封，即，$h_o = h_w - 0.006$。降液管底隙高度一般不宜小于 20 ～ 25 mm，否则易于堵塞，或因安装偏差而使液流不畅，造成液泛。在设计中，对于小塔径 $h_o$ 不小于 25 mm，对于大塔径 $h_o$ 不小于 40 mm，最大可达 150 mm。同时，液体通过降液管下端出口处的速度不超过 0.3 m/s，以免液体流过时压降太大。

4. 受液盘及入口堰

塔板上接受上一块板流下的液体的部位称为受液盘。受液盘有凹型和平型两种型式，如图 4－17 所示。平型受液盘一般需在塔板上设置进口堰（又称内堰），以保证降液管液封，并使液体在板上分布均匀，减少由于液体冲出而影响板入口处的操作。受液盘设置进口堰既占用板面，又易使沉淀物淤积此处造成阻塞。采用凹型受液盘不需设置进口堰。凹型受液盘既可在低液量时形成良好的液封，且有改变液体流向的缓冲作用，并便于液体从侧线的抽出。对于 $\phi$800 mm 以上的大塔，一般多采用凹型受液盘。凹型受液盘的深度一般在 50 mm 以上，有侧线采出时要深些，但不能超过板间距的三分之一。

4.4.3.8　塔盘布置

在板上的传质区域与堰之间需要有一个不开孔的区域即为安定区（也称破沫区），入口

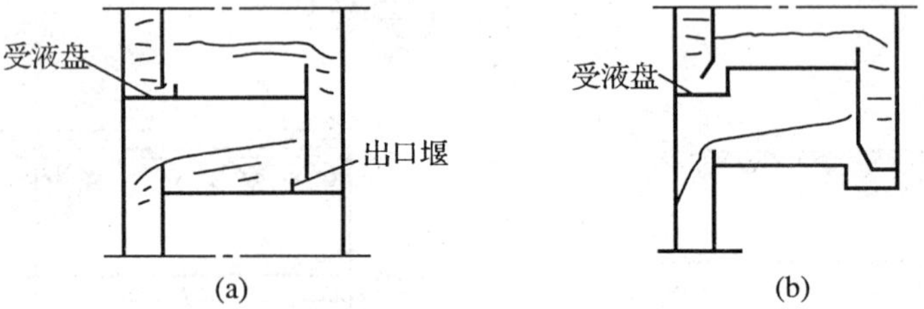


**图4－17 受液盘示意图**

(a) 平型受液盘;(b) 凹型受液盘

安定区可使降液管底部流出的清液能均匀地分布在整个塔板上,避免液体泄漏;溢流堰与传质区之间设出口安定区,避免大量泡沫进入降液管。安定区宽度 $W_s$ 是指堰与它最近一排孔的中心线之间的距离。对于筛板塔,$W_s$ 常取50 ~ 100 mm。对于浮阀塔,一般对分块式塔板取80 ~ 110 mm,对整块式塔板取60 ~ 70 mm。

塔板靠近塔壁部分需留出一圈边缘区域 $W_c$(也称无效区)供支持塔板边梁之用。筛板塔一般取50 ~ 60 mm;浮阀塔,分块式塔板一般取70 ~ 90 mm,整块式55 mm;防止液体流经无效区而产生"短路"现象,可在塔板上沿壁设置挡板,挡板高度可取清液层高度的两倍。

如图4－18所示,塔板板面根据所起的作用不同分为鼓泡区、溢流区、破沫区和无效边缘区四个区域。鼓泡区为图中虚线以内的区域,是板面上开孔区域,为气液接触传质的有效区域。溢流区为降液管及受液盘所占的区域。一般降液管及受液盘所占面积相等,降液管的宽度 $W_d$ 和截面积 $A_f$ 可利用堰长 $l_w$ 与塔径 $D$ 之比 $l_w/D$ 由图4－19查得。设计的降液管的截面积应保证液体在其中有足够的停留时间,使溢流液体中夹带的气泡得到分离。一般以液体在降液管中的停留时间不小于3 ~ 5 s为设计依据。

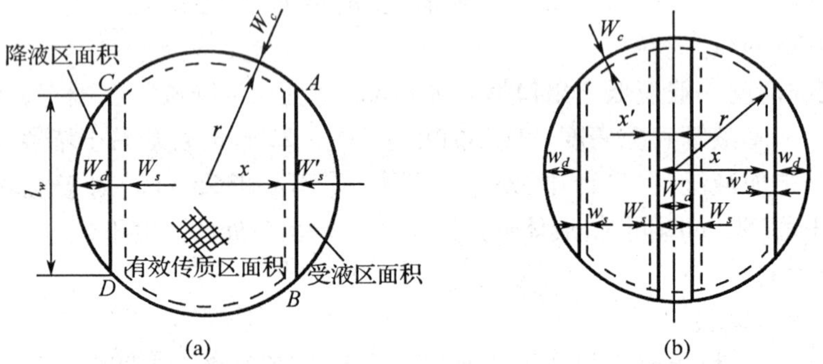


**图4－18 塔板布置图**

(a) 单流型塔板;(b) 双流型塔板

4.4.3.9 筛板塔筛孔直径及其排列

1. 孔径 $d_o$

工业塔中筛板塔常用的筛孔直径 $d_o$ 为3 ~ 8 mm,推荐孔径为4 ~ 5 mm。近年来逐渐有采用 $d_o$ 为10 ~ 25 mm的大孔径筛板塔,因为大孔径筛板有加工制造方便、不易堵塞等优点,只要设计合理也可得到满意的效果。一般说来,大孔径筛板的操作弹性会小些。

2. 塔板厚度 $\delta$

一般碳钢塔板 $\delta$ 取 3 ~ 4 mm，合金钢板 $\delta$ 取 2 ~ 2.5 mm。

3. 筛孔的排列、开孔率 $\varphi$ 和孔中心距 $t$

在塔板上筛孔一般按等边三角形排列，此时开孔率和孔中心距有如下关系

$$\varphi = \frac{A_0}{A_a} = \frac{0.907}{\left(\frac{t}{d_0}\right)^2} \tag{4-35}$$

式中，$\varphi$ 为开孔率；$A_0$ 为筛孔总面积，$m^2$；$A_a$ 为塔板开孔（鼓泡）面积，$m^2$；$t$ 为空中心距，mm；$d_0$ 为筛孔直径，mm。

4. 筛孔数 $n$ 的计算

$$n = n' \cdot A_a = \frac{1.158 \times 10^3}{t^2} A_a \tag{4-36}$$

$$A_a = 2\left[x\sqrt{r^2 - x^2} + r^2 \sin^{-1}(x/r)\right] \tag{4-37}$$

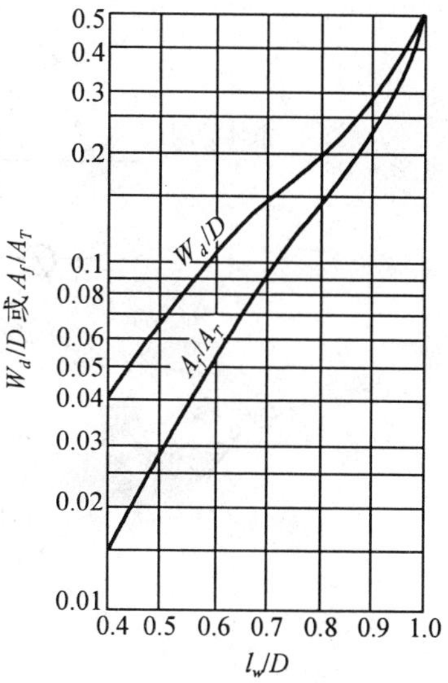


**图 4-19　弓形降液管的参数**

式中，$n$ 为筛孔数；$n'$ 为每平方米开孔区的孔数；$t$ 为孔中心距，mm；$A_a$ 为开孔区的面积，$m^2$；$x = \frac{D}{2} - (W_s + W_d)$；$r = \frac{D}{2} - W_c$；$W_d$ 为堰宽，m；$W_s$ 为安定区宽度，m。

4.4.3.10　浮阀塔的阀孔数及其排列

1. 阀孔直径 $d_o$

阀孔直径由所选浮阀的型号所决定。应用最广泛的是 $F_1$ 型重阀，阀孔直径 $d_o$ = 39 mm。

2. 初算阀孔数 $n$

正常负荷情况下，希望浮阀是在刚全开时操作。此时阀孔动能因数为 9 ~ 12，一般 $F_0$ 取为 8 ~ 10。

$$u_0 = \frac{F_0}{\sqrt{\rho_V}} \tag{4-38}$$

式中，$F_0$ 为阀孔动能因数；$u_0$ 为阀孔气速，m/s；$\rho_V$ 为气相密度，$kg/m^3$，则

$$n = \frac{V_s}{\frac{\pi}{4} d_0^2 \times u_0} \tag{4-39}$$

式中，$n$ 为阀孔数；$V_s$ 为气相流量，$m^3/s$。

3. 阀孔的排列

阀孔一般按正三角形和等腰三角形两种排列，如图 4-20 所示。若按孔中心线与液流流动方向的关系又各有顺排和叉排两种型式。由于采用叉排，相邻阀孔中吹出的气流搅动液层的作用较顺排显著，鼓泡均匀，一般认为叉排的效果较好，故通常采用正三角形叉排或等腰三角形叉排。

按正三角形排列时，孔心距由下式计算

$$t = d_o \sqrt{\frac{0.907 A_a}{A_0}} \tag{4-40}$$

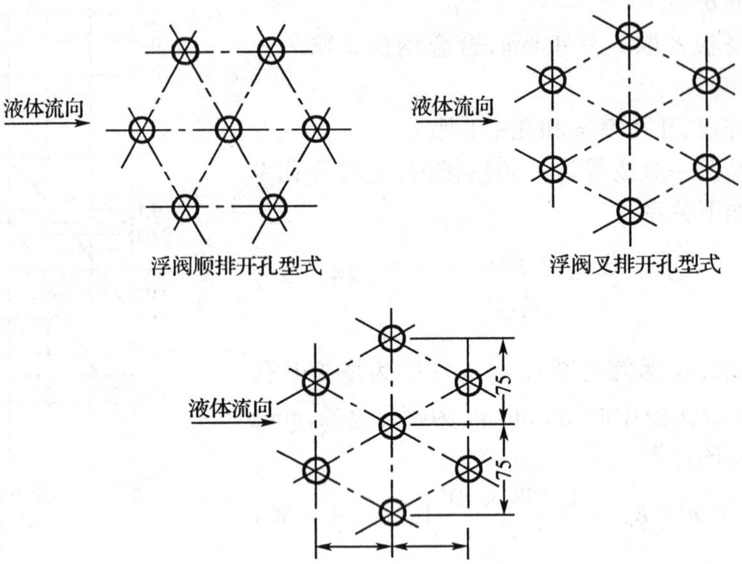


**图4－20　浮阀塔盘系列塔盘板开孔形式**

式中，$d_0$ 为阀孔孔径，m；$A_0$ 为阀孔总面积，$m^2$；$A_a$ 为鼓泡区面积，$m^2$。

在整块式塔板中，浮阀常以等边三角形排列，其孔中心距 $t$ 一般有 75 mm，100 mm，125 mm，150 mm 几种；按等腰三角形叉排布置时，等腰三角形底边（孔心距 $t$）固定为 75 mm，等腰三角形的高度 $t'$ 可依下式计算

$$t' = \frac{A_a}{0.075n} \tag{4-41}$$

在分块式塔板中，为便于塔板分块也可按等腰三角形排列。三角形的底边孔中心距 $t$ 固定为75 mm，三角形高度 $t'$ 有60 mm，70 mm，80 mm，90 mm，100 mm，110 mm几种，必要时还可以调整。系列中推荐使用的 $t$ 值为60 mm，80 mm 和100 mm。

计算出阀孔数目并选定了阀孔的排列方式后，应在塔板的有效区域（鼓泡区）内进行排列，画出排孔图以确定出实际的阀孔数。若所排出的实际孔数与计算值稍有不同，应按实际排出的阀孔数 $n$ 重新计算实际的阀孔气速 $u_0$ 和实际的阀孔动能因数 $F_0$。然后进行塔板开孔率的计算。浮阀塔板的开孔率是指阀孔总面积与塔的截面积之比，表示为

$$\varphi = \frac{n\frac{\pi}{4}d_0^2}{\frac{\pi}{4}D^2} = n\left(\frac{d_0}{D}\right)^2 \tag{4-42}$$

在目前工业生产中，对于常压或减压操作的浮阀塔，开孔率应在10%～14%范围中；对于加压操作的浮阀塔，开孔率应小于10%，通常为6%～9%。

### 4.4.4　流体力学计算和校核

塔板的流体力学计算和校核，目的在于校验各项工艺尺寸已经确定了的塔板，在设计任务规定的气、液负荷下能否正常操作，以便决定是否需要对有关的工艺尺寸进行相应的调整。

4.4.4.1　塔板压降 $h_p$

精馏塔塔板压降必须小于某一数值。对减压精馏，这一问题更为重要。气相通过塔板的压降包括干板压降 $h_d$、气液层阻力 $h_l$ 以及克服液体表面张力的阻力 $h_\sigma$，故

$$h_p = h_c + h_l + h_\sigma \tag{4-43}$$

式中，$h_p$ 为与气体通过一层浮阀塔板的压强降相当的液柱高度，m；$h_c$ 为与气体克服干板阻力所产生的压强降相当的液柱高度，m；$h_l$ 为与气体克服板上充气液层的静压强所产生的压强降相当的液柱高度，m；$h_\sigma$ 为与气体克服液体表面张力所产生的压强降相当的液柱高度，m，一般很小，可以忽略。

1. 干板压降 $h_c$

对于筛板塔，有

$$h_c = \frac{1}{2g}\frac{\rho_V}{\rho_L}\left(\frac{u_0}{C_0}\right)^2 \tag{4-44}$$

式中，$h_c$ 为干板压降，m 液柱；$\rho_V$ 为气相密度，kg/m$^3$；$\rho_L$ 为液相密度，kg/m$^3$；$u_0$ 为孔速，$u_0 = Vs/A_0$，m/s；$C_0$ 为孔流系数。

孔流系数 $C_0$ 可由很多方法求取，这里给出图 4－21 和图 4－22，都可用来求取 $C_0$。

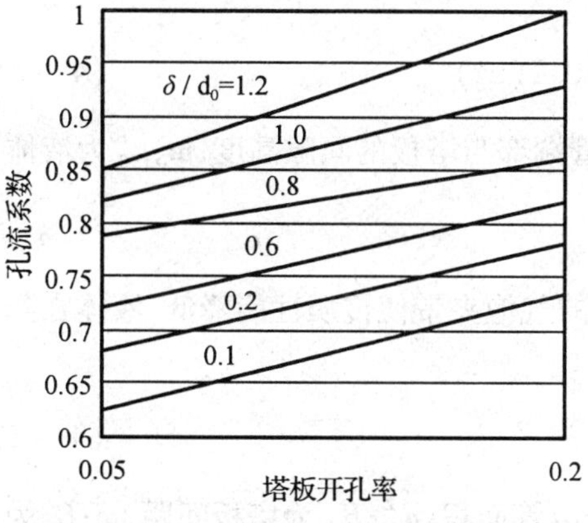


塔板开孔率=开孔截面积 /(塔截面积–降液区面)

图 4－21　干板孔流系数

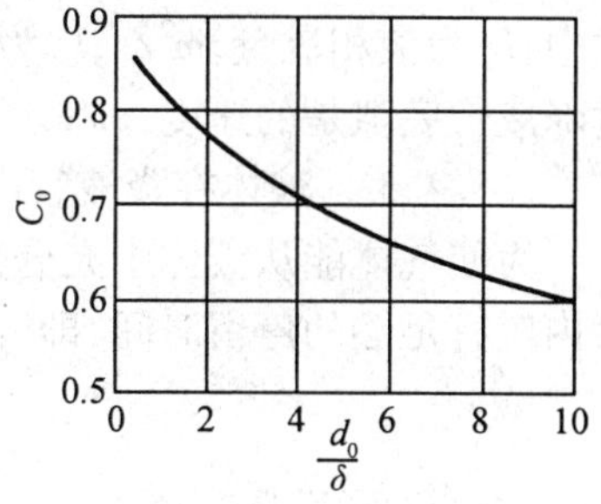


δ—板厚，mm；$d_0$—孔径，mm

图 4－22　干筛孔的流量系数

对于浮阀塔也可下列用经验公式计算干板压降

阀片全开前：

$$h_c = 19.9\frac{u_0^{0.175}}{\rho_L} \tag{4-45}$$

阀片全开后：

$$h_c = 5.34\frac{u_0^2\rho_V}{2g\rho_L} \tag{4-46}$$

式中，$h_c$ 为干板压降，m 液柱；$u_0$ 为孔速，$u_0 = Vs/A_0$，m/s；$\rho_L$ 为液相密度，kg/m$^3$；$\rho_L$ 为气相密度，kg/m$^3$。其他浮阀的干板压降计算方法见相关文献。

2. 塔上液层有效阻力 $h_l$

(1) 对于筛板塔：

$$h_l = \beta(h_w + h_{ow}) \tag{4-47}$$

式中，$\beta$ 为充气系数，可由图 4－23 查取。

图中横坐标为 $F_a = u_a\sqrt{\rho_V}$，$F_a$ 为动能因子，$u_a$ 是以有效传质面积 $A_a$ 计算的气相速度，亦即 $u_a = V_s/A_a$。

(2) 对于浮阀塔：$h_l = 0.5(h_w + h_{ow})$　　(4 - 48)

4.4.4.2　降液管内清液层高度 $H_d$

为避免降液管溢流液泛，一般要求降液管内泡沫液层总高度不超过上层塔板的溢流堰顶，通常降液管内清液层高度取 $H_d \leqslant \varphi(H_T + h_w)$。

$$H_d = h_p + h_L + h_d \tag{4-49}$$

式中，$H_d$ 为降液管内清液层高度，m；$h_p$ 为气相塔板压降，m 液柱；$h_d$ 为液相流过降液管内压强降，m 液柱；$h_L$ 为板上液层高度，m；$\phi = \dfrac{\rho'_L}{\rho_L}$，$\rho'_L$ 为降液管中泡沫层的密度，对于一般物系 $\phi = 0.5$，对于发泡严重物系，$\phi = 0.3 \sim 0.4$，对于不易发泡物系，$\phi = 0.6 \sim 0.7$。

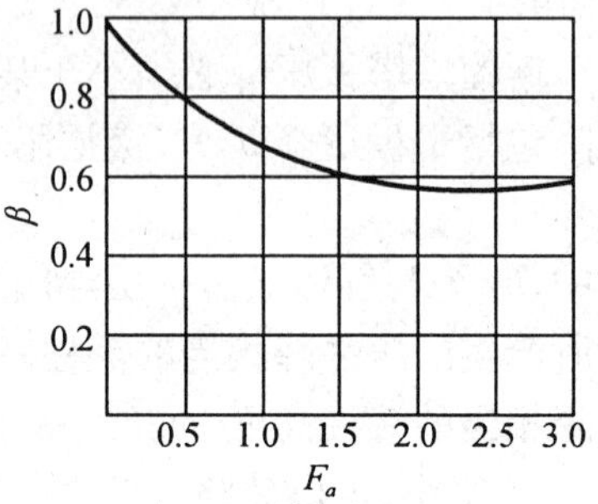


**图 4 - 23　充气系数 $\beta$ 和动能因子 $F_a$ 间的关系**

液体在降液管内压强降可按下列经验公式估算：

塔板上不设进口堰时　$h_d = 0.153\left(\dfrac{L_s}{l_w h_0}\right)^2 = 0.153(u'_0)^2$　　(4 - 50)

塔板上装有进口堰时　$h_d = 0.2\left(\dfrac{L_s}{l_w h_0}\right)^2 = 0.2(u'_0)^2$　　(4 - 51)

式中，$L_s$ 为液相流量，$m^3/s$；$l_w$ 为堰长，m；$h_0$ 为降液管端部与塔板的间隙高度，m；$u'_0$ 为液体通过降液管底隙是的速度，m/s。

4.4.4.3　液体在降液管内停留时间的校核

为使气体能从液体中充分分离出来，避免严重的气泡夹带使传质性能降低，液体在降液管内应有足够的停留时间，即

$$\theta = \frac{A_f H_T}{L_s} \tag{4-52}$$

式中，$\theta$ 为液体在降液管内实际停留时间，s；$A_f$ 为降液管面积，$m^2$；$H_T$ 为塔板间距，m；$L_s$ 为液相流量。

通常要求液体在降液管内的停留时间不小于 3 ~ 5 s，对于易产生气泡的物系则要求 $\theta$ 大于 7 s；若求得的 $\theta$ 过小可适当增加 $A_f$ 或 $H_T$。

4.4.4.4　雾沫夹带量

雾沫夹带量通常有三种表示方法：

① 以 1 kmol(或 kg) 干气体所夹带的液体 kmol(或 kg) 数 $e_v$ 表示；

② 以每层塔板在单位时间内被气体夹带的液体 kmol(或 kg) 数 $e'$ 表示；

③ 以被夹带的液体流量占流经塔板总液体流量的分率 $\varphi$ 表示。

三者之间关系式为

$$\varphi = \frac{e'}{L + e'} = \frac{e_V}{\dfrac{L}{V} + e_V} \tag{4-53}$$

一般应控制使雾沫夹带量 $e_V$ 小于 0.1 kg 液 /kg 气。

1. 筛板塔 $e_v$ 的计算

$$e_V = \frac{0.0057}{\sigma} = \left[\frac{u_n}{H_T - 2.5h'_L}\right]^{3.2} \tag{4-54}$$

式(4－54)适用$\frac{u_n}{H_T - 2.5h'_L}$于小于12的情况。式中，$e_V$为雾沫夹带量，kg液/kg气；$\sigma$为液相表面张力，mN/m；$u_n$为气速，$u_n = \frac{V_s}{A_T - A_f}$，m/s；$V_s$为气相流量，$m^3/s$；$A_T$为塔横截面积，$m^2$；$A_f$为降液管面积，$m^2$；$H_T$为板间距，m；$h'$为板上液层高度$(=h_w + h_{ow})$，m。

2. 浮阀塔 $e_v$ 的计算

一般用泛点百分率$F$作为间接衡量雾沫夹带量的指标。塔径大于900 mm的塔，$F$小于80%；塔径小于900 mm的塔，$F$小于70%；对减压操作的塔，$F$小于75%，这样便可保证每千克上升气体夹带到上一层塔板的液体量小于0.1 kg，即雾沫夹带量$e_V$小于10%。泛点百分率$F$可按下面经验公式计算。

$$F = \frac{V_s\sqrt{\frac{\rho_V}{\rho_L - \rho_V}} + 1.36L_sZ_L}{KC_FA_b} = \frac{V_s\sqrt{\frac{\rho_V}{\rho_L - \rho_V}}}{0.78A_TKC_F} \tag{4-55}$$

式中，$F$为泛点百分率；$V_s$为气相流量，$m^3/s$；$\rho_V$为气相密度，$kg/m^3$；$\rho_L$为液相密度，$kg/m^3$；$L_s$为液相流量，$m^3/s$；$Z_L$为板上液流长度（液体横过塔板流动的行程），对单溢流型塔板$Z_L = D - 2W_d$，m；$A_b$为塔板上液流面积，对单溢流型塔板，$A_b = A_T - 2A_f$，$m^2$；$C_F$为泛点负荷系数，由图4－24查取；$K$为系统因数（物性系数），由表4－9查取。

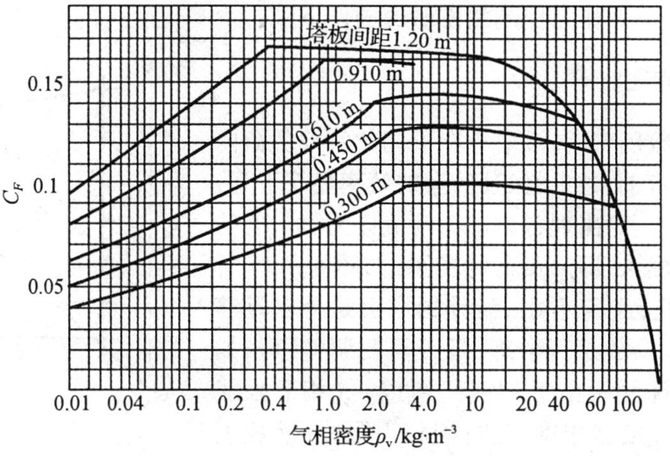


**图4－24　泛点负荷系数**

**表4－9　物性系数 $K$**

| 系　统 | $K$值 |
|---|---|
| 无泡沫正常系统 | 1.00 |
| 氟化物(如 $BF_3$ 氟利昂) | 0.90 |
| 中等起泡沫系统(如油吸收塔，胺及乙二醇再生塔) | 0.85 |
| 多泡沫系统(如胺及乙二醇吸收塔) | 0.73 |
| 严重泡沫系统(如甲乙酮装置) | 0.60 |
| 形成稳定的泡沫系统(如碱再生塔) | 0.30 |

4.4.4.5　漏液点的校核

若气相负荷过小或塔板上开孔率过大，筛孔或阀孔中的气速太小，部分液体从筛孔或阀孔中直接落下则称为漏液；漏液现象开始明显影响板效率时的气速称为漏液点孔速。漏液将导致板效率下降，严重的漏液（特别是筛板塔）将使板上不能积液而无法操作。

1. 筛板塔

为使所设计的筛板操作稳定，具有足够的操作弹性，要求设计孔速 $u_0$ 与漏液点孔速 $u_{ow}$ 之比不小于 1.5 ~ 2.0，即

稳定系数
$$K' = \frac{u_0}{u_{ow}} \geqslant 1.5 \sim 2.0 \quad (4-56)$$

漏液点气速可以用下式估算

$$u_{ow} = 4.4C_0\sqrt{(0.005\,6 + 0.13h_L - h_\sigma)\rho_L/\rho_V} \quad (4-57)$$

当筛孔较小（$d_0 < 3$ mm）或 $h_l < 30$ mm 时用下式计算较准确

$$u_{ow} = 4.4C_0\sqrt{(0.01 + 0.13h_L - h_\sigma)\rho_L/\rho_V} \quad (4-58)$$

2. 浮阀塔

浮阀塔的泄漏量随阀重增加、孔速增加、开度减少、板上液层高度的降低而减小，其中以阀重影响较大。由试验表明，当阀的质量大于30 g时，阀重对泄漏的影响不大，故除减压操作外一般均采用 $F_1$ 型重阀（32 ~ 34 g）。一般限制漏液量接近10% 做为设计的依据，即取阀孔动能因数 $F_0 = 5 \sim 6$ 作为控制漏夜量的操作下限。

### 4.4.5　负荷性能图

塔板结构参数确定后，该塔板在不同的气液负荷内有一稳定的操作范围。越出稳定区，塔的效率显著下降，甚至不能正常操作。对出现各种不正常流体力学状态的界限用曲线表示出来，即为负荷性能图，如图 4－25 所示。从负荷性能图上可以看出，设计的塔板是否有足够的操作弹性；结构参数是否合理；是否需要调整以及如何调整等。负荷性能图由下列曲线组成：气相下限线（又称漏液线）；过量雾沫夹带线；液相下限线；液相上限线；液泛线。

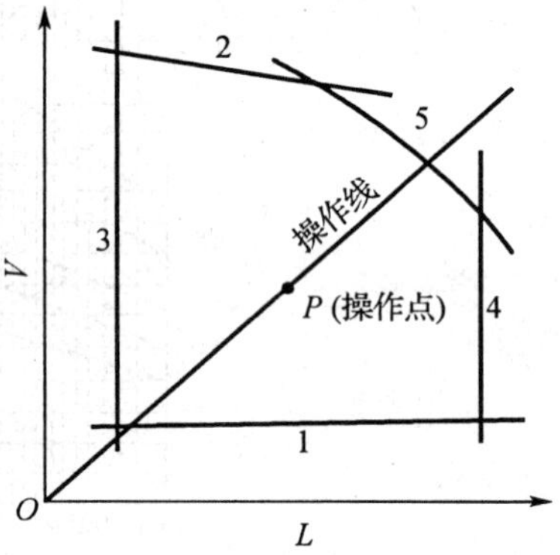


**图 4－25　负荷性能图**

1— 气相下限线；2— 过量雾沫夹带线；3— 液相下限线；4— 液相上限线；5— 液泛线

在负荷性能图上还需画出在一定液气比下的操作线：对于液气比一定的操作（如回流比一定的精馏过程），即 $L/V$ 为一定值。可由设计条件 $L$ 和 $V$ 定出点 $P$，过原点 $O$ 和 $P$ 作直线，即为操作线 $OP$。

1. 液相上限线

降液管内液体停留时间应大于3 ~ 5 s。液体流量增大，停留时间就减少。若 $\tau = 3 \sim 5$ s，此液体流量为最大允许值 $L_{max}$。过 $L_{max}$ 点作垂直线，即为液相上限线。液体流量的上限可由下式计算

$$\frac{H_T \cdot A_f}{L_{max}} \geqslant 3 \sim 5\ \text{s} \quad (4-59)$$

式中，$L_{max}$ 为液体流量上限，$m^3/s$；$H_T$ 为板间距，m；$A_f$ 为降液管截面积，$m^2$。

2. 气相下限线

对于筛板塔，气相负荷过小，液体泄漏严重，因此气速必须大于漏液点孔速。在漏液点校核计算时已算得液相负荷为 $L$ 时的漏液点孔速 $u_{ow}$，此时的气相负荷 $V_{min} = A_o \cdot u_{ow}$。另设液相负荷 $L'$（为作图方便一般取 $L'$ 接近 $L_{max}$），重复计算此时的漏液点孔速 $u'_{ow}$ 及此时的气相负荷 $V_{min}$。由以上两点连直线，即为气相下限线。

对于浮阀塔，若为 F1 型重阀，气相负荷下限一般取阀孔动能因子 $F_o = 5 \sim 6$。由此计算出 $V_{min}$，过 $V_{min}$ 作水平线，即为浮阀塔的气相下限线。

3. 液相下限线

一般从 $h_{ow} = 6$ mm 作液相负荷的下限 $L_{min}$，低于此限时认为塔板上液相流动不能保证均匀分布。过 $L_{min}$ 作垂直线，即为液相下限线。

4. 过量雾沫夹带线

利用雾沫夹带量的计算公式，令 $e_V = 0.1$，液体量为 $L$，计算得相应的气量为 $V_{max}$，由 $L$ 和 $V_{max}$ 定出一系列的点即为过量雾沫夹带线。一般为计算方便，常当作直线处理，由两点连成一直线即可。

5. 液泛线

当降液管内当量清液高度 $H_d = \varphi(H_T + h_w)$ 时将发生液泛，即

$$H_d = h_w + h_{ow} + h_f + h_{of} \tag{4-60}$$

当塔板结构参数决定后，$H_T$，$h_w$ 已定，$\varphi$ 可认为不变。若液体流量一定，则可确定 $h_{ow}$ 和 $h_{of}$ 值，由此可算出干板压降 $h_f$ 及相应的液泛气体流量。

作图时先设一 $L$（一般比 $L_{max}$ 小），算出 $h_{ow}$ 和 $h_o$，由上式计算 $h_f$ 及相应的液泛气体流量 $V$，由 $L$ 和 $V$ 定出一点。再设 $L$（一般取接近 $L_{max}$），重复计算得此时的液泛气体流量 $V$。由 $L$ 和 $V$ 定出另一点，由两点连直线，即为液泛线。

## 4.5　辅助装置

### 4.5.1　接管尺寸

1. 塔顶蒸气管 $d_p$

塔顶到冷凝器的蒸气导管，必须具有合适的尺寸，以免压力降过大，特别是减压精馏更应注意，管径 $d_p$ 可按下式计算

$$d_p = \sqrt{\frac{V_s}{\frac{\pi}{4}u_V}} \tag{4-61}$$

式中，$V_s$ 为气相流量，$m^3/s$；$u_v$ 为蒸气速度，m/s，在常压操作时取 12 ~ 20 m/s，绝对压为 6 000 ~ 14 000 Pa 时取 30 ~ 50 m/s，绝对压力小于 6 000 Pa 时取 50 ~ 70 m/s。

2. 回流管 $d_R$

通常，重力回流管内液流速度 $u_R$ 取 0.2 ~ 0.5 m/s；强制回流（由泵输送）时，$u_R$ 取

1.5 ~2.5 m/s。回流管直径可用下式计算

$$d_R = \sqrt{\frac{4L_s}{\pi u_R \rho_L}} \tag{4-62}$$

式中，$L$ 为回流液量，kg/h；$\rho_L$ 为液相密度，kg/m$^3$；$u_R$ 为液相在回流管内速度，m/s。

3. 进料管 $d_f$ 和塔釜出料管 $d_w$

进料管 $d_f$ 和塔釜出料管 $d_w$ 可以用公式(4－62) 计算。与料液由高位槽流入塔内时，进料管内流速 $u_f$ 可取 0.4 ~ 0.8 m/s；由泵输送，$u_f$ 可取 1.5 ~ 2.5 m/s。塔釜流出液体速度 $u_w$ 一般取 0.5 ~ 1.0 m/s。

必须注意的是，以上所有计算所得尺寸均应圆整到相应规格的管径。

### 4.5.2　回流冷凝器

#### 4.5.2.1　回流型式

塔顶上升蒸气经过全凝器全部冷凝下来成为液体，一部分回流至塔内，一部分作产品；或者，上升蒸气经过分凝器，部分冷凝作为回流液，余下蒸气再进入冷凝冷却器。注意分凝器有部分增浓作用，一般视为一个理论级。

冷凝器常采用管壳式换热器，一般认为卧式壳程冷凝较好。对于小型塔，回流冷凝器一般安装在塔顶，冷凝液由重力作用回流入塔，如图 4 －26 所示。对于大型塔，塔很高，处理量大，冷凝器一般不安装在塔顶，而安装在地面或平台上，回流液由泵来输送，即所谓强制回流。此种型式的操作控制比较方便，如图 4 －27 所示。

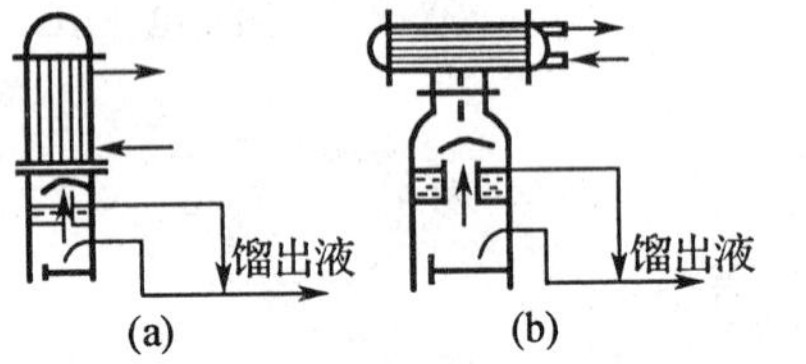


**图 4 －26　冷凝器整体安装**

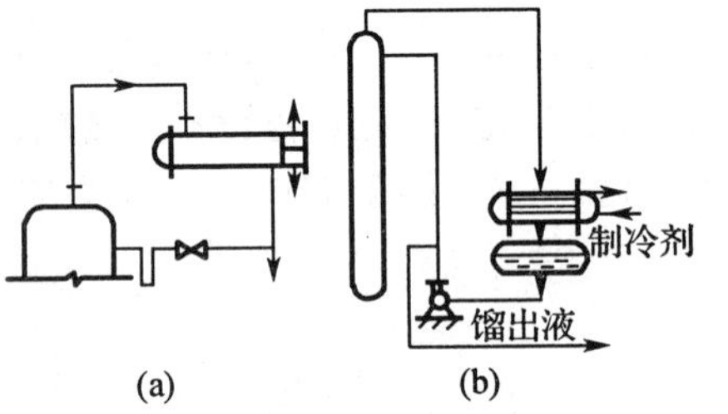


**图 4 －27　冷凝器分体安装**

#### 4.5.2.2　回流冷凝器的工艺计算

回流冷凝器的工艺计算内容包括以下几点。

1. 按工艺要求决定冷凝器的热负荷 $Q_R$，选择冷却剂及冷却剂进出口温度，计算冷却剂用量。

2. 初估设备尺寸：由平均温度 $\Delta t_m$ 和总传热系数 $K$ 的经验数据，计算所需的传热面积 $A$，并由此选择标准型号的冷凝器或自行设计。

3. 复核传热面积：对已选型号或自行设计的设备，核算实际上的总传热系数 $K$ 和实际所需的传热面积。

4. 决定安装尺寸：估计各管线长度及阻力损失，以决定冷凝器底部与回流液入口之间的高度差 $H_R$。

由于冷凝器常用于精馏过程，考虑到精馏塔操作常需要调整回流比，同时还可能兼有调节塔压的作用，故应适当加大其传热面积的裕度。按经验，其面积裕度应在 30% 左右。

### 4.5.3　再沸器及其他构件

除热流量很小情况外，再沸器一般都安装于塔外，以便于安装检修和更换再沸器，其传热面积也应有足够的裕度，其工艺设计可参照第 3 章中相关内容。

塔板结构设计的其他构件包括塔板紧固件、折流挡板、引流板、排液孔（泪孔）以及人孔、手孔、视镜、液面计等，这里不再详细叙述，设计时可参见有关文献。

## 4.6　板式精馏塔设计计算示例

### 4.6.1　设计任务及操作条件

1. 设计题目：苯 – 甲苯连续精馏板式塔设计。

2. 生产能力（进料量）：90 000 吨/年；操作周期：7 200 小时/年；进料组成：含甲苯25%（质量分率，下同）；塔顶产品组成：甲苯组成不低于 96%；塔底产品组成：甲苯组成 ≤ 1%。

3. 操作条件：常压操作；泡点进料（$q = 1$）；单板压降不大于 0.7 kPa。

4. 设备形式为板式精馏塔；塔顶设凝器；中间泡点进料；连续精馏。

### 4.6.2　工艺条件及物性数据

1. 操作压强

塔顶的操作压力：$P_D = 101.3 + 4 = 105.3(\mathrm{kPa})$。

每层塔板压降：$\Delta p = 0.7(\mathrm{kPa})$。

进料板压力：$P_F = 105.3 + 0.7 \times 13 = 114.4(\mathrm{kPa})$。

塔底的操作压力：$P_w = 114.4 + 16 \times 0.7 = 125.6(\mathrm{kPa})$。

精馏段平均操作压力：$P_m = (105.3 + 114.4)/2 = 109.8(\mathrm{kPa})$。

提馏段平均操作压力：$P_m = (125.6 + 114.4)/2 = 120.0(\mathrm{kPa})$。

2. 操作温度

根据操作压强，依下式计算操作温度 $P = P_A^0 xA + P_B^0 xB$，试差计算结果：

塔顶温度：$t_D = 80.35$ ℃；进料板温度：$t_F = 97.7$ ℃；塔底温度 $t_W = 109.4$ ℃

精馏段平均温度：$t_m = (80.35 + 97.7)/2 = 89.0(℃)$

提馏段平均温度：$t_m = (109.4 + 97.7)/2 = 103.6(℃)$

3. 平均分子量

由 $x_D = y_1 = 0.983$，查平衡曲线可得 $x_1 = 0.946$。

塔顶平均摩尔质量：$M_{\mathrm{VD,m}} = 0.983 \times 78.11 + (1 - 0.983) \times 92.13 = 78.35(\mathrm{kg/kmol})$；

$M_{\mathrm{LD,m}} = 0.946 \times 78.11 + (1 - 0.946) \times 92.13 = 78.87(\mathrm{kg/kmol})$。

塔底近似于甲苯：$M = 92.13\ \mathrm{kg/kmol}$。

由 $y_F = 0.496$ 查平衡曲线得 $x_F = 0.280$。

进料板平均摩尔质量：$M_{\mathrm{VF,m}} = 0.496 \times 78.11 + (1 - 0.496) \times 92.13 = 85.18(\mathrm{kg/kmol})$；

$M_{\mathrm{LF,m}} = 0.280 \times 78.11 + (1 - 0.280) \times 92.13 = 88.20(\mathrm{kg/kmol})$。

由 $x_w=0.0118$，查平衡曲线得 $y_w=0.035$。

塔釜摩尔质量：$M_{VW,m}=0.035\times78.11+(1-0.035)\times92.13=91.64$（kg/kmol）；

$M_{LW,m}=0.0118\times78.11+(1-0.0118)\times92.13=91.96$（kg/kmol）。

精馏段平均摩尔质量：$M_{V,m}=(78.35+85.18)/2=81.76$（kg/kmol）；

$M_{L,m}=(88.20+78.87)/2=83.54$（kg/kmol）。

提留段平均摩尔质量：$M_{V,m}=(91.64+85.18)/2=88.41$（kg/kmol）；

$M_{L,m}=(88.20+91.96)/2=90.08$（kg/kmol）。

4. 液相和气相的平均密度

液相密度 $\rho_{L,m}$ 由 $\dfrac{1}{\rho_{Lm}}=\dfrac{\alpha_A}{\rho_{LA}}+\dfrac{\alpha_B}{\rho_{LB}}$（$a$ 为质量分率）计算而得。

塔顶：$\rho_{LD,m}=1\div[(0.98/814.6)+(1-0.98)/809.6]=814.4$（kg/m$^3$）；

塔底：$\rho_{LW,m}=1\div[(0.01/781.0)+(1-0.01)/780.9]=780.9$（kg/m$^3$）。

进料板（$x_A=0.280$，$a_A=0.248$）：$\rho_{LFm}=1\div[(0.248/794.9)+(1-0.248)/792.6]$
$=793.9$（kg/m$^3$）

精馏段液相平均密度：$\rho_{L,m}=(814.4+793.9)/2=804.1$（kg/m$^3$）。

提馏段液相平均密度：$\rho_{L,m}=(780.9+793.9/2=787.4$（kg/m$^3$）。

精馏段气相密度：$\rho_{V,m}=P_mM_{v,m}/RT_m=(109.8\times81.76)\div[8.314\times(89.0+273.15)]$
$=2.98$（kg/m$^3$）。

提馏段气相密度：$\rho_{V,m}=P_mM_{v,m}/RT_m=(120\times88.41)\div[8.314\times(103.6+273.15)]$
$=3.39$（kg/m$^3$）。

5. 液相表面张力

由公式 $\sigma_m=\sum\limits_{i=1}^{n}x_i\sigma_i$ 计算，查苯－甲苯的液体表面张力表可得如下数据：

$t_D=80.35$ ℃ 时，$\sigma_A=21.27$ mN/m，$\sigma_B=21.69$ mN/m；$t_F=97.7$ ℃ 时，$\sigma_A=18.89$ mN/m，$\sigma_B=19.66$ mN/m；$t_w=109.4$ ℃ 时，$\sigma_A=17.73$ mN/m，$\sigma_B=18.50$ mN/m。则

塔顶液相平均表面张力：$\sigma_{LD,m}=0.983\times21.27+(1-0.983)\times21.69=21.28$（mN/m）。

塔底液相平均表面张力：$\sigma_{LF,m}=0.280\times18.89+(1-0.280)\times19.66=19.44$（mN/m）。

进料板液相平均表面张力：$\sigma_{LW,m}=0.0118\times17.73+(1-0.0118)\times18.50$
$=18.49$（mN/m）。

精馏段平均表面张力：$\sigma_{L,m精}=(21.28+19.44)=20.36$（mN/m）

提馏段平均表面张力：$\sigma_{L,m提}=(18.49+19.44)=18.96$（mN/m）

6. 液体黏度

由公式 $\mu_{Lm}=\sum\limits_{i=1}^{n}x_i\mu_i$ 计算，查苯－甲苯的液体黏度表可得如下数据：

$t_D=80.35$ ℃，$\mu_A=0.307$ MPa·s，$\mu_B=0.310$ MPa·s；$t_W=109.4$ ℃，$\mu_A=0.234$ MPa·s，$\mu_B=0.255$ MPa·s；$t_F=97.7$ ℃，$\mu_A=0.260$ MPa·s，$\mu_B=0.269$ MPa·s。则

塔顶液相平均黏度：$\mu_{LD,m}=0.983\times0.307+0.017\times0.310$ MPa. s $=0.307$（MPa·s）。

塔底液相平均黏度：$\mu_{LW,m}=0.0118\times0.234+0.9882\times0.255=0.255$（MPa·s）。

进料板液相平均黏度：$\mu_{LF,m}=0.280\times0.260+0.720\times0.269=0.266$（MPa·s）。

精馏段平均黏度：$\mu_{L,m精} = (0.266 + 0.307)/2 = 0.286(MPa \cdot s)$。

提馏段平均黏度：$\mu_{L,m提} = (0.266 + 0.255)/2 = 0.260(MPa \cdot s)$。

### 4.6.3　工艺计算

4.6.3.1　物料衡算

1. 原料液及塔顶、塔底产品含苯摩尔分率

苯的摩尔质量为 $M_A = 78.11$ kg/kmol，甲苯的摩尔质量 $M_B = 92.13$ kg/kmol，则

$$x_F = \frac{a_A/M_A}{a_A/M_A + a_B/M_B}$$

$$= (0.25/78.11) \div [(0.25/78.11) + (1 - 0.25)/92.13] = 0.280$$

$$x_D = \frac{a_A/M_A}{a_A/M_A + a_B/M_B}$$

$$= (0.98/78.11) \div [(0.98/78.11) + (1 - 0.98)/92.13] = 0.983$$

$$x_W = \frac{a_A/M_A}{a_A/M_A + a_B/M_B}$$

$$= (0.01/78.11) \div [(0.01/78.11) + (1 - 0.01)/92.13] = 0.011\ 8$$

2. 平均分子量

$$M_F = 0.280 \times 78.11 + (1 - 0.280) \times 92.13 = 88.20(kg/kmol)$$

$$M_D = 0.983 \times 78.11 + (1 - 0.983) \times 92.13 = 78.35(kg/kmol)$$

$$M_W = 0.011\ 8 \times 78.11 + (1 - 0.011\ 8) \times 92.13 = 91.96(kg/kmol)$$

3. 物料衡算

原料处理量：$F = [(80\ 000/7\ 200) \times 1\ 000] \div 88.20 = 125.96(kmol/h)$

全塔物料衡算：$F = D + W$，则

$$D + W = 125.96 \tag{a}$$

易挥发组分物料衡算：$F \times X_F = DX_D + WX_W$，则

$$0.983D + 0.0118W = 125.96 \times 0.280 \tag{b}$$

联立上式(a)，(b) 解方程得 $D = 34.78$ kmol/h；$W = 91.18$ kmol/h。

4.6.3.2　塔板数的确定

1. 理论塔板数 $N_T$ 的求取

采用 M. T. 图解法求 $N_T$。

(1) 根据苯、甲苯的气液平衡数据作 $y - x$ 图。

(2) 求最小回流比 $R_{min}$ 及操作回流比 $R$

在图中做进料线（$q$ 线），与平衡线的交点坐标为 $y_q = 0.485$，$x_q = 0.280$，依最小回流比计算公式

$$R_{min} = (x_D - y_q)/(y_q - x_q) = (0.983 - 0.485) \div (0.485 - 0.280) = 2.430$$

取操作回流比　$R = 1.6R_{min} = 1.6 \times 2.430 = 3.890$

(3) 求理论塔板数 $N_T$

精馏段操作线　$y = \frac{R}{R+1}x + \frac{x_D}{R+1} = 0.795x + 0.201$

按 M. T. 作图法解得 $N_T = (16.9-1)$ 层(不包括釜)。其中精馏段理论板数为7层,提馏段为8.9层,第8层为加料板。

2. 全塔效率 $E_T$

$$E_T = 0.17 - 0.616\lg\mu_m$$

全塔平均温度 $t = \dfrac{109.4+97.7+80.35}{3} = 95.82(℃)$

液相平均黏度为 $\mu_m = 0.28\mu_{苯} + (1-0.28)\mu_{甲苯}$

$= 0.28\times0.265 + 0.72\times0.273 = 0.270(\text{MPa}\cdot\text{s})$

故 $E_T = 0.17 - 0.616\lg\mu_m = 0.520 \approx 52\%$

3. 实际塔板数 $N$

精馏段实际板层数 $N_{精} = 7/0.52 = 13.5 \approx 14$

提馏段实际板层数 $N_{提} = 8.9/0.52 = 17.1 \approx 18$

4.6.3.3 气液负荷计算

1. 精馏段

$$V = (R+1)D = (3.89+1)34.78 = 170.07(\text{kmol/h})$$

$$V_s = \frac{VM_{Vm,精}}{3\,600\rho_{Vm,精}} = \frac{170.07\times81.76}{3\,600\times2.98} = 1.30(\text{m}^3/\text{s})$$

$$L = RD = 3.89\times34.78 = 135.29(\text{kmol/h})$$

$$L_s = \frac{LM_{Lm,精}}{3\,600\rho_{Lm,精}} = \frac{135.29\times83.54}{3\,600\times804.1} = 0.003\,9(\text{m}^3/\text{s})$$

2. 提馏段

$$V' = V = 170.07(\text{kmol/h})$$

$$V_s' = \frac{VM_{Vm,提}}{3\,600\rho_{Vm,提}} = \frac{170.07\times88.41}{3\,600\times3.39} = 1.23(\text{m}^3/\text{s})$$

$$L' = L + F = 135.29 + 125.96 = 261.25(\text{kmol/h})$$

$$L_s' = \frac{LM_{Lm,提}}{3\,600\rho_{Lm,提}} = \frac{261.25\times90.08}{3\,600\times787.4} = 0.008\,3(\text{m}^3/\text{s})$$

### 4.6.4 塔体和塔板主要工艺尺寸计算

4.6.4.1 塔径

1. 精馏段

初选板间距 $H_T = 0.40$ m,取板上液层高度 $h_L = 0.08$ m,故

$$H_T - h_L = 0.40 - 0.08 = 0.32(\text{m})$$

$\left(\dfrac{L_s}{V_s}\right)\left(\dfrac{\rho_L}{\rho_V}\right)^{1/2} = \left(\dfrac{0.003\,9}{1.30}\right)\times\left(\dfrac{804.1}{2.98}\right)^{1/2} = 0.049\,3$,查图4-4得 $C_{20} = 0.065$。

校正到物系表面张力为26.36 mN/m时,有

$$C = C_{20}\left(\frac{\sigma}{20}\right)^{0.2} = 0.065\times\left(\frac{26.36}{20}\right)^{0.2} = 0.068\,7$$

则 $u_{\max} = C\sqrt{\dfrac{\rho_L' - \rho_V'}{\rho_V'}} = 0.068\,7\times\sqrt{\dfrac{804.1-2.98}{2.98}} = 1.126(\text{m/s})$

取安全系数为 0.75，则

$$u = 0.75u_{\max} = 0.75 \times 1.126 = 0.844\,5(\mathrm{m/s})$$

故
$$D = \sqrt{\frac{4V_s}{\pi u}} = \sqrt{\frac{4 \times 1.30}{3.14 \times 0.844\,5}} = 1.400(\mathrm{m})$$

2. 提馏段

$$\left(\frac{L'_s}{V'_s}\right)\left(\frac{\rho'_L}{\rho'_V}\right)^{1/2} = \left(\frac{0.008\,3}{1.23}\right)\left(\frac{787.4}{3.39}\right)^{1/2} = 0.103$$

类似地
$$D' = \sqrt{\frac{4V'_s}{\pi u'}} = \sqrt{\frac{4 \times 1.23}{3.14 \times 0.655}} = 1.547(\mathrm{m})$$

考虑到精馏段和提馏段理论塔径差别不大，统一的塔径便于制造，所以选取并圆整为 1.6 m。则

精馏段空塔气速
$$u = \frac{4Vs}{\pi D^2} = \frac{4 \times 1.30}{3.14 \times 1.6^2} = 0.65(\mathrm{m/s})$$

提馏段空塔气速
$$u' = \frac{4V's}{\pi D'^2} = \frac{4 \times 1.23}{3.14 \times 1.6^2} = 0.617(\mathrm{m/s})$$

塔的横截面积
$$A_T = A'_T = \frac{\pi}{4}D'^2 = \frac{\pi}{4}1.6^2 = 2.01(\mathrm{m}^2)$$

4.6.4.2　溢流装置

1. 精馏段

采用单溢流、弓形降液管、平形受液盘及平形溢流堰，不设进口堰，各项计算如下。

(1) 溢流堰长 $l_w$

取堰长 $l_w$ 为 0.70$D$，即 $l_w = 0.70 \times 1.6 = 1.12(\mathrm{m})$。

(2) 出口堰高 $h_w$

$$h_w = h_L - h_{ow}$$

由 $l_w/D = 1.12/1.6 = 0.70$，$L_h/l_w^{2.5} = 10.56$，查图 4 – 15，知 $E$ 近似为 1，依下式计算

$$h_{ow} = \frac{2.84}{1\,000}E\left(\frac{L_h}{l_w}\right)^{2/3} = \frac{2.84}{1\,000} \times 1 \times \left(\frac{14.04}{1.12}\right)^{2/3} = 0.015\,3(\mathrm{m})$$

故 $h_w = 0.08 - 0.015\,3 = 0.064\,7$ m。

(3) 降液管的宽度 $W_d$ 与降液管的面积 $A_f$

由 $l_w/D = 0.70$，查图 4 – 19 得 $W_d/D = 0.14$，$A_f/A_T = 0.088$

故 $W_d = 0.14D = 0.14 \times 1.6 = 0.224$ m，$A_f = 0.088(3.14/4)D^2 = 0.177(\mathrm{m}^2)$。

液体在降液管中停留时间：$\tau = \dfrac{A_f H_T}{L_s} = \dfrac{0.177 \times 0.40}{0.003\,9} = 18.15(\mathrm{s})$（> 5 s，符合要求）。

(4) 降液管底隙高度 $h_0$

取液体通过降液管底隙的流速 $u_0$ 为 0.1 m/s，则

$$h_0 = \frac{L_s}{l_w u_0} = \frac{0.003\,9}{1.12 \times 0.1} = 0.035(\mathrm{m})$$

2. 提馏段

与精馏段类似，计算得

$$l'_w = 0.70 \times 1.6 = 1.12(\text{m})$$

$$h'_{ow} = \frac{2.84}{1\,000}E(\frac{L'_h}{l'_w})^{2/3} = \frac{2.84}{1\,000} \times 1 \times (\frac{29.88}{1.12})^{2/3} = 0.025\,4(\text{m})$$

$$h'_w = 0.08 - 0.025\,4 = 0.054\,6(\text{m})$$

$$W'_d = 0.14D = 0.14 \times 1.6 = 0.224(\text{m})$$

$$A'_f = 0.088(3.14/4)D^2 = 0.177(\text{m}^2)$$

$$\tau' = \frac{A'_f H'_T}{L'_s} = \frac{0.177 \times 0.4}{0.008\,3} = 8.53\ \text{s}(>5\ \text{s},\text{符合要求})$$

4.6.4.3　塔板布置

1. 精馏段

取边缘区宽度 $W_c = 0.035$ m，安定区宽度 $W_s = 0.065$ m，开孔区面积

$$A_\sigma = 2[x\sqrt{R^2 - x^2} + \frac{\pi}{180}R^2\sin^{-1}\frac{x}{R}]$$

$$= 2[0.511\sqrt{0.765^2 - 0.511^2} + \frac{\pi}{180} \times 0.765^2\sin^{-1}\frac{0.511}{0.765}] = 1.438(\text{m})$$

其中，$x = \frac{D}{2} - (W_d + W_s) = \frac{1.6}{2} - (0.224 + 0.065) = 0.511(\text{m})$

$$R = \frac{D}{2} - W_c = \frac{1.6}{2} - 0.035 = 0.765(\text{m})$$

2. 提馏段

取与精流段相同的参数。

4.6.4.4　筛孔数 $n$ 与开孔率 $\varphi$

1. 精馏段

取筛孔的孔径 $d_0$ 为 5 mm，正三角开排列，一般碳钢的板厚到 $\delta$ 为 3 mm，取 $t/d_0 = 3.5$，故，孔中心距 $t = 3.5 \times 5.0 = 17.5(\text{mm})$。

筛孔数　$n = (\frac{1\,158\,000}{t^2})A_a = \frac{1\,158\,000}{17.5^2} \times 1.438 = 5\,438(\text{孔})$

开孔率　$\varphi = \frac{A_0}{A_a}\% = \frac{0.907d_0^2}{t^2}\% = 7.4\%(\text{在 }5\% \sim 15\%\text{ 范围内})$

每层塔板上的开孔面积

$$A_0 = \varphi A_a = 7.4\% \times 1.438 = 0.106\,4(\text{m}^2)$$

气体通过筛孔的气速　$u_0 = \frac{V_s}{A_0} = \frac{1.30}{0.106\,4} = 12.22(\text{m/s})$

2. 提馏段

取与与精流段相同的参数，气体通过筛孔的气速

$$u'_0 = \frac{V'_s}{A'_0} = \frac{1.23}{0.106\,4} = 11.56(\text{m/s})$$

4.6.4.5　塔有效高度 $Z$

精馏段　$Z = (14 - 1) \times 0.4 = 5.2(\text{m})$

提留段　$Z = (18 - 1) \times 0.4 = 6.8(\text{m})$

### 4.6.5　筛板的流体力学计算与校核

4.6.5.1　精馏段气体通过筛板压降相当的液柱高度

$$h_p = h_c + h_l + h_\sigma$$

1. 干板压降相当的液柱高度 $h_c$

因 $d_0/\sigma = 5/4 = 1.25, C_0 = 0.89$，则

$$h_c = 0.051\left(\frac{u_0}{C_0}\right)^2\left(\frac{\rho_V}{\rho_L}\right) = 0.051 \times \left(\frac{12.22}{0.89}\right)^2 \times \left(\frac{2.98}{804.1}\right) = 0.0356(\mathrm{m})$$

2. 气流穿过板的液层压降相当的液柱高度 $h_l$

$$u_a = \frac{V_s}{A_T - A_f} = \frac{1.30}{2.01 - 0.177} = 0.710(\mathrm{m/s})$$

$$F_a = u_a\sqrt{\rho_V} = 0.710 \times \sqrt{2.98} = 1.23$$

取板上液层充气系数 $\varepsilon_0$ 为 0.63，则

$$h_l = \varepsilon_0 h_L = \varepsilon_0(h_w + h_{ow}) = 0.63 \times 0.08 = 0.0504(\mathrm{m})$$

3. 克服液体表面张力压降相当的液柱高度 $h_\sigma$

$$h_\sigma = \frac{4\sigma}{\rho_L g d_0} = \frac{4 \times 20.36 \times 10^{-3}}{804.1 \times 9.81 \times 0.005} = 0.00206(\mathrm{m})$$

故 $h_p = 0.0356 + 0.0504 + 0.00206 = 0.08806(\mathrm{m})$。

所以，单板压降

$\Delta P_p = h_p \rho_L g = 0.08806 \times 804.1 \times 9.81 = 0.695(\mathrm{kPa}) < 0.7(\mathrm{kPa})$（设计允许值）

4.6.5.2　精馏段雾沫夹带量 $e_v$ 的计算

$$e_v = \frac{5.71 \times 10^{-6}}{\sigma}\left(\frac{u_a}{H_T - h_f}\right)^{3.2} = \frac{5.71 \times 10^{-6}}{20.52 \times 10^{-3}} \times \left(\frac{0.710}{0.4 - 2.5 \times 0.08}\right)^{3.2}$$

$$= 0.0159(\text{kg 液/kg 气}) < 0.4(\text{kg 液/kg 气})$$

故在设计负荷下不会发生过量雾沫夹带。

4.6.5.3　精馏段漏液的校核

$$u_{ow} = 4.4C_0\sqrt{(0.0056 + 0.13h_L - h_\sigma)\rho_L/\rho_V}$$

$$= 4.4 \times 0.772\sqrt{(0.0056 + 0.13 \times 0.08 - 0.00206) \times 804.1/2.98} = 7.6(\mathrm{m/s})$$

筛板的稳定系数 $K = \frac{u_0}{u_{ow}} = \frac{12.22}{7.6} = 1.61(>1.5)$，所以在设计负荷下不会产生过量漏液。

4.6.5.4　精馏段液泛校核

为防止降液管液泛的发生，应使降液管中清液层高度：$H_d \leqslant \phi(H_T + h_w)$

$$h_d = 0.153\left(\frac{L_s}{l_w h_0}\right)^2 = 0.153\left(\frac{0.0039}{1.12 \times 0.035}\right)^2 = 0.00151(\mathrm{m})$$

$$H_d = h_p + h_L + h_d = 0.00151 + 0.08806 + 0.08 = 0.1696(\mathrm{m})$$

取 $\phi = 0.5$，则 $\phi(H_T + h_w) = 0.5 \times (0.4 + 0.0647) = 0.232(\mathrm{m})$，$H_d p \phi(H_T + h_w)$，所以在设计负荷下不会发生液泛。

4.6.5.5　对提馏段作与精流段类似地计算及校核

1. 精馏段气体通过筛板压降相当的液柱高度

$$h'_c = 0.051(\frac{u'_0}{C_0})^2(\frac{\rho'_V}{\rho'_L}) = 0.051 \times (\frac{11.56}{0.89})^2 \times (\frac{3.39}{787.4}) = 0.037\,0(\text{m})$$

$$h'_l = \varepsilon_0 h_L = \varepsilon_0(h_w + h_{ow}) = 0.62 \times 0.08 = 0.049\,6(\text{m})$$

$$h'_\sigma = \frac{4\sigma'}{\rho'_L g d_0} = \frac{4 \times 18.98 \times 10^{-3}}{787.4 \times 9.81 \times 0.005} = 0.001\,96(\text{m})$$

所以　$h'_p = 0.037\,0 + 0.049\,6 + 0.001\,96 = 0.088\,56(\text{m})$

单板压降 $\Delta P'_P = h_\sigma{}'\rho'_L g = 0.088\,56 \times 787.4.8 \times 9.81 = 0.684(\text{kPa}) < 0.7(\text{kPa})$（设计允许值）

2. 提馏段雾沫夹带量

$$e'_v = \frac{5.71 \times 10^{-6}}{\sigma'}(\frac{u'_a}{H'_T - h'_f})^{3.2} = \frac{5.71 \times 10^{-6}}{18.96 \times 10^{-3}} \times (\frac{0.671}{0.4 - 2.5 \times 0.08})^{3.2}$$

$$= 0.014\,5(\text{kg 液/kg 气}) < 0.4(\text{kg 液/kg 气})$$

在设计负荷下不会发生过量雾沫夹带。

3. 提馏段漏液的校核

$$u'_{ow} = 4.4C_0\sqrt{(0.005\,6 + 0.13h'_L - h'_\sigma)\rho'_L/\rho'_V}$$

$$= 4.4 \times 0.89\sqrt{(0.005\,6 + 1.3 \times 0.08 - 0.001\,96) \times 787.4/3.39} = 7.07(\text{m/s})$$

筛板的稳定系数 $K' = \frac{u'_0}{u'_{OW}} = \frac{11.56}{7.07} = 1.64(>1.5)$，所以在设计负荷下不会产生过量漏液。

4. 提馏段液泛校核

$$H'_d = 0.088\,56 + 0.015\,3 + 0.08 = 0.170\,1(\text{m})$$

取　$\phi = 0.5$，则 $\phi(H'_T + h'_w) = 0.5 \times (0.4 + 0.054\,6) = 0.227(\text{m})$

故 $H_d < \Phi(H_T + h_W)$，在设计负荷下不会发生液泛。

### 4.6.6　塔板负荷性能图

#### 4.6.6.1　精馏段雾沫夹带线

$$u_a = \frac{V_s}{A_T - A_f} = \frac{V_s}{2.01 - 0.177} = 0.546V_s$$

近似取 $E \approx 1.0$，$h_w = 0.064\,7$ m，$l_w = 1.12$ m，有

$$h_f = 2.5(h_w + h_{ow}) = 2.5[h_w + 2.84 \times 10^{-3}E(\frac{3\,600L_s}{l_w})^{2/3}]$$

$$= 2.5[0.064\,7 + 2.84 \times 10^{-3}(\frac{3\,600L_s}{1.12})^{2/3}] = 0.161\,8 + 1.546L_s^{2/3}$$

取雾沫夹带极限 $e_v$ 为 0.1 kg 液/kg 气，已知 $\sigma = 20.36 \times 10^{-3}$ N/m，$H_T = 0.4$，则

$$l_V = \frac{5.7 \times 10^{-6}}{\sigma}(\frac{u_a}{H_T - h_f})^{3.2} = 0.1 = \frac{5.71 \times 10^{-6}}{20.36 \times 10^{-3}} \times (\frac{0.546V_s}{0.4 - 0.161\,8 - 1.546L_s^{2/3}})^{3.2}$$

整理得　$V_s = 2.739 - 17.78L_s^{2/3}$

在操作范围内，任取几个 $L_s$ 值，利用上式算出相应的 $V_s$ 值列于附表 1 中，在 $V_s - L_s$ 图中作出雾沫夹带线。

**附表 1**

| | | | | | |
|---|---|---|---|---|---|
| $L_s$ | $m^3/s$ | 0.000 6 | 0.001 5 | 0.003 0 | 0.004 5 |
| $V_s$ | $m^3/s$ | 2.613 | 2.506 | 2.369 | 2.254 |

4.6.6.2 精馏段液泛线

$$\phi(H_T + h_w) = h_p + h_w + h_{ow} + h_d$$

近似取 $E \approx 1.0, l_w = 1.12(\text{m})$

$$h_{ow} = 2.84 \times 10^{-3} E(\frac{3\,600L_s}{l_w})^{2/3} = 2.84 \times 10^{-3}(\frac{3\,600L_s}{1.12})^{2/3} = 0.619L_s^{2/3}$$

$$h_c = 0.051(\frac{u_0}{C_0})^2(\frac{\rho_V}{\rho_L}) = 0.051(\frac{V_s}{C_0A_0})^2\frac{\rho_V}{\rho_L}$$

$$= 0.051(\frac{V_s}{C_0A_0})^2\frac{\rho_V}{\rho_L} = 0.051(\frac{V_s}{0.89 \times 0.106\,4})^2\frac{2.98}{804.1} = 0.021\,1V_s^2$$

$$H_l = \varepsilon_0(h_w + h_{ow}) = 0.63(0.064\,7 + 0.619L_s^{2/3}) = 0.040\,8 + 0.390L_s^{2/3}$$

$$h_\sigma = 0.002\,06(\text{m})$$

$$h_p = h_c + h_l + h_\sigma = 0.021\,1V_s^2 + 0.390L_s^{2/3} + 0.042\,86$$

$$h_d = 0.153(\frac{L_s}{l_wh_0})^2 = 0.153(\frac{L_s}{1.12 \times 0.035})^2 = 99.6L_s^2$$

将 $H_T$ 为0.4 m,$h_w = 0.064\,7$ m,$\phi = 0.5$ 及以上式各代入 $\phi(H_T + h_w) = h_p + h_w + h_{ow} + h_d$ 整理得

$$V_s^2 = 5.91 - 47.82L_s^{2/3} - 4\,720.4L_s^2$$

在操作范围内取若干 $L_s$ 值,利用上式计算 $V_s$ 值,列于附表2,作出液泛线。

**附表 2**

| | | | | | |
|---|---|---|---|---|---|
| $L_s$ | $m^3/s$ | 0.000 6 | 0.001 5 | 0.003 0 | 0.004 5 |
| $V_s$ | $m^3/s$ | 2.36 | 2.30 | 2.21 | 2.12 |

4.6.6.3 精馏段液相负荷上限线

取液体在降液管中停留时间为5 s,则

$$L_{s,\max} = \frac{H_TA_f}{\tau} = \frac{0.4 \times 0.177}{5} = 0.142(\text{m}^3/\text{s})$$

液相负荷上限线在 $V_s - L_s$ 坐标图上的为与气体流量 $V_s$ 无关的垂直线。

4.6.6.4 精馏段漏液线(气相负荷下限线)

由,$h_L = h_w + h_{ow} = 0.064\,7 + 0.619L_s^{2/3}$,$u_{ow} = \frac{V_{s,\min}}{A_0}$ 代入漏液点气速式

$$u_{ow} = 4.43C_0\sqrt{(0.005\,6 + 0.13h_L - h_\sigma)\rho_L/\rho_V}$$

$$\frac{V_{s,\min}}{A_0} = 4.4 \times 0.89\sqrt{[0.005\,6 + 0.13(0.064\,7 + 0.619L_s^{2/3}) - 0.002\,06]\frac{804.1}{2.98}}$$

$A_0$ 已算出为0.106 4 m²,代入上式并整理得

$$V_{s,\min} = 0.42\sqrt{3.22 + 21.71L_s^{2/3}}$$

在操作范围内任取 $n$ 个 $L_s$ 值，利用上式计算相应的 $V_s$ 值列于附表3，作气相负荷下限线。

附表3

| | | | | | |
|---|---|---|---|---|---|
| $L_s$ | $m^3/s$ | 0.000 6 | 0.001 5 | 0.003 0 | 0.004 5 |
| $V_s$ | $m^3/s$ | 0.772 | 0.786 | 0.805 | 0.820 |

4.6.6.5　精馏段液相负荷下限线

取平堰、堰上液层高度 $h_{ow} = 0.006$ m 作为液相负荷下限条件，取 $E \approx 1.0$，则

$$h_{ow} = \frac{2.84}{1\,000}E\left(\frac{3\,600L_{s,\min}}{l_w}\right)^{2/3}$$

$$0.006 = \frac{2.84}{1\,000}\left(\frac{3\,600L_{s,\min}}{1.12}\right)^{2/3}$$

整理得
$$L_{s,\min} = 9.54 \times 10^{-4}\ m^3/s$$

在 $V_s - L_s$ 图上作液相负荷下限线。

将以上五条线标绘于图中，即为精馏段负荷性能图。五条线包围区域为精馏段塔板操作区，$P$ 为操作点，$OP$ 为操作线。$OP$ 线与线1的交点相应气相负荷为 $V_{s,\max}$，$OP$ 线与气相负荷下限线4的交点相应气相负荷为 $V_{s,\min}$。

$$精馏段的操作弹性 = \frac{V_{s,\max}}{V_{s,\min}} = \frac{2.12}{0.80} = 2.65。$$

4.6.6.6　提馏段雾也要进行类似的计算，得到提留段负荷性能图。本例从略。

## 4.7　填料吸收塔设计方案的确定

在化工分离过程的操作中，填料塔是最常用的气液传质设备之一，与板式塔同样具有广泛的适用性。这里以吸收过程为例介绍填料塔的设计。

气体吸收过程是化工生产中常用的气体混合物的分离操作。其基本原理是利用气体混合物中各组分在特定的液体吸收剂中的溶解度不同，实现各组分分离。实际生产中，完整的吸收过程应包括吸收和解吸两部分，在设计上也应将两部分综合考虑，才能得到较为理想的设计结果，吸收过程工艺设计的一般性问题是在给定混合气体处理量、混合气体组成、温度、压力以及分离要求的条件下，完成以下工作：

① 根据给定的分离任务，确定吸收方案；

② 根据流程进行过程的物料及热量衡算，确定工艺参数；

③ 依据物料及热量衡算进行过程的设备选型或设备设计；

④ 绘制工艺流程图及主要设备的工艺条件图；

⑤ 编写工艺设计说明书。

吸收过程的设计方案主要包括吸收剂的选择、吸收流程的选择、设备类型的选择、操作参数选择等内容。

### 4.7.1　吸收剂的选择

选择适宜的吸收剂对吸收过程的经济性有着十分重要的影响。一般应满足：(1) 对溶质的溶解度大；(2) 对溶质有较高的选择性；(3) 不易挥发；(4) 再生性能好。另外，还需注意所选择的吸收剂应具有黏度要小，不易发泡等良好的物理和化学稳定性和热稳定性能，以及廉价易得等经济性。同时要求吸收剂尽可能无毒、无易燃易爆性、对相关设备无腐蚀性等。

水是最常用的吸收剂，但有时对某些溶质的溶解度小而限制了它的应用。若选择用水以外的有机液体或能与气体发生化学反应的物质的水溶液作为吸收剂使用时，通常要将吸收后的液体再生反复使用。工业上常用的气体吸收剂见表 4 - 10。

**表 4 - 10　气体吸收常用吸收剂**

| 溶　　质 | 吸收剂 |
|---|---|
| $H_2S$、$CO_2$ | 乙醇胺水溶液、改进热碳酸钾水溶液、水、碳酸丙烯酯 |
| $SO_2$ | 浓碳酸、亚硫酸盐水溶液、柠檬酸水溶液、水 |
| HCl | 水 |
| NO、$NO_2$ | 水、稀硝酸、$Na_2CO_3$ 水溶液 |
| 苯蒸气 | 洗油、煤油 |
| 丁二烯 | 乙醇、乙腈 |
| 二氯乙烯 | 煤油 |
| $C_2$ ~ $C_5$ 烃类 | 碳六油 |
| 丙酮蒸气 | 水 |
| 氨 | 水、硫酸 |

### 4.7.2　吸收流程选择

可以从不同的角度对吸收流程进行分类。依据所选择的吸收剂的种类分，包括仅用一种吸收剂的一步吸收流程和使用两种吸收剂的两步吸收流程；依据所用塔设备数量可分为单塔吸收流程和多塔吸收流程；依据塔内气液两相的流向可分为逆流吸收流程、并流吸收流程等基本流程。此外，还有用于特定条件下的部分溶剂循环流程。

#### 4.7.2.1　一步吸收流程和两步吸收流程

一步吸收流程适用于混合气体溶质浓度较低，对过程的分离要求不高，选用一种吸收剂即可完成吸收任务的情况，如图 4 - 28 所示。两步吸收流程用于溶质浓度和吸收要求较高，难以用一步吸收达到规定的吸收要求，或即使能达到分离要求，但过程的操作费用较高的情况，其流程见图 4 - 29。

#### 4.7.2.2　单塔吸收流程和多塔吸收流程

单塔吸收流程是吸收过程中最常用的流程，如过程中无特别需要，则一般采用单塔吸收流程。若过程的分离要求较高，使用单塔操作时，所需要的塔体过高，则需要采用多塔流程，图 4 - 30 为典型的双塔吸收流程；图 4 - 31 为两塔吸收串联流程。

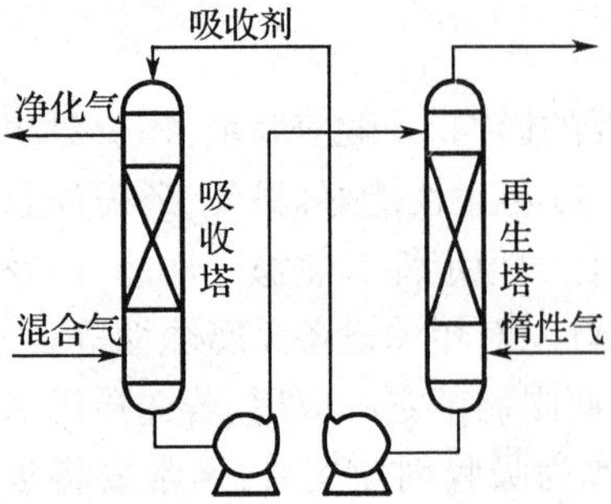


图 4－28　吸收过程流程示意图

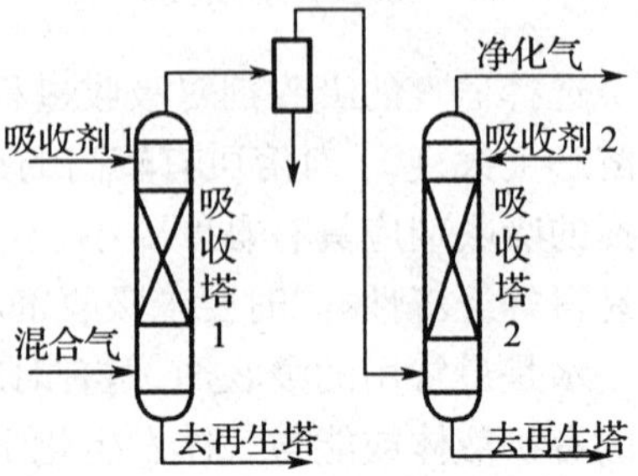


图 4－29　两步吸收流程示意图

4.7.2.3　逆流吸收与并流吸收

吸收塔或再生塔内气液相可以逆流操作也可以并流操作，由于逆流操作具有传质推动力大、分离效率高等显著优点，工程上无特别需要时一般均采用逆流吸收流程。

4.7.2.4　部分溶剂循环吸收流程

由于填料塔的分离效率受填料层上的液体喷淋量影响较大，当液相喷淋量过小时，将降低填料塔的分离效率，所以当塔的液相负荷过小而难以充分润湿填料表面时，可以采用部分溶剂循环吸收流程，其流程如图 4－31 所示。

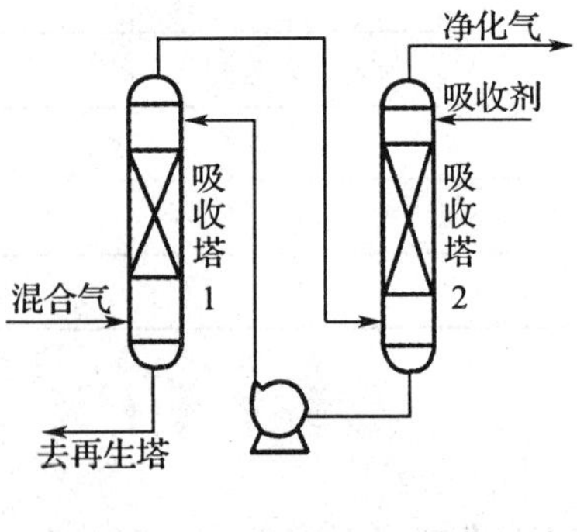


图 4－30　双塔吸收流程

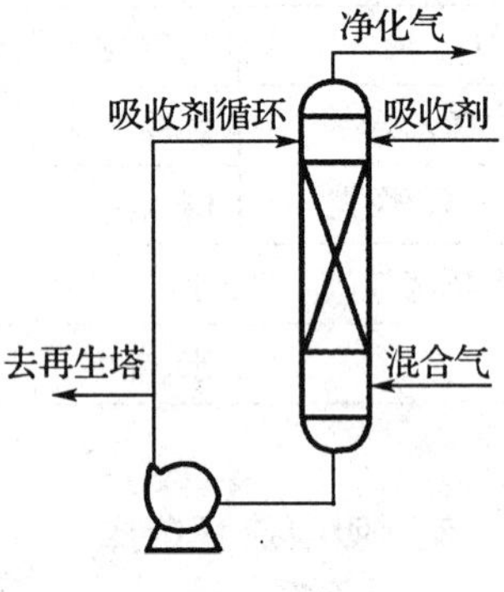


图 4－31　部分溶剂循环吸收流程示意图

### 4.7.3　吸收剂再生方法选择

4.7.3.1　减压及再生(闪蒸)

吸收剂的减压再生是最简单的吸收剂再生方法之一，该方法最适用于加压吸收，吸收后的后续工艺处于常压或较低压力的条件操作处。

4.7.3.2　加热再生

加热再生也是吸收剂再生最常用的方法，该方法最适用于常温吸收或在接近于常温的吸收操作，一般采用水蒸气作为加热介质。加热方法可依据具体情况采用直接蒸气加热或采用间接蒸气加热。

4.7.3.3　气提再生

气提再生是在再生塔的底部通入惰性气体、使吸收剂表面溶质的分压降低，使吸收剂得以再生。常用的气提气体是空气和水蒸气。

### 4.7.4　塔设备的选择

吸收用塔设备与精馏过程所需要的塔设备具有相同的原则要求,即用较小直径的塔设备完成规定的处理量,塔板或填料层阻力小,具有良好的传质性能,具有合适的操作弹性,结构简单、造价低、易于制造、安装、操作和维修等。

通常吸收过程具有操作液气比大的特点,因而更适用于填料塔。此外,填料塔阻力小、效率高,有利于过程节能,所以吸收过程多采用填料塔。但在液体流率很低难以充分润湿填料,或塔径过大,使用填料塔不很经济的情况下,则可采用板式塔。图 4 – 32 为典型的填料塔结构。塔体为一圆形筒体,筒体内装有一定高度的填料,自塔上部进入的液体通过分布器均匀喷洒于填料表面,在填料层内液体沿填料表面呈膜状流下,各层填料之间设有液体再分布器,将液体重新均匀分布,再进入下层填料。气体自塔下部进入,通过填料缝隙中的自由空间,从塔顶部排出。在塔顶安装除沫器,气液两相在填料塔内进行接触传质。

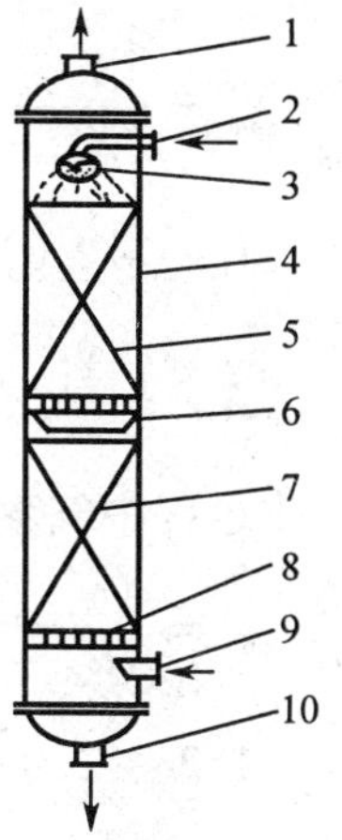


**图 4 – 32　填料塔总体结构简图**

1— 气体出口;2— 液体入口;3— 液体分布装置;4— 塔壳;5— 填料;6— 液体再分布器;7— 填料层;8— 支撑装置;9— 气体入口;10— 液体出口

### 4.7.5　操作参数选择

吸收或解吸过程的操作参数主要包括操作压力、操作温度以及吸收或解吸因子。

#### 4.7.5.1　操作压力

对于物理吸收,加压操作十分有利。加压操作一方面提高吸收过程的传质推动力,从而提高过程的传质速率;另一方面,也可以采用较小气体的体积流率,减小吸收塔径,但从过程的经济性角度看,专门为吸收操作对气体进行加压并不十分合理。一般情况下,若前一道工序的压力参数下可以进行吸收操作,则以前道工序的压力作为吸收单元的操作压力。对于减压再生(闪蒸) 操作,其操作压力依据吸收剂的再生要求而定,逐次或一次从吸收压力减至再生操作压力,逐次闪蒸的再生效果一般要优于一次闪蒸效果。

#### 4.7.5.2　操作温度

对于物理吸收,降低操作温度、有利于吸收。但采用制冷动力而使操作温度低于环境温度是不可取的。一般情况下,取常温吸收较为合理。对于再生操作,较高的操作温度可以降低溶质的溶解应度，有利于吸收剂的再生。

4.7.5.3　吸收因子和解吸因子

吸收因子 $A$ 和解吸因子 $S$ 值的大小对吸收过程的经济性影响很大，它们是关联了气体处理量 $G$、吸收剂用量 $L$ 以及气液相平衡常数 $m$ 综合的过程参数

$$A = L/mG \tag{4-63}$$

$$S = mG/L \tag{4-64}$$

式中，$G$ 为气体处理量，kmol/h；$L$ 为吸收剂用量，kmol/h；$m$ 为气浓相平衡常数。

吸收因子较大，则过程的设备费降低而操作费用高，设计时应该以总费用最低为目标函数进行优化确定。吸收操作的目的不同，吸收因子的值有所不同，一般若以净化气体或提高溶质的回收率为目的，则 $A$ 值应在 1.2 ~ 2.0 之间，一般情况可按经验值取 1.4。而对于解吸操作，解吸因子 $S$ 值也取在 1.2 ~ 2.0 之间；而对于以制取液相产品为目的吸收操作，$A$ 值可以取小于 1.0。工程上常用的方法是利用求过程的最小液气比（或最小气液比），确定过程适宜的液气比，即

$$\left(\frac{L_S}{G_B}\right)_{\min} = \frac{(Y_1 - Y_2)}{(X_{e1} - X_2)} \tag{4-65}$$

$$\left(\frac{L_S}{G_B}\right) = (1.2 \sim 2.0)\left(\frac{L_S}{G_B}\right)_{\min} \tag{4-66}$$

$$X_{e1} = \frac{Y_1}{m} \tag{4-67}$$

对于低浓度气体吸收过程，由于吸收过程中气液相的流量变化较小，则有

$$\left(\frac{L}{G}\right)_{\min} = \frac{(y_1 - y_2)}{(x_{e1} - x_2)} \tag{4-68}$$

$$\left(\frac{L}{G}\right) = (1.2 \sim 2.0)\left(\frac{L}{G}\right)_{\min} \tag{4-69}$$

$$x_{e1} = \frac{y_1}{m} \tag{4-70}$$

式中，$L_S$ 为溶剂摩尔流量，kmol/s；$G_B$ 为惰性气体摩尔流量，kmol/s；$Y_1$，$Y_2$ 分别为进、出口气体中溶质和溶剂的摩尔比；$X_2$ 为进口液相中溶质与镕剂的摩尔比；$X_{el}$ 为与 $Y_l$ 成平衡的液相中溶质与溶剂的摩尔比；$L$ 为液相摩尔流量，kmol/s；$G$ 为气相摩尔流量，kmol/s；$y_1$、$y_2$ 分别为进、出口气体中溶质的摩尔分率；$x_2$ 为进口液相中游质摩尔分率；$x_{e,1}$ 为与 $y_1$ 成平衡的液相摩尔分率；$m$ 为相平衡常数。

对于解吸过程也可以用类似的方法确定最小液气比。

## 4.8　填料的类型及选择

### 4.8.1　常用填料的类型

填料是填料塔的核心构件，它提供了塔内气液两相接触而进行传质或传热的表面，与塔的结构一起决定了填料塔的性能。现代工业填料大体可分为实体填料和网体填料两大类，而

按装填方式可分为乱堆填料和规整填料。

4.8.1.1　乱堆填料

目前乱堆填料主要有环型填料、鞍型填料、环鞍型填料及球型填料。环型填料包括拉西环、鲍尔环、阶梯环等，如图 4－33 所示。

**图 4－33　几种环型填料**

1. 拉西环

拉西环是一外径与高相等的圆环。由于构造简单，制造容易，曾得到了广泛的应用，其流体力学性能及传质规律已有较详细的研究。由于存在较严重的塔壁偏流和沟流现象，传质效率很低。

2. 鲍尔环

鲍尔环的构造是在拉西环的壁上开两排长方形窗口，被切开的环壁形成叶片，一边与壁相连，另一端向环内弯曲，并在中心处与其他叶片相搭。鲍尔环的构造提高了环内空间和环内表面的有效利用率，使气体阻力降低，液体分布有所改善，提高了传质效果。

3. 阶梯环

阶梯环是对鲍尔环的改进后发展起来的新型环形填料，环壁上开有窗口，环内有一层互相交错的十字形翅片，翅片交错 45° 角；圆筒一端为向外翻卷的喇叭口，其高度约为全高的 l/5，而直筒高度为填料直径的一半。由于两端形状不对称，在填料中各环相互呈点接触，增大了填料的空隙率，使填料的表面积得以充分利用，因此可使压降降低，传质效果提高。

4. 十字环填料

十字环是由拉西环改进而成，操作时可使塔内压降相对降低，沟流和壁流较少，效率较拉西环高。

5. θ 环型填料

这种填料是由拉西环改进而成，在环的中间有一隔板，增大了填料的比表面积，可用陶瓷、石墨、塑料或金属制成。

鞍型填料主要有弧鞍型填料、矩鞍型填料和环矩鞍填料，如图 4－34 和图 4－35 所示。

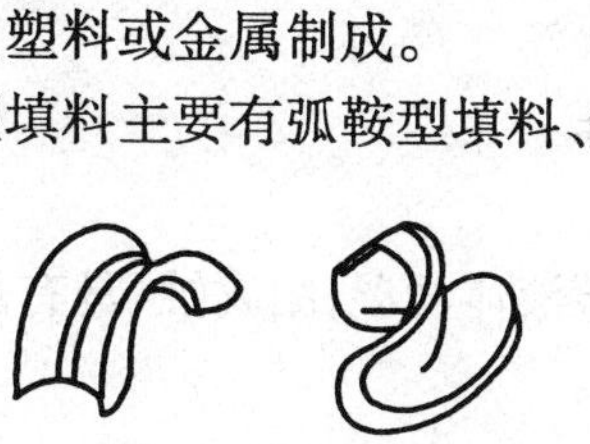


**图 4－34　鞍形填料结构示意图**

(a) 矩鞍型；(b) 弧鞍型

**图 4－35　金属环矩鞍填料结构示意图**

1. 弧鞍形填料

弧鞍型填料的形状如马鞍，结构简单，用陶瓷制成，由于两面对称结构，在填料中互相重叠，使填料表面不能充分利用，影响传质效果。

2. 矩鞍型填料

将弧鞍型改制成两面不对称，大小不等的矩鞍型。它在填料中不能互相重叠，因此填料表面利用率好，传质效果比相同尺寸的拉西环好。

3. 环矩鞍填料

环矩鞍填料是结合了开孔环型填料和矩鞍型填料的优点而开发出来的新型填料，即将矩鞍环的实体变为两条环形筋，而鞍型内侧成为有两个伸向中央的舌片的开孔环。这种结构有利于流体分布，增加了气体通道，因而具有阻力小，通量大，效率高的特点。

球形填料包括多面球形填料和 TRI 球形填料两种，如图 4 – 36 所示。网形填料主要有 $\theta$ 网环、压延孔环、网形弧鞍和双层网环，如图 4 – 37 所示。

(a)　　(b)

**图 4 – 36　球形填料**

(a) 多面球形填料；(b) TRI 球形填料

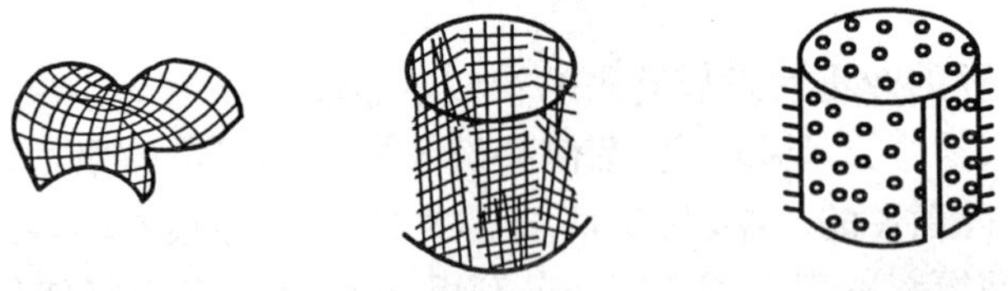

鞍形网　　$\theta$ 网环　　压延孔环

**图 4 – 37　网体填料**

4.8.1.2　规整填料

规整填料是由许多相同尺寸和形状的材料组成的填料单元，以整砌的方式装填在塔体中。规整填料主要包括板波纹填料、丝网波纹填料、格利希格栅、脉冲填料等，其中尤以板波纹填料和丝网波纹填料应用居多，如图 4 – 38 所示。

### 4.8.2　常用填料的特性参数

在选择填料时，一般要求比表面积及空隙率要大，易被液体润湿，耐腐蚀，具有足够的机械强度以及廉价易得等。填料的特性参数主要有以下几项。

4.8.2.1　比表面积

单位体积填料所具有的表面积，称为填料的比表面积，一般以 $a$ 表示，单位为 $m^2/m^3$。

4.8.2.2　空隙率

单位体积填料所具有的空隙体积，称为填料的空隙率，一般 $\varepsilon$ 表示，单位为 $m^3/m^3$。

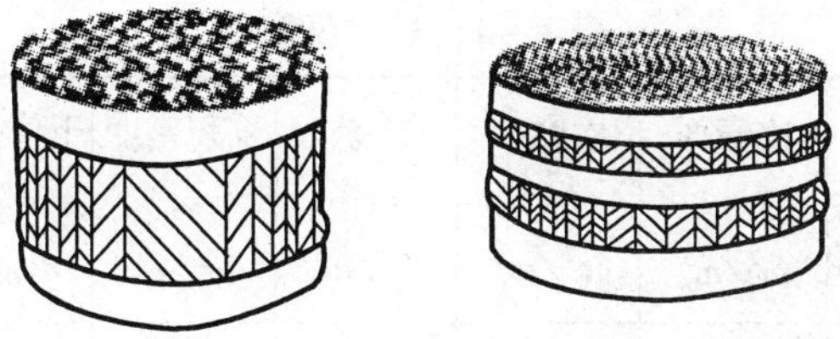

(a)　　　　(b)

**图4－38　波纹填料结构示意图**

(a) 板波纹填料;(b) 网波纹填料

4.8.2.3　填料因子

填料的比表面积与空隙率之比 $a/\varepsilon$,称为干填料因子。但填料经液体喷淋后表面覆盖了液层,其值发生了变化,故把实验获得的有液体喷淋条件下的 $a/\varepsilon$ 相应数值称为湿填料因子,简称填料因子,以 $\varphi$ 表示。

4.8.2.4　填料个数

填料个数在是指单位体积填料层的填料个数,以 $n$ 表示。

表4－11(1)～(3) 列出几种常用填料的特性参数,供设计时选用。

**表4－11(1)　环行填料的特性参数**

| 填料种类 | 填料外径 $(d)$ mm | 高×厚 $(H\times\delta)$ mm×mm | 比表面 $(a_t)$ $m^2/m^3$ | 空隙率 $(\varepsilon)$ $m^3/m^3$ | 个数 $(n)$ 个/$m^3$ | 堆积密度 $(\rho_p)$ $kg/m^3$ | 干填料因子 $(a_t/\varepsilon_3)$ $m^{-1}$ | 填料因子 $(\varphi)$ $m^{-1}$ | 备注 |
|---|---|---|---|---|---|---|---|---|---|
| 瓷拉西环(整砌) | 25 | 25×2.5 | 241 | 0.73 | 62 000 | 720 | 629 | | 不常用 |
| | 40 | 40×4.5 | 197 | 0.6 | 19 800 | 898 | 891 | | |
| | 50 | 50×4.5 | 124 | 0.72 | 8 830 | 673 | 339 | | |
| | 80 | 80×9.5 | 102 | 0.57 | 2 580 | 962 | 564 | | |
| | 100 | 100×13 | 65 | 0.72 | 1 060 | 930 | 172 | | |
| | 125 | 120×414 | 51 | 0.68 | 530 | 825 | 165 | | |
| | 150 | 150×16 | 44 | 0.68 | 318 | 802 | 142 | | |
| 金属鲍尔环 | 16 | 15×0.8 | 239 | 0.928 | 143 000 | 216 | 299 | 400 | 国内暂行 |
| | 38 | 38×0.8 | 129 | 0.945 | 13 000 | 365 | 153 | 130 | |
| | 50 | 50×1 | 112.3 | 0.949 | 6 500 | 395 | 131 | 140 | |
| | 16 | 16×0.4 | 364 | 0.94 | 235 000 | 467 | 438 | 230 | 国外文献 |
| | 25 | 25×0.6 | 209 | 0.94 | 51 100 | 480 | 252 | 160 | |
| | 38 | 38×0.8 | 130 | 0.95 | 13 400 | 379 | 152 | 92 | |
| | 50 | 50×0.9 | 103 | 0.95 | 6 200 | 355 | 120 | 66 | |

**表4－11(1) (续)**

| 填料种类 | 填料外径 ($d$)mm | 高×厚 ($H\times\delta$) mm×mm | 比表面 ($a_t$) $m^2/m^3$ | 空隙率 ($\varepsilon$) $m^3/m^3$ | 个数 ($n$) 个/$m^3$ | 堆积密度 ($\rho_p$) $kg/m^3$ | 干填料因子 ($a_t/\varepsilon_3$) $m^{-1}$ | 填料因子 ($\varphi$) $m^{-1}$ | 备注 |
|---|---|---|---|---|---|---|---|---|---|
| 塑料鲍尔环 | 25 | 24.2×1 | 194 | 0.87 | 53 500 | 103 | 294 | 320 | 国内数据 |
| | 38 | 38×1 | 155 | 0.89 | 15 800 | 100 | 220 | 200 | |
| | 50 | 48×1.8 | 106.4 | 0.9 | 7 000 | 89.2 | 146 | 120 | |
| | 16 | 16 | 341 | 0.87 | 214 000 | 118 | 518 | 318 | 国外数据 |
| | 25 | 25 | 207 | 0.9 | 50 100 | 89.7 | 284 | 171 | |
| | 38 | 38 | 128 | 0.91 | 13 600 | 77.5 | 170 | 105 | |
| | 50 | 50 | 102 | 0.92 | 6 300 | 73 | 131 | 82 | |
| 瓷阶梯环 | 50(米) | 30×5 | 108.8 | 0.787 | 9 091 | 516 | 223 | — | |
| | 50(井) | 30×5 | 105.6 | 0.774 | 9 300 | 483 | 278 | — | |
| | 76 | 45×57 | 63.4 | 0.795 | 2 517 | 420 | 126 | — | |
| 钢阶梯环 | 25 | 12.5×0.6 | 220 | 0.93 | 97 160 | 439 | 273.5 | 230 | |
| | 38 | 19×0.6 | 154.3 | 0.94 | 31 890 | 476.5 | 185.5 | 118 | |
| | 50 | 25×1.0 | 109.2 | 0.95 | 1 160 | 400 | 127.4 | 82 | |
| 塑料阶梯环 | 25 | 12.5×1.4 | 228 | 0.9 | 81 500 | 97.8 | 312.8 | 172 | |
| | 38 | 19×1.0 | 132.5 | 0.91 | 27 200 | 57.5 | 175.8 | 116 | |
| | 50 | 25×1.5 | 114.2 | 0.927 | 10 740 | 54.3 | 143.1 | 100 | |
| | 76 | 37×3 | 90 | 0.929 | 3 420 | 68.4 | 112.3 | — | |

**表4－11(2) 国内矩鞍填料的特性数据**

| 备注 | 公称直径 ($d$) mm | 外径×高×厚 ($d\times H\times\delta$) mm×mm×mm | 比表面 ($a_t$) $m^2/m^3$ | 空隙率 ($\varepsilon$) $m^3/m^3$ | 个数 ($n$) 个/$m^3$ | 堆积密度 ($\rho_p$) $kg/m^3$ | 干填料因子 ($a_t/\varepsilon_3$) $m^{-1}$ | 湿填料因子 $m^{-1}$ |
|---|---|---|---|---|---|---|---|---|
| 陶瓷 | 16 | 25×12×2.2 | 378 | 0.71 | 269 896 | 686 | 1 055 | 1 000 |
| | 25 | 40×20×3.0 | 200 | 0.772 | 58 230 | 544 | 433 | 300 |
| | 38 | 60×30×4 | 131 | 0.804 | 19 680 | 502 | 252 | 270 |
| | 50 | 75×4.5×5 | 103 | 0.782 | 8 710 | 538 | 216 | 122 |
| 塑料 | 16 | 24×12×0.69 | 461 | 0.806 | 365 099 | 167 | 879 | 1 000 |
| | 25 | 38×19×1.05 | 283 | 0.847 | 97 680 | 133 | 473 | 320 |
| | 76 | | 200 | 0.885 | 3 700 | 104.4 | 289 | 96 |

表4-11(3)　环行填料的特性参数

| 填料种类 | 填料外径 ($d$) mm | 高×厚 ($H\times\delta$) mm×mm | 比表面 ($a_t$) $m^2/m^3$ | 空隙率 ($\varepsilon$) $m^3/m^3$ | 个数 ($n$) 个/$m^3$ | 堆积密度 ($\rho_p$) $kg/m^3$ | 干填料因子 ($a_t/\varepsilon_3$) $m^{-1}$ | 填料因子 $m^{-1}$ | 备注 |
|---|---|---|---|---|---|---|---|---|---|
| 瓷拉西环(乱堆) | 6.4 | 6.4×0.8 | 789 | 0.73 | 3 110 000 | 737 | 2 030 | 2 400 | 不常用 |
| | 8 | 8×1.5 | 570 | 0.64 | 1 465 000 | 600 | 2 170 | 2 500 | |
| | 10 | 10×1.5 | 440 | 0.7 | 720 000 | 700 | 1 280 | 1 500 | |
| | 15 | 15×2 | 330 | 0.7 | 250 000 | 690 | 760 | 1 020 | |
| | 16 | 16×2 | 305 | 0.73 | 19 200 | 730 | 784 | 900 | |
| | 25 | 25×2.5 | 190 | 0.78 | 49 000 | 505 | 400 | 400 | |
| | 40 | 40×4.5 | 126 | 0.75 | 12 700 | 577 | 305 | 350 | |
| | 50 | 50×4.5 | 93 | 0.81 | 6 000 | 457 | 177 | 330 | |
| | 80 | 80×9.5 | 76 | 0.68 | 1 910 | 714 | 243 | 280 | |
| 钢拉西环特性参数 | 6.4 | 6.4×0.8 | 789 | 0.73 | 3 110 000 | 2 100 | 2 030 | 2 500 | |
| | 8 | 8×0.3 | 630 | 0.91 | 1 550 000 | 750 | 1 140 | 1 580 | |
| | 10 | 10×0.5 | 500 | 0.88 | 800 000 | 960 | 740 | 1 000 | |
| | 15 | 15×0.5 | 350 | 0.92 | 248 000 | 660 | 460 | 600 | |
| | 25 | 25×0.8 | 220 | 0.92 | 55 000 | 640 | 290 | 390 | |
| | 35 | 35×1 | 150 | 0.93 | 19 000 | 570 | 190 | 260 | |
| | 50 | 50×1 | 110 | 0.95 | 7 000 | 430 | 130 | 175 | |
| | 76 | 76×1.6 | 68 | 0.95 | 1 970 | 400 | 80 | 105 | |

### 4.8.3　填料的选用

对塔内填料的一般要求是具有较大的比表面积和较高的空隙率，较低的压降，较高的传质效率；操作弹性大、性能稳定，能满足物系的腐蚀性、污堵性、热敏性等特殊要求；填料强度高，便于塔的检修，经济合理。选择填料时除了要考虑选择合适的填料类型以外，还要考虑以下问题。

4.8.3.1　材料

常用的有塑料、陶瓷、金属（不锈钢、普通钢、有色金属等）和石墨等。如设备的操作温度较低（一般不超过100 ℃），可考虑用塑料填料，塑料具有价格低廉、性能稳定、耐腐蚀等优点，但塑料易变形，且表面的润湿性较差。陶瓷填料一般用于腐蚀性介质，尤其可以耐高温，但较易破碎。金属填料可耐高温. 坚固耐用，但不耐腐蚀；若用不锈钢材料制成，可用于腐蚀性物料，但价格昂贵。

4.8.3.2　填料尺寸

所选填料必须使塔径与填料直径之比 $D/d$ 在10以上，对拉西环要求 $D/d>20$，鲍尔环

$D/d > 10$，鞍形环 $D/d > 15$，阶梯环 $D/d > 8$，环矩鞍 $D/d > 8$。

4.8.3.3　填料的性能

一般考虑分离能力、处理能力和压力降、抗堵塞性能等。对于不同类型的散堆填料，同样尺寸、材质的鲍尔环在同样的压降下，处理量比拉西环大50%以上，分离效率可以高出30%以上；在同样的操作条件下，阶梯环的处理量可以比鲍尔环大20%左右，效率较鲍尔环高5%～10%；而环鞍、矩鞍型填料则具有更大的处理量和分离效率。对于规整填料，丝网类填料的分离能力大于板波纹类填料，板波纹类填料较丝网类填料有较大的处理量和较小的压力降。

## 4.9　填料塔的工艺计算

### 4.9.1　物料衡算及操作线方程

4.9.1.1　低浓度气体吸收

对于低浓度气体的吸收（进塔混合气体的浓度不超过10%，体积），可以近似认为气体和液体沿塔高的流量变化不大，可用摩尔比来表示溶质的浓度。

1. 逆流操作时吸收塔的物料衡算式

$$G = V(Y_1 - Y_2) = L(X_1 - X_2) \tag{4-71}$$

式中，$G$ 为单位时间内由气相转入液相的溶质量，kmol/s；$V$ 为单位时间内通过吸收塔的惰性气体量，kmol/s；$L$ 为单位时间内通过吸收塔的溶剂量，kmol/s；$Y_1$，$Y_2$ 分别为进塔及出塔气体中溶质组分的摩尔比；$X_1$，$X_2$ 分别为出塔及进塔液体中溶质组分的摩尔比。

2. 操作线方程

$$Y = \frac{L}{V}X + \left(Y_2 - \frac{L}{V}X_2\right) \tag{4-72}$$

4.9.1.2　高浓度气体的吸收

吸收过程中，随着溶质向液相转移，气液两相流量沿塔变化较大，溶质浓度以采用摩尔分率 $x$ 及 $y$ 表示较为妥当。此时逆流吸收塔的操作线方程为

$$\frac{y}{1-y} = \frac{L}{V}\frac{x}{1-x} + \left(\frac{y_1}{1-y_1} - \frac{L}{V}\frac{x_1}{1-x_1}\right) \tag{4-73}$$

式中，$V$，$L$ 的意义同前；$y$，$x$ 分别为气相、液相中溶质的摩尔分率。

### 4.9.2　吸收剂用量的确定

一般设计中，为了避免过多的方案评价，可参考实际经验选取较适宜的液气比。吸收剂用量 $L$ 可用下述方法求法。

4.9.2.1　最小液气比 $(L/V)_{min}$ 的求取

1. 对正常形状的平衡线，如图 4－39(a)，最小液气比等于操作线与平衡线相交时的斜率

$$\left(\frac{L}{V}\right)_{\min} = \frac{Y_1 - Y_2}{X_1^* - X_2} \tag{4-74a}$$

2. 如果平衡曲线呈现不正常的形状，如图 4 - 39(b) 所示，则应过 $T$ 作平衡曲线的切线，按下式计算最小液气比

$$\left(\frac{L}{V}\right)_{\min} = \frac{Y_1 - Y_2}{X_1' - X_2} \tag{4-74b}$$

4.9.2.2　根据生产实践经验，近年趋向吸收剂用量取的较小，一般为最小用量的 1.1 ~ 2.0 倍是比较适宜的。

4.9.2.3　吸收剂实际用量

$$L = V\left(\frac{L}{V}\right) \tag{4-75}$$

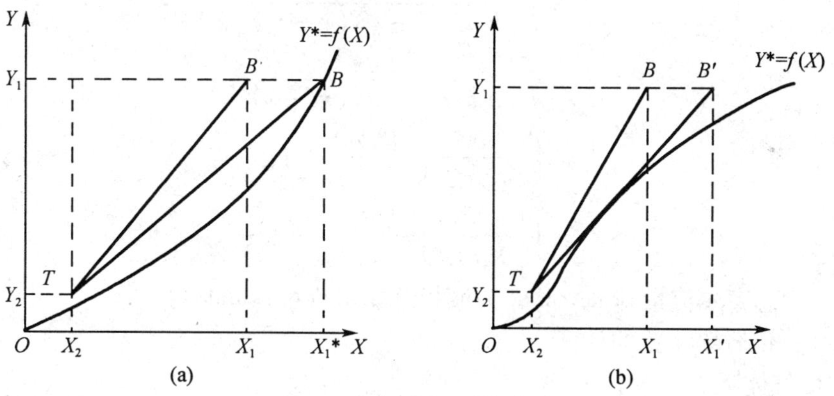


**图 4 - 39　吸收塔的最小液气比**

### 4.9.3　填料层高度的计算

4.9.3.1　填料层高度的计算方法和计算公式

填料层高度的计算通式为

填料层高度 = 传质单元数 × 传质单元高度

$$Z = H_{OG} \times N_{OG} \tag{4-76a}$$

$$Z = H_{OL} \times N_{OL} \tag{4-76b}$$

$$Z = H_G \times N_G \tag{4-76c}$$

$$Z = H_L \times N_L \tag{4-76d}$$

1. 低浓度气体吸收

对低浓度气体的吸收，塔内气体和液体的摩尔流量变化较小，其体积吸收系数可视为常数，此时式(4 - 76) 各式可表示为

$$Z = H_{OG} \times N_{OG} = \frac{V}{K_Y a\Omega}\int_{Y_2}^{Y_1}\frac{dY}{Y - Y^*} \tag{4-77a}$$

$$Z = H_{OL} \times N_{OL} = \frac{L}{K_X a\Omega}\int_{X_2}^{X_1}\frac{dX}{X^* - X} \tag{4-77b}$$

$$Z = H_G \times N_G = \frac{V}{k_Y a\Omega}\int_{Y_2}^{Y_1}\frac{dY}{Y - Y_i} \tag{4-77c}$$

$$Z = H_L \times N_L \frac{L}{k_X a\Omega}\int_{X_2}^{X_1}\frac{dX}{X - X_i} \tag{4-77d}$$

式中，$Z$ 为填料层高度，m；$H_{OG}$，$H_{OL}$ 分别为气相、液相的总传质单元高度，m；$N_{OG}$，$N_{OL}$ 分别为气相、液相的总传质单元数；$H_G$，$H_L$ 分别为气相、液相的分传质单元高度，m；$N_G$，$N_L$ 分别为气相、液相的分传质单元数；$K_Ya$，$K_Xa$ 分别为气相、液相的体积吸收总系数，kmol/(m$^3$ · s)；$k_Ya$，$k_Xa$ 分别为气相、液相的体积吸收分系数，kmol/(m$^3$ · s)；$Y*$ 为气相平衡浓度，摩尔比；$X*$ 为液相平衡浓度，摩尔比；$Y_i$ 为相界面处气相溶质的摩尔比；$X_i$ 为相界面处液相溶质的摩尔比；$V$ 为惰性气体流量，kmol/s；$L$ 为吸收剂流量 kmol/s；$\Omega$ 为塔截面积，m$^2$。

2. 高浓度气体吸收

对于高浓度气体的吸收，填料层高度的计算式应为

$$Z = \int_{y_2}^{y_1} \frac{V'dy}{k_y a\Omega(1-y)(y-y_i)} \tag{4-78a}$$

$$Z = \int_{x_2}^{x_1} \frac{L'dx}{k_x a\Omega(1-x)(x_i-x)} \tag{4-78b}$$

$$Z = \int_{y_2}^{y_1} \frac{V'dy}{K_y a\Omega(1-y)(y-y^*)} \tag{4-78c}$$

$$Z = \int_{x_2}^{x_1} \frac{L'dy}{K_x a\Omega(1-x)(x^*-x)} \tag{4-78d}$$

式中，$V'$ 为气相总摩尔流量，kmol/s；$L'$ 为液相总摩尔流量，kmol/s。

4.9.3.2　传质单元数的计算

1. 低浓度气体吸收

传质单元数的求法有三种：脱吸因数法、对数平均推动力法和图解积分法。

(1) 脱吸因数法：若平衡关系为直线 $Y = mX + b$，传质单元数的计算可按下式进行

$$N_{OG} = \frac{1}{1-S}\ln\left[(1-S)\frac{Y_1-Y_2^*}{Y_2-Y_2^*}+S\right] \tag{4-79a}$$

$$N_{OG} = \frac{1}{1-\frac{1}{S}}\ln\left[\left(1-\frac{1}{S}\right)\frac{Y_1-Y_2^*}{Y_1-Y_1^*}+\frac{1}{S}\right] \tag{4-79b}$$

式中，$S = \frac{mV}{L}$ 称为“脱吸因数”，是平衡线与操作线斜率的比值，无因次。

(2) 对数平均推动力法：若吸收过程平衡线为直线，则可用对数平均推动力法求总传质单元数

$$N_{OG} = \int_{Y_2}^{Y_1} \frac{dY}{Y-Y^*} = \frac{Y_1-Y_2}{\Delta Y_m} \tag{4-80a}$$

$$N_{OL} = \int_{X_2}^{X_1} \frac{dX}{X^*-X} = \frac{X_1-X_2}{\Delta X_m} \tag{4-80b}$$

$$\Delta Y_m = \frac{\Delta Y_1 - \Delta Y_2}{ln\frac{\Delta Y_1}{\Delta Y_2}} \tag{4-81a}$$

$$\Delta X_m = \frac{\Delta X_1 - \Delta X_2}{ln\frac{\Delta X_1}{\Delta X_2}} \tag{4-81b}$$

（3）图解积分法：图解积分法是普遍适用于各种类型平衡线与操作线的一种通用方法。如图 4－40 所示，以气相总传质单元数 $N_{OG}$ 为例说明其计算方法如下：在 $Y_1$ 和 $Y_2$ 之间的操作线上选取若干点，每一点代表塔内某一截面上气液两相的组成。分别从每一点作垂直线与平衡线相交，求出各点的传质推动力（$Y - Y^*$）和 $1/(Y - Y^*)$。作 $1/(Y - Y^*)$ 对 $Y$ 的曲线，曲线下的面积即为 $N_{OG}$ 值。

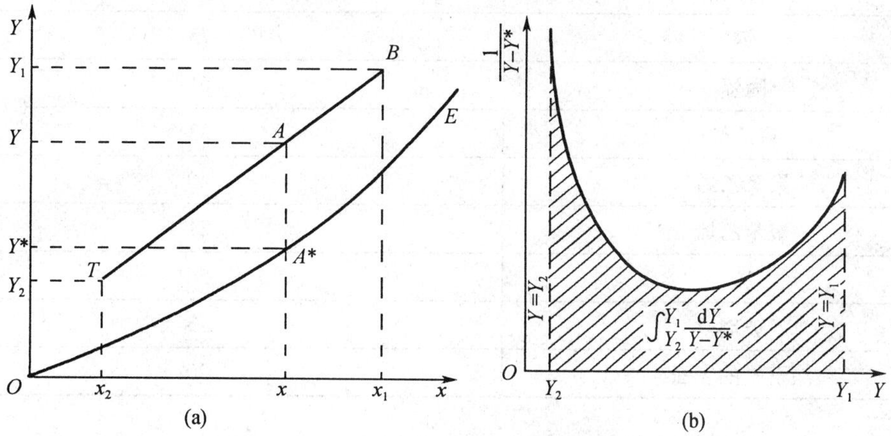


**图 4－40　传质单元数的图解积分**

对于 $N_{OL}$ 或其他形式的传质单元数（$N_G$、$N_L$）的图解积分，其方法和步骤与此相同，但应注意求 $N_G$ 和 $N_L$ 时，传质推动力应为气液主体浓度（$X$ 或 $Y$）与相界面（$X_i$ 或 $Y_i$）浓度之差。

2. 高浓度气体吸收

高浓度气体的吸收时可以分段进行计算，求出每段的传质单元数和传质单元高度即得每段所需的填料层高度，然后相加求的整个吸收过程所需的填料层高度。也可按以下简化方法近似计算塔的传质单元数

$$N_{OG} = \int_{y_2}^{y_1} \frac{\mathrm{d}y}{y - y^*} + \frac{1}{2}\ln\frac{1 - y_2}{1 - y_1} \qquad (4-82\mathrm{a})$$

$$N_{OL} = \int_{x_2}^{x_1} \frac{\mathrm{d}x}{x^* - x} + \frac{1}{2}\ln\frac{1 - x_2}{1 - x_1} \qquad (4-82\mathrm{b})$$

塔的传质单元高度则取塔顶和塔底的平均值。

### 4.9.3.3　传质单元高度及传质系数的计算

传质单元高度的计算主要涉及传质系数的求解。传质系数不仅与流体的物性、气液两相流率、填料的类型及特性有关，还与全塔的液体分布、塔的高度和塔径有关。目前工程计算只能用经验方法解决。

1. 恩田等人的准数关联式

恩田（Onda）等人将填料的润湿表面 $a_w$ 作为有效传质表面积 $a$，分别提出计算传质系数 $k_G$、$k_L$ 与有效表面积 $a$ 的关联式，然后将它们相乘合并为体积吸收系数 $k_Ga$、和 $k_La$。填料的有效表面积可表示为

$$\frac{a_w}{a_t} = 1 - \exp\left[-1.45\left(\frac{\sigma_C}{\sigma}\right)^{0.75}\left(\frac{L_G}{a_t\mu_L}\right)^{0.1}\left(\frac{L_G^2 a_t}{\rho_L^2 g}\right)^{-0.05}\left(\frac{L_G^2}{\rho_L\sigma a_t}\right)^{0.2}\right] \qquad (4-83)$$

式中，$a_w$，$a_t$ 分别为单位体积填料层的润湿表面积及总表面积，$m^2/m^3$；$\sigma$，$\sigma_C$ 分别为液体的表面张力及填料材质的临界表面张力，N/m；不同材质填料的 $\sigma_C$ 见表 4 - 12；$L_G$ 为液体通过空塔截面的质量流速，$kg/(m^2 \cdot s)$；$\mu_L$ 为液体的黏度，Pa · s。

**表 4 - 12　填料材质的临界表面张力**

| 材质 | 表面张力（$N/m \times 10^3$） |
|---|---|
| 钢 | 75 |
| 陶瓷 | 61 |
| 聚乙烯 | 33 |
| 聚氯乙烯 | 40 |
| 聚苯乙烯 | 31 |
| 碳 | 56 |
| 玻璃 | 73 |
| 涂石蜡的表面 | 20 |

液相传质系数：
$$k_L = 0.0051\left(\frac{L_G}{a_W\mu_L}\right)^{\frac{2}{3}}\left(\frac{\mu_L}{\rho_L D_L}\right)^{-\frac{1}{2}}\left(\frac{\mu_L g}{\rho_L}\right)^{\frac{1}{3}}(a_t d_p)^{0.4} \quad (4-84)$$

气相传质系数：
$$k_G = C\left(\frac{V_G}{a_t\mu_G}\right)^{0.7}\left(\frac{\mu_G}{\rho_G D_G}\right)^{\frac{1}{3}}\left(\frac{a_t D_G}{RT}\right)(a_t d_p) \quad (4-85)$$

式中，$k_G$ 为气膜吸收系数，$kmol/(m^2 \cdot s \cdot kPa)$；$k_L$ 为液膜吸收系数，m/s；$L_G$，$V_G$ 分别为液相、气相的质量流率，$kg/m^2 \cdot s)$；$D_L$，$D_G$ 分别为溶质在液相和气相中的扩散系数，$m^2/s$；$\mu_L$，$\mu_G$ 分别为液相、气相的黏度，Pa · s；$R$ 为气体常数，8.314 kJ/(kmol · s)；$C$ 为常数，一般环形填料和鞍形填料为 5.23，小于 15 mm 的填料为 2.00；$a_t d_p$ 表示由填料类型与尺寸决定的无因次数，其值可按填料的特性数据计算。

2. 针对具体物系的经验公式

（1）用水吸收氨：用水吸收氨是易溶气体的吸收，吸收阻力主要集中在气膜层，但液膜阻力仍占相当的比例（大于 10%）。氨吸收系统的体积吸收分系数经验公式为

$$k_L a = bW_L^p \quad (4-86a)$$

$$k_G a = cG^m W_L^n \quad (4-86b)$$

式中，$k_G a$ 为气膜体积吸收分系数，$kmol/(m^3 \cdot h \cdot atm)$；$k_L a$ 为液膜体积吸收分系数，$l/h$；式中各常数列于表 4 - 13。

**表 4 - 13　氨吸收系统的常数**

| 填料尺寸 /mm | $c$ | $m$ | $n$ | $b$ | $p$ |
|---|---|---|---|---|---|
| 12.5 | 0.0615 | 0.9 | 0.39 | 0.11 | 0.65 |
| 25.0 | 0.139 | 0.77 | 0.2 | 0.03 | 0.78 |
| ≥ 38.0 | 0.0 367 | 0.72 | 0.38 | 0.027 | 0.78 |

(2) 常压下用水吸收 $CO_2$:$CO_2$ 溶解于水属于难溶气体的吸收,吸收阻力主要集中液膜层中。计算液膜体积吸收系数的经验公式为

$$k_L a = 2.57U^{0.96} \tag{4-87}$$

式中,$U$ 为喷淋密度,即单位时间内喷淋在单位塔截面积上的液相体积,$m^3/(m^2 \cdot h)$。

上式的适用条件:(a) 直径为 10 ~ 32 mm 的陶瓷环;(b) 喷淋密度 $U = 3 \sim 20$ $m^3/(m^2 \cdot h)$;(c) 气体的空塔质量速度为 130 ~ 580 kg/($m^2 \cdot h$);(d) 温度为 21 ~ 27 ℃;(e) 用水吸收 $CO_2$。

(3) 用水吸收 $SO_2$:属于中等溶解度的吸收过程,气膜阻力和液膜阻力都应考虑,计算体积吸收系数的经验公式如下

$$k_G a\alpha = 9.81 \times 10^{-4} G^{0.7} W^{0.25} \text{kmol}/(m^3 \cdot h \cdot kPa) \tag{4-88}$$

$$k_L a = bW^{0.82} l/h \tag{4-89}$$

式中 $b$ 为常数,其值列于表 4 - 14。上式的适用范围:(a) 气体的空塔质量速度 $G$ 为 320 ~ 4 150 kg/($m^2 \cdot h$),液体的空塔质量速度 $W$ 为 4 400 ~ 58 500 kg/($m^2 \cdot h$);(b) 直径为 25 mm 的环形填料。

**表 4 - 14　水吸收 $SO_2$ 系统常数 $b$**

| 温度/℃ | 10 | 15 | 20 | 25 | 30 |
|---|---|---|---|---|---|
| $b/m^2 \cdot m^{-3}$ | 0.009 3 | 0.010 2 | 0.011 6 | 0.012 8 | 0.014 3 |

# 4.10　填料塔的结构设计

## 4.10.1　塔径的确定

塔径的计算公式

$$D = \sqrt{\frac{4V_s}{\pi u}} \tag{4-90}$$

式中,$V_s$ 为气体体积流量,$m^3/s$;$u$ 为适宜的空塔气速,m/s。

4.10.1.1　空塔气速 $u$ 的确定

计算填料塔的塔径先要确定适宜的空塔气速 $u$。填料塔的空塔气速必须小于泛点气速 $u_f$,一般取空塔气速为泛点气速 $u_f$ 的 50% ~ 85%,即

$$u = (0.5 \sim 0.8)u_f \tag{4-91}$$

适宜气速的选择应考虑物系的气泡性及填料类型。易起泡的物系应取较低的气速,不易产生气泡的物系可取较大值。填料的液泛气速 $u_f$ 与填料特性、气液相流体的物性、液体的喷淋密度等因素有关,$u_f$ 的计算方法可以采用如下几种方法。

1. 通用关联图

计算液泛气速 $u_f$ 通用关联图如图 4 - 41 所示。图中采用了泛点填料因子 $\varphi_F$ 及压降填料因子 $\varphi_P$,计算液泛气速时填料的湿填料因子 $\varphi$ 用 $\varphi_F$ 的值代人,而计算填料的压降时,湿填料

因子 $\varphi$ 则用 $\varphi_P$ 代入。常见填料特性常数见表 4 - 15。

**表 4 - 15　填料特性常数表**

| 填料类型 | 填料规格 | $\varphi_F$ | $\varphi_P$ |
|---|---|---|---|
| 瓷拉西环 | $D_g50$ | 410 | 288 |
| | $D_g38$ | 600 | 450 |
| | $D_g25$ | 832 | 576 |
| | $D_g16$ | 1 300 | 1050 |
| 瓷矩鞍环 | $D_g50$ | 226 | 160 |
| | $D_g38$ | 200 | 140 |
| | $D_g25$ | 550 | 215 |
| | $D_g16$ | 1100 | 700 |
| 塑料阶梯环 | $D_g50$ | 127 | 89 |
| | $D_g38$ | 170 | 116 |
| | $D_g25$ | 260 | 176 |
| 塑料鲍尔环 | $D_g50$(米)* | 140 | 125 |
| | $D_g38$ | 184 | 114 |
| | $D_g25$ | 280 | 232 |
| | $D_g50$(井)** | 140 | 110 |
| 金属鲍尔环 | $D_g50$ | 160 | 98 |
| | $D_g38$ | 117*** | 114 |
| 金属阶梯环 | $D_g50$ | 140 | 82 |
| | $D_g38$ | 160 | 118 |
| 金属矩鞍环 | $D_g50$ | 135 | 71 |
| | $D_g38$ | 150 | 93.4 |
| | $D_g25$ | 170 | 138 |

注：*“米”为米字形塑料鲍尔环；**“井”为井字形塑料鲍尔环。*** 该值由实验归纳得到，看上去偏小，实际选用时可适当放大。

2. Bain - Hougen（贝恩 - 霍根）关联式

填料塔的空塔气速也可由贝恩 - 霍根关联式计算

$$\lg\left[\frac{u_f^2}{g}\cdot\frac{a}{\varepsilon^3}\cdot\frac{\rho_V}{\rho_L}\cdot\mu_L^{0.2}\right] = A - 1.75\left(\frac{L}{V}\right)^{\frac{1}{4}}\left(\frac{\rho_V}{\rho_L}\right)^{\frac{1}{8}} \qquad (4-92)$$

式中，$a/\varepsilon^3$ 为干填料因子，$m^{-1}$；$\rho_V$，$\rho_L$ 分别为气、液相的密度，$kg/m^3$；$\mu_L$ 为液相黏度，mPa · s；$V$，$L$ 为气液相流体的质量流量，kg/h；$A$ 表示与填料形状和材质有关的常数，常用填料的 $A$ 值见表 4 - 16。将填料及物料的各有关参数代入上式即可算出泛点气速 $u_f$。

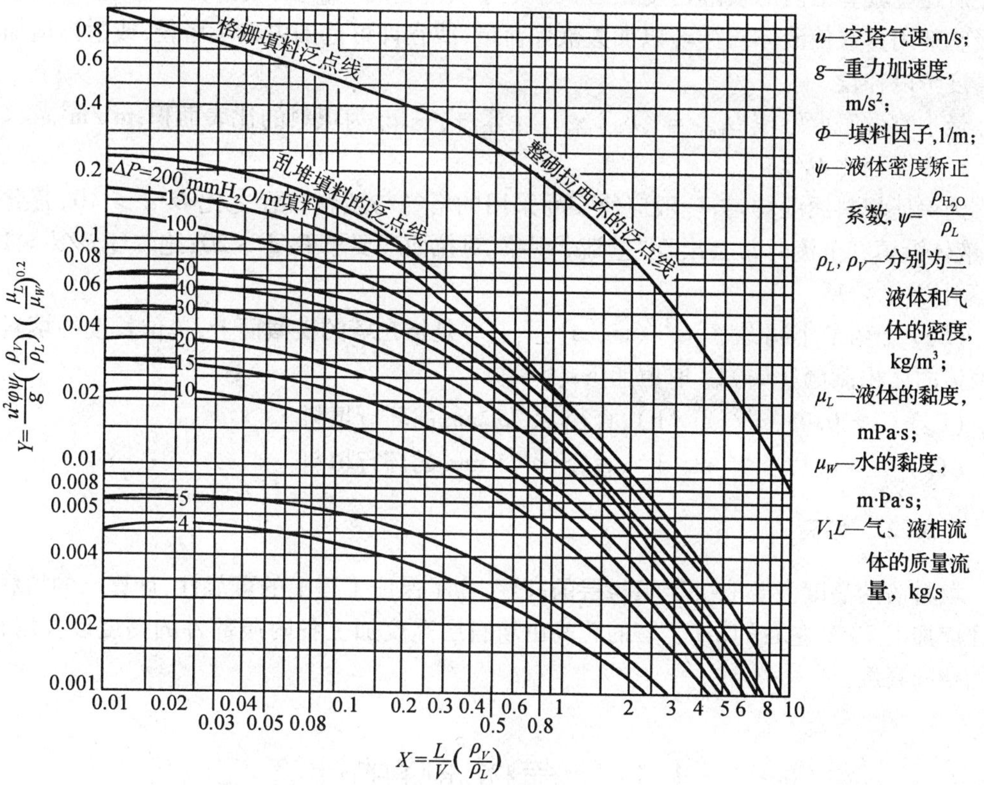


**图4-41　通用关联图**

**表4-16　常数A的数据**

| 填料种类 | 瓷拉西环 | 瓷弧鞍环 | 矩鞍环 | | 鲍尔环 | | 阶梯环 | | |
|---|---|---|---|---|---|---|---|---|---|
| | | | 陶瓷 | 金属 | 塑料 | 金属 | 陶瓷 | 金属 | 塑料 |
| *A*值 | 0.022 | 0.26 | 0.176 | 0.062 3 | 0.094 2 | 0.100 | 0.029 4 | 0.106 | 0.204 |

4.10.1.2　塔径的确定

将气体流量$V_s$及算出空塔气速$u$值代入塔径计算公式(4-90),即可得到塔径$D$的计算值。计算出的$D$值,还应按压力容器公称直径标准进行圆整,以符合设备的加工要求及设备定型,便于设备的设计加工。根据国内压力容器公称直径标准(JB-1153-71),直径在1 m以下,间隔为100 mm(必要时$D$在700 mm以下可用50 mm为间隔);直径在1 m以上,间隔为200 mm(必要时$D$在2m以下可用100 mm为间隔)。

4.10.1.3　塔径的校核

塔径的校核包括核算气速、核算喷淋密度及核算径比$D/d$等内容。

1. 核算气速

在新的塔径下算出空塔气速,其值必须符合式(4-91)。

2. 核算喷淋密度

为使填料获得良好的润湿,应保证塔内液体的喷淋密度高于某一下限值。所以,算出塔径之后还应验算塔内的喷淋密度是否大于最小喷淋密度 $U_{\min}$。若喷淋密度过小，可以采用增加吸收剂用量或使液体再循环以加大液体流量，或在许可范围内减小塔径，或适当增加填料层高度予以补偿。

最小喷淋密度可按 $U_{\min} = (L_W)_{\min} a_t$ 计算，式中，$a_t$ 为填料的比表面积，$m^2/m^3$。

3. 核算径比 $D/d$

为保证填料润湿均匀，一般应使实际采用的塔径与填料直径之比 $D/d > 10$，若此值过小，液体沿填料下流时常会出现“壁流”现象。对拉西环要求 $D/d > 20$；鲍尔环 $D/d > 10$；鞍形填料 $D/d > 15$。

$(L_W)_{\min}$ 为最小润湿率，$m^3/(m \cdot s)$。润湿率是指在塔的横截面上，单位长度的填料周边上液体的体积流量。$(L_W)_{\min}$ 取值如下：

$(L_W)_{\min} = 0.08\ m^3/(m \cdot h)$，直径 $< 75$ mm 的环行填料

$(L_W)_{\min} = 0.12\ m^3/(m \cdot h)$，直径 $< 75$ mm 的环行填料

### 4.10.2　塔高

填料塔的高度主要取决于填料层的高度，为了保证工程上的可靠性，计算出的填料层高度还应加上 20% 左右的裕度。塔的总高由填料层高度加上各附属部件的高度以及塔顶、塔底的空间高度。

## 4.11　气体压降的计算

### 4.11.1　整砌填料层压降的计算

整砌填料层压降计算可采用流体力学中常用的阻力计算公式

$$\Delta p = \zeta \frac{u^2}{2} \rho_V \tag{4-93}$$

式中，$\Delta p$ 为每米填料层的压降，$N/m^2$；$u$ 为空塔气速，m/s；$\rho_V$ 为气体密度，$kg/m^3$；$\zeta$ 表示阻力系数，为填料尺寸和润湿率的函数，可由图 4－42 查得。

图中，润湿率 $L_w$ 的定义是单位填料周边长度的液体体积流量，即

$$L_w = \frac{W}{a}, m^3/(m \cdot h)$$

式中，$W$ 为液体的喷淋密度，$m^3/(m^2 \cdot h)$。

### 4.11.2　乱堆填料层压降计算

#### 4.11.2.1　通用关联图

利用图4－41 计算。已知气液负荷及主要物性、填料特性参数、压降填料因子 $\varphi_P$，即可计算出关联图中的横坐标 $X = \frac{L}{V}(\frac{\rho_V}{\rho_L})^{\frac{1}{2}}$ 和纵坐标 $Y = \frac{u^2 \varphi_P \varphi}{g}(\frac{\rho_V}{\rho_L})(\frac{\mu_L}{\mu_W})^{0.2}$，由图中的等压线查得气流通过每米填料层的压降值 $\Delta P$。填料层的总压降等于每米填料层压降乘以填料层的高

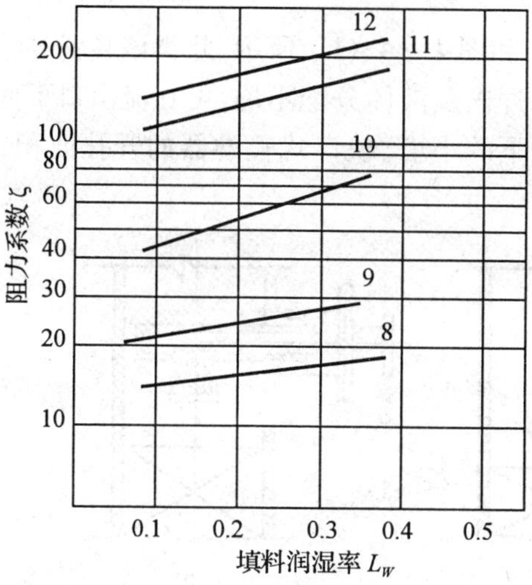


| 曲线编号 | 填料尺寸 |
|---|---|
| 8 | 100×100×9.5 |
| 9 | 76×76×9.5 |
| 10 | 76×76×6 |
| 11 | 50×50×6 |
| 12 | 50×50×5 |

**图4－42 整砌填料的阻力系数**

度,则全塔总压降为填料层压降及气体通过各附属部件的压降的总和。

4.11.2.2 利用压降关联式计算

目前已有许多研究者提出了计算气体通过填料层的压力降计算式,可供设计时参考。其中 Leva 提出的适用于湍流条件下的关联式如下

$$\Delta p = \alpha 10^{\beta W_L} \frac{W_G^2}{\rho_G} \qquad (4-94)$$

式中,$\Delta p$ 为每米填料高度的压力降,kPa;$W_L$ 为液体的质量流速,kg/(m$^2$·s);$W_G$ 为气体的质量流速,kg/(m$^2$·s);$\rho_G$ 为气体密度,kg/m$^3$;$\alpha$,$\beta$ 为填料有关的常数。

# 4.12 填料塔附属装置

填料塔附属装置主要包括液体分布装置、填料支撑板、液体再分布装置、气体和液体进出口装置以及除雾器等,其选型和设计对于保证塔的正常操作及性能的发挥至关重要。

## 4.12.1 液体喷淋装置

液体喷淋装置的作用是有效地分布液体,提高填料表面的有效利用率。选择液体喷淋装置的原则是能使液体均匀地分散开来,使整个塔截面的填料表面很好地润湿,结构简单,制造和检修方便。液体喷淋装置的安装位置,通常需高于填料层表面150 ~ 300 mm,以提供足够的自由空间,让上升气流不受约束地穿过喷淋器。

液体喷淋装置的结构形式很多,对于各种类型的塔,应根据塔径的不同,选择不同的喷淋结构,常见的喷淋器结构有如下几种。

4.12.1.1 管式喷淋器

管式喷淋器的结构比较简单,制造和安装都很方便,但喷洒面积小,液流不均匀,只适用于直径较小的塔,常用结构有以下几种。

1. 弯管式喷淋器和缺口式喷淋器

两种结构的喷淋器如图 4 - 43(a) 和图 4 - 43(b) 所示。此类该装置的特点是可以避免液体直接向下流出，造成对瓷环的水力冲击及液体分配不均，可在流出口下面加一块圆形挡板。这两种喷淋器仅适用于 300 mm 以下的小塔。缺口式喷淋器的开孔面积，为管截面积的 0.5 ~ 1.0 倍。

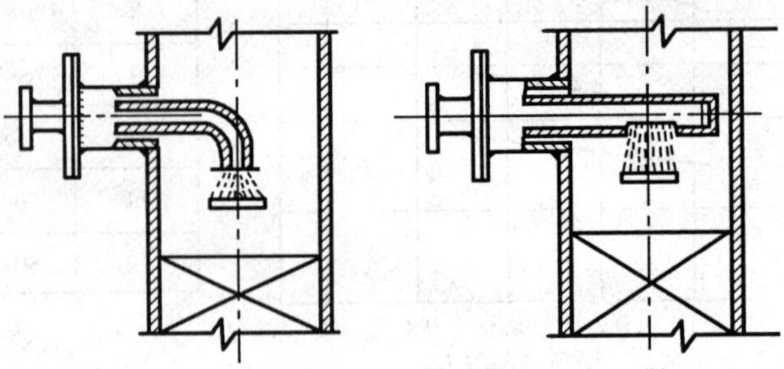

(a)　(b)

**图 4 - 43　弯管式喷淋器及缺口式喷淋器**

(a) 弯管式喷淋器；(b) 缺口式喷淋器

2. 多孔直管式喷淋器

多孔管式喷淋器有直管式和盘管式两种，如图 4 - 44(a) 和图 4 - 44(b)。其结构是在直管或盘管底部钻有 3 ~ 5 排 $\Phi3 \sim 8$ mm 的小孔，液体由小孔喷淋而下，孔的总截面积大致与进液管的截面积相等。多孔直管式喷淋器多用于 800 mm 以下的塔，对于小直径的塔，可不用支持管。而多孔盘管式喷淋器适用于直径 1.2 m 以下的塔，盘管中心线的直径为塔径的 0.6 ~ 0.8 倍。

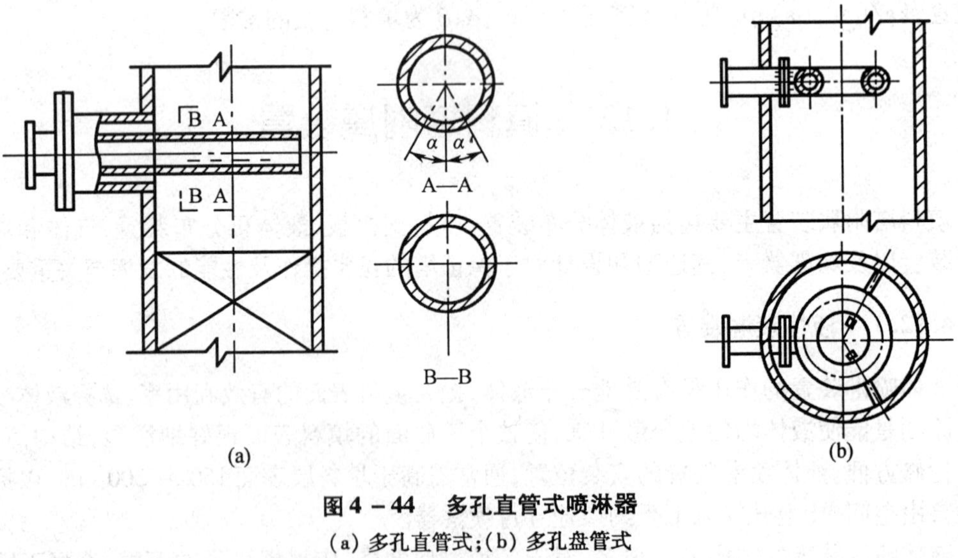


(a)　(b)

**图 4 - 44　多孔直管式喷淋器**

(a) 多孔直管式；(b) 多孔盘管式

液相流量、喷洒孔直径及数目之间的关系为

$$n = \frac{L}{C(0.785d_0^2)\sqrt{\dfrac{2(p_2 - p_1)}{\rho_L}}} \tag{4-95}$$

式中，$L$ 为液相流量，$m^3/s$；$p_1$，$p_2$ 为液相入塔前的压强及塔内的压强，kPa，一般 $p_1 - p_2 = 10 \sim 100$ kPa；$C$ 为流量系数，0.6 ~ 0.8；$d_0$ 为喷淋孔径，m。

莲蓬头式喷淋器具有半球形的外壳，在壳壁上开有许多小孔，如图 4 - 45 所示。液体以一定压力由小孔

4.12.1.2　莲蓬头式喷淋器

喷出，均匀地喷洒在填料表面，在压力稳定的场合，可以达到较为均匀的喷淋效果。由于喷淋器的尺寸有限，一般只适用于直径在 600 mm 以下的塔。莲蓬头的小孔是按同心圆排列的，小孔直径 $d_0$ 取 3 ~ 15 mm，为塔径的 20% ~ 30%；莲蓬头的直径 $d$ 为塔径 $D$ 的 1/5 ~ 1/3；球面半径为（0.5 ~ 1.0）$D$；喷洒角 $\alpha \leqslant 80°$，喷洒外圈距塔壁 $x = 70 \sim 100$ mm，莲蓬高度 $y = (0.5 \sim 1.0)D$。

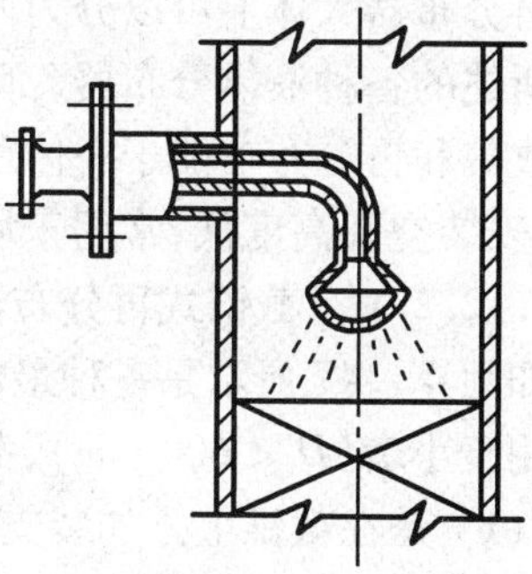

图 4 - 45　莲蓬头式喷淋器

液体流量 $L$、孔流速度 $u$ 孔径 $d_0$、孔数 $n$ 以及压强 $\Delta p$ 的相互关系可由下式计算

$$u = C\sqrt{2\Delta p/\rho_L} \tag{4-96}$$

$$n = \frac{L}{C\dfrac{\pi d_0^2}{4}\sqrt{\dfrac{2\Delta p}{\rho_L}}} \tag{4-97}$$

式中，$L$ 为液相流量，$m^3/s$；$\Delta p$ 为液相入塔前压强与塔内压强差 $\Delta p = (p_2 - p_1)$，kPa，一般取 10 ~ 100 kPa；$C$ 为孔流系数，一般取 0.6 ~ 0.8。

莲蓬头式喷淋器通常安装在填料上方中央处，离开填料表面的距离为塔径的（0.5 ~ 1.0）倍。这种喷淋器要求料液不含沉淀或其他悬浮颗粒，以喷淋器防堵塞。

4.12.1.3　冲击式喷淋器

冲击式喷淋器的结构如图 4 - 46 所示，其优点是喷洒半径大，最高时可达 3 m，液体流量大，可为 50 ~ 200 $m^3/h$，结构简单，不会堵塞。缺点是改变液体流量或液体压头时会影响喷洒半径，应在操作比较恒定的条件下使用。

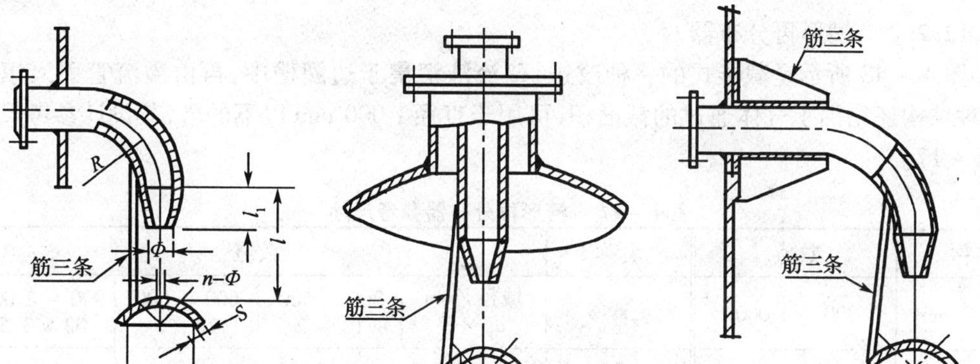


图 4 - 46　冲击式喷淋器

## 4.12.2　液体再分布装置

当填料层较高，液体沿填料层下流时，往往会产生壁流现象，为了使塔中心填料得到良

好的润湿，保证气液接触的有效面积，应将填料层分段装。若填料层间有侧线进料或出料时，在各段填料层之间要设液体收集及再分布装置，使液体重新分布，再进入下段填料层。液体收集再分布器大体上可以分为两类，一类是液体收集器与液体再分布器各自独立，原则上，前节所述的各种液体分布器，都可以与液体收集器组合成液体收集再分布装置。另一类是集液体收集和再分布功能于一体而制成的液体收集和再分布器。这种液体收集再分布器结构紧凑，安装空间高度低，常用于塔内空间高度受到限制的场合。

4.12.2.1　截锥式再分布器

如图 4－47 所示是一种最简单的截锥式液体再分布器。其结构有两种形式，其中图(a)只适用于小塔($D < 600$ mm)，截锥直接固定在塔体上，截锥上下仍能堆满填料，锥体不占空间；图(b)是在截锥上方加装支撑板，要求截锥下方要隔一段距离再装填料，需分段卸出填料时可用此型。截锥体与塔壁的夹角一般取 35°～45°，截锥下口直径为(0.7～0.8)$D$，适用于直径 800 mm 以下的塔。

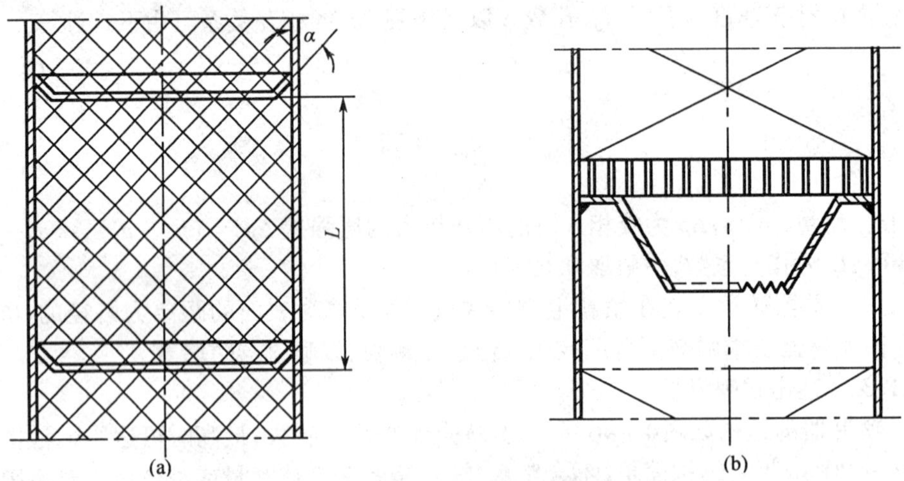


**图 4－47　截锥式再分配器**

4.12.2.2　槽形再分布器

如图 4－48 所示是截锥式的一种改进，壁流液汇集于边圈槽中，再由溢流管引入填料层，这种结构还增加了气体通过的截面积，可用于直径 1 000 mm 以下的塔，其设计参考尺寸见表 4－17。

**表 4－17　槽形再分布器参考尺寸**

| 名称 | 数值 | 名称 | 数值 | | | |
|---|---|---|---|---|---|---|
| 塔径 $D$/mm | 300 ～ 1 000 | $d_g \times S$ | 域径 /mm<br>$d_g \times S$ | 300 ～ 500<br>16 ～ 2 | 600 ～ 800<br>22 × 2 | 900 ～ 1 000<br>32 × 3.5 |
| 锥下口直径 $D_1$ | $D$ －(50 ～ 100) | 壁厚 $S$<br>/mm | 3 ～ 4 | | | |
| $h_1$ | $D/5$ | 3 ～ 4 根 | | | | |
| $h_2$ | $\leqslant h_2/2$ | | | | | |
| $l$ | 按实际情况定<br>最大可伸至塔中心 | | | | | |

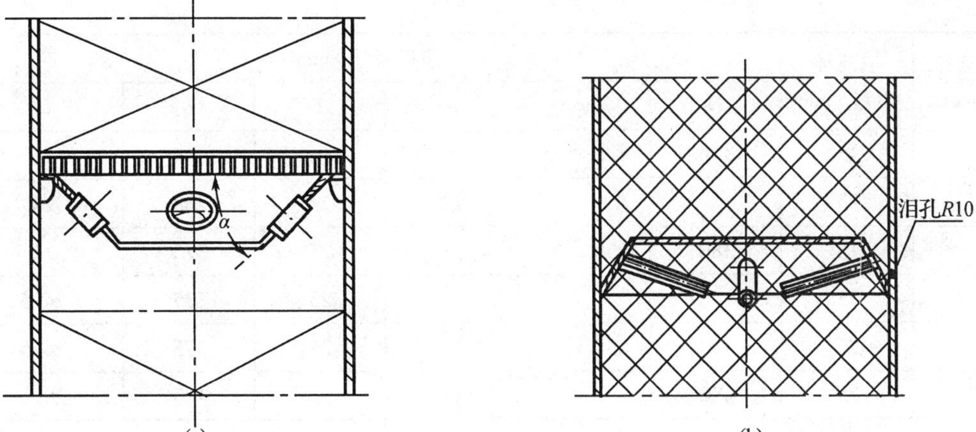


(a)　　(b)

**图 4－48　槽形再分配器**

### 4.12.3　填料支撑与限定装置

填料支撑装置的作用是支撑填料以及填料层内液体的重量，由于填料支撑装置本身对塔内气液的流动状态也会产生影响，因此作为填料支撑装置，除考虑其对流体流动的影响外，一般情况下填料支撑装置应满足如下要求：① 有足够的强度和刚度；② 有足够的开孔率（一般要大于填料的孔隙率），防止在支撑处发生液泛；③ 结构上应有利于气液相的均匀分布并不至于产生较大的阻力（一般阻力不大于 20 Pa）；④ 结构简单、耐腐蚀，易制造，易装卸等。常用的填料支撑板主要有栅板式和气体喷射式两种结构。

#### 4.12.3.1　栅板式支撑板

栅板式的支撑结构较为常用，由竖立的扁钢制成。栅板可以制成整块式或分块式的，一般直径小于 500 mm 的塔，可以采用整块式栅板；直径为 600 ～ 800 mm 的塔，可以将栅板分成两块；直径为 900 ～ 1 200 mm 的塔，分成三块；直径大于 1 400 mm 的塔，分成四块。每块宽度在 300 ～ 400 mm 之间，以便于装卸。

栅板的结构尺寸和支撑方法见表 4－18 至表 4－21 及图 4－49 至图 4－51。栅条间距为填料外径的 0.6 ～ 0.8 倍。在直径较大的塔中，当填料环尺寸较小时，也可采用间距较大的栅板，先在其上布满尺寸较大的十字分隔瓷环，再放置尺寸较小的瓷环，使得栅板的自由截面较大，且比较坚固。图 4－52、图 4－53 为图 4－51 中支撑圈与支撑板的放大图。

**表 4－18　$D_g$200 ～ 500 mm 栅板尺寸公称直径**

| 公称直径 $D_0$/mm | 填料环直径 /mm | 栅板尺寸 /mm | | | | | |
|---|---|---|---|---|---|---|---|
| | | $D$ | $h \times S$ | $n$ | $l$ | $L$ | $L_1$ |
| 200 | 15 | 200 | 20 × 4 | 12 | 14 | 168 | 14 |
| 250 | 15 | 240 | 20 × 4 | 15 | 14 | 210 | 13 |
| 300 | 15 | 286 | 20 × 4 | 18 | 14 | 252 | 16 |
| | 25 | | | 10 | 24 | 240 | 22 |

**表 4 – 18　（续）**

| 公称直径 $D_0$/mm | 填料环直径/mm | 栅板尺寸/mm | | | | | |
|---|---|---|---|---|---|---|---|
| | | $D$ | $h \times S$ | $n$ | $l$ | $L$ | $L_1$ |
| 350 | 15 | 340 | 20 × 4 | 19 | 16 | 304 | 16 |
| | 25 | | | 12 | 24 | 288 | 24 |
| 400 | 15 | 380 | 30 × 6 | 15 | 25 | 375 | 16 |
| | 25 | | | 17 | 25 | 325 | 24.5 |
| 450 | 25 | 430 | 30 × 6 | 15 | 25 | 375 | 24.5 |
| 500 | 25 | 480 | 30 × 6 | 17 | 25 | 425 | 24.5 |

**表 4 – 19　$D_g$600 ~ 800 mm 栅板尺寸**

| 公称直径 $D_0$/mm | 填料环直径/mm | 栅板尺寸/mm | | | | | | | | |
|---|---|---|---|---|---|---|---|---|---|---|
| | | $D$ | $L_0$ | $R$ | $L$ | $h \times S$ | $n$ | $t$ | $l$ | $L_2$ |
| 600 | 25 | 580 | 289 | 290 | 579 | 40 × 6 | 10 | 25 | 250 | 9 |
| | 50 | | | | | | 5 | 45 | 220 | 18 |
| 700 | 25 | 680 | 339 | 340 | 679 | 40 × 6 | 12 | 25 | 300 | 9 |
| | 50 | | | | | | 6 | 45 | 270 | 18 |
| 800 | 25 | 780 | 389 | 390 | 779 | 50 × 6 | 14 | 25 | 350 | 9 |
| | 55 | | | | | | 7 | 45 | 315 | 18 |

**表 4 – 20　$D_g$900 ~ 1 200 mm 栅板尺寸**

| 公称直径 $D_g$/mm | 填料环直径/mm | $D$ | $R$ | $h \times S$ | $t$ | 栅板 Ⅰ/mm | | | | | | 栅板 Ⅱ/mm | | | | | 支撑板数量 |
|---|---|---|---|---|---|---|---|---|---|---|---|---|---|---|---|---|---|
| | | | | | | $l_1$ | $L_1$ | $n_1$ | $l_2$ | $l_3$ | 连接板长度 | $l$ | $n_1$ | $l_2$ | $l_3$ | 连接板长度 | |
| 900 | 25 | 880 | 440 | 50 × 6 | 25 | 270 | 880 | 10 | 250 | 7 | 270 | 303 | 10 | 250 | 9 | 260 | 1 |
| | 50 | | | | 45 | | | 5 | 225 | 19 | | | 5 | 225 | 20 | | |
| 1 000 | 25 | 980 | 490 | 50 × 8 | 28 | 388 | 980 | 13 | 364 | 8 | 388 | 294 | 9 | 252 | 9 | 250 | 6 |
| | 50 | | | | 48 | | | 7 | 336 | 22 | | | 5 | 240 | 10 | | |
| 1 200 | 25 | 1 168 | 580 | 60 × 10 | 30 | 388 | 1 168 | | 360 | 9 | 388 | 288 | 11 | 330 | 9 | 330 | 6 |
| | 50 | | | | 50 | | | 7 | 350 | 14 | | | 6 | 300 | 19 | | |

表 4－21　支撑圈尺寸

| 塔公称直径 $D_g$ /mm | $D_1$/mm | $D_2$/mm | 厚度 S/mm | | 质量/kg | |
|---|---|---|---|---|---|---|
| | | | 碳钢 | 不锈钢 | 碳钢 | 不锈钢 |
| 200 | 204 | 180 | 4 | 3 | 2.29 | 1.73 |
| 250 | 247 | 223 | 4 | 3 | 2.80 | 2.11 |
| 300 | 297 | 257 | 4 | 3 | 5.47 | 4.12 |
| 350 | 247 | 307 | 4 | 3 | 6.58 | 4.95 |
| 400 | 397 | 337 | 6 | 4 | 21.10 | 14.20 |
| 450 | 447 | 387 | 6 | 4 | 24.00 | 16.20 |
| 500 | 496 | 416 | 6 | 4 | 33.00 | 22.10 |
| 600 | 596 | 496 | 8 | 6 | 52.80 | 40.60 |
| 700 | 696 | 596 | 8 | 6 | 63.50 | 48.10 |
| 800 | 796 | 696 | 8 | 6 | 73.60 | 55.80 |
| 900 | 894 | 794 | 8 | 6 | 84.00 | 63.00 |
| 1 000 | 994 | 894 | 10 | 8 | 116 | 93.80 |
| 1 200 | 1 194 | 1 074 | 10 | 8 | 141 | 112 |
| 1 400 | 1 392 | 1 272 | 10 | 8 | 167 | 134.50 |
| 1 600 | 1 592 | 1 472 | 10 | 8 | 190 | 154 |

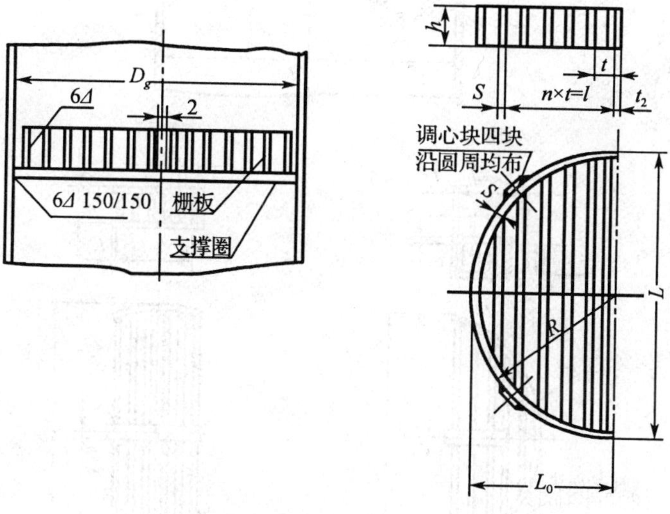


图 4－49　直径 $D_g$600 ~ 800 mm 栅板结构

4.12.3.2　气体喷射式支撑板

气体喷射式支撑板有圆柱升气管式和梁型。其结构特点为气体和液体提供了不同的通道，气体易于进入填料层，液体也可自由排出，避免了因液体积聚而发生液泛，并有利于液体

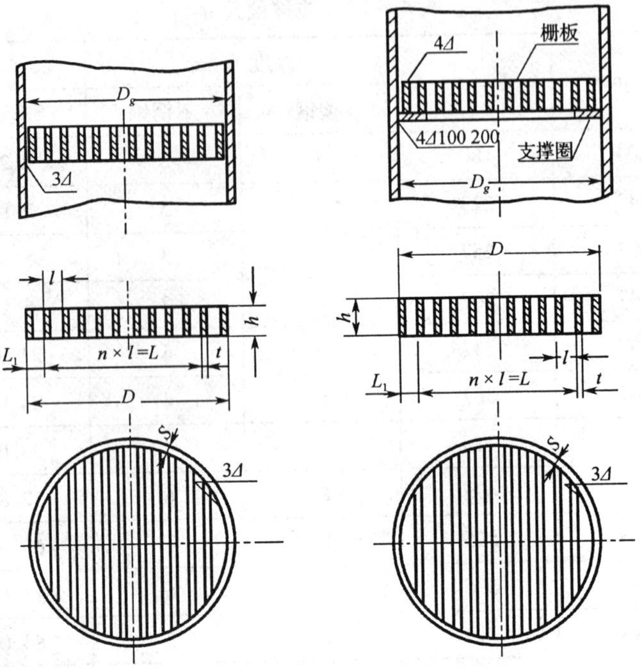


图 4－50　直径 $D_g$200 ～ 500 mm 栅板结构

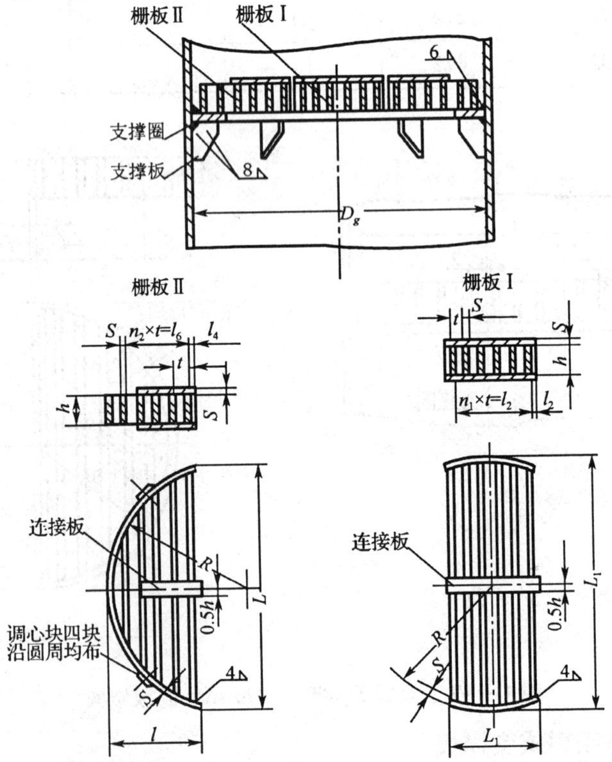


图 4－51　直径 $D_g$600 ～ 800 mm 栅板结构

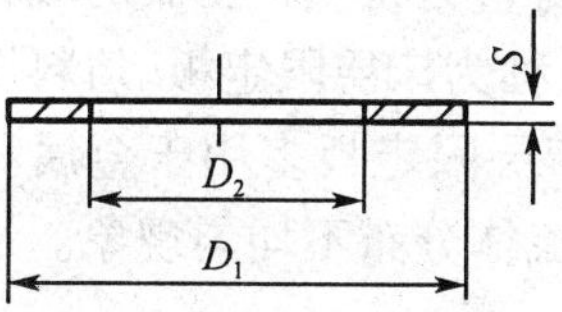


图4－52　支撑圈

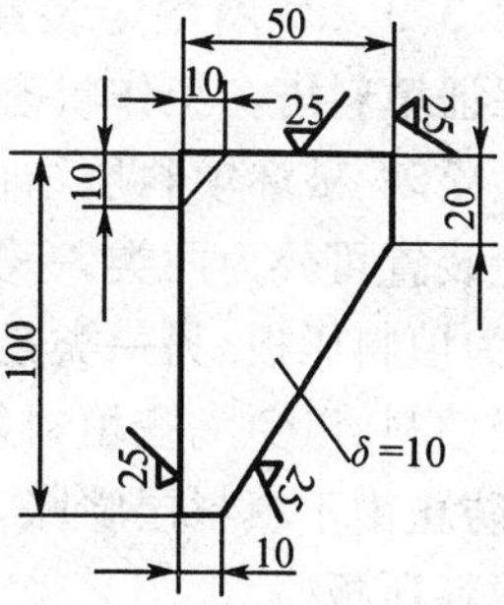


图4－53　支撑板

的均匀再分配。

梁型支撑板如图4－54所示，梁型支撑板具有较多的优越性，该支撑板用于小塔可制成整体式，用于大塔则分块制作或塔内组装。它可提供超过90%的自由截面（有时甚至达到100%），保证气体通量大，阻力小。因此，在新型填料塔中广泛采用。分块式支撑板的设计参数见表4－22及图4－55。

表4－22　分块多梁式支撑板的设计参考数据

| 塔公称直径/mm | 支撑板外径/mm | 分块数 | 支撑圈宽度 | 支撑厚度 | 近似重量/N |
|---|---|---|---|---|---|
| 300 | 290 | 2 | 30 | 10 | 28 |
| 400 | 380 | 2 | 30 | 10 | 50 |
| 500 | 480 | 2 | 30 | 10 | 70 |
| 600 | 580 | 3 | 30 | 10 | 100 |
| 700 | 680 | 3 | 30 | 10 | 140 |
| 800 | 780 | 3 | 40 | 10 | 180 |
| 900 | 880 | 3 | 40 | 10 | 230 |
| 1 000 | 980 | 3 | 40 | 10 | 280 |
| 1 200 | 1 160 | 4 | 50 | 10 | 400 |

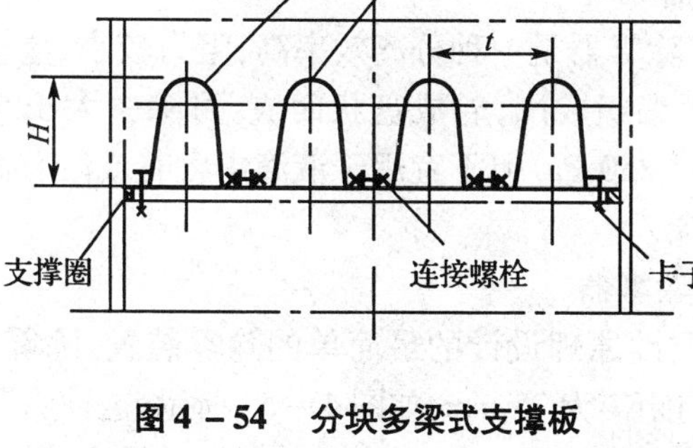


图4－54　分块多梁式支撑板

4.12.3.3　填料限定装置

为保证填料塔在工作状态下填料床层能够稳定，防止高气相负荷或负荷突然变动时填料层发生松动，破坏填料层结构，甚至造成填料流失，必须在填料层顶部设置填料限定装置。填料限定装置可分为两类，一类是由放置于填料上端，仅靠自身重力将填料压紧的填料限定装置，称为填料压板。另一类是将填料限定装置固定于塔壁上，称为床层限定板。填料压板常用于陶瓷填料，以免陶瓷填料发生移动撞击，造成填料破碎。床层限定板多用于金属和塑料填料，以防止由于填料层膨胀，改变其初始堆积状态而造成的流体分布不均匀现象。

1. 填料压板

填料压板主要有两种形式，一种是栅条形压板，栅条间距为填料直径的0.6～0.8倍，如图4－55所示；另一种是丝网压板，如图4－56所示，是由用金属丝编织的大孔金属网焊接于金属支撑圈上，网孔的大小应以填料不能通过为限。填料压板的重量要适当，一般需按每平方米1 100 N设计，必要时需加装压铁以满足重量要求。

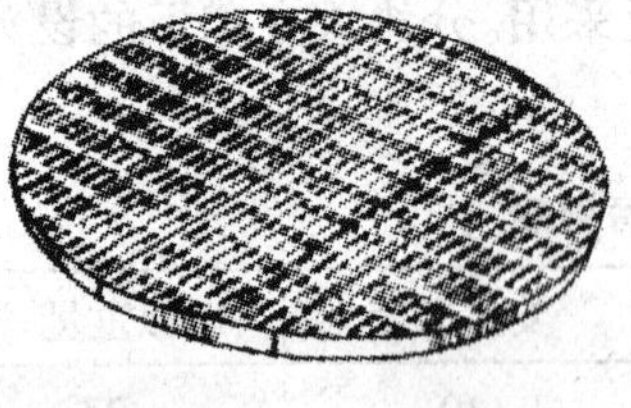

**图4－55　栅条形压板**

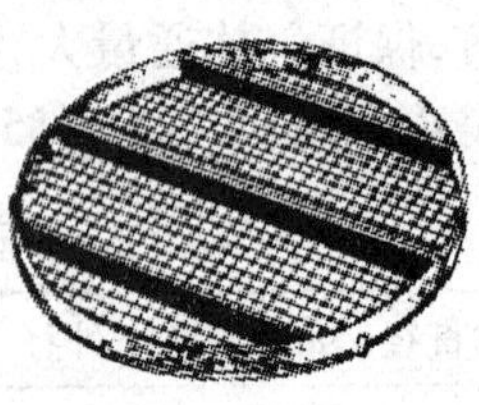

**图4－56　丝网压板**

2. 床层限制板

床层限制板可以采用与填料压板类似的结构，但其重量较轻，一般为每平方米上300 N。

### 4.12.4　塔顶除雾沫器

穿过填料层的气体有时会夹带液体和雾滴，因此有时需在塔顶气体排出口前设置除雾沫器，以尽量除去气体中被夹带的液体雾沫，常用的型式有以下几种。

4.12.4.1　填料除雾器

在塔顶气体出口前，再通过一层干填料，达到分离雾沫的目的，如图4－57所示。填料一般为环形，常较塔内填料的尺寸小些，填料的高度根据除沫要求和容许压强来决定。这种装置除沫效率较高，但阻力较大。

4.12.4.2　丝网除雾器

如图4－58所示，丝网除雾器是一种分离效率高，阻力较小，重量较轻，所占空间不大的除雾器。它由金属或塑料丝编织成网，卷成盘状而成。可除去大于5 μm的雾滴，效率可达98%～99%，压力降不超过250 Pa。但不宜用于液滴中含有或溶有固体物质的场合，以免液相蒸发后固体产生堵塞现象。

4.12.4.3　折流板式除雾器

折流板除雾器是利用惯性原理设计的最简单的除雾装置。除雾板由50 mm × 50 mm × 3 mm的角钢组成，板间横向距离为25 mm，如图4－59所示。这种除雾器的结构简单、有效，常和塔构成一个整体，阻力小，不易堵塞，能除去50 μm以上的雾滴，压力降一般为50～100 Pa。

4.12.4.4　旋流板式除沫器

旋流板式除沫器由几块固定的旋流板片组成，如图 4 - 60 所示。该除沫器效率较高，但压降较大，约为 300 Pa，适用于大塔径、净化要求高的场合。

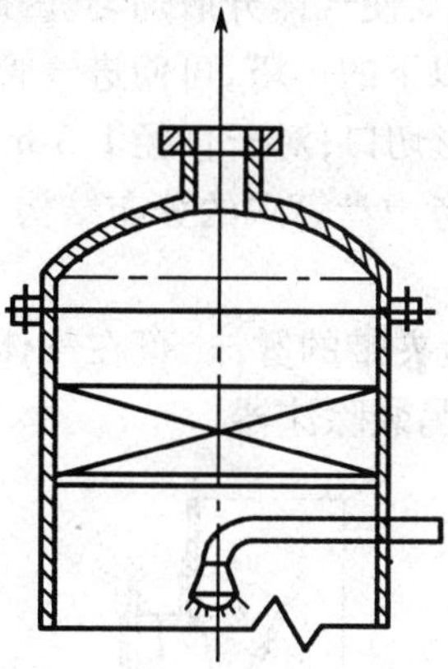

**图 4 - 57　填料除雾器**

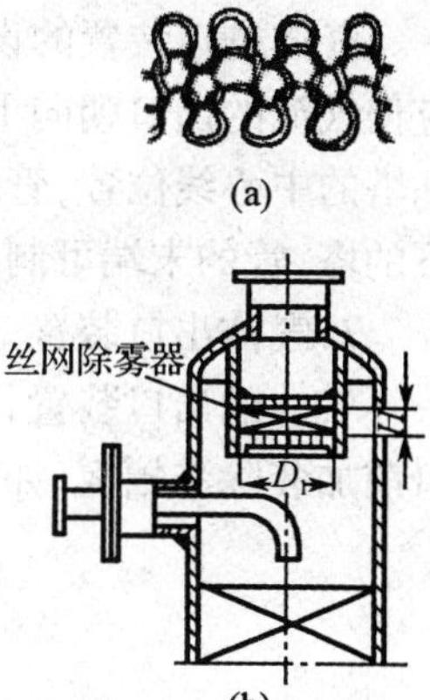


**图 4 - 58　丝网除雾器**

(a) 丝网；(b) 装配图

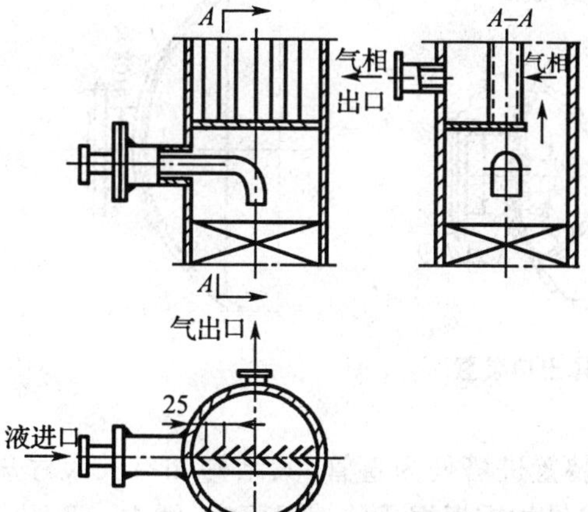


**图 4 - 59　折流板式除雾器**

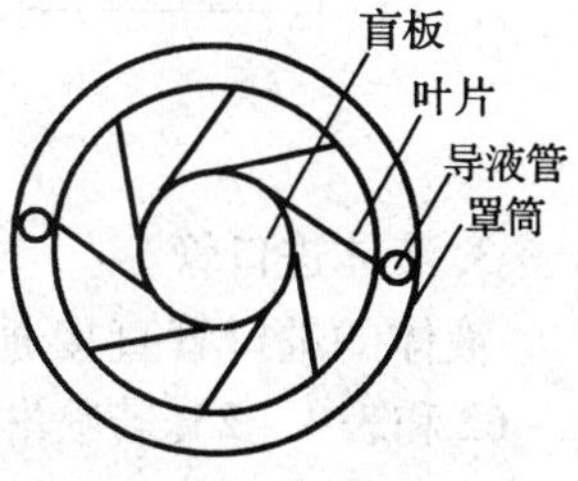


**图 4 - 60　旋转板除雾器**

## 4.12.5　管口结构设计

4.12.5.1　气体和液体的进出口装置

流体的进出口结构设计，首先要确定的是管口直径。根据管口所输送气体或液体的流量大小，由下式计算管口直径

$$d = \sqrt{\frac{4V_s}{\pi u}} \qquad (4-97)$$

式中，$V_S$ 为流体的体积流量，$m^3/s$；$u$ 为适宜的流体速度，m/s；常压塔气体进出口管气速可取 10 ~ 20 m/s（高压塔气速低于此值）；液体进出口速度可取 0.8 ~ 1.5 m/s（必要时可加大些），对高黏度的液体可取 0.5 ~ 1.0 m/s。管径由所选气速决定后，应按标准管规格进行圆

整，并按实际管径重新核算流速。

管口的结构设计包括气体进口装置、气体出口装置、液体进口管及液体的出口装置。

1. 气体进口装置

气体进口装置的设计，应能防止淋下的液体进入管内，同时还要使气体分散均匀。因此，应使气流的出口朝向下方，使气流折转向上。对于直径为500 mm以下的小塔，可使进气管伸到塔的中心线位置，管端切成45°向下的斜口或直接向下的长方形切口；对于直径1.5 m以下的塔，管的末端可制成向下的喇叭形扩大口；对于更大的塔，应考虑盘管式的分布结构。

2. 气体出口装置

气体的出口装置，要求既能保证气体畅通，又应能尽量除去被夹带的雾沫，可在气体出口前加装除沫挡板，如图4－61所示，当气体夹带较多雾滴时，需另装除沫器。

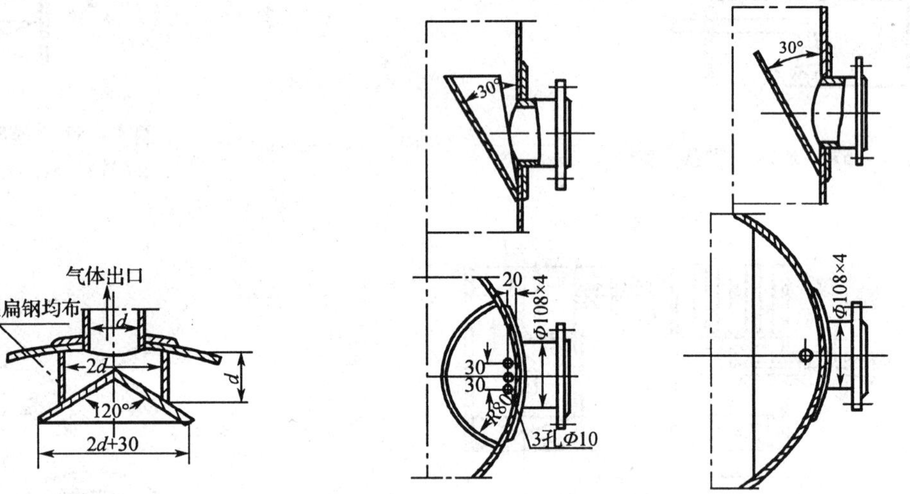


图4－61 气体出口装置

3. 液体进口管

液体的进口管直接通向喷淋装置，若喷淋装置进塔处为直管，其结构和有关尺寸见图4－62和表4－23。若喷淋器为其他结构，则管口结构需根据具体情况而定。图4－63所示为弯管式液体进口装置的示意图。

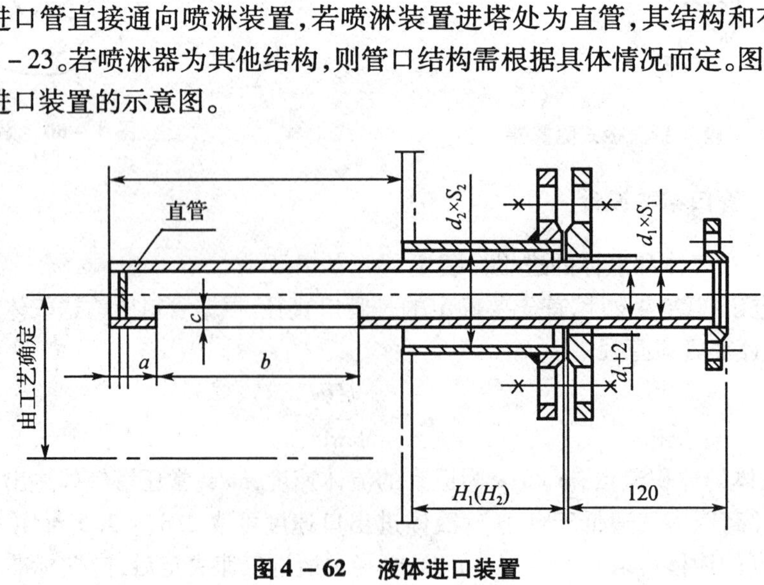


图4－62 液体进口装置

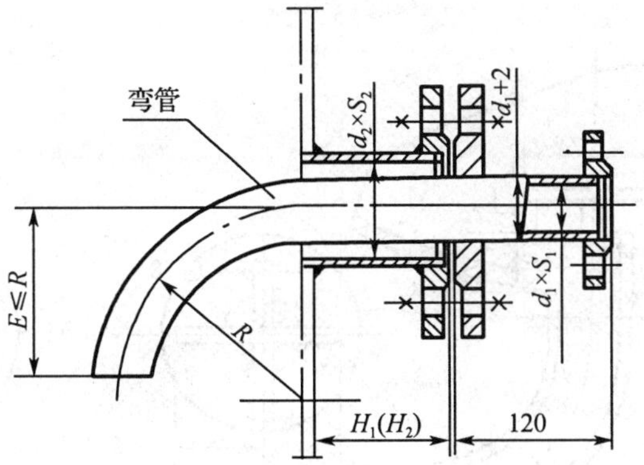


图 4－63　弯管式液体进口装置

表 4－23　接管尺寸/mm

| 内管 $d_2 \times S_2$/(mm × mm) | 外管 $d_1 \times S_1$/(mm × mm) | $H_1$/mm |
|---|---|---|
| 25 × 3 | 45 × 3.5 | 120 |
| 32 × 3.5 | 57 × 3.5 | 120 |
| 38 × 3.5 | 57 × 3.5 | 120 |
| 45 × 3.5 | 76 × 4 | 120 |
| 76 × 4 | 76 × 4 | 120 |
| 89 × 4 | 108 × 4 | 120 |
| 108 × 4 | 133 × 4 | 120 |
| 133 × 3.5 | 159 × 4.5 | 120 |
| 159 × 4.5 | 219 × 6 | 120 |
| 219 × 6 | 273 × 8 | 120 |
| 254 × 7 | 273 × 8 | 120 |
| 273 × 8 | 325 × 8 | 120 |

4. 液体的出口装置

液体出口装置的设计应便于塔内液体的排放，防止破碎的瓷环堵塞出口，并且要保证塔内有一定的液封高度，防止气体短路。常见的液体出口结构如图 4－64 所示。

4.12.5.2　填料卸出口

根据填料塔的特点，需要有填料卸出口，以便于检修时将填料卸出。填料卸出口的结构与人孔或手孔相似，尺寸按塔径来确定。大直径的塔可按标准人孔，小直径的塔可选标准手孔。

4.12.5.3　仪表接口

填料塔上主要的仪表接口有压力计接口、分析取样口、温度计接口和液位计接口等，压力计接口及分析取样口可采用 $D_N$15 ～ 25 带法兰的接管，并附法兰盖；温度计接口可采用 $D_N$32 或 40 带法兰的接管，并附法兰盖；液位计可按标准查取。

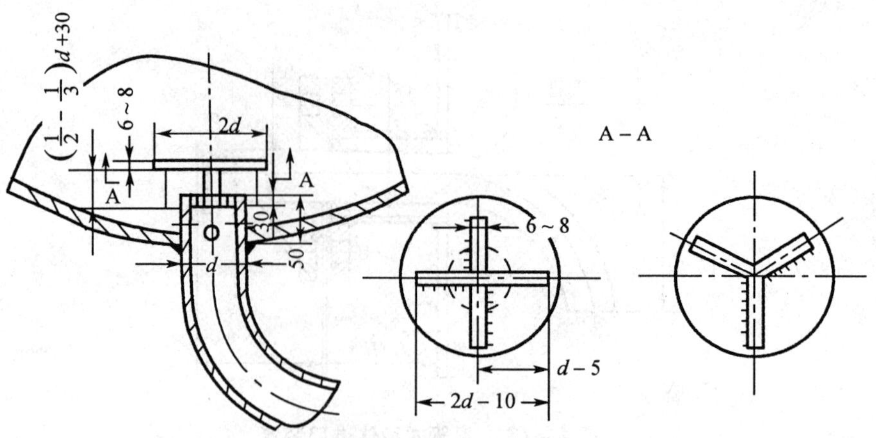


**图 4 － 64　液体出口装置**

4.12.5.4　接管结构与长度

填料塔上各股物料的进出口接管结构如图 4 － 65 所示。留在设备外边的长度 $H$ 可参照表 4 － 24 确定。

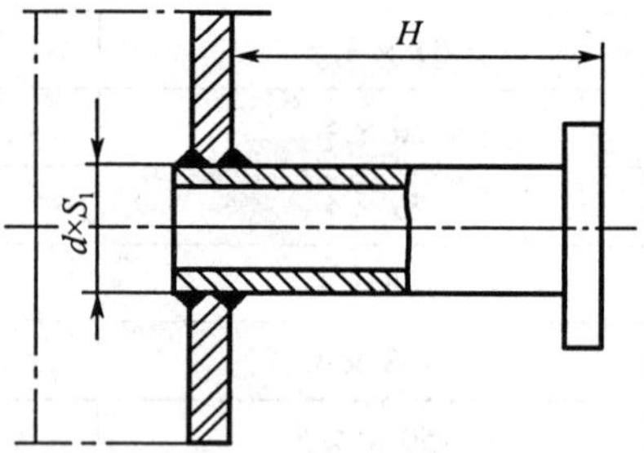


**图 4 － 65　接管结构**

**表 4 － 24　接管长度 $H$**

| 公称直径 $d_0$/mm | ≤15 | 20 ~ 50 | 70 ~ 350 | 70 ~ 500 |
|---|---|---|---|---|
| 接管长度 /mm | 80 | 100 | 150 | 150 |
| 公称压力 /MPa | ≤4.0 | ≤1.6 | ≤1.6 | ≤1.0 |

## 4.13　填料塔流体力学参数计算

为使填料塔能够在较高的效率下工作，塔内的气液两相流动应处于良好的流体力学状态，使气体通过填料层的压降及传质效率处于合理的范围内。另一方面，作为塔的机械结构和强度的设计，也应了解塔内的一些流体力学参数和流动状态。因此，对于初步设计好的填料塔，应对其进行流体力学核算。

填料塔的流体力学参数主要包括气体通过填料塔的压力降、泛点率、气体动能因子、床层持液量，此外，还应了解塔内液体和气体分布状态。

### 4.13.1　填料塔的压力降

气体通过填料塔的压力降主要包括气体进入填料塔的进口压力降，气体出口压力降，液体分布器及再分布器的压力降，填料支撑及压紧装置压力降，除沫器压力降，以及气体通过填料层的压力降等。

1. 气体进口和出口压力降可以按流体流动的局部阻力的计算方法进行计算。

2. 液体分布器及再分布器的压力降较小，一般可以忽略不计。

3. 气体通过填料支撑及压紧装置压力降一般也可以忽略不计。

4. 气体通过除沫器的压力降一般可近似取为 120 ～ 250 Pa。

5. 气体通过填料层的压力降

气体通过填料层的压力降与多种因素有关，对于气体与液体逆流接触的填料塔，气体通过填料层的压力降与填料的类型、尺寸、物性、液体喷淋密度（单位时间、单位塔截面上的喷淋量）以及空塔气速有关。在液体喷淋密度一定的情况下，随着气体空塔气速的增大，气体通过填料层的压力降变大，如图 4 － 66 所示。

由图可见，在液体喷淋密度一定的条件下，气体通过填料层时压力降与气速的关系曲线可以大致分为三个区域，分别对应于三种流体力学状态。图中 $A$ 点以下区域，气液相负荷较小，两相之间的相互作用不明显，填料层空塔气速的持液量不随气速变化，称为恒持液区。图中的 $AB$ 段称为载液区，气液相之间的动量传递作用加强；$A$ 点称为载点，$B$ 点称为液泛点。通常情况下，填料塔应在载液区操作，即操作气速应控制在载点气速和泛点气速之间。

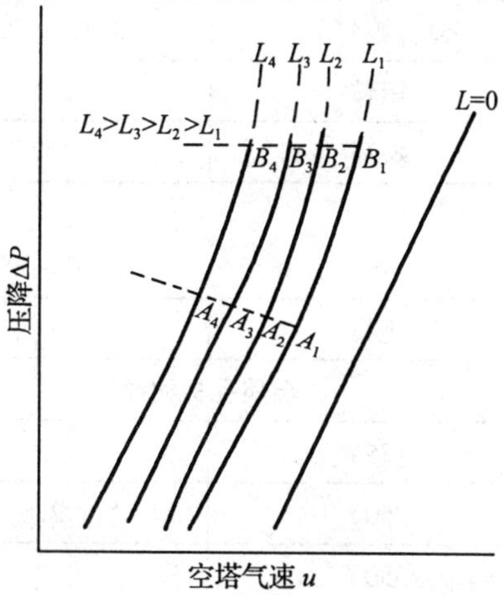


**图 4 － 66　填料气体压降示意图**

### 4.13.2　泛点率

填料塔的泛点率是指塔内操作气速与泛点气速的比值。操作气速是指操作条件下的空塔气速。泛点气速可以利用图 4 － 42 的关联图中相应的泛点线通过横坐标得到的纵坐标中求得。也可以利用对其进行回归得到的下式计算（其中 $Y$ 可按图 4 － 42 中 $Y$ 的表达式计算）

$$u_f = \left(\frac{Yg\rho_L}{\phi\varphi\rho G}\mu^{-0.2}\right)^{\frac{1}{2}} \tag{4-98}$$

一般要求泛点率在 50% ～ 80% 范围之内，而对于易起泡的物系可低至 40%。

### 4.13.3　填料塔的持液量

填料塔的持液量是指在一定的操作条件下，单位体积填料层内液体体积量，一般将持液量分为静持液量、动持液量和总持液量三种，静持液量是指填料表面被充分润湿后，在没有气液相间粘滞力作用的条件下,能静止附着在填料表面的液体的体积量,总持液量是指在一定的操作条件下,单位体积填料层中液相总体积量

$$H_t = H_0 + H_s \tag{4-99}$$

式中,$H_t$ 为总持液量,$m^3/m^3$;$H_0$ 为静持液量,$m^3/m^3$;$H_s$ 为动持液量,$m^3/m^3$。

持液量是影响填料塔效率、压力降和最大处理能力的重要性能参数,影响持液量的因素可以归纳为:① 填料结构及表面特征的影响;② 物料的物理特性的影响;③ 操作条件的影响。目前主要以试验的方法确定填料层的持液量,工程手册中也有一些经验公式可以用于估算。

### 4.13.4　气体动能因子

气体动能因子是操作气速与气相密度平方根的乘积,即

$$F = u\sqrt{\rho_G} \tag{4-100}$$

式中,$F$ 为气体动能因子,$m/s(kg/m^3)^{0.5}$;$u$ 为气体流速,m/s;$\rho_G$ 为气体密度,$kg/m^3$。

气体动能因子也是填料塔重要的操作参数,不同塔填料常用的气体动能因子的近似值见表 4－25 和表 4－26。

**表 4－25　散堆填料常用的气体动能因子**

| 填料尺寸/mm | 25 | 38 | 50 |
|---|---|---|---|
| 金属鲍尔环 | 0.37 ~ 2.68 | – | 1.34 ~ 2.93 |
| 矩鞍 | 1.19 | 1.45 | 1.7 |
| 鞍环 | 1.76 | 1.97 | 2.2 |

**表 4－26　规整填料常用气体动能因子**

| 规格 | 动能因子 | 规格 | 动能因子 |
|---|---|---|---|
| 金属孔板波纹 | | 塑料孔板波纹 | |
| 125Y | 3 | 125Y | 3 |
| 250Y | 2.6 | 250Y | 2.6 |
| 350Y | 2 | 350Y | 2 |
| 500Y | 1.8 | 500Y | 1.8 |
| 125X | 3.5 | 125X | 3.5 |
| 250X | 2.8 | 250X | 2.8 |

## 4.14　填料吸收塔设计计算示例

### 4.14.1　设计任务及操作条件

采用吸收的方法将空气－丙酮混合气体加以分离,处理量为 2 000 $m^3/h$,进塔混合气中

含丙酮3%(摩尔分率),丙酮回收率为98%。常压操作,吸收温度为20 ℃。

### 4.14.2　物性数据

4.14.2.1　液相物性数据

对于低浓度吸收过程,溶液的物性数据可以近似取纯水的物性数据。由手册查得20 ℃水的有关物性数据如下

密度　$\rho_{水} = 998.2\ kg/m^3$;表面张力:$\sigma_{水} = 72.6\ dyn/cm = 940\,896\ kg/h^2$

黏度　$\mu_{水} = 0.001\ Pa \cdot s = 3.6\ kg/(m \cdot h)$

扩散系数　$$D_{AB} = 1.173 \times 10^{-15} \frac{T(M_B\phi_B)^{0.5}}{\mu_B V_A^{0.6}}$$

式中,$\phi_B = 2.6$,$M_B = 18.02$。

$$V_A = 3 \times 0.014\,8 + 6 \times 0.003\,7 + 1 \times 0.007\,4 = 0.007\,40\ m^3/(kg/mol)$$

则　$$D_{AB} = 1.173 \times 10^{-15} \times \frac{293 \times (18.02 \times 2.6)^{0.5}}{0.001 \times 0.007\,40^{0.6}} = 4.467 \times 10^{-8}(m^2/s)$$

4.14.2.2　气相物性数据(标准状态)

空气的摩尔质量:$M_{空} = 29\ g/mol$。

丙酮的摩尔质量:$M_{丙酮} = 58.08\ g/mol$。

气体的平均摩尔质量:$M_{VM} = \sum y_i M_i = 0.03 \times 58.08 + (1 - 0.03) \times 29 = 29.87(g/mol)$。

混合气体的平均密度:$\rho_{Vm} = \dfrac{PM_{Vm}}{RT} = \dfrac{101.3 \times 29.87}{8.314 \times 293} = 1.242(kg/m^3)$。

混合气体的黏度可近似取空气的黏度,查手册得20 ℃ 空气黏度为

$$\mu_V = 1.81 \times 10^{-5} Pa \cdot s = 0.065(kg/(m \cdot h))$$

查得丙酮在空气中的扩散系数:$D_V = 0.109\ cm^2/s = 0.039\ m^3/h$。

4.14.2.3　气液平衡数据

当丙酮浓度低,温度 $t = 15 \sim 45$ ℃ 的条件下,其亨利系数可以表示为

$$\lg E = 9.171 - [2\,040/(t + 273)]$$

则20 ℃ 常压丙酮在水中的亨利系数为 $\lg E = 9.171 - [2\,040/(20 + 273)]$

解得:$E = 161.64\ kPa$。

相平衡常数为　$$m = \frac{E}{P} = \frac{161.64}{101.3} = 1.60$$

相平衡常数为　$$m = \frac{E}{P} = \frac{161.64}{101.3} = 1.60$$

溶解度系数为

$$H = \frac{\rho_L}{EM_s} = \frac{998.2}{161.64 \times 18.02} = 0.342\,7(kmol/(kPa \cdot m^3))$$

### 4.14.3　物料衡算

进塔气相丙酮摩尔比　$$Y_1 = \frac{y_1}{1 - y_1} = \frac{0.03}{1 - 0.03} = 0.030\,9$$

出塔气相丙酮摩尔比

$$Y_2 = Y_1(1 - \varphi_A) = 0.030\,9 \times (1 - 98\%) = 0.000\,618$$

进塔惰性气相流量

$$G = \frac{2\,000}{22.4} \times \frac{273}{293} \times (1 - 0.03) = 80.70(\text{kmol/h})$$

低浓度吸收过程，平衡关系为直线，最小液气比为$(\frac{L}{V})_{\min} = \frac{Y_1 - Y_2}{\frac{Y_1}{m} - X_2}$。

纯溶剂吸收过程，进塔液组成为：$x_2 = 0$，则

$$(\frac{L}{V})_{\min} = \frac{0.030\,9 - 0.000\,618}{\frac{0.030\,9}{1.60 - 0}} = 1.568$$

取操作液气比　$\frac{L}{V} = 1.5(\frac{L}{V})_{\min} = 1.5 \times 1.568 = 2.352$

则

$$L = \frac{L}{V} \cdot V = 2.352 \times 80.70 = 189.81\ \text{kmol/h}$$

由物料衡算式 $V(Y_1 - Y_2) = L(X_1 - X_2)$ 可得

$$X_1 = \frac{V}{L}(Y_1 - Y_2) + X_2 = \frac{80.70 \times (0.030\,9 - 0.000\,618)}{189.81} + 0 = 0.013\,0$$

## 4.14.4　填料塔工艺尺寸计算

### 4.14.4.1　塔径计算

1. 空塔气速

气相质量流量为

$$W_V = V \cdot \rho_{V,m} = 2\,000 \times 1.242 = 2\,484.00(\text{kg/h})$$

液相质量流量可近似按纯水的流量计算

$$W_L = L \cdot M_s = 189.81 \times 18.02 = 3\,420.38(\text{kg/h})$$

由泛点气速确定空塔操作气速，在 Eckert 通用关联图中，横坐标为

$$X = (\frac{W_L}{W_V})(\frac{\rho_V}{\rho_L})^{0.5} = \frac{3\,420.38}{2\,484.00} \times (\frac{1.242}{998.2})^{0.5} = 0.048\,2$$

交点纵坐标为

$$Y = \frac{u_F^2 \cdot \varphi_F \cdot \phi}{g} \cdot \frac{\rho_v}{\rho_l}\mu_L^{0.2} = 0.179$$

选 $D_N$50 mm 聚丙烯鲍尔环（米字筋）查表（常用散装填料的特性参数）可知填料因子 $\varphi = 130\ \text{m}^{-1}$，$a_t = 100.0\ \text{m}^2/\text{m}^3$，$\varphi = 1$，有

$$u_F = \sqrt{\frac{0.179 g\rho L}{\varphi_F \phi \rho_V \mu_L^{0.2}}} = \sqrt{\frac{0.179 \times 9.81 \times 998.2}{130 \times 1 \times 1.242 \times 1^{0.2}}} = 3.295(\text{m/s})$$

得

$$u = 0.8u_F = 0.8 \times 3.295 = 2.636(\text{m/s})$$

2. 塔径

$$D = \sqrt{\frac{4V_S}{\pi u}} = \sqrt{\frac{4 \times \frac{2\,000}{3\,600}}{3.14 \times 2.636}} = 0.518(\text{m})$$

圆整塔径,取 $D = 0.600$ m。

3. 泛点气速校核

实际气速
$$u' = \frac{\frac{2\,000}{3\,600}}{0.785 \times (0.600)^2} = 1.97(\text{m/s})$$

$$\frac{u'}{u_F} = \frac{1.97}{3.295} = 59.79\%(\text{在允许范围内})$$

4. 填料规格校核

鲍尔环填料径比($D/d$)下限10 ~ 15(最低不小于8)。

$$\frac{D}{d} = \frac{600}{50} = 12(\text{在允许范围内})$$

5. 喷淋密度校核

依Morris等推荐 $d < 75$ 的环形及其它填料的最小润湿速率(MWR)为0.08 $m^3/(m \cdot h)$,最小喷淋密度为

$$U_{\text{喷min}} = (\text{MWR})a_t = 0.08 \times 100.0 = 8.00(m^3/(m^2 \cdot h))$$

$$U = \frac{\frac{W_L}{\rho_L}}{0.785 \times D^2} = \frac{\frac{3\,420.38}{998.2}}{0.785 \times (0.6)^2} = 12.13 > 8.0 = U_{min}$$

液体喷淋密度符合要求,填料塔直径 $D = 600$ mm合理。

4.14.4.2 填料层高度计算

1. 传质单元计算

$$Y_1^* = mX_1 = 1.60 \times 0.013\,0 = 0.020\,8, Y_2^* = mX_2 = 0$$

脱吸因素
$$S = \frac{mV}{L} = \frac{1.60 \times 80.70}{189.81} = 0.680$$

气相传质单元数

$$N_{OG} = \frac{1}{1-S}\ln\left[(1-S)\frac{Y1 - Y_2^*}{Y2 - Y_2^*} + S\right]$$

$$= \frac{1}{1-0.680}\ln\left[(1-0.680)\frac{0.030\,9 - 0}{0.000\,618 - 0} + 0.680\right] = 8.794$$

2. 传质单元高度的计算

干填料比表面积为 $a_t$,实际操作中润湿的填料比表面积为 $a_w$,根据恩田(Oonda)公式

$$\frac{a_c}{a_t} = 1 - \exp\left[-1.45\left(\frac{\sigma_c}{\sigma_L}\right)^{0.75}\left(\frac{U_L}{a_t \cdot \mu_L}\right)^{0.1}\left(\frac{U_L}{\rho_L \sigma_L a_t}\right)^{0.2}\left(\frac{U_L a_t}{\rho_L^2 \cdot g}\right)^{-0.05}\right]$$

查表得 $\sigma_c = 40$ dyn/cm $= 40 \times 10^{-3}$ N/m $= 518\,400$ kg/h$^2$, $\varphi = 1.45$。

液体质量流量

$$U_L = \frac{W_L}{0.785D^2} = \frac{3\,420.38}{0.785 \times (0.6)^2} = 12\,103.26\ \text{kg/m}^2 \cdot \text{h} = 3.362(\text{kg/m}^2 \cdot \text{s})$$

$$\left(\frac{\sigma_c}{\sigma_t}\right)^{0.75} = \left(\frac{40}{72.6}\right)^{0.75} = 0.639\,5$$

$$\left(\frac{U_L}{a_t \mu_L}\right)^{0.1} = \left(\frac{3.362}{100 \times 0.001}\right)^{0.1} = 1.421\,2$$

$$\left(\frac{U_{La}a_t}{\rho_L^2 \cdot g}\right)^{-0.05} = \left(\frac{3.362 \times 100}{998.2^2 \times 9.81}\right)^{-0.05} = 1.6718$$

$$\left(\frac{U_L}{\rho_L \sigma_L a_t}\right)^{0.2} = \left(\frac{3.362}{998.2 \times 0.001 \times 100}\right)^{0.2} = 0.5075$$

$$\frac{a_c}{a_t} = 1 - \exp[-1.45 \times 0.6395 \times 1.4212 \times 1.6718 \times 0.5075] = 0.673$$

$$a_w = 0.673 a_t = 0.673 \times 100 = 67.3\ \mathrm{m^2/m^3}$$

气膜吸收系数由式 $k_G = 0.237\left(\frac{U_V}{a_t \mu_V}\right)^{0.7}\left(\frac{\mu_V}{\rho_V D_V}\right)^{1/3}\left(\frac{atDV}{RT}\right)\phi^{1.1}$ 计算。

式中，$U_V$ 为气相质量流量，kg/(m$^2$·s)；$\mu_V$ 为气相的黏度，Pa·s；$D_V$ 为溶质在气相的扩散系数，m$^2$/s；$R = 8.314$ kJ/(kmol·K) 为气体常数。

气体质量通量为

$$U_V = \frac{2000 \times 1.242}{\frac{0.785}{0.6^2}} = 8789.81\ \mathrm{kg/m^2 \cdot h} = 2.442\ \mathrm{kg/m^2 \cdot s}$$

$$\left(\frac{U_V}{a_t \mu_V}\right)^{0.7} = \left(\frac{2.442}{100.0 \times 1.81 \times 10^{-5}}\right)^{0.7} = 155.255$$

$$\left(\frac{\mu_V}{\rho_V D_V}\right)^{1/3} = \left(\frac{1.81 \times 10^{-5}}{1.242 \times 1.09 \times 10^{-5}}\right)^{1/3} = 1.102$$

$$\left(\frac{a_t D_V}{RT}\right) = \left(\frac{100.0 \times 1.09 \times 10^{-5}}{8.314 \times 293}\right) = 0.447 \times 10^{-6}$$

所以得

$$\begin{aligned} k_G &= 0.237 \times 155.255 \times 1.102 \times 0.447 \times 10^{-6} \times 1.45^{1.1} \\ &= 2.842 \times 10^{-5}(\mathrm{kmol/(m^2 \cdot s \cdot kPa)}) \end{aligned}$$

液膜吸收系数

$$k_L = 0.0095\left(\frac{U_L}{a_w \mu_L}\right)^{\frac{2}{3}}\left(\frac{\mu L}{\rho_L D_L}\right)^{-\frac{1}{2}}\left(\frac{\mu_L g}{\rho_L}\right)^{\frac{1}{3}} \times \phi^{0.4}$$

式中，$U_L$ 为液相质量流量，kg/(m$^2$·s)；$\mu_L$ 为气相的黏度，Pa·s；$D_L$ 为溶质在气相的扩散系数，m$^2$/s。

其中 $\mu_L = 0.001$ Pa·s，$D_L = 4.467 \times 10^{-8}$，$a_W = 36.3$，有

$$\left(\frac{UL}{a_w \mu_L}\right)^{\frac{2}{3}} = \left(\frac{3.362}{67.3 \times 0.001}\right)^{\frac{2}{3}} = 13.564$$

$$\left(\frac{\mu_L}{\rho_L D_L}\right)^{-\frac{1}{2}} = \left(\frac{0.001}{998.2 \times 4.467 \times 10^{-8}}\right]^{-\frac{1}{2}} = 0.2112$$

$$\left(\frac{\mu_L g}{\rho_L}\right)^{\frac{1}{3}} = \left(\frac{0.001 \times 9.81}{998.2}\right)^{\frac{1}{3}} = 0.0214$$

$$k_L = 0.0095 \times 13.564 \times 0.2 \times 0.02112 = 6.757 \times 10^{-4}(\mathrm{m/s})$$

3. 气相总传质单元高度

$$k_L a = K_L \cdot a_w \phi^{1.1} = 6.757 \times 10^{-4} \times 67.3 \times 1.45^{1.1} = 6.843 \times 10^{-2}(\mathrm{kmol/(m^2 \cdot h \cdot kPa)})$$

$$k_G a = k_G \cdot a_w \phi^{0.4} = 1.813 \times 10^{-5} \times 67.3 \times 1.45^{0.4} = 1.416 \times 10^{-3}(\mathrm{l/s})$$

因为$\frac{u}{u_F} = 0.597\,9 > 0.5$，所以根据校核公式得

$$k'_G a = \left[1 + 9.5\left(\frac{u}{u_F} - 0.5\right)^{1.4}\right] \cdot k_G \cdot a$$
$$= \left[1 + 9.5 \times (0.597\,9 - 0.5)^{1.4}\right] \times 1.416 \times 10^{-3}$$
$$= 1.936 \times 10^{-3}(\text{kmol}/(\text{m}^2 \cdot \text{h} \cdot \text{kPa}))$$

$$k'_L \cdot a = \left[1 + 2.6\left(\frac{u}{u_F} - 0.5\right)^{2.2}\right] \cdot k_L \cdot a$$
$$= \left[1 + 2.6 \times (0.597\,9 - 0.5)^{2.2}\right] \times 6.843 \times 10^{-2} = 6.950 \times 10^{-2}\ \text{l/s}$$

$$K_G \cdot a = \frac{1}{\frac{1}{k'_G a} + \frac{1}{Hk_L a}}$$
$$= \frac{1}{\frac{1}{1.936 \times 10^{-3}} + \frac{1}{0.342\,7 \times 6.964 \times 10^{-2}}} = 1.791 \times 10^{-3}(\text{kmol}/(\text{m}^2 \cdot \text{s} \cdot \text{kPa}))$$

$$H_{OG} = \frac{V}{K_y a \cdot \Omega} = \frac{V}{K_G a \cdot P \cdot \Omega} = \frac{80.70/3\,600}{1.791 \times 10^{-3} \times 101.3 \times 0.785 \times 0.6^2} = 0.437(\text{m})$$

4. 填料层高度计算

根据 $Z = H_{OG} \cdot N_{OG}$，则有 $Z = 0.437 \times 8.794 = 3.843(\text{m})$

取 25% 的富余量，则完成本设计任务需 $D_N$50 mm 的聚丙烯鲍尔环填料高度

$$Z' = 1.25Z = 1.25 \times 3.843 = 4.804 \approx 5.0(\text{m})$$

4.14.4.3 填料层压降计算

利用 Eckert 通用关联图计算填料层压降

横坐标为 $X = \frac{W_L}{W_V} \cdot \left(\frac{\rho_V}{\rho_L}\right)^{0.5} = 0.048\,2$

查表 $\phi = 1.25$，$\varphi = 1$

纵坐标 $Y = \frac{u^2 \varphi_P \phi}{g} \cdot \frac{\rho_V}{\rho_L} \cdot \mu_L^{0.2} = \frac{(1.97)^2 \times 125 \times 1}{9.81} \times \frac{1.242}{998.2} \times (0.001 \times 10^3)^{0.2}$

$= 0.061\,5$

查 Eckert 通用关联图得 $\Delta P \approx 430 \times 9.81 = 4\,218.3(\text{Pa/m})$

填料全塔填料压降

$$\Delta P = 6.5 \times 4218.3 = 27\,418.95(\text{Pa})$$

### 4.14.5 辅助设备的选择

4.14.5.1 辅助设备初选

1. 本设计任务液相负荷不大，可选用排管液体分布器；且填料层不高，可不用设液体再分布器。

2. 塔径及液体负荷不大，可采用较简单的栅板型支撑板及压板。

3. 液体喷淋装置选择莲蓬式喷洒器。其结果简单，应用较为普遍。一般用于直径600 mm 以下的塔中。在压头稳定的场合，可达到较为均匀的喷淋效果。

4. 管口结构。气体进口的结构要能防止液体淹没气体通道，管末端可做成向下的喇叭形扩大口；气体出口的结构要能防止液滴的带出合积聚，可采用同气体进口结构相似的开口向下的引出管；液体进口管直接通向喷淋装置，其结构需按喷淋装置的要求而定；液体出口装置在负压操作的塔设备中必须另装液封装置。

5. 莲蓬式喷洒器。莲蓬式喷洒器是结构简单应用较为普遍，一般应用在直径在600 mm以下的塔中。它是开有许多小孔的球面分布器，在压头稳定的场合，可达到较为均匀的喷淋效果。

4.14.5.2　液体分布器设计

1. 布液孔段

根据该物系性质可选用管式分布器，取布液孔数为 100 个 /m²，则总的布液孔数为

$$n = 0.785 \times 0.6^2 \times 100 \approx 30(\text{个})$$

2. 液体保持管高度，取布液孔直径为 5 mm，则液位保持管中的高度

$$h = \frac{\left(\frac{4V_S}{\pi d^2 nk}\right)}{2g} = \frac{\left(\frac{4 \times 3\,420.38/(998.2 \times 3\,600)}{3.14 \times 0.005^2 \times 30 \times 0.62}\right)}{(2 \times 9.81)} = 0.133(\text{m})$$

其中 $k = 0.6 \sim 0.62$，取 $k = 0.62$

即液体保持管高度约为 0.1 m。

4.14.5.3　塔附属高度

塔上部空间高度，可取为 1.2 m，塔底停留时间按 5 min 考虑，则塔釜液所占空间高度为

$$h_1 = \frac{\frac{5 \times 60 \times 3\,420.38}{998.2 \times 3\,600}}{0.785 \times 0.6^2} = 1.01(\text{m})$$

考虑到气相接管所占空间高度，底部空间高度取 1.5 m，所以塔的附属空间高度可取 2.7 m。

# 第5章 蒸发器设计

## 本章符号说明

**英文字母**

- $b$ 塔板开孔(鼓泡)面积,$m^2$
- $c$ 管壁厚度,m
- $q$ 热通量,$W/m^2$
- $c$ 比热容,kJ/(kg·℃)
- $Q$ 总传热速率,W
- $d$ 加热管的内径,m
- $R_e$ 雷诺准数,无因次
- $D$ 加热蒸气消耗量,kg/h
- $r$ 气化潜热,kJ/kg
- $D$ 直径,m
- $R$ 污垢热阻,($m^2$·℃)/W
- $F$ 原料液流量,kg/h
- $S$ 传热面积,$m^2$
- $f$ 校正系数,无因次
- $t$ 溶液的温度(沸点),℃
- $g$ 重力加速度,$m/s^2$
- $t$ 管心距,m
- $h$ 高度,m
- $T$ 温度,℃
- $h$ 二次蒸气的焓,J/kg
- $u$ 流速,m/s
- $k$ 杜林直线的斜率
- $U$ 蒸发体积强度,$m^3/(m^3 \cdot s)$
- $K$ 总传热系数,W/($m^2$·℃)
- $V_S$ 流体的体积流量,$m^3/s$
- $L$ 长度,m
- $V$ 分离室的体积,$m^3$
- $M$ 溶液质量,kg/(m·s)
- $W$ 蒸发量,kg/h
- $n$ 管数
- $W$ 质量流量,kg/s
- $n$ 蒸发系统总效数溶质的质量分率,无因次
- $p$ 绝对压力,Pa 蒸气质量,$kg/m^3$
- $P_r$ 普兰特准数,无因次

**希腊字母**

- $\alpha$ 对流传热系数,W/($m^2$·℃)
- $\mu$ 黏度,Pa·s
- $\Delta$ 温度差损失,℃
- $\sigma$ 表面张力,N/m
- $\varepsilon$ 误差,无因次
- $\rho$ 密度,$kg/m^3$
- $\eta$ 热利用系数,无因次
- $\phi$ 管材质的校正系数,无因次
- $\lambda$ 阻力系数,无因次
- $\varphi$ 水流收缩系数,无因次
- $\lambda$ 导热系数,W/(m·℃)

**下标**

- $B$ 沸腾
- $p$ 压力
- $i$ 内侧
- $s$ 污垢
- $K$ 冷凝器
- $s$ 秒
- $L$ 液体
- $S$ 饱和
- $m$ 平均

| | | | |
|---|---|---|---|
| $v$ | 蒸气 | $w$ | 水 |
| max | 最大体积 | $o$ | 外侧 |
| min | 最小 | $w$ | 壁面 |

# 5.1　概　述

## 5.1.1　蒸发

将含有不挥发溶质的溶液加热沸腾，使其中的挥发性溶剂部分气化，从而将熔液浓缩的过程称为蒸发。如图5－1所示。

5.1.1.1　蒸发操作的目的

蒸发操作广泛应用于化工、轻工、食品、医药等工业领域，其主要目的有以下几个方面：

1. 浓缩稀溶液直接制取产品或将浓溶液再处理（如冷却结晶）制取固体产品，例如电解烧碱液的浓缩，食糖水溶液的浓缩及各种果汁的浓缩等。

2. 同时浓缩溶液和回收溶剂，例如有机磷农药苯溶液的浓缩脱苯，中药生产中酒精浸出液的蒸发等；

3. 除杂质、获得纯净的溶剂，例如海水淡化。

5.1.1.2　蒸发的流程

图5－2为一典型的蒸发装置流程图。蒸发器由加热室和分离室两部分组成，加热室为列管式换热器，加热蒸气在加热室的管间冷凝，放出的热量通过管壁传给列管内的溶液，使其沸腾并气化，气液混合物则在分离室中分离，其中液体又落回加热室，当浓缩到规定浓度后排出蒸发器。分离室分离出的蒸气（又称二次蒸气，以区别于加热蒸气或生蒸气），先经顶部除沫器除液，再进入混合冷凝器与冷水相混，被直接冷凝后，通过大气腿排出。不凝性气体经分离器和缓冲罐由真空泵排出。

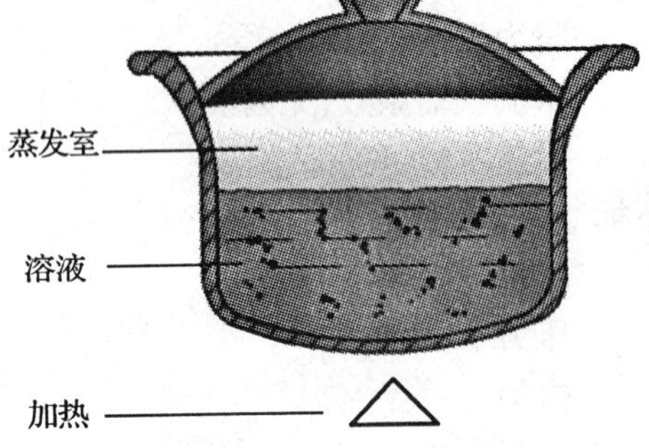


**图5－1　蒸发示意图**

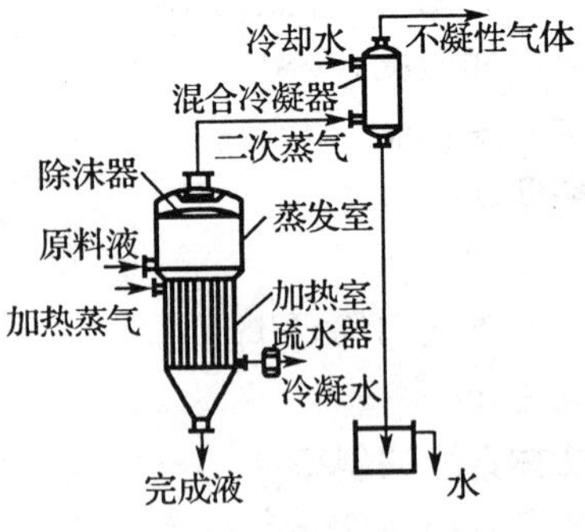


**图5－2　蒸发流程简图**

蒸发操作可以是连续的，也可以是间歇的，工业上大量物料的蒸发通常采用的是连续的，定态的过程。

5.1.1.3　加热蒸气和二次蒸气

蒸发需要不断的供给热能。工业上采用的热源通常为水蒸气，而蒸发的物料大多是水溶液，蒸发时产生的蒸气也是水蒸气。为了区别，将加热的蒸气称为加热蒸气，而由溶液蒸发出来的蒸气称之为二次蒸气。

5.1.1.4　蒸发操作的分类

1. 按操作压力

可分为常压、加压和减压（真空）蒸发操作，即在常压（大气压）下，高于或低于大气压下操作。很显然，对于热敏性物料，如抗生素溶液、果汁等应在减压下进行。而高黏度物料就应采用加压高温热源加热（如导热油、熔盐等）进行蒸发。

2. 按效数

根据所产生二次蒸气的再利用情况可分为单效与多效蒸发。单效蒸发中，所产生的二次蒸气不再利用，而直接送冷凝器冷凝以除去的蒸发操作产生的蒸气。多效蒸发中，将产生的二次蒸气通到另一压力较低的蒸发器作为加热蒸气，可以提高加热蒸气（生蒸气）的利用率。这种将多个蒸发器串联，使加热蒸气在蒸发过程中得到多次利用的蒸发过程称为多效蒸发。

3. 按蒸发模式

可分为间歇蒸发与连续蒸发。工业上大规模的生产过程通常采用的是连续蒸发。

5.1.1.5　蒸发操作的特点

从以上对蒸发过程的简单介绍可以看出，常见的蒸发实质上是间壁两侧分别有蒸气冷凝和液体沸腾的传热过程，所以蒸发器也是一种传热器，但是和一般的传热过程相比，蒸发需要注意以下特点。

1. 沸点升高

蒸发的物料是溶有不挥发溶质的溶液。由拉乌尔定律可知：在相同温度下，纯溶剂的蒸气压较低，因此，在相同的压力下，溶液的沸点高于纯溶剂的沸点。故当加热蒸气温一定时，蒸发溶液时的传热温差就比蒸发纯溶剂时来得小，而溶液的浓度越大，这种影响就越显著。

2. 节约能源

蒸发时气化的溶剂量较大，需要消耗大量的加热蒸气。如何充分的利用热量，使单位质量的加热蒸气能除去较多的水分，如采用多效蒸发或者其他的措施，是蒸发要考虑的问题。

3. 物料的工艺特性

蒸发的溶液本身具有某些特性，例如有些物料在浓缩时可能结垢或者结晶析出；有些热敏性物料在高温下易分解变质；有些则具有较大的黏度或者有较强的腐蚀性等。如何根据物料的这些性质和工艺要求，选择适宜的蒸发方法和设备，这也是蒸发所必须考虑的问题。

本章的重点就是研究上述问题，同时还考虑从二次蒸气中分离夹带液沫的问题。

### 5.1.2　蒸发器的类型与选择

5.1.2.1　蒸发器的构成

蒸发器（图5－2）的主要构件包括蒸发器（加热室，蒸发室）、除沫器、冷凝器、真空装置等。

蒸发装置设计的任务包括确定蒸发操作的条件；确定蒸发器的型式及蒸发操作流程，并进行工艺计算;确定蒸发器的传热面积及结构尺寸;辅助设备的选型或设计等。

5.1.2.2　蒸发器的类型

随着工业蒸发技术的发展,蒸发设备的结构与型式亦不断改进与创新,其种类繁多,结构各异。目前,工业上常用的为间接加热蒸发器。根据溶液在蒸发器中流动的情况,大致可将其分为循环型与单程型两类。循环型蒸发器包括中央循环管式、悬筐式、外热式、列文式及强制循环式等;单程蒸发器包括升膜式、降膜式、升－降膜式及刮板式等。

1. 循环型蒸发器

特点:溶液在蒸发器中循环流动,因而可以提高传热效果。由于引起循环运动的原因不同,分为自然循环型和强制循环型两类。

自然循环:由于溶液受热程度不同,产生密度差引起循环。

强制循环:用泵使溶液强制沿一定方向流动。

(1)中央循环管式蒸发器:中央循环管式蒸发器为最常见的蒸发器,其结构如图 5－3 所示,它主要由加热室、蒸发室、中央循环管和除沫器组成。蒸发器的加热器由垂直管束构成,管束中央有一根直径较大的管子,称为中央循环管,其截面积一般为管束总截面积的 40%～100%。当加热蒸气(介质)在管间冷凝放热时,由于加热管束内单位体积溶液的受热面积远大于中央循环管内溶液的受热面积,因此,管束中溶液的相对气化率就大于中央循环管的气化率,所以管束中气液混合物的密度远小于中央循环管内气液混合物的密度。这样造成了混合液在管束中向上,在中央循环管向下的自然循环流动。混合液的循环速度与密度差和管长有关,密度差越大,加热管越长,循环速度越大。这类蒸发器受总高限制,通常加热管为 1～2 m,直径为 25～75 mm,长径比为 20～40。

中央循环管蒸发器的主要优点是:结构简单、紧凑,制造方便,操作可靠,投资费用少。缺点是:清理和检修麻烦,溶液循环速度较低,一般仅在 0.5 m/s 以下,传热系数小。它适用于黏度适中,结垢不严重,及腐蚀性不大的场合。

(2)悬筐式蒸发器:悬筐式蒸发器是中央循环管蒸发器的改进(图 5－4)。其加热室类似悬筐,悬挂在蒸发器壳体的下部,可由顶部取出,便于清洗与更换。加热介质由中央蒸气管进入加热室,而在加热室外壁与蒸发器壳体的内壁之间有环隙通道,其作用类似于中央循环管。悬筐式蒸发器适用于蒸发易结垢或有晶体析出的溶液,它的缺点是结构复杂,单位传热面积需要的设备材料量较大。

(3)外热式蒸发器:外热式蒸发器(图 5－5)的结构特点是加热室与分离室分开,这样不仅便于清洗与更换,而且可以降低蒸发器的总高度。因其加热管较长(管长与管径之比为 50～100),同时由于循环管内的溶液不被加热,故溶液的循环速度大,可达 1.5 m/s。

(4)列文蒸发器:列文蒸发器的结构如图 5－6 所示。这种蒸发器的特点是在加热室的上部增设一沸腾室。加热室内的溶液由于受到这一段附加液柱的作用,只有上升到沸腾室时才能气化。循环管的高度一般为 7～8 m。,其截面积约为加热管总截面积的 200%～350%。因而循环管内的流动阻力较小,循环速度可高达 2～3 m/s。

列文蒸发器的优点是循环速度大,传热效果好,由于溶液在加热管中不沸腾,可以避免在加热管中析出晶体,故适用于处理有晶体析出或易结垢的溶液。其缺点是设备庞大,需要的厂房高。此外,由于液层静压力大.故要求加热蒸气的压力较高。

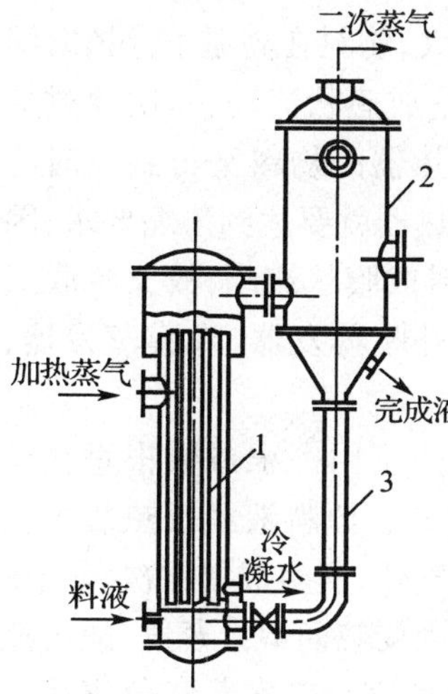


图 5 -3　中央循环管式蒸发器

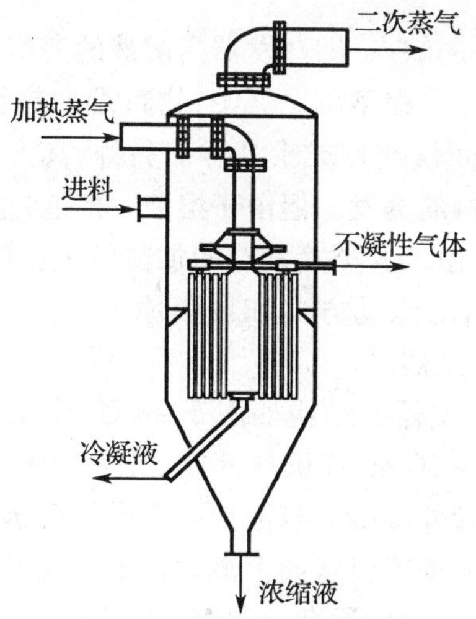


图 5 -4　悬筐式蒸发器

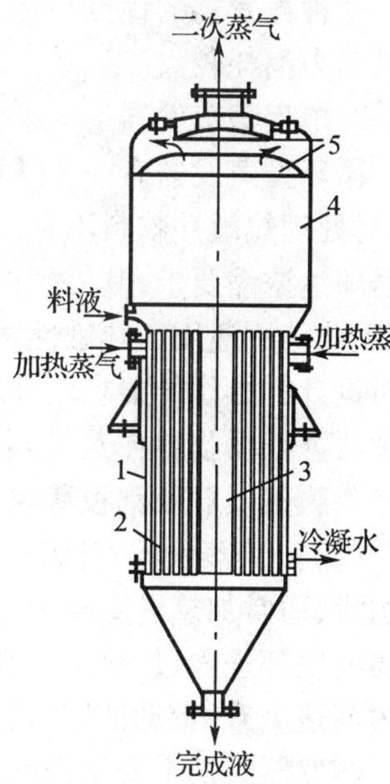


图 5 -5　外热式蒸发器

(5)强制循环蒸发器:上述介绍的各种蒸发器均为自然循环型蒸发器,即靠加热管与循环管内溶液的密度差作为推动力,导致溶液的循环流动,因此循环速度一般较低,尤其在蒸发粘稠溶液时就更低。对于这类溶液的蒸发,为提高循环速度,可采用图 5 -7 所示的强制循环型蒸发器。这种蒸发器是利用外加动力(循环泵)使溶液按着一定方向作高速循环流动。循环速度的大小可通过调节泵的流量来控制,一般循环速度在 25 m/s 以上。另外,也可在标准式蒸发器的中央循环管内加一螺旋桨来强化料液循环。可使循环速度提高到 1 ~ 15 m/s。

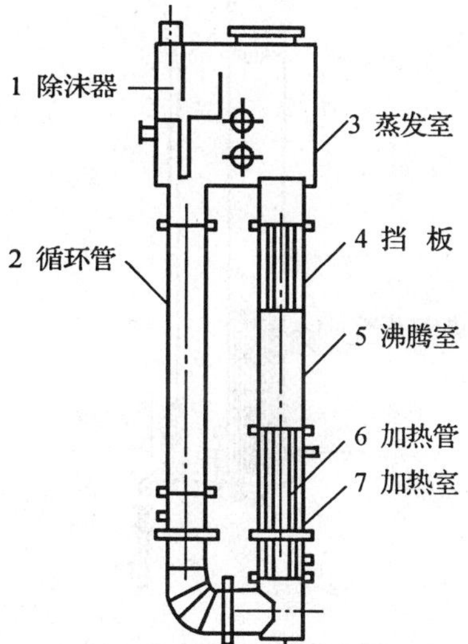


图 5 -6　列文蒸发器

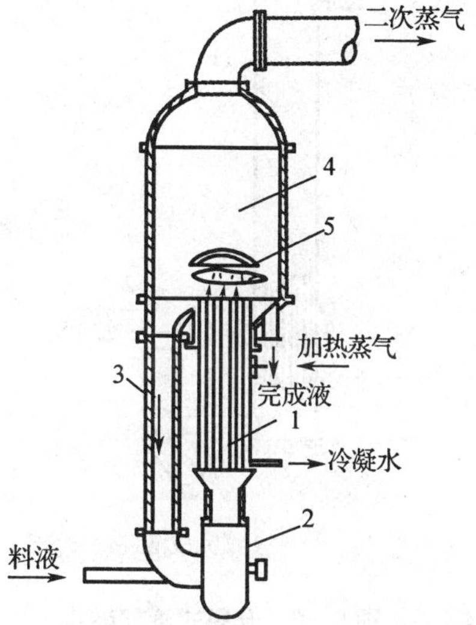


图 5 -7　强制循环蒸发器

这种蒸发器的优点是传热系数大。对于黏度较大或易结晶、结垢的物料，适应性较好。但其动力消耗较大。

2. 单程型蒸发器

循环型蒸发器有一个共同的缺点，即蒸发器内溶液的滞留量大，物料在高温下停留时间长，对处理热敏性物料不利。在单程型蒸发器中，物料沿加热管壁成膜状流动，一次通过加热器即达浓缩要求，其停留时间仅数秒或十几秒。另外，离开加热器的物料又得到及时冷却，因此特别适用于热敏性物料的蒸发。但由于溶液一次通过加热器就要达到浓缩要求，因此对设计和操作的要求较高。由于这类蒸发器的加热管上的物料成膜状流动，故又称膜式蒸发器。根据物料在蒸发器内的流动方向和成膜原因，可分为升膜蒸发器、降膜蒸发器、升－降膜蒸发器及刮板薄膜蒸发器。

(1)升膜蒸发器：升膜式蒸发器的结构如图 5－8 所示，其加热室由一根或数根垂直长管组成，通常加热管直径为 25～50 m，管长与管径之比为 100～150。原料液经预热后由蒸发器的底部进入，加热蒸气在管外冷凝。当溶液受热沸腾后迅速气化，所生成的二次蒸气在管内高速上升，带动液体沿管内壁成膜状向上流动。上升的液膜因受热而继续蒸发，故溶液在自蒸发器底部上升至顶部的过程中逐渐被浓缩，浓溶液进入分离室与二次蒸气分离后由分离器底部排出。常压下加热管出口处的二次蒸气速度不应小于 10 m/s。一般为 20～50 m/s。减压操作时，有时可达 100～160 m/s 或更高。

升膜蒸发器适用于蒸发量较大(即稀溶液)、热敏性及易起泡沫的溶液，但不适于高黏度、有晶体析出或易结垢的溶液。

(2)降膜蒸发器：降膜式蒸发器如图 5－9 所示，与升膜蒸发器的区别在于原料液由加热管的顶部加入。溶液在自身重力作用下沿管内壁呈膜状向下流动，并被蒸发浓缩，气液混

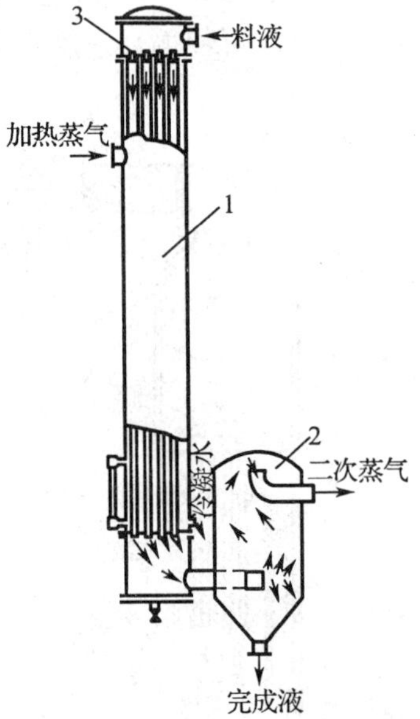


图 5－8　升膜式蒸发器

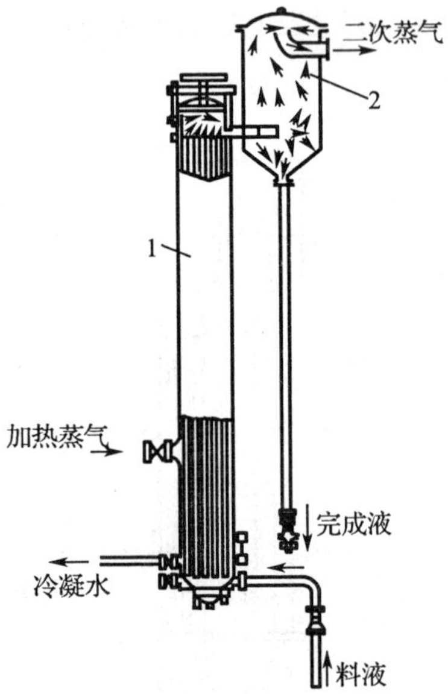


图 5－9　降膜式蒸发器

合物由加热管底部进人分离室,经气液分离后,完成液由分离器的底部排出。为使溶液能在壁上均匀成膜,在每根加热管的顶部均需设置液体布膜器。

降膜蒸发器可以蒸发组成较高的溶液,对于黏度较大的物料也能适用。但对于易结晶或易结垢的溶液不适用。此外,由于液膜在管内分布不易均匀,与升膜蒸发器相比,其传热系数较小。

(3)升－降膜蒸发器:将升膜和降膜蒸发器装在一个外壳中,即构成升－降膜蒸发器(图5－10)。原料液经预热后先由升膜加热室上升,然后由降膜加热器下降,再在分离室中和二次蒸气分离后即得完成液。这种蒸发器多用于蒸发过程中溶液的黏度变化很大、水分蒸发量不大和厂房高度有一定限制的场合。

(4)刮板薄膜蒸发器:这种蒸发器是利用旋转刮片的刮带作用,使液体分布在加热管壁上。其突出优点是对物料的适应性很强,例如对于高黏度、热敏性和易结晶结垢的物料都能适用。刮板薄膜蒸发器的结构如图5－11所示。它的壳体外部装有加热蒸气夹套,其内部装有可旋转的搅拌刮片,旋转刮片有固定的和活动的两种。前者与壳体内壁的缝隙为0.75～1.5 mm,后者与器壁的间隙随搅拌轴的转数而变。料液由蒸发器上部沿切线方向加入后,在重力和旋转刮片带动下,溶液在壳体内壁上形成下旋的薄膜,并在下降过程中不断被蒸发浓缩,在底部得到完成液。

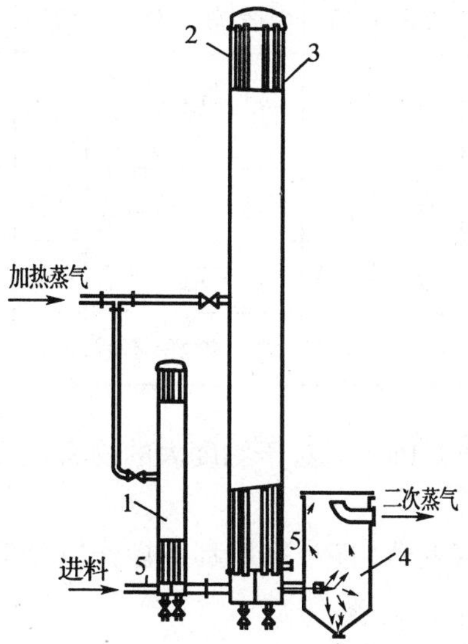


图5－10 升－降膜蒸发器

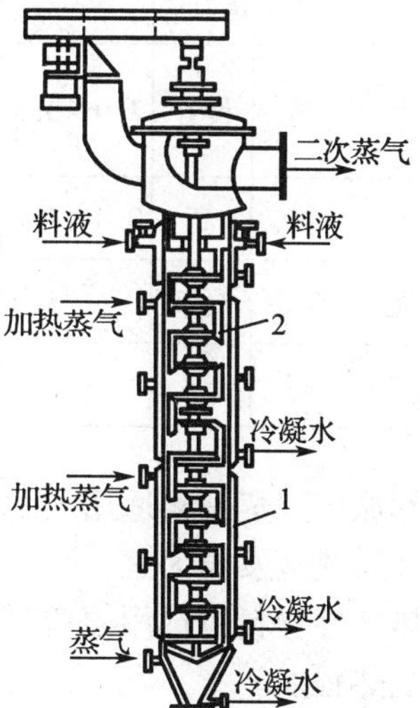


图5－11 刮板式薄膜蒸发器

这类蒸发器的缺点是结构复杂、动力消耗大,传热面积小一般为3～4 $m^2$,最大不超过20 $m^2$,故其处理量较小。

5.1.2.3 蒸发器选型

蒸发器的结构型式很多,选用时应主要考虑以下原则:

1. 要有较高的传热系数,能满足生产工艺的要求;

2. 生产能力大;

3. 结构简单,操作维修方便;

4. 能适应所处理物料的工艺特性。

蒸发物料的物理、化学特性常使一些传热系数高的蒸发器在使用时受到限制,因此,在选型时,能否适应所蒸发物料的工艺特性,是首要考虑的因素。

蒸发物料的工艺特性包括黏度、热敏性、结垢、有无结晶析出、发泡性及腐蚀性。表5-1列出了常见蒸发器的一些重要性能,可供选型时参考。

**表5-1　蒸发器的主要性能**

| 蒸发器型式 | 造价 | 总传热系数 | | 溶液在管内流速/(.m/s) | 停留时间 | 完成液组成能否恒定 | 浓缩比 | 处理量 | 对溶液性质的适应性 | | | | | |
|---|---|---|---|---|---|---|---|---|---|---|---|---|---|---|
| | | 稀溶液 | 高黏度 | | | | | | 稀溶液 | 高黏度 | 易生泡沫 | 易结垢 | 热敏性 | 有结晶析出 |
| 标准型 | 最廉 | 良好 | 低 | 0.1~1.5 | 长 | 能 | 良好 | 一般 | 适 | 适 | 适 | 尚适 | 尚适 | 稍适 |
| 外热式（自然循环） | 廉 | 高 | 良好 | 0.4~1.5 | 较长 | 能 | 良好 | 较大 | 适 | 尚适 | 较好 | 尚适 | 尚适 | 稍适 |
| 列文式 | 高 | 高 | 良好高 | 1.5~2.5 | 较长 | 能 | 良好 | 较大 | 适 | 尚适 | 较好 | 尚适 | 尚适 | 稍适 |
| 强制循环式 | 高 | 高 | 良好 | 2.0~3.5 | — | 能 | 较高 | 大 | 适 | 好 | 好 | 适 | 尚适 | 适 |
| 升膜式 | 廉 | 高 | 高 | 0.4~1.0 | 短 | 较难 | 高 | 大 | 适 | 尚适 | 好 | 尚适 | 良好 | 不适 |
| 降膜式 | 廉 | 良好 | 良好 | 0.4~1.0 | 短 | 尚能 | 高 | 大 | 较适 | 好 | 适 | 不适 | 良好 | 不适 |
| 刮板式 | 最高 | 高 | | — | 短 | 尚能 | 高 | 较小 | 较适 | 好 | 较好 | 不适 | 良好 | 不适 |

1. 自然循环型蒸发器适用的黏度范围为0.01~0.1 Pa·s,对于黏度大的物料选用强制循环型或降膜式蒸发器为宜。

2. 对热敏性物料应选用停留时间短的各种膜式蒸发器,且常采用真空操作以降低料液的沸点和受热程度。

3. 对于易结垢的物料,应选用管内流速大的强制循环型蒸发器。

4. 对有结晶析出的物料,一般应采用管外沸腾型蒸发器,如强制循环式、外热式等。刮板式、悬筐式蒸发器也适合于有结晶析出的情形。

5. 对易发泡的物料,可采用升膜式蒸发器,高速流动的二次蒸气具有破泡作用。强制循环式及外热式蒸发器具有较大的料液流速,能抑制气泡的生长,也可采用。此外,中央循环管式、悬筐式蒸发器具有较大的气液分离空间,也可采用。对发泡严重的物料,也可加入适量的消泡剂,来防止大量泡沫的产生。

6. 对于腐蚀性较大的物料,应选用耐腐蚀的材料,如不透性石墨、特种合金等。

# 5.2 单效蒸发与真空蒸发的设计计算

## 5.2.1 单效蒸发设计计算

单效蒸发设计计算内容有如下几方面：

(1)确定水的蒸发量；

(2)加热蒸气消耗量；

(3)蒸发器所需传热面积。

在给定生产任务和操作条件，如进料量、温度和浓度、完成液的浓度、加热蒸气的压力和冷凝器操作压力的情况下，上述任务可通过物料衡算、热量衡算和传热速率方程求解。

5.2.1.1 蒸发水量的计算

对图5－12所示蒸发器进行溶质的物料衡算 $Fx_0=(F-W)x_1=LX_1$。

则水的蒸发量

$$W=F(1-\frac{x_0}{x_1}) \quad (5-1)$$

完成液的浓度

$$x_1=\frac{Fx_0}{F-W} \quad (5-2)$$

式中，$F$ 为原料液量，kg/h；$W$ 为蒸发水量，kg/h；$L$ 为完成液量，kg/h；$x_0$ 为原料液中溶质的浓度，质量分数；$x_1$ 为完成液中溶质的浓度，质量分数。

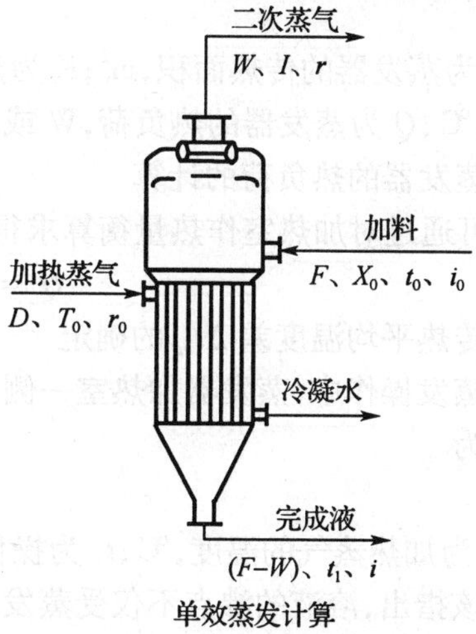


图5－12 单效蒸发衡算示意图

5.2.1.2 加热蒸气消耗量的计算

加热蒸气用量可通过对图5－12作热量衡算求得

$$DH+Fh_0=WH'+Lh_1+Dh_c+Q_L \quad (5-3a)$$

或

$$Q=D(H-h_c)=WH'+Lh_1-Fh_0+Q_L \quad (5-3b)$$

式中，$D$ 为加热蒸气量，kg/h；$H$ 为加热蒸气的焓，kJ/kg；$H'$为二次蒸气的焓，kJ/kg；$h_0$ 为原料液的焓，kJ/kg；$h_1$ 为完成液的焓，kJ/kg；$h_c$ 为加热室排出冷凝液的焓，kJ/h；$Q$ 为蒸发器的热负荷或传热速率，kJ/h；$Q_L$ 为热损失，可取 $Q$ 的某一百分数，kJ/kg；$c_0$、$c_1$ 分别为原料液及完成液的比热，kJ/(kg·℃)。

考虑溶液浓缩热不大，并将 $H'$取 $t_1$ 下饱和蒸气的焓，则(5－3b)式可写成

$$D=\frac{FC_0(t_1-t_0)+Wr'+Q_L}{r} \quad (5-4)$$

式中，$r$，$r'$分别为加热蒸气和二次蒸气的气化潜热，kJ/kg。

若原料由预热器加热至沸点后进料(沸点进料)，即 $t_0=t_1$，并不计热损失，则(5－4)式

可写为

$$D = \frac{Wr'}{r} \tag{5-5a}$$

或

$$\frac{D}{W} = \frac{r'}{r} \tag{5-5b}$$

式中,$D/W$ 称为单位蒸气消耗量,它表示加热蒸气的利用程度,也称蒸气的经济性。由于蒸气的气化潜热随压力变化不大,故 $r = r'$。对单效蒸发而言,$D/W = 1$,即蒸发一千克水需要约一千克加热蒸气,实际操作中由于存在热损失等原因,$D/W \approx 1$。可见单效蒸发的能耗很大,不经济。

5.2.1.3 传热面积的计算

蒸发器的传热面积可通过传热速率方程求得,即

$$Q = K \cdot A \cdot \Delta t_m \tag{5-6a}$$

或

$$A = \frac{Q}{K\Delta t_m} \tag{5-6b}$$

式中,$A$ 为蒸发器的传热面积,$m^2$;K 为蒸发器的总传热系数,$W/(m^2 \cdot K)$;$\Delta t_m$ 为传热平均温度差,℃;$Q$ 为蒸发器的热负荷,W 或 kJ/kg。

1. 蒸发器的热负荷的计算

$Q$ 可通过对加热室作热量衡算求得。若忽略热损失,$Q$ 即为加热蒸气冷凝放出的热量

$$Q = D(H - h_c) = Dr \tag{5-7}$$

2. 传热平均温度差 $\Delta t_m$ 的确定

在蒸发操作中,蒸发器加热室一侧是蒸气冷凝,另一侧为液体沸腾,因此其传热平均温度差应为

$$\Delta t_m = T - t_1 \tag{5-8}$$

式中,$T$ 为加热蒸气的温度,℃;$t_1$ 为操作条件下溶液的沸点,℃ 。

应该指出,溶液的沸点不仅受蒸发器内液面压力影响,而且受溶液浓度、液位深度等因素影响。因此,在计算 $\Delta t_m$ 时需考虑这些因素,下面分别予以介绍。

(1)溶液浓度的影响:溶液中由于有溶质存在,其蒸气压比纯水低。换言之,一定压强下水溶液的沸点比纯水高,其的差值称为溶液的沸点升高,以 $\Delta'$表示。影响 $\Delta'$的主要因素为溶液的性质及其浓度。一般有机物溶液的 $\Delta'$较小,无机物溶液的 $\Delta'$较大;稀溶液的 $\Delta'$不大,但随浓度增高,$\Delta'$值增高较大,例如,7.4% 的 NaOH 溶液在 101.33 kPa 下其沸点为 102 ℃,$\Delta'$仅为 2 ℃,而 48.3 ℃的 NaOH 溶液,其沸点为 140 ℃,$\Delta'$值达 40 ℃之多。各种溶液的沸点由实验确定,也可由手册中查取。

(2)压强的影响:当蒸发操作在加压或减压条件下进行时,若缺乏实验数据,则按下式估算

$$\Delta' = \Delta'_{常} \tag{5-9}$$

式中,$\Delta'$为操作条件下的溶液沸点升高,℃;$\Delta'_{常}$为常压下的溶液沸点升高,℃;$f$ 为校正系数,无因次,其值可由下式计算

$$f = 0.0162\frac{(T' + 273)^2}{r'} \tag{5-10}$$

式中,$T'$为操作压力下二次蒸气的饱和温度,℃;$r'$为操作压力下二次蒸气的气化潜热,

kJ/kg。

(3)液柱静压头的影响:通常,蒸发器操作需维持一定液位,液面下的压力比液面上的压力(分离室中的压力)高,即液面下的沸点比液面上的高,二者之差称为液柱静压头引起的温度差损失,以 $\Delta''$表示。为简便计,以液层中部(料液一半)处的压力进行计算。根据流体静力学方程,液层中部的压力 $p_m$ 为

$$p_m = p' + \frac{\rho_m g h}{2} \tag{5-11}$$

式中,$p'$为溶液表面的压力,即蒸发器分离室的压力,Pa;$\rho_m$ 为溶液的平均密度,$kg/m^3$;$h$ 为液层高度,m。

由液柱静压引起的沸点升高 $\Delta''$可表示为

$$\Delta'' = t_m - t_b \tag{5-12}$$

式中,$t_m$ 为液层中部 $p_m$ 压力下溶液的沸点,℃;$t_b$ 为 $p'$压力下溶液的沸点,℃。

近似计算时,式(5-12)中的 $t_m$ 和 $t_b$ 可分别用相应压力下水的沸点代替。

(4)管道阻力的影响:倘若设计计算中温度以另一侧冷凝器的压力(即饱和温度)为基准,则还需考虑二次蒸气从分离室到冷凝器之间的压降所造成的温度差损失,以 $\Delta'''$表示。显然,$\Delta'''$值与二次蒸气的速度、管道尺寸以及除沫器的阻力有关。由于此值难于计算,一般取经验值为 1 ℃,即 $\Delta'''=1$ ℃。

综合考虑上述因素后,操作条件下溶液的沸点 $t_1$,即可用下式求取

$$t = t_c' + \Delta' + \Delta'' + \Delta''' \tag{5-13a}$$

或

$$t_1 = t_c' + \Delta \tag{5-13b}$$

式中,$t_c'$ 为冷凝器操作压力下的饱和水蒸气温度,℃;$\Delta = \Delta' + \Delta'' + \Delta'''$为总温度差损失。

蒸发计算中,通常把(5-8)的平均温度差称为有效温度差,而把 $T - T_c$ 称为理论温差,即认为是蒸发器蒸发纯水时的温差。

3. 总传热系数 $K$ 的确定

蒸发器的总传热系数可按下式计算

$$K - \frac{1}{\frac{1}{\alpha_i} + R_i + \frac{b}{\lambda} + R_0 + \frac{1}{\alpha_0}} \tag{5-14}$$

式中,$\alpha_i$ 为管内溶液沸腾的对流传热系数,W/($m^2$·℃);$\alpha_0$ 为管外蒸气冷凝的对流传热系数,W/($m^2$·℃);$R_i$ 为管内污垢热阻,($m^2$·℃)/W;$R_o$ 为管外污垢热阻,($m^2$·℃)/W;$\frac{b}{\lambda}$为管壁热阻,($m^2$·℃)/W。

(5-14)式中 $\alpha_0$,$R_o$ 及 $b/\lambda$ 在第3章中均已阐述,本章不再赘述。由于蒸发过程中,加热面处溶液中的水分气化,浓度上升,因此溶液很易超过饱和状态,溶质析出并包裹固体杂质,附着于表面,形成污垢,所以 $R_i$ 往往是蒸发器总热阻的主要部分。为降低污垢热阻,工程中常采用的措施包括加快溶液循环速度、在溶液中加入晶种和微量的阻垢剂等。设计计算时,污垢热阻 $R_i$ 目前仍需根据经验数据确定。管内溶液沸腾对流传热系数 $\alpha_i$ 也是影响总传热系数的主要因素,影响 $\alpha_i$ 的因素很多,如溶液的性质,沸腾传热的状况,操作条件和蒸发器的结构等。目前虽然对管内沸腾作过不少研究,但其所推荐的经验关联式并不大可靠,

再加上管内污垢热阻变化较大，因此，目前蒸发器的总传热系数仍主要靠现场实测，作为设计计算的依据。表5-2中列出了常用蒸发器总传热系数的大致范围，供设计计算参考。

表5-2 常用蒸发器总传热系数 $K$ 的经验值

| 蒸发器型式 | 总传热系数/(W/($m^2$·K)) |
|---|---|
| 中央循环管式 | 580~3 000 |
| 带搅拌的中央循环管式 | 1200~5 800 |
| 悬筐式 | 580~3 500 |
| 自然循环 | 1 000~3 000 |
| 强制循环 | 1 200~3 000 |
| 升膜式 | 580~5 800 |
| 降膜式 | 1 200~3 500 |
| 刮膜式，黏度(1 MPa·s) | 2 000 |
| 刮膜式，黏度100~10 000(MPa·s) | 200~1 200 |

### 5.2.2 蒸发器的生产能力与生产强度

#### 5.2.2.1 蒸发器的生产能力

蒸发器的生产能力可用单位时间内蒸发的水分量来表示。由于蒸发水分量取决于传热量的大小，因此其生产能力也可表示为

$$Q = KA(T - t_1) \tag{5-15}$$

#### 5.2.2.2 蒸发器的生产强度

由式(5-15)可以看出蒸发器的生产能力仅反映蒸发器生产量的大小，而引入蒸发强度的概念却可反映蒸发器的优劣。蒸发器的生产强度简称蒸发强度，是指单位时间单位传热面积上所蒸发的水量

$$u = \frac{W}{A} \tag{5-16}$$

式中，$u$ 为蒸发强度，kg/($m^2$·h)。蒸发强度通常可用于评价蒸发器的优劣，对于一定的蒸发任务而言，若蒸发强度越大，则所需的传热面积越小，即设备的投资就越低。

若不计热损失和浓缩热，料液又为沸点进料，联立式(5-7)，(5-8)和(5-16)可得

$$u = \frac{W}{A} = \frac{K\Delta t_m}{r} \tag{5-17}$$

由此式可知，提高蒸发强度的主要途径是提高总传热系数 $K$ 和传热温度差 $\Delta t_m$。

#### 5.2.2.3 提高蒸发强度的途径

1. 提高传热温度差

提高传热温度差可从提高热源的温度或降低溶液的沸点等角度考虑，工程上通常采用下列措施来实现。

(1)真空蒸发：真空蒸发可以降低溶液沸点，增大传热推动力，提高蒸发器的生产强度，

同时由于沸点较低,可减少或防止热敏性物料的分解。另外,真空蒸发可降低对加热热源的要求,即可利用低温水蒸气作热源。但是,应该指出,溶液沸点降低,其黏度会增高,并使总传热系数 $K$ 下降。当然,真空蒸发要增加真空设备并增加动力消耗。

(2)高温热源:提高 $\Delta t_m$ 的另一个措施是提高加热蒸气的压力,但这时要对蒸发器的设计和操作提出严格要求。一般加热蒸气压力不超过 0.6 ~ 0.8 MPa。对于某些物料如果加压蒸气仍不能满足要求时,则可选用高温导热油、熔盐或改用电加热,以增大传热推动力。

2. 提高总传热系数

蒸发器的总传热系数主要取决于溶液的性质、沸腾状况、操作条件以及蒸发器的结构等。这些已在前面论述,因此,合理设计蒸发器以实现良好的溶液循环流动,及时排除加热室中不凝性气体,定期清洗蒸发器(加热室内管),均是提高和保持蒸发器在高强度下操作的重要措施。

## 5.3 多效蒸发

### 5.3.1 加热蒸气的经济性

蒸发过程是一个能耗较大的单元操作,通常把能耗也作为评价其优劣的另一个重要评价指标,或称为加热蒸气的经济性,其定义为 1 kg 蒸气可蒸发的水分量,即

$$E = \frac{W}{D} \tag{5-18}$$

#### 5.3.1.1 多效蒸发

多效蒸发是将第一效蒸发器气化的二次蒸气作为热源通入第二效蒸发器的加热室作加热用,这称为双效蒸发。如果再将第二效的二次蒸气通入第三效加热室作为热源,并依次进行多个串接,则称为多效蒸发。采用多效蒸发,由于生产给定的总蒸发水量 W 分配于各个蒸发器中,而只有第一效才使用加热蒸气,故加热蒸气的经济性大大提高。

#### 5.3.1.2 外蒸气的引出

将蒸发器中蒸出的二次蒸气引出(或部分引出),作为其他加热设备的热源,例如用来加热原料液等,可大大提高加热蒸气的经济性,同时还降低了冷凝器的负荷,减少了冷却水量。

#### 5.3.1.3 热泵蒸发

将蒸发器蒸出的二次蒸气用压缩机压缩,提高它的压力,倘若压力又达加热蒸气压力时,则可送回入口,循环使用。加热蒸气(或生蒸气)只作为启动或补充泄漏、损失等用。因此节省了大量生蒸气,热泵蒸发的流程如图 5 - 13 所示。

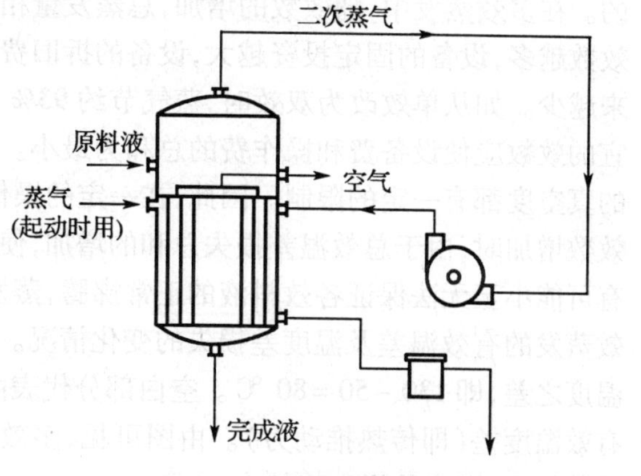


**图 5 - 13　热泵蒸发流程**

5.3.1.4　冷凝水显热的利用

蒸发器加热室排出大量高温冷凝水，这些水可返回锅炉房重新使用，这样既节省能源又节省水源。但应用这种方法时，应注意水质监测，避免因蒸发器损坏或阀门泄漏，污染锅炉补水系统。当然高温冷凝水还可用于其他加热或需工业用水的场合。

## 5.3.2　多效蒸发的效数及流程

5.3.2.1　效数的确定

实际工业生产中，大多采用多效蒸发，其目的是为了降低蒸气的消耗量从而提高蒸发装置的经济性。表5－3为不同效数蒸发装置的蒸气消耗量，其中实际消耗量包括蒸发装置的各项热损失。

表5－3　不同效数蒸发装置的蒸气消耗量

| 效数 | 理论蒸气消耗量 | | 实际蒸气消耗量 | | |
|---|---|---|---|---|---|
| | 蒸发1 kg所耗蒸气量 kg蒸气/kg水 | 1kg蒸气所能蒸发水量 kg水/kg蒸气 | 蒸发1kg所耗蒸气量 kg蒸气/kg水 | 1kg蒸气所能蒸发水量 kg水/kg蒸气 | 本装置若再加一效可节约的蒸气量，% |
| 单效 | 1 | 1 | 1.1 | 0.91 | 93 |
| 双效 | 0.5 | 2 | 0.57 | 1.754 | 30 |
| 三效 | 0.33 | 3 | 0.4 | 2.5 | 25 |
| 四效 | 0.25 | 4 | 0.3 | 3.33 | 10 |
| 五效 | 0.2 | 5 | 0.27 | 3.7 | 7 |

由表5－3中数据可看出随效数的增加，蒸气消耗量减少。但不是效数越多越好，这主要受经济和技术因素的限制。经济上的限制是指当效数增加到一定值时经济上是不合理的。在多效蒸发中，随效数的增加，总蒸发量相同时所消耗的蒸气量减少，操作费用下降，但效数越多，设备的固定投资越大，设备的拆旧费越多，而且随效数的增加，所节约的蒸气量越来越少。如从单效改为双效时，蒸气节约93%；但从四效改为五效仅节约蒸气10%。最适宜的效数应使设备费和操作费的总和为最小。在实际的工业生产中。蒸气的压力和冷凝器的真空度都有一定的限制。因此，在一定的操作条件下，蒸发器的理论总温差为一定值，当效数增加时，由于总效温差损失总和的增加，使总有效温差减少，分配到各效的有效温差将有可能小至无法保证各效料液的正常沸腾，蒸发操作将难以正常进行。图5－14为单效、双效蒸发的有效温差及温度差损失的变化情况。图中总高代表加热蒸气温度与冷凝器中蒸气温度之差，即130－50＝80 ℃。空白部分代表由于各种原因引起的温度损失，阴影部分代表有效温度差（即传热推动力）。由图可见，多效蒸发中的温度差损失较单效大。不难理解，效数越多，温度差损失将越大。

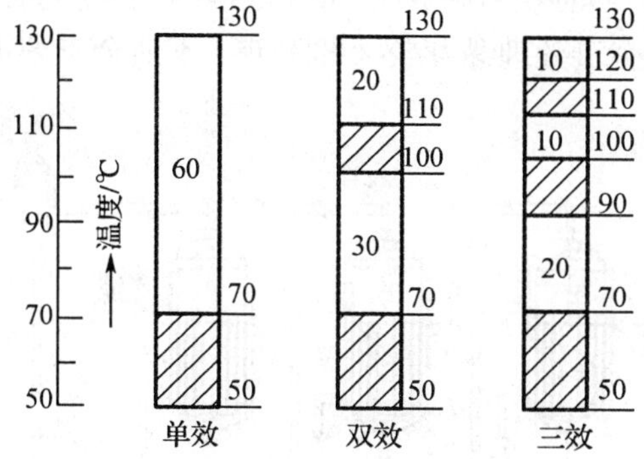


**图 5-14　单效、双效蒸发的有效温差及温度差损失**

在蒸发操作中，为保证传热的正常进行，根据经验，每一效的温差不能小于 5～7 ℃。通常，对于沸点升高较大的电解质溶液，如 NaCl，NaOH，$NH_4NO_3$，$Na_2CO_3$，$Na_2SO_4$ 等可采用 2～3 效；对于沸点升高特大的工质，如 $MgCl_2$，$CaCl_2$，KCl，$H_3PO_4$ 等常采用单效蒸发；对于非电解质溶液，如有机溶剂等，其沸点升高较小，可取 4～6 效；在海水淡化中，温差损失很小，可采用 20～30 效。

5.3.2.2　多效蒸发流程的选择

为了合理利用有效温差，并根据加热蒸气与料液流向的不同，多效蒸发的操作流程可分为并流、逆流、平流、错流等流程。

1. 并流流程

也称顺流加料流程，如图 5-15 所示，料液与蒸气在效间流动同向。因各效间有较大的压力差，料液能自动从前效流向后效，不需输料泵；前效的温度高于后效，料液从前效进入后效时呈过热状态，过料时有闪蒸。并流流程结构紧凑，操作简便，应用较广。对于并流流程，后效温度低、组成高；逐效料液的黏度增加。传热系数下降，并导致有效温差在各效间的分配不均。因此，并流流程只适用于处理黏度不大的料液。

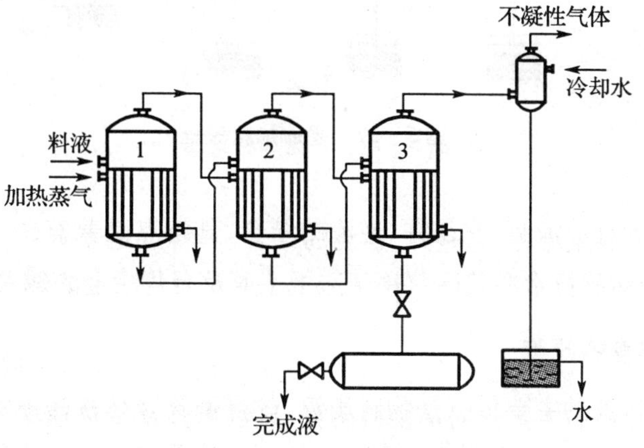


**图 5-15　并流加料流程**

2. 逆流加料

逆流加料流程如图 5-16 所示，料液与加热蒸气在效间呈逆流流动。效间需过料泵，动力消耗大,操作也较复杂。自前效到后效,料液组成渐增,温度同时升高,黏度及传热系数变化不大,温差分配均匀,适合于处理黏度较大的料液。不适合于处理热敏性料液。

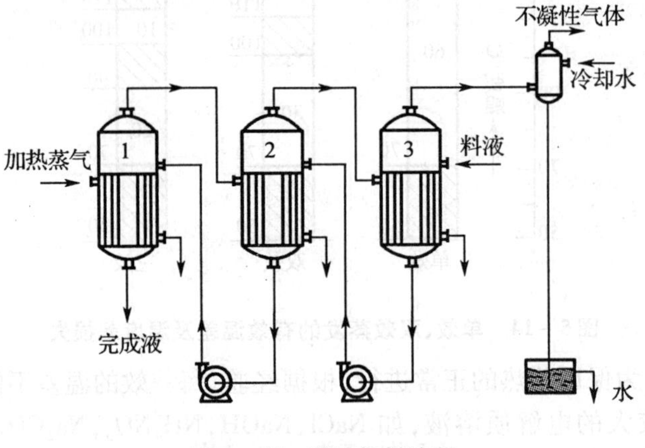


图 5－16　逆流加料流程

3. 平流加料

平流加料流程如图 5－17 所示,每一效都有进料和出料;适合于有大量结晶析出的蒸发过程。

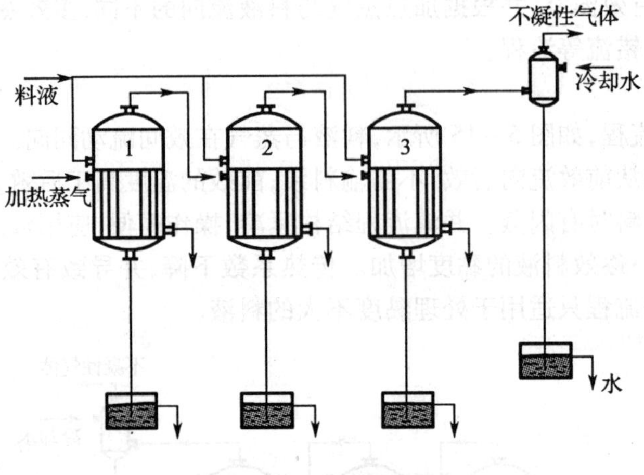


图 5－17　平流加料流程

4. 错流流程

错流流程也称为混流流程,它是并、逆流的结合,其特点是兼有并、逆流的优点,但操作复杂,控制困难。目前此技术在我国仅用于造纸工业及有色冶金的碱回收系统中。

### 5.3.3　多效蒸发的计算

多效蒸发工艺计算的主要依据是物料衡算、热量衡算及传热速率方程。计算的主要项目有加热蒸气的消耗量、各效溶剂蒸发量以及各效的传热面积。计算的已知参数包括料液的流量,温度和组成,最终完成液的组成,加热蒸气的压力和冷凝器中的压力等。

#### 5.3.3.1　多效蒸发的设计计算步骤

多效蒸发的计算一般采用迭代计算法:

1. 根据工艺要求及溶液的性质，确定蒸发的操作条件（如加热蒸气压力及冷凝器压力）及蒸发器的型式、流程和效数；

2. 根据生产经验数据，初步估计各效蒸发量和各效完成液的组成；

3. 根据经验假设蒸气通过各效的压力降相等. 估计各效溶液沸点和有效总温差；

4. 根据蒸发器的焓（热量）衡算，求各效的蒸发量和传热速率；

5. 根据传热速率方程计算各效的传热面积。若求得的各效传热面积不相等，则应根据各效传热面积相等的原则重新分配有效温度差，重复步骤3至5，直到所求得的各效传热面积相等（或满足预先给出的精度要求）为止。

5.3.3.2　蒸发器的计算方法

以三效并流流程为例介绍多效蒸发装置的计算方法。

1. 估算各效蒸发量和完成液组成

总蒸发量

$$W = F\left(1 - \frac{x_0}{x_n}\right) \tag{5-19}$$

在蒸发过程中，总蒸发量为各效蒸发量之和

$$W = \sum W_i \tag{5-20}$$

任一效中完成液的组成

$$x_i = \frac{Fx_0}{F - \sum W_i} \tag{5-21}$$

各效蒸发量可按总蒸发量的平均值估算

$$W_i = \frac{\sum W_i}{n} \tag{5-22}$$

对于并流操作的多效蒸发，因存在闪蒸观象，可按如下比例进行估算，例如，对于三效蒸发 $W_1:W_2:W_3=1:1.1:1.2$。

以上各式中，$W$ 为总蒸发量，kg/h；$W_1, W_2, \cdots W_n$ 分别各效的蒸发量，kg/h；$x_0, x_1, x_2, \cdots x_n$ 为原料液及各效完成液溶质的质量分率，无因次。

2. 各效溶液沸点及有效总温度差的估算

为求各效料液的沸点，首先假定各效的压力。一般加热蒸气的压力和冷凝器的压力（或末效压力）是给定的，其他各效的压力可按各效间蒸气压力降相等的假设来确定，即

$$\Delta P = \frac{P_1 - P'_K}{n} \tag{5-23}$$

式中，$\Delta P$ 为各效加热蒸气压力与二次蒸气压力之差，Pa；$P_1$ 为第Ⅰ效加热蒸气的压力，Pa；$P'_K$ 为末效冷凝器中的压力，Pa。

多效蒸发中的有效传热温差可用下式计算

$$\sum \Delta t = (T_1 - T'_K) - \sum \Delta \tag{5-24}$$

式中，$\sum \Delta t$ 为有效总温差，为各效有效温差之和，℃；$T_1$ 为第Ⅰ效加热蒸气的温度，℃；$T'_K$ 为冷凝器的操作压力下二次蒸气的饱和温度，℃；$\sum \Delta$ 为总的温度差损失，为各效温差损

失之和。

$$\sum \Delta + \Delta' + \Delta'' + \Delta''' \tag{5-25}$$

3. 加热蒸气消耗量及各效蒸发水量的初步估算

第 $i$ 效的热量衡算式为

$$Q_i = D_i r_i = (Fc_{p0} - W_1 c_{pw} - W_2 c_{pw} - \cdots - W_{i-1} c_{pw})(t_i - t_{i-1}) + W_i r'_i p \tag{5-26}$$

由上式可求得第 $i$ 效的蒸发量 $W_i$。若在热量衡算式中计入溶液的浓缩热及蒸发器的热损失时，尚需考虑热利用系数 $\eta$。对于一般溶液的蒸发，热利用系数 $\eta$ 可取为 0.96～0.7$\Delta x$。（式中 $\Delta x$ 为以质量分率表示的溶液的组成变化）。

第 $i$ 效的蒸发量 $W_i$ 的计算式为

$$W_i = \eta_i \left[ \frac{D_i r_i}{r'_i} + (FC_{po} - W_1 C_{pw} - W_2 C_{pw} - \cdots - W_{i-1} C_{pw}) \frac{t_{i-1} - t_i}{r'_i} \right] \tag{5-27}$$

式中，$D_i$ 为第 $i$ 效加热蒸气量，kg/h，当无额外蒸气抽出时，$D_i = W_{i-1}$；$r_i$ 为第 $i$ 效加热蒸气的气化潜热，kJ/kg；$C_{po}$为原料液的比热容，kJ/(kg·℃)；$C_{pw}$为水的比热容，kJ/(kg·℃)；$t_i$，$t_{i-1}$分别为第 $i$ 效和第 $i-1$ 效溶液的温度(沸点)，℃：$\eta_i$ 为第 $i$ 效的热利用系数，无因次。

对于蒸气的消耗量，可列出各效热量衡算式与式(5-20)联解而求得。

4. 传热系数 $K$ 的确定

蒸发器的总传热系数的表达式原则上与普通换热器相同。即

$$K = \frac{1}{\dfrac{1}{\alpha_O} + R_{SO} + \dfrac{d_o}{\alpha_i d_i} + R_{si}\dfrac{d_o}{d_i} + \dfrac{b}{\lambda}\dfrac{d_o}{d_m}} \tag{5-28}$$

式(5-28)中，下标 $i$ 表示管内侧，$O$ 表示外侧，$m$ 表示平均。管外蒸气冷凝的传热系数 $\alpha_o$ 可按膜状冷凝的传热系数公式计算，垢层热阻 $R_s$ 值可按经验值估计。

但管内溶液沸腾传热系数则受较多因素的影响，例如溶液的性质。蒸发器的型式、沸腾传热的形式以及蒸发操作的条件等。由干管内溶液沸腾传热的复杂性，现有的计算关联式的准确性较差。下面仅给出强制循环蒸发器管内沸腾传热系数的经验关联式，其他情况可参阅有关专著或手册。

在强制循环蒸发器中，加热管内的液体无沸腾区，因此可采用无相变时管内强制湍流的计算式，即

$$\alpha_i = 0.023 \frac{\lambda}{d_i} \mathrm{Re}_L^{0.8} \mathrm{Pr}_L^{0.8} \tag{5-29}$$

式中，$\lambda_L$ 为液体的导热系数，W/(m·℃)；$d_i$ 为加热管的内径，m；$Pr_L$ 为液体的普兰特准数，无因次；$\mathrm{Re}_L$ 为液体的雷诺准数，无因次。

实验表明，式中的 $\alpha_i$ 计算值比实验值约低 25%。需要指出，由于 $\alpha_i$ 的关联式精度较差，目前在蒸发器设计计算中，总传热系数 $K$ 大多根据实测或经验值选定。表 5-4 列出了几种常用蒸发器 $K$ 值的大致范围，可供设计时参考。

5. 蒸发器的传热面积和有效温差在各效中的分配

任一效的传热速率方程为

$$Q_i = K_i S_i \Delta t_i \tag{5-30}$$

式中，$Q_i$ 为第 $i$ 效的传热速率，W；$K_i$ 为第 $i$ 效的传热系数 W/(m²·℃)；$S_i$ 为第 $i$ 效的传热

面积，$m^2$；$\Delta t_i$ 为第 $i$ 效的传热温差，℃。

表5-4　蒸发器总传热系数 $K$ 的概略值

| 蒸发器型式 | 总传热系数 $K$/(W/(m·℃)) |
|---|---|
| 水平浸没加热器 | 600～2 300 |
| 标准式(自然循环) | 600～3 000 |
| 标准式(强制循环) | 1 200～6 000 |
| 悬筐式 | 600～3 000 |
| 外加热式(自然循环) | 1 200～6 000 |
| 外加热式(强制循环) | 1 200～6 000 |
| 升膜式 | 1 200～6 000 |
| 降膜式 | 1 200～3 500 |

确定总有效温差在各效间分配的目的是为了求取蒸发器的传热面积 $S_i$，现以三效为例加以说明。

$$S_1 = \frac{Q_1}{K_1 \Delta t_1} \tag{5-31a}$$

$$S_2 = \frac{Q_2}{K_2 \Delta t_2} \tag{5-31b}$$

$$S_3 = \frac{Q_3}{K_3 \Delta t_3} \tag{5-31c}$$

式中

$$Q_1 = D_1 r_1 \tag{5-32a}$$

$$Q_2 = W_1 r_1' \tag{5-32b}$$

$$Q_3 = W_2 r_2' \tag{5-32c}$$

$$\Delta t_2 = T_2 - t_2 = T_1' - t_2 \tag{5-33a}$$

$$\Delta t_2 = T_2 - t_2 = T_1' - t_2 \tag{5-33b}$$

$$\Delta t_3 = T_3 - t_3 = T_2' - t_3 \tag{5-33c}$$

在多效蒸发中，为了便于制造和安装；通常采用各效传热面积相等的蒸发器，即

$$S_1 = S_2 = S_3 = S$$

若由式求得的传热面积不等。应根据各效传热面积相等的原则重新分配各效的有效温度差，具体方法如下。

设以 $\Delta t'$表示各效传热面积相等时的有效温差，则

$$\Delta t_1' = \frac{S_1}{S}\Delta t_1, \Delta t_2' = \frac{S_2}{S}\Delta t_2, \Delta t_3' = \frac{S_3}{S}\Delta t_3 \tag{5-34}$$

与(5-31)式比较可得

$$\Delta t_1' = \frac{S_1}{S}\Delta t_1, \Delta t_2' = \frac{S_2}{S}\Delta t_2, \Delta t_3' = \frac{S_3}{S}\Delta t_3 \tag{5-35}$$

将式(5 - 35)各式相加，得

$$\sum \Delta t = \Delta t_1' + \Delta t_2' + \Delta t_3' = \frac{S_1}{S}\Delta t_1 + \frac{S_1}{S}\Delta t_2 + \frac{S_3}{S}\Delta t_3$$

或

$$S = \frac{S_1\Delta t_1 + S_2\Delta t_2 + S_3\Delta t_3}{\sum \Delta t} \tag{5-36}$$

式中，$\sum \Delta t$ 为各效的有效温差之和，称为有效总温差，℃。

由式(5 - 31)求得传热面积 S 后，即可重新分配各效的有效温差，重复上述计算步骤，直到求得的各效传热面积相等(或达到所要求的精度)为止，该面积即为所求传热面积。

## 5.4　蒸发装置结构设计

### 5.4.1　蒸发器的主要结构尺寸

下面以中央循环管式蒸发器为例说明蒸发器主要结构尺寸的设计计算方法。中央循环管式蒸发器的主要结构尺寸包括加热室和分离室的直径和高度；加热管与中央循环管的规格、长度及在管板上的排列方式。这些尺寸的确定取决于工艺计算结果，主要是传热面积。

#### 5.4.1.1　加热管的选择和管数的初步估计

蒸发器的加热管通常选用 $\Phi 25 \times 2.5$ mm，$\Phi 38 \times 2.5$ mm，$\Phi 57 \times 3.5$ mm 等几种规格的无缝钢管。管子长度的选择应根据溶液结垢的难易程度、溶液的起泡性和厂房的高度等因素来考虑，加热管的长度一般为 0.6 ~ 2 m，但也有选用 2 m 以上的管子。易结垢和易起泡沫的蒸发宜选用短管。

当加热管的规格与长度确定后，可由下式初步估计所需的管子数 $n'$

$$n' = \frac{S}{\pi d_o (L - 0.1)} \tag{5-37}$$

式中，$S$ 为蒸发器的传热面积，$m^2$，由前面的工艺计算决定；$d_o$ 为加热管外径，m；$L$ 为加热管长度，m。

因加热管固定在管板上，考虑管板厚度所占据的传热面积，则计算管子数 $n'$ 时的管长应取 $(L - 0.1)$ m。为完成传热任务所需的最小实际管数，只有在管板上排列加热管后才能确定。

#### 5.4.1.2　循环管的选择

循环管的截面积根据使循环阻力最小的原则来考虑的。中央循环管式蒸发器的循环管截面积可取加热管总截面积的 40% ~ 100%。加热管的总截面积可按 $n'$ 计算，循环管内径 $D_i$ 可表示为

$$\frac{\pi}{4}D_i^2 = (0.4 \sim 1.0)n'\frac{\pi}{4}d_i^2$$

则

$$D_i = \sqrt{(0.1 - 1.0)n'd_i} \tag{5-38}$$

对于加热面积较小的蒸发器，应取较大的百分数。按上式计算出 $D_i$ 后，应从管子规格中选取管径相近的标准管，如循环管数 $n$ 与加热管数 $n'$ 相差不大，则循环管的规格可一次

确定。循环管的管长与加热管相等,循环管的表面积不计入传热面积中。

5.4.1.3　加热室直径及加热管数目的确定

加热室的内径取决于加热管和循环管的规格、数目及在管板上的排列方式。加热管在管板上的排列方式有三角形、正方形。同心圆等,目前以三角形排列居多。管心距 $t$ 为相邻两管中心线之间的距离,$t$ 一般为加热管外径的 1.25 ~ 1.5 倍。目前在换热器设计中,管心距的数值已经标准化,管子规格确定后,相应的管心距则为确定值。表 5 - 5 摘录了管心距的数据、设计时可选用。

**表 5 - 5　不同加热管尺寸的管心距**

| 加热管外径 $d_o$/mm | 19 | 25 | 38 | 57 |
|---|---|---|---|---|
| 管心距 $t$/mm | 25 | 32 | 48 | 70 |

加热室内径和加热管数采用作图法来确定,具体作法是先计算管束中心线上管数 $n_e$。

管子按正三角形排列时:$n_e = 1.1\sqrt{n}$　　(5 - 39)

管子按正方形排列时:$n_e = 1.19\sqrt{n}$　　(5 - 40)

式中,$n$ 为总加热管数。

加热室内径可采用下式初步估算

$$D_i = t(n_e - 1) + 2b' \qquad (5-41)$$

其中

$$b' = (1 - 1.5)d_o$$

根据初估加热室内径值和容器公称直径系列,试选一个内径作为加热室内径,并以此内径和循环管外径作同心圆,在同心圆的环隙中,按加热管的排列方式和管心距作图。作图所得管数 $n$ 必须大于初估值 $n'$。如不满足,应另选一设备内径,重新作图,直至合适为止。

壳体内径的标准尺寸列于表 5 - 6 中,设计时可作为参考。

**表 5 - 6　壳体的尺寸标准**

| 壳体内径/mm | 400 ~ 700 | 800 ~ 1 000 | 1 100 ~ 1 500 | 1 600 ~ 2 000 |
|---|---|---|---|---|
| 最小壁厚/mm | 8 | 10 | 12 | 14 |

5.4.1.4　分离室直径和高度的确定

分离室的直径和高度取决于分离室的体积。而分离室的体积又与二次蒸气的体积流量及蒸发体积强度有关。分离室体积的计算为

$$V = \frac{W}{3\ 600\rho U} \qquad (5-42)$$

式中,$V$ 为分离室的体积,$m^3$;$W$ 为某效蒸发器的二次蒸气流量,$kg/m^3$;$\rho$ 为某效蒸发器的二次蒸气密度,$kg/m^3$;$U$ 为蒸发体积强度,$m^3/(m^3/s)$,即每立方米分离室每秒钟产生的二次蒸气量,一般允许值为 $1.1 \sim 1.5\ m^3/(m^3/s)$。

根据蒸发器工艺计算得到的各效二次蒸气量,再从蒸发体积强度的数值范围内选取一个值,即可由上式计算出分离室的体积。一般情况下,各效的二次蒸气量是不相同的且密度

也不相同，按上式算出的分离室体积也不相同，通常末效体积最大。为方便起见，设计时各效分离室的尺寸可取一致，分离室体积宜取其中较大者。

分离室体积确定后，其高度 H 与直径 D 符合下列关系

$$V = \frac{\pi}{4}D^2H \tag{5-43}$$

在利用此关系确定高度和直径时应考虑如下原则。

1. 分离室的高度与直径之比 $H/D=1\sim2$。对于中央循环管式蒸发器，其分离室的高度一般不能小于 1.8 m，以保证足够的雾沫分离高度。分离室的直径也不能太小，否则二次蒸气流速过大，将导致严重雾沫夹带。

2. 在允许的条件下，分离室直径应尽量与加热室相同，这样可使结构简单，加工制造方便。

3. 高度和直径均应满足施工现场的安装要求。

5.4.1.5　接管尺寸的确定

流体进出口接管的内径按下式计算

$$d = \sqrt{\frac{4V_s}{\pi u}} \tag{5-44}$$

式中，$V_s$ 为流体的体积流量，$m^3/s$；$u$ 为流体的适宜流速，m/s。

流体的适宜流速列于表 5－7 中，设计时可作为参考。

**表 5－7　流体的适宜流速**

| 强制流动的流体/(m/s) | 自然对流的流体/(m/s) | 饱和蒸气/(m/s) | 空气及其他气体/(m/s) |
|---|---|---|---|
| 0.8～15 | 0.08～0.15 | 20～30 | 15～20 |

估算出接管内径后，应从管子的标准系列中选用相近的标准管。

蒸发器的主要接管包括：溶液的进出口管、加热蒸气进口与二次蒸气出口管、冷凝水出口管等。

1. 溶液的进出口管

对于并流加料的三效蒸发，第 *I* 效溶液的流量最大，若各效设备采用统一尺寸，应根据第 I 效溶液流量来确定接管。溶液的适宜流速按强制流动考虑、为方便起见，进出口可取统一管径。

2. 加热蒸气进口与二次蒸气出口管

若各效结构尺寸一致。则二次蒸气体积流量应取各效中较大者。一般情况下，末效的体积流量最大。

3. 冷凝水出口管

冷凝水的排出一般属于自然流动（有泵抽出的情况除外），接管直径应由各效加热蒸气消耗量较大者确定。

### 5.4.2　蒸发装置的辅助设备

蒸发装置的辅助设备主要包括气液分离器与蒸气冷凝器。

5.4.2.1 气液分离器

蒸发操作时二次蒸气中夹带大量的液体,虽在分离室得到初步分离,但为了防止损失有用的产品或防止污染冷凝液体,还需设置气液分离器,以使雾沫中的液体聚集并与二次蒸气分离,故气液分离器又称为捕沫器或除沫器。其类型很多,设置在蒸发器分离室顶部的有简易式、惯性式及网式除沫器等,如图5-18(a),(b),(c)所示;设置在蒸发器外部的有折流式、旋流式及离心式除沫器等,如图5-19(d),(e),(f)所示。各种气液分离器的性能列于表5-8中,设计时可作为参考。

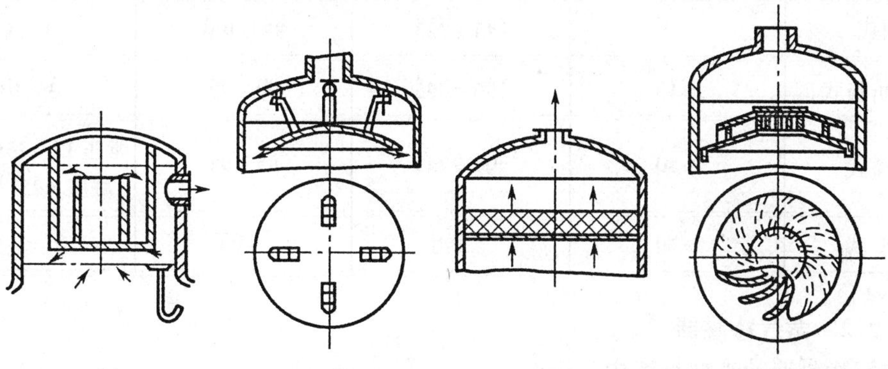

(a) (b) (c) (d)

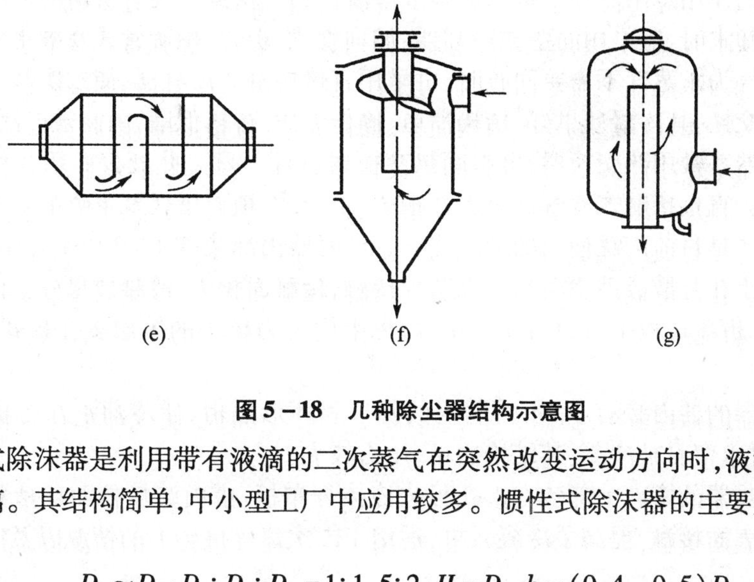

(e) (f) (g)

**图5-18 几种除尘器结构示意图**

惯性式除沫器是利用带有液滴的二次蒸气在突然改变运动方向时,液滴因惯性作用而与蒸气分离。其结构简单,中小型工厂中应用较多。惯性式除沫器的主要尺寸可按下列关系确定

$$D_0 \approx D_1; D_1 : D_2 : D_3 = 1 : 1.5 : 2; H = D_3; h = (0.4 - 0.5)D_1$$

式中,$D_0$ 为二次蒸气管径,m;$D_1$ 为除沫器内管直径,m;$D_2$ 为除沫器外罩管直径,m;$D_3$ 为除沫器外壳直径,m;$H$ 为除沫器的总高度,m;$h$ 为除沫器内管顶部与器顶的距离,m。

网式除沫器是让蒸气通过大比表面积的丝网,使液滴附在丝网表面而除去。除沫效果好,丝网空隙率大,蒸气通过时压力降小,因而网式除沫器应用广泛。网式除沫器的金属网一般采用三层或四层,丝网的规格型号可参阅有关手册。其他类型气液分离器尺寸的确定可参阅“气态非均一系分离”手册。

表5-8　各种气液分离器的性能

| 型式 | 捕集雾滴的直径/mm | 分离效率/% | 压力降/Pa | 气速范围/(m/s) |
|---|---|---|---|---|
| 简易式 | >50 | 98~147 | 80~88 | 3~5 |
| 惯性式 | >50 | 196~588 | 85~90 | 常压12~25(进口)<br>减压>25(进口) |
| 网式 | >5 | 245~735 | 98~100 | 1~4 |
| 波纹折板式 | >15 | 186~785 | 90~99 | 3~10 |
| 旋流式 | >50 | 392~735 | 85~94 | 常压12~25(进口)<br>减压>25(进口) |
| 离心式 | >50 | ~196 | >90 | 3~4.5 |

### 5.4.2.2　蒸气冷凝器

1. 蒸气冷凝器的类型与选用

蒸气冷凝器的作用是用冷却水将二次蒸气冷凝。当二次蒸气为有价值的产品需要回收或会严重污染冷却水时，应采用间壁式冷却器，如列管式、板式、螺旋管式及淋水管式等热交换器。当二次蒸气为水蒸气不需要回收时，可采用直接接触式冷凝器，使二次蒸气与冷却水直接接触进行热交换，其冷凝效果好、结构简单、操作方便、价格低廉，因此被广泛采用。

间壁式冷凝器系常用热交换器，可参阅热交换器设计一章。此处仅介绍几种常用的直接接触式冷凝器。直接接触式冷凝器有多孔板式、水帘式、填充塔式及水喷射式等。

多层多孔板式是目前广泛使用的型式之一。冷凝器内部装有4~9块不等距的多孔板，冷却水通过板上小孔分散成液滴而与二次蒸气接触，接触面积大，冷凝效果好。但多孔板易堵塞，二次蒸气在折流过程中压力增大。所以，也采用压力较小的单层多孔板式冷凝器，但冷凝效果较差。

水帘式冷凝器的器内装有3~4对固定的圆形和环形隔板、使冷却水在各板间形成水帘，二次蒸气通过水帘时被冷凝，其结构简单，压力较大。

填充塔式冷凝器的塔内上部装有多孔板式液体分布板，塔内装填拉西环填料。冷水与二次蒸气在填料表面接触，提高了冷凝效果，适用于二次蒸气量较大的情况以及冷凝具有腐蚀性气体的情况。

水喷射式冷凝器的冷却水依靠泵加压后经喷嘴雾化使二次蒸气冷凝。不凝气也随冷凝水由排水管排出。此过程产生真空，则不需要真空泵就可造成和保待系统的真空度。但单位二次蒸气所需的冷却水量大，二次蒸气量过大时不宜采用。

各种型式蒸气冷凝器的性能列于表5-9中，设计时可作为参考。

表5-9 蒸气冷凝器的性能

| 冷凝器型式 | 多层多孔板式 | 单层多孔板式 | 水帘式 | 填充塔式 | 水喷射式 |
|---|---|---|---|---|---|
| 水气接触面积 | 大 | 较小 | 较大 | 大 | 最大 |
| 压降 | 1 067~2 000 | 小,可不计 | 1 333~3 333 Pa | 较小 | 大 |
| 塔径范围 | 大小均可 | 不宜过大 | ≤350 mm | ≤100 mm | 二次蒸气量<2 t/h |
| 结构与要求 | 较简单 | 简单 | 较简单,安装有一定要求 | 简单 | 不简易,加工有一定要求 |
| 水量 | 较大 | 较大 | 较大 | 较大 | 最大 |
| 其他 | 孔易堵塞 | | | 适用于腐蚀性蒸气冷凝 | |

2. 蒸气冷凝器的设计计算

此处仅介绍常用的多层孔板式及水喷射式蒸气冷凝器的设计计算,填充塔式冷凝器及水帘式冷凝器的设计可参阅有关手册。

(1)多层多孔板式蒸气冷凝器

①冷却水量 $V_L$

冷却水的流量由冷凝器的热量衡算确定

$$V_L = \frac{W_V(h - C_w t_k)}{C_w(t_k - t_w)} \tag{5-45}$$

式中,$V_L$ 为冷却水量,kg/h;$h$ 为进入冷凝器二次蒸气的焓,J/kg;$W_V$ 为进入冷凝器二次蒸气的流量,kg/h;$C_w$ 为水的比热容,$4.187\times10^3$,J/(kg·℃);$t_w$ 为冷却水的初始温度,℃;$t_k$ 为冷凝液混合物的排出温度,℃。

②冷凝器的直径

二次蒸气流速 u 的范围通常为 15~20 m/s。若已知进入冷凝器的二次蒸气的体积流量,即可根据流量公式求出冷凝器直径 $D$。

③淋水板的设计

(a)淋水板数:当 $D<500$ mm 时,取4~6块;当 $D\geqslant500$ 时,取7~9块。

(b)淋水板间距:当4~6块板时,$L_{n+1}=(0.5\sim0.7)L_n$,$L_0=D+(0.15\sim0.3)$m;当7~9块板时,$L_{n+l}=(0.6\sim0.7)L_n$,$L_{末}\geqslant0.15$ m。

(c)弓型淋水板的宽度:最上面一块;其他各块淋水板。

(d)淋水板堰高 $h$:当 $D<500$ mm 时,$h=40$ mm;当 $D\geqslant500$ mm 时,$h=50\sim70$ mm。

(e)淋水板孔径:若冷却水质较好或冷却水不循环使用时,$d$ 可取4~5 mm;反之,可取6~10 mm。

(f)淋水板孔数:淋水孔流速 $u_0$ 采用下式计算

$$u_0 = \eta\varphi\sqrt{2gh}$$

式中，$\eta$ 为淋水孔的阻力系数，$\eta = 0.95 - 0.98$；$\varphi$ 为水流收缩系数，$\varphi = 0.80 - 0.82$；$h$ 为淋水板堰高，m。

则淋水板孔数为 $n = \dfrac{V_L}{3\,600\,\frac{\pi}{4}d^2u_0}$

考虑到长期操作时易造成孔的堵塞，最上层板的实际淋水孔数应加大10% ~15%，其他各板孔数应加大5%，淋水孔采用正三角形排列。

(2)水喷射式蒸气冷凝器

冷凝器所使用的喷射水水压大于或等于 $1.96 \times 10^5$ Pa(表压)时，水蒸气的抽吸压力为5 333 Pa。当蒸发器采用减压操作，需要在冷凝器后安装真空装置，不断抽出蒸气所带的不凝气，以维持蒸发系统所需的真空度。常用的真空泵有水环式、往复式真空泵及喷射泵。对于有腐蚀性的气体，宜采用水环泵。但真空度不太高。喷射式真空泵又分为水喷射泵、水－气串联喷射泵及蒸气喷射泵。蒸气喷射泵的结构简单，产生的真空度较水喷射泵高，可达 $9.999 \times 10^4 \sim 10.06 \times 10^4$ Pa，还可按不同真空度要求设计成单级或多级。当采用水喷射式冷凝器时，不需安装真空泵。

5.4.2.3 真空装置

当蒸发器在负压下操作时，无论采用哪一种冷凝器，均需在冷凝器后安装真空装置。需要指出的是，蒸发器中的负压主要是由于二次蒸气冷凝所致，而真空装置仅是抽吸蒸发系统泄漏的空气、物料及冷却水中溶解的不凝性气体和冷却水饱和温度下的水蒸气等，冷凝器后必须安真空装置才能维持蒸发操作的真空度。常用的真空装置有喷射泵、水环式真空泵、往复式或旋转式真空泵等。

### 5.4.3 蒸发设备的强化

目前，强化蒸发设备的途径主要集中在以下几个方面。

5.4.3.1 研制开发新型高效蒸发器

这方面工作主要从改进加热管表面形状等思路出发来提高传热效果，例如板式蒸发器，它的优点是传热效率高、液体停留时间短、体积小、易于拆卸和清洗，同时加热面积还可根据需要而增减。又如表面多孔加热管及双面纵槽加热管，它们可使沸腾溶液侧的传热系数显著提高。

5.4.3.2 改善蒸发器内液体的流动状况

这方面的工作主要有两方面：其一是设法提高蒸发器循环速度，其二是在蒸发器管内装入多种形式的湍流元件。前者的重要性在于它不仅能提高沸腾传热系数，同时还能降低单程气化率，从而减轻加热壁面的结垢现象。后者的出发点则是使液体增加湍动，以提高传热系数。还有资料报道向蒸发器管内通入适量不凝性气体，增加湍动，以提高传热系数。

5.4.3.3 改进溶液的性质

近年来，通过改进溶液性质来改善蒸发效果的研究报导也不少。如加入适量表面活性剂，消除或减少泡沫，以提高传热系数；也有报导加入适量阻垢剂可以减少结垢，以提高传热效率和生产能力；在醋酸蒸发器溶液表面，喷入少量水，可提高生产能力和减少加热管的腐蚀，以及用磁场处理水溶液提高蒸发效率等。

5.4.3.4　优化设计和操作

许多研究者从节省投资、降低能耗等方面着眼，对蒸发装置优化设计进行了深入研究，他们分别考虑了蒸气压力，冷凝器真空度，各效有效传热温差，冷凝水闪蒸，热损失以浓缩热等综合因素的影响，建立了多效蒸发系统优化设计的数学模型。应该指出，在装置中采用先进的计算机测控技术，这是使装置在优化条件下进行操作的重要措施。

由上可以看出，近年来蒸发过程的强化，不仅涉及化学工程、流体力学、传热方面的研究与技术支持，同时还涉及物理化学、计算机优化和测控技术、新型设备和材料等方面的综合知识与技术。这种不同单元操作、不同专业和学科之间的渗透和耦合已经成为过程和设备结合的新思路。

## 5.5　蒸发装置设计示例

### 5.5.1　单效蒸发装置的设计计算

5.5.1.1　设计任务和操作条件

采用单效真空蒸发装置，连续蒸发 NaOH 水溶液。已知进料量为 200 kg/h，进料浓度为 40%（质量百分数），沸点进料，完成液浓度为 48.3%（质量百分数），其密度为 1 500 kg/m$^3$，加热蒸气压强为 0.3 MPa（表压），冷凝器的真空度为 51 kPa，加热室管内液层高度为 3m。试求蒸发水量、加热蒸气消耗量和蒸发器传热面积。已知总传热系数为 1 500 W/(m$^2$ · K)，蒸发器的热损失为加热蒸气量的 5%，当地大气压为 101.3 kPa。

5.5.1.2　主要物性数据

由数据手册查得

当 $P$ = 0.3 MPa(表)时，加热蒸气温度 $T$ = 143.5 ℃，$r$ = 2 137.0 kJ/kg

当冷凝器 $P$ = 51 kPa(真空度)时，此压力下的饱和水蒸气温度 $t'_c$ = 81.2 ℃，$r'$ = 2 304 kJ/kg

当 $P$ = 72 kPa 时，对应水的沸点 $T$ = 90.4 ℃

已知 $P_c$ = 51 kPa(真空度)下，冷凝器中二次蒸气的饱和温度 $T'_C$ = 81..2 ℃

常压下 48.3% NaOH 溶液的沸点近似为 $t_A$ = 140 ℃

5.5.1.3　设计计算

1. 水份蒸发量 $W$

$$W = F(1 - \frac{x_0}{x_1}) = 2\,000 \times (1 - \frac{0.1}{0.483}) = 158.6\ (\text{kg/h})$$

2. 加热蒸气消耗量 $D$

$$D = \frac{Wr' + Q_L}{r} = \frac{Wr'}{0.95r} = \frac{1\,586 \times 2\,304}{0.95 \times 2\,137} = 1\,800\ (\text{kg/h})$$

$$\frac{D}{W} = \frac{1\,800}{1\,586} = 1.13$$

3. 传热面积 $A$

(1)确定溶液沸点 $A$

①计算 $\Delta'$

$$\Delta'_{常} = 140 - 100 = 40\ ℃$$

因二次蒸气的真空度为 51 kPa，故 $\Delta'$需用式(5-10)校正，即

$$f = 0.0162\frac{(T'+273)^2}{r'} = 0.016\frac{(81.2+273)^2}{2\,304} = 0.87$$

故
$$\Delta' = = f\Delta'_{常} = 0.87 \times 40 = 34.8\ (℃)$$

②计算 $\Delta''$

由于二次蒸气流动的压降较小，故分离室压力可视为冷凝器的压力。

则
$$P_m = P' + \frac{\rho_m g h}{2} = 50 + \frac{1\,500 \times 9.81 \times 3}{2} = 50 + 22 = 72\ (\text{kPa})$$

③$\Delta''' = 1\ (℃)$，$\Delta'' = t_m - t_b = 90.4 - 81.2 = 9.2\ (℃)$

则溶液的沸点

$$t = t'_c + \Delta' + \Delta'' + \Delta''' = 81.2 + 34.8 + 9.2 + 1 = 126.2\ (℃)$$

(2)总传热系数

已知
$$K = 1\,500\ (\text{W}/(\text{m}^2\cdot\text{K}))$$

(3)传热面积

由式(5-6a)，(5-6b)和(5-7)得蒸发器加热面积为

$$S = \frac{Q}{K\Delta t_m} = \frac{Dr}{K(T-t_1)} = \frac{1\,586 \times 2\,137 \times 10^3}{3\,600 \times 1\,500 \times (143.5 - 126.2)} = \frac{1\,586 \times 2\,137 \times 10^3}{1\,500 \times 17.3 \times 3\,600}$$
$$= 36.3\ (\text{m}^2)$$

### 5.5.2　双效蒸发装置设计计算

#### 5.5.2.1　设计任务及操作条件

设计一连续操作并流加料的双效蒸发装置，将原料浓度为 10% 的 NaOH 水溶液浓缩到 50%(均为质量分率)。已知原料液量为 1 000 kg/h，沸点加料，加热蒸气采用 500 kPa(绝压)的饱和水蒸气，冷凝器的操作压力为 15 kPa(绝压)。Ⅰ，Ⅱ 效的传热系数分别为 1 170 W/(m$^2$·℃)和 700 W/(m$^2$·℃)。原料液的比热容为 3.77 kJ/(kg·℃)。两效中溶液的平均密度分别为 1 120 kg/m$^3$ 和 1 460 kg/m$^3$，估计蒸发器中溶液的液层高度为 1.2 m，各效冷凝液均在饱和温度下排出。试求(1)总蒸发量和各效蒸发量；(2)加热蒸气量；(3)各效蒸发器所需传热面积(要求各效传热面积相等)。

#### 5.5.2.2　主要物性数据

由数据手册查得：

常压下浓度为 16.2% 的 NaOH 溶液的沸点为 $t_A = 105.9$ ℃，

已知二次蒸气在 9 257.5 kPa 下的饱和温度变为 $T'_1 = 127.9$ ℃，$r = 2\,183$ kJ/kg

265 kPa 时水的沸点为 128.8 ℃，23.6 kPa 水的沸点为 62.4 ℃

常压下 50% NaOH 溶液的沸点为 $t_B = 142.8$ ℃，$P = 15$ kPa 下，水的沸点为 $T'_2 = 53.5$ ℃，$r'_2 = 2\,370$ kJ/kg

饱和水蒸气表压力为 500 kPa 时加热蒸气的气化热 $r_1 = 2\,113$ kJ/kg；而压力为 257.5 kPa下，气化热 $r'_1 = 2\,183$ kJ/kg

第Ⅱ效中溶液的沸点为 94.2 ℃时，此沸点相应二次蒸气的气化热 $r'_2=2\ 273$ kJ/kg

5.5.2.3　设计计算

1. 总蒸发量由式(5－19)求得

$$W=F(1-\frac{x_0}{x_n})=10\ 000\times(1-\frac{0.1}{0.5})=8\ 000\ (\text{kg/h})$$

2. 设各效蒸发量的初值，当两效并流操作时

$$W_1:W_2=1:1.1\quad 又\ W=W_1+W_2$$

故
$$W_1=\frac{8\ 000}{2.1}=3\ 810\ (\text{kg/h})$$

则
$$W_2=4\ 190\ (\text{kg/h})$$

再由式(5－21)可求得

$$x_1=\frac{F\cdot x_0}{F-W}=\frac{10\ 000\times0.1}{10\ 000-3\ 810}=0.162,x_2=0.50$$

3. 设定各效压力，以求各效溶液沸点。按各效等压降原则，即每效压差为

$$\Delta P=\frac{P_1-P'_K}{n}=\frac{500-15}{2}=242.5\ (\text{kPa})$$

故
$$P_1=500-242.5=257.5\ (\text{kPa}),P_2=15\ (\text{kPa})$$

这样，对第Ⅰ效而言

(1)已知得常压下浓度为 16.2% 的 NaOH 溶液的沸点为 $t_A=105.9$ ℃，

故
$$\Delta'_{常}=105.9-100=5.9\ (℃)$$

二次蒸气在 9 257.5 kPa 下的饱和温度为 $T_1'=127.9$ ℃，气化潜热 $r=2\ 183$ kJ/kg

故
$$\Delta'_{常}需校正，即\ \Delta'=f\Delta'_{常}$$

由式(5－9)得

$$\Delta'=f\Delta'_{常}=0.016\ 2\frac{(127.9+273)^2}{2\ 183}\times5.9=1.2\times5.9=7\ (℃)$$

(2)液层的平均压力为

$$P_{m,1}=257.5+\frac{1\ 120\times9.81\times1.2}{2\times10^{-3}}=265\ (\text{kPa})$$

在此压力下水的沸点为 128.8 ℃

故
$$\Delta''=128.8-127.9=0.9\ (℃)$$

(3)取 $\Delta'''$ 为 1 ℃

因此，第Ⅰ效中溶液的沸点为

$$t_1=T'_1+\Delta'+\Delta''+\Delta'''=127.9+7+0.9+1=136.8\ (℃)$$

对于第Ⅱ效而言

(1)已知常压下 50% NaOH 溶液的沸点为 $t_B=142.8$ ℃，$P'_2=15$ kPa 下，水的沸点为 $T'_2=53.5$ ℃，$r'_2=2\ 370$ kJ/kg

故
$$\Delta'_{2常}=142.8-100=42.8\ (℃)$$

则
$$\Delta'_2=f\Delta'_{2常}=0.016\ 2\times\frac{(53.5+273)^2}{2\ 370}\times42.8=30.8\ (℃)$$

(2)液层的平均压力为

$$P_{m,2} = 15 + \frac{1460 \times 9.81 \times 1.2}{2 \times 10^3} = 23.6\ (\text{kPa})$$

在此压力下水的沸点为 62.4 ℃,故 $\Delta''_2 = 62.4 - 53.5 = 8.9$ (℃)

(3) $\Delta''_2$ 取 1 ℃,

故第 2 效中溶液的沸点为

$$t_2 = T_2' + \Delta_2 = 53.5 + 30.8 + 8.9 + 1 = 94.2\ (℃)$$

4. 求加热量、蒸气量及各效蒸发量

第Ⅰ效,沸点加料为　　$T_0 = T_1 = 136$ ℃

故热利用系数为　　$\eta_1 = 0.98 + 0.7 \times (0.162 - 0.1) = 0.937$

已知饱和水蒸气表压力为 500 kPa 时加热蒸气的气化热 $r_1 = 2\ 113$ kJ/kg ;而压力为 257.5 kPa 下,气化热 $r'_1 = 2\ 183$ kJ/kg。则由(5-27)可知

$$W_1 = \eta_1 D_1 \frac{r_1}{r'_1} = 0.937 \times \frac{2113}{2183} \times D_1 = 0.907 D_1 \tag{a}$$

第Ⅱ效,热利用系数为

$$\eta_2 = 0.98 + 0.7 \times (0.5 - 0.162) = 0.743$$

$$r_2 \approx r'_1 = 2183\ \text{kJ/kg}$$

第Ⅱ效中溶液的沸点为 94.2 ℃,查此沸点相应二次蒸气的气化热 $r'_2 = 2\ 273$ kJ/kg

则由(5-27)可知

$$W_2 = \eta_2 \left[ W_1 \frac{r_2}{r'_2} + (Fc_0 + Wc_w) \frac{t_1 - t_2}{r'_2} \right]$$

$$= 0.743 \left[ W_1 \frac{2\ 183}{2\ 273} + (10\ 000 \times 3.77 + 4.187 W_1) \frac{136.8 - 94.2}{2\ 273} \right]$$

$$= 0.743 (0.96 W_1 + 707.5 + 0.078 W_1)$$

$$= 0.772 W_1 + 525.6 \tag{b}$$

又

$$W_1 + W_2 = 8\ 000\ \text{kg/h} \tag{c}$$

由式(a),(b),(c)可解得

$$W_1 = 4\ 346\ \text{kg/h} \quad W_2 = 3\ 654\ \text{kg/h} \quad D_1 = 3\ 942\ \text{kg/h}$$

5. 求各效的传热面积,由式(5-31)得

$$S_1 = \frac{Q_1}{K_1 \Delta t_1} = \frac{D_1 r_1}{K_1 (T_1 - t_1)} = \frac{3\ 942 \times 2\ 113 \times 10^3}{1\ 170 \times (151.7 - 136.8) \times 3\ 600} = 132.7\ \text{m}^2$$

$$S_2 = \frac{Q_2}{K_2 \Delta t_2} = \frac{W_2 r'_2}{K_2 (T'_1 - t_2)} = \frac{4\ 346 \times 2\ 183 \times 10^3}{700 \times (129.9 - 94.2) \times 3\ 600} = 111.7\ \text{m}^2$$

6. 校核第 1 次计算结果

由于 $S_1 \neq S_2$,且 $W_1$、$W_2$ 与初值相差较大,需重新分配各效温差,再次设定蒸发量,重新计算,其步骤为如下几点。

(1)重新分配各效温度差

则重新调整后的传热面积 $S_1 = S_2 = S$,并设调整后的各效推动力为

$$\Delta t_1' = \frac{Q_1}{K_1 S}$$

$$\Delta t_2' = \frac{Q_2}{K_2 S} \tag{d}$$

由式(d)与式(5－37)可得

$$\Delta t_1' = \frac{S_1 \Delta t_1}{S} \quad \Delta t_2' = \frac{S_2 \Delta t_2}{S} \tag{e}$$

将(e)相加可得

$$\sum_{m=1}^{2} \Delta t_m' = \Delta t_1' + \Delta t_2' = \frac{S_1 \Delta t_1 + S_2 \Delta t_2}{S} \tag{f}$$

则
$$S = \frac{S_1 \Delta t_1 + S_2 \Delta t_2}{\Delta t_1' + \Delta t_2'} = \frac{132.7 \times 14.9 + 111.7 + 33.7}{14.9 + 33.7} = 118 \ (m^2)$$

(2)取各效蒸发量为上一次计算值,即

$$W_1 = 4\ 346 \ kg/h \quad W_2 = 3\ 654 \ kg/h$$

(3)重复上述步骤(c)～(f)将各沸点和蒸气温度列表如下

| 效数序号 | 加热蒸气温度 $T_i$/℃ | 溶液沸点 $t_i$/℃ | 二次蒸气温度 $T_i'$/℃ | 加热蒸气潜热 $r_i$/(kJ/kg) |
|---|---|---|---|---|
| 1 | 151.7 | 135.6 | 125.8 | 2 113 |
| 2 | 125.8 | 94.2 | 53.5 | 2 370 |

并计算出

$$W_1 = 4\ 493 \ kg/h \quad W_2 = 4\ 012 \ kg/h \quad D_1 = 4\ 012 \ kg/h$$

$$S_1 = \frac{D_1 r_1}{K_1 \Delta t_1} = \frac{4012 \times 2113 \times 10^3}{1170 \times 16.1 \times 3600} = 125 \ (m^2)$$

重算后的结果与初设值基本一致,可认为结果合适,并取有效传热面积为 125 $m^2$。

### 5.5.3　三效蒸发装置设计计算

#### 5.5.3.1　设计任务及操作条件

在三效并流加料的蒸发器中,每小时将 10 000 kg,12% 的 NaOH 水溶液浓缩到 30%。原料液在第Ⅰ效的沸点下加人蒸发器。第Ⅰ效的加热蒸气压力为 500 kPa(绝压),冷凝器的绝压为 20 kPa。各效蒸发器的总传热系数分别为 $K_1 = 1\ 800$(W/m·℃),$K_2 = 1\ 200$(W/m·℃),$K_3 = 600$(W/m·℃)。

原料液的比热容为 3.77 kJ/(kg·℃)。估计蒸发器中溶液的液面高度为 1.2 m。在三效中液体的平均密度分别为 1 120 kg/$m^3$,1 290 kg/$m^3$ 及 1 460 kg/$m^3$。各效加热蒸气的冷凝液在饱和温度下排出,忽略热损失。

试计算蒸发器的传热面积(设各效的传热面积相等)。蒸发器主要结构尺寸的确定和辅助设备的选型从略。

并流加料三效蒸发的物料衡算和热量衡算的示意图如图 5－19 所示。

#### 5.5.3.2　主要物性数据

由数据手册查得

二次蒸气压力 $P_i = 340$ 时,二次蒸气温度 $T_i = 137.7$ ℃,二次蒸气气化潜热 $r_i' = 2\ 155$ kJ/kg

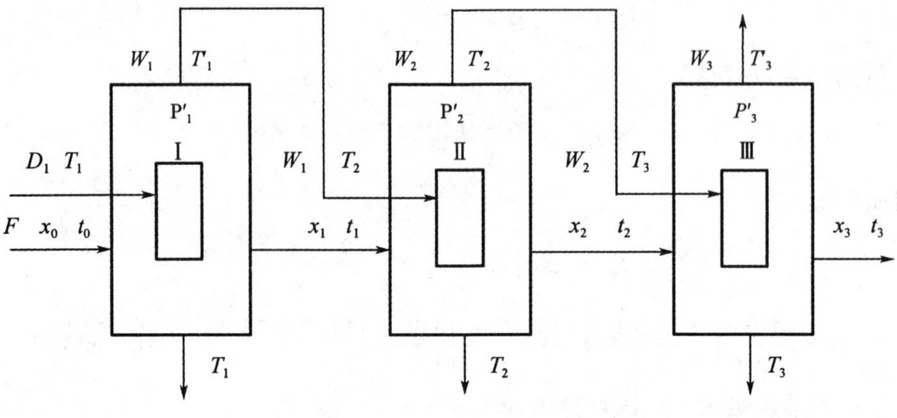


**图 5－19　并流加料三效蒸发的物料衡算与热量衡算示意图**

二次蒸气压力 $P_i = 180$ 时，二次蒸气温度 $T_i = 116.6$ ℃，二次蒸气气化潜热 $r_i' = 2\,214$ kJ/kg

二次蒸气压力 $P_i = 20$ 时，二次蒸气温度 $T_i = 60.1$ ℃，二次蒸气气化潜热 $r_i' = 2\,355$ kJ/kg

500 kPa 饱和蒸气的温度为 151.7 ℃、气化潜热为 2 113 kJ/kg 常压下浓度为 16.2% 的 NaOH 溶液的沸点为 $t_A = 105.9$ ℃

5.5.3.3　设计计算

1. 估计各效蒸发量和完成液浓度

总蒸发量　　$W = F(1 - \frac{x_0}{x}) = 10\,000 \times (1 - \frac{0.12}{0.30}) = 6\,000$ (kg/h)

因并流加料，蒸发中无额外蒸气引出，可设

$$W_1 : W_2 : W_3 = 1 : 1.1 : 1.2$$

$$W = W_1 + W_2 + W_3 = 1W_1 + 1.1W_1 + 1.2W_1 = 3.3W_1$$

$$W_1 = \frac{6\,000}{3.3} = 1\,818.2 \text{ (kg/h)}$$

$$W_2 = 1.1 \times 1\,818.2 = 2\,000.0 \text{ (kg/h)}$$

$$W_3 = 1.2 \times 1\,818.2 = 2\,181.8 \text{ (kg/h)}$$

$$x_1 = \frac{Fx_0}{F - W_1} = \frac{10\,000 \times 0.12}{10\,000 - 1\,818.2} = 0.146\,7$$

$$x_2 = \frac{Fx_0}{F - W_1 - W_2} = \frac{10\,000 \times 0.12}{10\,000 - 1\,818.2 - 2\,000.0} = 0.194\,1$$

$$x_3 = 0.30$$

2. 估计各效溶液的沸点和有效总温度差

设各效间压力降相等，则总压力差为

$$\sum \Delta p = p_1 - p_k' = 500 - 20 = 480 \text{ (kPa)}$$

各效间的平均压力差为　　$\Delta p_i = \frac{\sum \Delta p}{3} = 160$ (kPa)

由各效的压力差可求得各效蒸发室的压力，即

$$p_1' = p_1 - \Delta p_i = 500 - 160 = 340 \text{ (kPa)}$$

$$p'_2 = p_1 - 2\Delta p_i = 180\ (\text{kPa})$$
$$p'_3 = p'_k = 20\ (\text{kPa})$$

由各效的二次蒸气压力，从手册中可查得相应的二次蒸气的温度和气化潜热列于下表中。

| 效数 | Ⅰ | Ⅱ | Ⅲ |
|---|---|---|---|
| 二次蒸气压力 $P_i$/kPa | 340 | 180 | 20 |
| 二次蒸气温度 $T_i$/℃ | 137.7 | 116.6 | 60.1 |
| 二次蒸气气化潜热 $r'_i$/kJ/kg | 2 155 | 2 214 | 2 355 |

(1)各效由于溶液沸点而引起的温度差损失 $\Delta'$

根据各效二次蒸气温度(也即相同压力下水的沸点)和各效完成液的浓度 $x_i$，由 NaOH 水溶液的杜林线图可查得各效溶液的沸点分别为

$$t_{A1} = 143\ ℃, t_{A2} = 125\ ℃, t_{A3} = 78\ (℃)$$

则各效由于溶液蒸气压下降而引起的温度差损失为

$$\Delta'_1 = t_{A1} - T'_1 = 143 - 137.7 = 5.3\ (℃)$$
$$\Delta'_2 = t_{A2} - T'_2 = 125 - 116.6 = 8.4\ (℃)$$
$$\Delta'_3 = t_{A3} - T'_3 = 78 - 60.1 = 17.9\ (℃)$$

所以
$$\sum \Delta' = 5.3 + 8.4 + 17.9 = 31.6\ (℃)$$

(2)由于液柱静压力而引起的沸点升高(温度差损失)为简便计，以液层中部点处的压力和沸点代表整个液层的平均压力和平均温度，则根据流体静力学方程液层的平均压力为

$$p_m = p' + \frac{\rho_{AV} gL}{2}$$

所以

$$p_{m1} = p'_1 + \frac{\rho_{AV1} gL}{2} = 340 + \frac{1.120 \times 9.81 \times 1.2}{2} = 346.6\ (\text{kPa})$$

$$p_{m2} = p'_2 + \frac{\rho_{AV2} gL}{2} = 180 + \frac{1.290 \times 9.81 \times 1.2}{2} = 187.4\ (\text{kPa})$$

$$p_{m3} = p'_3 + \frac{\rho_{AV3} gL}{2} = 20 + \frac{1.460 \times 9.81 \times 1.2}{2} = 28.6\ (\text{kPa})$$

由平均压力可查得对应的饱和温度为

$$T_{p_{m1}} = 138.5℃, T_{p_{m2}} = 118.1℃, T_{p_{m3}} = 67.9\ (℃)$$

所以

$$\Delta''_1 = T'_{p_{m1}} - T'_1 = 138.5 - 137.7 = 0.8\ (℃)$$
$$\Delta''_2 = T'_{p_{m2}} - T'_2 = 118.1 - 116.6 = 1.5\ (℃)$$
$$\Delta''_3 = T'_{p_{m3}} - T'_3 = 67.9 - 60.1 = 7.8\ (℃)$$

(3)由流动阻力而引起的温度差损失 $\Delta'''$ 取经验值 1 ℃，即 $\Delta'''_1 = \Delta'''_2 = \Delta'''_3$ ℃，则 $\sum \Delta''' = 3$ ℃。

故蒸发装置的总的温度差损失为

$$\sum \Delta = \sum \Delta' + \sum \Delta'' + \sum \Delta''' = 44.7\ ℃$$

(4)各效料液的温度和有效总温差由各效二次蒸气压力 $p_i'$ 及温度差损失 $\Delta_i$，即可由下式估算各效料液的温度 $t_i$。

$$t_i = T_i' + \Delta_i$$

$$\Delta_1 = \Delta_1' + \Delta_1'' + \Delta_1''' = 7.1\ ℃$$

$$\Delta_2 = \Delta_2' + \Delta''_2 + \Delta_3''' = 10.9\ ℃$$

$$\Delta_3 = \Delta_3' + \Delta''_3 + \Delta_3''' = 26.7\ ℃$$

各效料液的温度为

$$t_1 = T_1' + \Delta_1 = 144.8\ ℃ \quad t_2 = T_2' + \Delta_2 = 127.5\ ℃ \quad t_3 = T_3' + \Delta_3 = 86.8\ ℃$$

有效总温度差

$$\sum \Delta t = (T_S - T_K') - \sum \Delta$$

已知 500 kPa 饱和蒸气的温度为 151.7 ℃、气化潜热为 2 113 kJ/kg

所以 $$\sum \Delta t = (T_S - T_K') - \sum \Delta = 151.7 - 60.1 - 44.7 = 46.9\ (℃)$$

3.加热蒸气消耗量和各效蒸发水量的初步计算

第Ⅰ效的热量衡算式为

$$W_1 = \eta_1\left[\frac{D_1 r_1}{r_1'} + FC_{po}\frac{t_0 - t_1}{r_1'}\right]$$

对于沸点进料，$t_0 = t_1$，考虑到 NaOH 溶液浓缩热的影响，热利用系数计算式为 $\eta_i = 0.98 - 0.7\Delta x_i$，式中 $\Delta x_i$ 为第 $i$ 效蒸发器中料液溶质质量分数的变化。

$$\eta_1 = 0.98 - 0.7(0.146\ 7 - 0.12) = 0.961\ 3$$

所以

$$W_1 = \eta_1\left[\frac{D_1 r_1}{r_1'} + FC_{po}\frac{t_0 - t_1}{r_1'}\right] = 0.9613 D_1 \frac{2\ 113}{2\ 155} = 0.942\ 6 \qquad (a)$$

第Ⅱ效的热量衡算式为

$$W_2 = \eta_2\left[\frac{W_1 r_2}{r_2'} + (FC_{po} - W_1 C_{pw})\frac{t_1 - t_2}{r_2'}\right]$$

$$\eta_2 = 0.98 - 0.7\Delta x_2 = 0.98 - 0.7 \times (0.194\ 7 - 0.146\ 7) = 0.946\ 8$$

$$W_2 = \eta_2\left[\frac{W_1 r_2}{r_2'} + (FC_{po} - W_1 C_{pw})\frac{t_1 - t_2}{r_2'}\right] = 0.873\ 5W_1 + 278.9 \qquad (b)$$

对于第Ⅲ效，同理可得

$$\eta_3 = 0.98 - 0.7\Delta x_3 = 0.98 - 0.7 \times (0.3 - 0.194\ 1) = 0.905\ 9$$

$$W_3 = \eta_3\left[\frac{W_2 r_3}{r_3'} + (FC_{po} - W_1 C_{pw})\frac{t_2 - t_3}{r_3'}\right] = 0.686\ 1W_2 + 0.065\ 55W_1 + 590.2 \qquad (c)$$

又 $$W_1 + W_2 + W_3 = 6\ 000 \qquad (d)$$

联解式(a)至式(d)，可得

$$W_1 = 1\ 968.9\ \text{kg/h}, W_2 = 1\ 998.5\ \text{kg/h}$$

$$W_3 = 2\ 032.5\ \text{kg/h}, D_1 = 2\ 088.8\ \text{kg/h}$$

4. 蒸发器传热面积的估算

$$S_i = \frac{Q_i}{K_i \Delta t_i}$$

$$Q_1 = D_1 r_1 = 2\ 088.8 \times 2\ 113 \times 10^3 / 3\ 600 = 1.226 \times 10^6 (\mathrm{W})$$

$$\Delta t_1 = T_1 - t_1 = 6.9\ (℃)$$

$$S_1 = \frac{Q_1}{K_1 \Delta t_1} = \frac{1.226 \times 10^6}{1\ 800 \times 6.9} = 98.7\ (\mathrm{m}^2)$$

$$Q_2 = W_1 r_2' = 1\ 968.9 \times 2\ 155 \times 10^3 / 3\ 600 = 1.179 \times 10^6 (\mathrm{W})$$

$$\Delta t_2 = T_2 - t_2 = T_1' - t_2 = 137.7 - 127.5 = 10.2\ (℃)$$

$$S_2 = \frac{Q_2}{K_2 \Delta t_2} = \frac{1.179 \times 10^6}{1\ 200 \times 10.2} = 96.3\ (\mathrm{m}^2)$$

$$Q_3 = W_2 r_3' = 1\ 998.5 \times 2\ 214 \times 10^3 / 3\ 600 = 1.229 \times 10^6 (\mathrm{W})$$

$$\Delta t_3 = T_3 - t_3 = T_2' - t_3 = 116.6 - 86.8 = 29.8\ (℃)$$

$$S_3 = \frac{Q_3}{K_3 \Delta t_3} = \frac{1.229 \times 10^6}{600 \times 29.8} = 68.7\ (\mathrm{m}^2)$$

误差为 $1 - \frac{S_{\min}}{S_{\max}} = 1 - \frac{68.7}{98.7} = 0.304$，误差较大，应调整各效的有效温差，重复上述计算过程。

5. 有效温差的再分配

$$S = \frac{S_1 \Delta t_1 + S_2 \Delta t_2 + S_3 \Delta t_3}{\sum \Delta t} = \frac{94.7 \times 4.9 + 96.3 \times 10.2 + 68.7 \times 29.8}{46.9} = 79.1\ (\mathrm{m}^2)$$

重新分配有效温差得

$$\Delta t_1' = \frac{S_1}{S} \Delta t_1 = \frac{98.7}{79.1} \times 6.9 = 8.6\ (℃)$$

$$\Delta t_2' = \frac{S_2}{S} \Delta t_2 = \frac{96.3}{79.1} \times 10.2 = 12.4\ (℃)$$

$$\Delta t_3' = \frac{S_3}{S} \Delta t_3 = \frac{68.7}{79.1} \times 29.8 = 25.9\ (℃)$$

6. 重复上述计算步骤

(1) 计算各效料液浓度

由所求得的各效蒸发量，可求各效料液的浓度，即

$$x_1 = \frac{F x_0}{F - W_1} = \frac{10\ 000 \times 0.12}{10\ 000 - 1\ 968.9} = 0.149$$

$$x_2 = \frac{F x_0}{F - W_1 - W_2} = \frac{10\ 000 \times 0.12}{10\ 000 - 1\ 968.9 - 1\ 998.5} = 0.200$$

(2) 计算各效料液的温度

因末效完成液浓度和二次蒸气压力均不变，各种温度差损失可视为恒定，故末效溶液的温度仍为 86.8 ℃，即 $t_3 = 86.3$ ℃。

则第Ⅲ效加热蒸气的温度(即第Ⅱ效二次蒸气温度)为

$$T_3 = T'_2 = t_3 + \Delta t'_3 = 86.8 + 25.9 = 112.7\ (℃)$$

由第Ⅱ效二次蒸气的温度(112.7 ℃)及第Ⅰ效料液的浓度(0.200)查杜林线图,可得第Ⅱ效料液的沸点为 122 ℃。由液柱静压力及流动阻力而引起的温度差损失可视为不变,故第Ⅱ效料液的温度为

$$t_2 = t_{A2} + \Delta''_2 + \Delta'''_2 = 122 + 1.5 + 1.0 = 124.5\ (℃)$$

同理
$$T_2 = T'_2 = t_2 + \Delta t'_2 = 124.5 + 12.4 = 136.9\ (℃)$$

由第Ⅰ效二次蒸气的温度(136.9 ℃)及第Ⅰ效料液的浓度(0.149)查杜林线图,可得第Ⅱ效料液的沸点为 142 ℃。则第Ⅰ效料液的温度为

$$t_1 = t_{A1} + \Delta''_1 + \Delta'''_1 = 142 + 0.8 + 1.0 = 143.8\ (℃)$$

第Ⅰ效料液的温度也可由下式计算

$$t_1 = T_1 - \Delta t'_1 = 151.7 - 8.6 = 143.1\ (℃)$$

说明溶液的各种温度差损失变化不大,不需重新计算,故有效总温度差不变,即

$$\sum \Delta t = 46.9\ ℃$$

温度差重新分配后各效温度情况列于下表。

| 效次 | Ⅰ | Ⅱ | Ⅲ |
|---|---|---|---|
| 加热蒸气温度 $T_i$/℃ | 151.7 | 136.9 | 112.7 |
| 有效温度差 $\Delta t'$/℃ | 8.6 | 12.4 | 25.9 |
| 料溶液温度(沸点) $t_i$/℃ | 143.8 | 124.5 | 86.8 |

(3)各效的热量衡算

$$T''_1 = 136.9\ ℃ \qquad r'_1 = 2\,157\ \text{kJ/kg}$$
$$T''_2 = 112.7\ ℃ \qquad r'_2 = 2\,225\ \text{kJ/kg}$$
$$T''_3 = 60.1\ ℃ \qquad r'_3 = 2\,355\ \text{kJ/kg}$$

第Ⅰ效

$$\eta_1 = 0.98 - 0.7\Delta x_1 = 0.98 - 0.7 \times (0.149 - 0.12) = 0.960$$

$$W_1 = \eta_1 \frac{D_1 r_1}{r'_1} = 0.960 \times D_1 \frac{2\,113}{2\,157} = 0.940 D_1 \tag{e}$$

第Ⅱ效

$$\eta_2 = 0.98 - 0.7\Delta x_2 = 0.98 - 0.7 \times (0.20 - 0.149) = 0.944\,3$$

$$W_2 = \eta_2 \left[\frac{W_1 r_2}{r'_2} + (FC_{po} - W_1 C_{pw}) \frac{t_1 - t_2}{r'_2}\right] = 0.881\,1 W_1 + 308.8 \tag{f}$$

第 Ⅲ 效

$$\eta_3 = 0.98 - 0.7\Delta x_3 = 0.98 - 0.7 \times (0.230 - 0.200) = 0.91$$

$$W_3 = \eta_3 \left[\frac{W_2 r_3}{r'_3} + (FC_{po} - W_1 C_{pw} - W_2 C_{pw}) \frac{t_2 - t_3}{r'_3}\right] = 0.798\,8 W_2 + 0.061\,0 W_2 + 549.2 \tag{g}$$

又
$$W_1 + W_2 + W_3 = 6\,000 \tag{h}$$

联解式(e)至式(h),可得

$$W_1 = 1\,939.6\ \mathrm{kg/h} \quad W_2 = 2\,017.8\ \mathrm{kg/h}$$
$$W_3 = 2\,042.6\ \mathrm{kg/h} \quad D_1 = 2\,063.4\ \mathrm{kg/h}$$

与第一次计算结果比较，其相对误差为

$$\left|1 - \frac{1\,968.9}{1\,939.6}\right| = 0.015 \quad \left|1 - \frac{1\,998.5}{2\,017.8}\right| = 0.009\,6 \quad \left|1 - \frac{2\,032.3}{2\,042.6}\right| = 0.005\,0$$

计算相对误差均在 0.05 以下，故各效蒸发量的计算结果合理。其各效溶液浓度无明显变化，不需重新计算。

(4)蒸发器传热面积的计算

$$Q_1 = D_1 r_1 = 2\,063 \times 2\,113 \times 10^3/3\,600 = 1.211 \times 10^6 (\mathrm{W})$$

$$\Delta t_1' = 8.6\ ℃ \quad S_1 = \frac{Q_1}{K_1 \Delta t_1'} = \frac{1.211 \times 10^6}{1\,800 \times 8.6} = 78.2\ (\mathrm{m}^2)$$

$$Q_2 = W_1 r_1' = 1\,939.6 \times 2\,157 \times 10^3/3\,600 = 1.162 \times 10^6 (\mathrm{W})$$

$$\Delta t_2' = 12.4\ ℃ \quad S_2 = \frac{Q_2}{K_2 \Delta t_2'} = \frac{1.162 \times 10^6}{1\,200 \times 12.4} = 78.1\ (\mathrm{m}^2)$$

$$Q_3 = W_2 r_2' = 2\,017.8 \times 2\,225 \times 10^3/3\,600 = 1.247 \times 10^6 (\mathrm{W})$$

$$\Delta t_3' = 25.9\ ℃ \quad S_3 = \frac{Q_3}{K_3 \Delta t_3'} = \frac{1.247 \times 10^6}{600 \times 25.9} = 80.3\ (\mathrm{m}^2)$$

误差为 $1 - \frac{S_{\min}}{S_{\max}} = 1 - \frac{78.2}{80.3} = 0.027 < 0.05$，迭代计算结果合理。取平均传热面积 $S = 78.9\ \mathrm{m}^2$。

7. 计算结果列表效次

| 效次 | Ⅰ | Ⅱ | Ⅲ | 冷凝器 |
|---|---|---|---|---|
| 加热蒸气温度 $T_i$/℃ | 151.7 | 136.9 | 112.7 | 60.1 |
| 操作压力 $P_i'$/kPa | 327 | 16.3 | 20 | 20 |
| 溶液温度(沸点) $t_i$/℃ | 143.8 | 124.5 | 86.8 | |

| 效次 | Ⅰ | Ⅱ | Ⅲ | 冷凝器 |
|---|---|---|---|---|
| 完成液浓度 $x_i$/% | 14.9 | 20 | 30 | |
| 蒸发量 $W$/(kg/h) | 1 939.6 | 2 017.8 | 2 042.6 | |
| 蒸气消耗量 $D$/(kg/h) | 2 063.4 | | | |
| 传热面积 $S_i$/m² | 78.9 | 78.9 | 78.9 | |

# 第6章　干燥器设计

## 本章符号说明

**英文字母**

$a$　单位体积物料提供的传热（干燥）面积，$m^2/m^3$

$A$　干燥器床层截面积，$m^2$

$Ar$　阿基米德准数，无因次

$C$　比热容，kJ/(kg·℃)

$C$　修正系数，无因次

$C_H$　湿空气的比热容，kJ/(kg干气·℃)

$d_p$　颗粒的平均直径，m

$D$　设备直径，m

$D_e$　当量直径，m

$E_v$　床层膨胀率，无因次

$F$　力，N

$g$　重力加速度，$m/s^2$

$G$　固体物料的质量流量，kg/s

$h$　干燥器中物料出口堰高度，m

$H$　空气的湿度，kg水/kg绝干气

$H_T$　风机的风压，Pa

$I$　空气的焓，kJ/kg

$I'$　固体物料的焓，kJ/kg

$K$　常数

$l$　单位空气消耗量，kg绝干气/kg水

$L$　绝干空气流量，kg/s

$L'$　湿空气质量流量，kg/($m^2$·s)

$L_y$　李森科准数，无因次

$m$　质量，kg

$M$　摩尔质量，kg/kmol

$N_u$　努塞尔准数，无因次

$P$　操作压力，Pa

$Q$　传热速率，W

$r$　气化热，kJ/kg

$R_c$　膨胀比，无因次

$R_e$　雷诺准数，无因次

$t$　温度，℃

$u$　流速，m/s

$U$　干燥速率，kg/($m^2$·s)

$v$　湿空气的比容，$m^3$/kg绝干气

$V$　颗粒体积，$m^3$

$Vs$　空气的体积流量，$m^3/s$

$w$　物料的湿基含水量

$W$　水分蒸发量，kg/s或kg/h

$X$　物料的干基含水量，kg水/kg绝干料

$Z$　干燥器的高度，m

**希腊字母**

$\alpha$　对流传热系数，W/($m^2$·℃)

$\varepsilon$　空隙率

$\zeta$　阻力系数

$\eta$　热效率

$\theta$　固体物料的温度，℃

$\lambda$　导热系数，W/(m·℃)

$\rho$　密度，$kg/m^3$

$\tau$　物料的停留时间，s

$\varphi$　分布板的开孔率

**下标**

0　进预热器的、新鲜的或静止的

1　进干燥器的或离开预热器的，干燥第一阶段的

2　离开干燥器的，干燥第二阶段的

| | | | |
|---|---|---|---|
| $b$ | 堆积的 | $P$ | 预热的 |
| $c$ | 绝干的 | $r$ | 相对的 |
| $D$ | 干燥器的 | $s$ | 饱和的或绝干物料的,固体物料的 |
| $g$ | 气体的,或绝干气的 | $t$ | 沉降的 |
| $H$ | 湿的 | $t_w$ | 湿球温度下的 |
| $L$ | 热损失的 | $w$ | 湿球的 |
| $m$ | 湿物料的或平均的 | | |

## 6.1　概述

### 6.1.1　干燥器的分类

干燥是利用热能除去固体物料中的湿分(水分或其他有机溶剂)的单元操作,用于干燥的装置称为干燥器。各种生产过程需经干燥处理的物料多种多样,对干燥的要求也各不相同,因此干燥器种类繁多,根据供热方式,可以分为以下四类:

6.1.1.1　对流干燥器

应用最广的一类干燥器,包括流化床干燥器、气流干燥器、厢式干燥器、喷雾干燥器、隧道式干燥器等。此类干燥器具有如下特点:

1. 热气流和固体物料直接接触,热量以对流传热方式由热气流传给湿物料,所产生的水汽由气流带走;

2. 热气流温度可提高到普通金属材料所能耐受的最高温度(约730 ℃),在高温下辐射传热将成为主要的传热方式,因此可达到很高的热量利用率;

3. 气流的湿度对干燥速率和产品的最终含水量有影响;

4. 使用低温气流时,通常需对气流先作减湿处理;

5. 气化单位质量水分所需的能耗较传导式干燥器高,最终产品含水量较低时尤甚;

6. 需要大量热气流以保证水分气化所需的热量,如果被干燥物料的粒径很小,则除尘装置庞大而耗资较多;

7. 宜在接近常压条件下操作。

6.1.1.2　传导干燥器

包括螺旋输送干燥器、滚筒干燥器、真空耙式干燥器、冷冻干燥器等,此类干燥器具有如下特点:

1. 热量通过器壁(通常是金属壁),以热传导方式传给湿物料;

2. 物料的表面温度可以从低于冰点(冷冻干燥时)温度至330 ℃;

3. 便于在减压和惰性气氛下操作,挥发的溶剂可回收利用。常用于易氧化、易分解物料的干燥,亦适用于处理粉状物料。

6.1.1.3　辐射干燥器

通过辐射传热,将湿物料加热进行干燥。电加热辐射干燥器用红外线灯泡照射被干燥物料,使物料温度升高而干燥。煤气加热干燥器通过燃烧煤气将金属或陶瓷辐射板加热到

400～500 ℃,使之产生红外线,用以加热被干燥的物料。辐射干燥器生产强度大,设备紧凑,使用灵活,但能量消耗较大。适用于干燥表面积大而薄的物料,如塑料、布匹、木材、涂漆制品等。

6.1.1.4　介电干燥器

将被干燥物料置于高频电场内,利用高频电场的交变作用将物体加热进行干燥。这种加热的特点是物料中含水量越高的部位,获得的热量越多。由于物料内部的含水量比表面高,因此物料内部获得的能量较多,物料内部温度高于表面温度,从而使温度梯度和水分扩散方向一致,可以加快水的气化,缩短干燥时间,这种干燥器特别适用于干燥过程中容易结壳以及内部的水分难以去尽的物料(如皮革)。介电加热干燥的电能消耗很大,目前主要应用于食品及轻工生产。

### 6.1.2　对流干燥方法简介

对流干燥是指以热空气或其他高温气体为介质,使之掠过物料表面,介质向物料供热并带走气化的水分。典型的对流干燥流程如图 6－1 所示,由风机送来的空气经预热器加热至适当温度后进入干燥器;在干燥器内,气流与湿物料直接接触,沿空气行程,气流的温度降低,湿含量增加,废气自干燥器的另一端排出。若为间歇操作,湿物料分批投入干燥器内,待干燥至指定的含湿量后一次取出;若为连续操作,湿物料被连续加入,干燥产品也连续放出。干燥器内,物料与气流的方向可采用并流、逆流或其他形式操作。

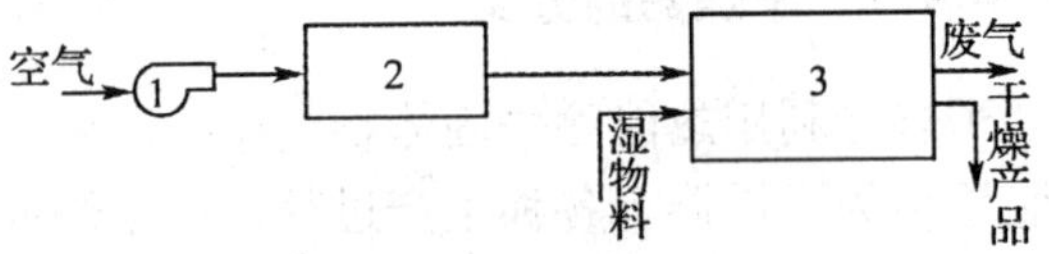


**图 6－1　对流干燥流程**

1—风机;2—预热器;3—干燥器

对流干燥器是工业上应用十分广泛的一种干燥器,种类繁多,本章将介绍气流干燥器和流化床干燥器的设计。

### 6.1.3　工业上常用的干燥器

6.1.3.1　厢式干燥器(盘架式干燥器)

1. 原理

主要是以热风通过湿物料的表面,达到干燥的目的。

2. 分类

(1) 水平气流厢式干燥器(热风沿物料的表面通过)。

(2)穿流气流厢式干燥器(热风垂直穿过物料)。

(3)真空厢式干燥器。

3. 结构

图 6－2 所示为水平气流厢式干燥器的示意图,其结构为多层长方形浅盘叠置在框架上,湿物料在浅盘中的厚度由实验确定,通常为

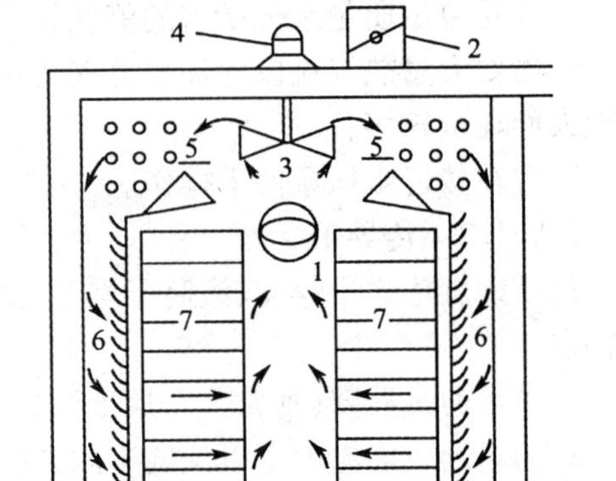


**图 6－2　厢式干燥器(小车式)**

1—空气入口;2—空气出口;3—风扇;4—电动机;5—加热器;6—挡板;7—盘架;8—移动轮

10 ~ 100 mm，视物料的干燥条件而定。一般浅盘的面积约为 0.3 ~ 1 $m^2$，新鲜空气由风机抽入，经加热后沿档板均匀地进入各层之间，平行流过湿物料表面。空气的流速应使物料不被气流带走，常用的流速范围为 1 ~ 10 m/s。

4. 特点

优点：构造简单，设备投资少，适应性强，物料损失小，盘易清洗。因此对于需要经常更换产品、小批量物料，厢式干燥器的优点十分显著。尽管新型干燥设备不断出现，厢式干燥器在干燥工业生产中仍占有一席之地。

缺点：物料得不到分散，干燥时间长；若物料量大，所需的设备容积也大；劳动强度大，如需要定时将物料装卸或翻动时，粉尘飞扬，环境污染严重；热利用率低。此外，产品质量不均匀。

5. 应用

厢式干燥器多应用在小规模、多品种、干燥条件变动大，干燥时间长的场合。

6.1.3.2　洞道式干燥器

1. 结构

如图 6 – 3 所示，干燥器为一较长的通道，被干燥物料放置在小车内、运输带上、架子上或自由地堆置在运输设备上，沿通道向前移动，并一次通过通道。被干燥物料的加料和卸料在干燥室两端进行。空气连续地在洞道内被加热并强制地流过物料，流程可安排成并流、逆流或空气从两端进中间出。

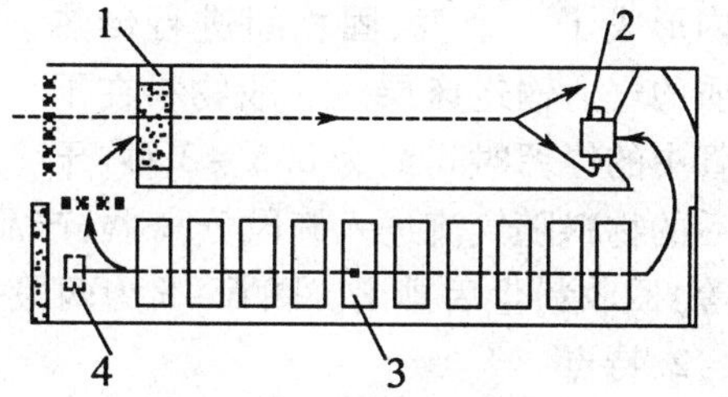


**图 6 – 3　洞道式干燥器**

1—加热器；2—风扇；3—装料车；4—排气口

2. 特点

洞道式干燥器可进行连续或半连续操作。其制造和操作都比较简单，能量的消耗也不大，适用于具有一定形状的比较大的物料，如皮革、木材、陶瓷等的干燥。

6.1.3.3　转筒式干燥器（回转式干燥器）

1. 结构

如图 6 – 4 所示，湿物料从转筒较高的一端加入，热空气由较低端进入，在干燥器内与物料进行逆流接触。

2. 特点

优点：生产能力大，操作稳定可靠，对不同物料的适应性强，操作弹性大，机械化程度较高。

缺点：设备笨重，一次性投资大；结构复杂，传动部分需经常维修；安装、拆卸困难；物料在干燥器内停留时间长，且物料颗粒之间的停留时间差异较大，故不适合于对温度有严格要求的物料。

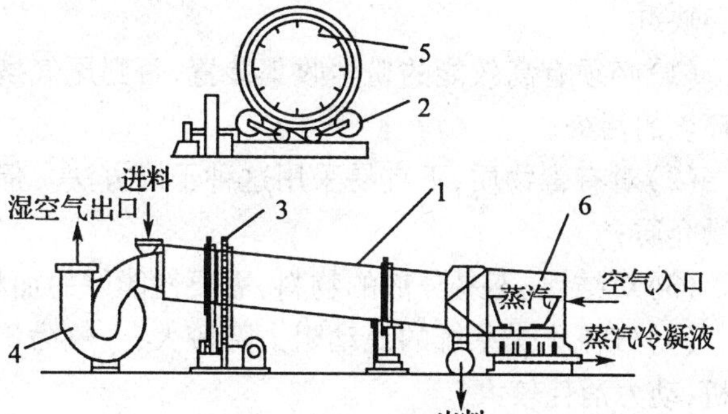


**图 6 – 4　热空气直接加热的逆流操作转筒干燥器**

1—圆桶；2—支架；3—驱动齿轮；4—风机；

5—抄板；6—蒸气加热器

3. 应用

主要用于处理散粒状物料，但如返混适当数量的干料亦可处理含水量很高的物料或膏糊状物料，也可以在用干料做底料的情况下干燥液态物料，即将液料喷洒于抛洒起来的干料上面。

#### 6.1.3.4　气流式干燥器

1. 结构

气流干燥装置主要由空气加热器、加料器、干燥管、旋风分离器和风机等部件组成。其主要设备是直立圆筒形的干燥管，其长度一般为 10 ~ 20 m，热空气（或烟道气）进入干燥管底部，将加料器连续送入的湿物料吹散，并悬浮在其中。介质速度应大于湿物料最大颗粒的沉降速度，于是在干燥器内形成了一个气、固相间进行传热传质的气力输送床层。一般物料在干燥管中的停留时间约为 0.5 ~ 3 秒，干燥后的物料随气流进入旋风分离器，产品由下部收集，湿空气经袋式过滤器（或湿法、电除尘等）回收粉尘后排出。图 6 - 5 为两段式气流干燥器流程示意图。

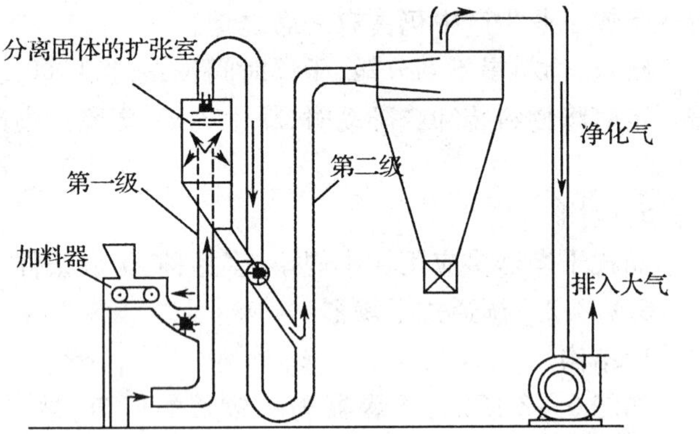


**图 6 - 5　两段式气流干燥器**

2. 特点

优点：

(1) 气、固间传递表面积很大，体积传质系数很高，干燥速率大。一般体积蒸发强度可达 0.003 ~ 0.06 kg/($m^3$ · s)；

(2) 接触时间短，热效率高，气、固并流操作，可以采用高温介质，对热敏性物料的干燥尤为适宜；

(3) 由于干燥伴随着气力输送，减少了产品的输送装置；

(4) 气流干燥器的结构相对简单，占地面积小，运动部件少，易于维修，成本费用低。

缺点：

(1) 必须有高效能的粉尘收集装置，否则尾气携带的粉尘将造成很大的浪费，也会形成对环境的污染；

(2) 对有毒物质，不宜易采用这种干燥方法。但如果必须使用时，可利用过热蒸气作为干燥介质；

(3) 对结块、不易分散的物料，需要性能好的加料装置，有时还需附加粉碎过程；

(4) 气流干燥系统的流动阻力降较大，一般为 3 000 ~ 4 000 Pa，必须选用高压或中压通风机，动力消耗较大。

3. 应用

气流干燥器适宜于处理含非结合水及结块不严重又不怕磨损的粒状物料，尤其适宜于干燥热敏性物料或临界含水量低的细粒或粉末物料。对黏性和膏状物料，采用干料返混方法和适宜的加料装置如螺旋加料器等，也可正常操作。

6.1.3.5　流化床干燥器(沸腾床干燥器)

1. 原理

流化床干燥器是流态化原理在干燥中的应用。在流化床干燥器中,颗粒在热气流中上下翻动,彼此碰撞和混合,气、固相间进行传热、传质,以达到干燥目的。

2. 结构

如图6-6所示,湿物料由床层的一侧加入,由另一侧导出。热气流由下方通过多孔分布板均匀地吹入床层,与固体颗粒充分接触后,由顶部导出,经旋风分离器回收其中夹带的粉尘后排出。流化干燥过程可间歇操作,但大多数是连续操作的。

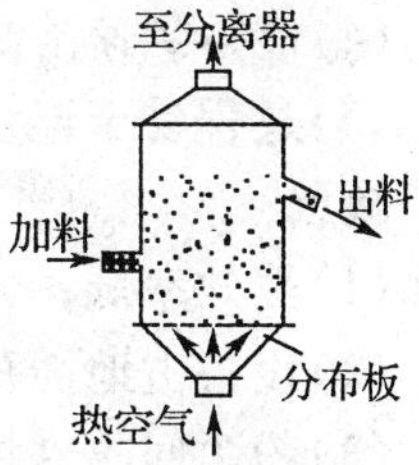


**图6-6　单层圆筒沸腾床干燥器**

3. 特点

优点:

(1)与其他干燥器相比,传热、传质速率高,因为单位体积内的传递表面积大,颗粒间充分的搅混几乎消除了表面上静止的气膜,使两相间密切接触,传递系数大大增加;

(2)由于传递速率高,气体离开床层时几乎等于或略高于床层温度,因而热效率高;

(3)由于气体可迅速降温,所以与其他干燥器比,可采用更高的气体入口温度;

(4)设备简单,无运动部件,成本费用低;

(5)操作控制容易。

缺点:

(1)热空气通过阻力较大;

(2)风机能量消耗较大。

6.1.3.6　喷雾干燥器

1. 原理

在喷雾干燥器中,将液态物料通过喷雾器分散成细小的液滴,在热气流中自由沉降并迅速蒸发,最后被干燥为固体颗粒与气流分离。

2. 流程

如图6-7所示,热空气与喷雾液滴都由干燥器顶部加入,气流作螺旋形流动旋转下降,液滴在接触干燥室内壁前已完成干燥过程,大颗粒收集到干燥器底部后排出,细粉随气体进入旋风分离器分出。废气在排空前经湿法洗涤塔(或其他除尘器)以提高回收率,并防止污染。

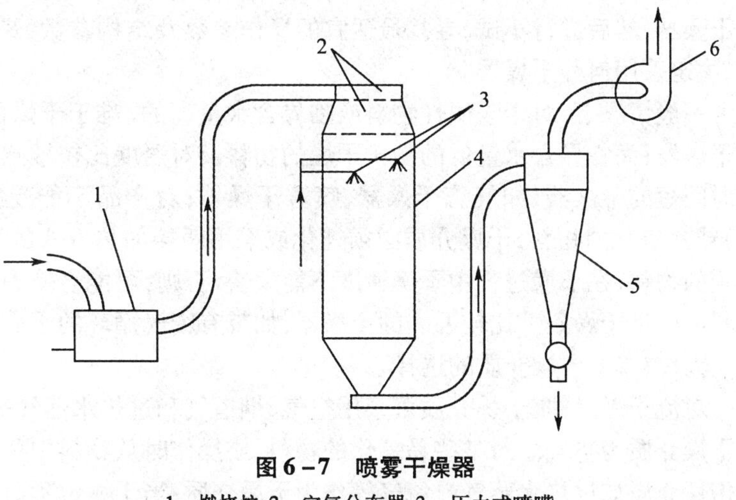


**图6-7　喷雾干燥器**

1—燃烧炉;2—空气分布器;3—压力式喷嘴;
4—干燥塔;5—旋风分离器;6—风机

3. 特点

优点：

(1)干燥过程极快，适宜于处理热敏性物料；

(2)处理物料种类广泛，如溶液、悬浮液、浆状物料等皆可；

(3)喷雾干燥可直接获得干燥产品，因而可省去蒸发、结晶、过滤、粉碎等工序；

(4)能得到速溶的粉末或空心细颗粒；

(5)过程易于连续化、自动化。

缺点：

(1)热效率低；

(2)设备占地面积大、设备成本费高；

(3)粉尘回收麻烦，回收设备投资大。

### 6.1.4　干燥方案的确定

#### 6.1.4.1　干燥器的选择

对于干燥操作来说，干燥器的选择是非常困难而又复杂的问题。因为被干燥物料的特性、供热的方法和物料-干燥介质系统的流体动力学等必须全部考虑。由于被干燥物料种类繁多，要求各异，决定了不可能有一个万能的干燥器，只能选用最佳的干燥方法和干燥器形式。目前干燥器的选型还带有很大的经验性，主要应当考虑以下几个方面。

1. 物料和产品的特点，例如物料的形态（如浆状、糊状、粉末、块粒、薄片等），固体颗粒的粒度和强度，初始含水量和水分的存在形式，物料是否有毒、易燃、易氧化，产品要求的最终含水量，产品是否允许稍有污染，形体是否允许稍有改变，产品的最高允许温度和产品的价格等。

2. 与生产过程有关的条件，例如处理的物料量，干燥的前处理与后处理情况，挥发的溶剂是否回收等。

3. 干燥器的操作性能和经济指标。

经过上述几方面的综合考虑，对各类干燥器进行比较筛选后，一般只剩下为数不多的几种干燥器，然后进行小试，寻找最适宜的操作参数及结构参数，最后根据设备价格和小试情况，决定采用何种干燥器。

一般情况下，对于吸湿性物料或临界含水量高的、难于干燥的物料，应选择干燥时间长的干燥器；而临界含水量低的易于干燥的物料及对温度比较敏感的热敏性物料，则可选用干燥时间短的干燥器，如气流干燥器、喷雾干燥器；对产品不能受污染的物料（如食品、药品等）或易氧化的物料，干燥介质必须钝化或采用间接加热方式的干燥器；对要求产品有良好外观的物料，在干燥过程中干燥速度不能太快，否则，可能会使表面硬化或严重收缩，这样的物料应选择干燥条件比较温和的干燥器，如带有废气循环的干燥器。

#### 6.1.4.2　干燥介质的选择

对流干燥操作，干燥介质可采用空气、烟道气和过热水蒸气等。在化学工业中通常使用的干燥介质为空气。对某些易氧化的物料，或操作时从物料中蒸发出易爆的气体时，则宜采用惰性介质如过热水蒸气或氮气等作为干燥介质；当干燥过程可以在很高的温度下进行时，可用烟道气来代替空气，以提高干燥的热效率，提高经济性，但要求被干燥的物料不怕污染、

且不与烟气中的 $SO_2$ 和 $CO_2$ 等气体发生作用，由于烟道气温度高，故可强化干燥过程，缩短干燥时间。本章主要以空气作为干燥介质进行介绍。

6.1.4.3　流动方式的选择

气体和物料在干燥器中的流动方式一般可分为并流、逆流和错流。在并流操作中，物料的移动方向与介质的流动方向相同。与逆流操作相比，若气体初始温度相同，并流时物料的出口温度可较逆流时低，被物料带走的热量就少。就干燥强度和经济效益而论，并流优于逆流，但并流干燥的推动力沿行程逐渐下降，后期变得很小，使干燥速率降低，因而难于获得含水量低的产品。并流操作适用于：

1. 当物料含水量较高时，允许进行快速干燥而不产生龟裂或焦化的物料；
2. 干燥后期不耐高温，即干燥产品易变色、氧化或分解等的物料。

在逆流操作中，物料移动方向和介质的流动方向相反，整个干燥过程中的干燥推动力较均匀，它适用于：

1. 在物料含水量高时，不允许采用快速干燥的场合；
2. 在干燥后期，可耐高温的物料；
3. 要求干燥产品的含水量很低时。

在错流操作中，干燥介质与物料间的运动方向相互垂直。各个位置上的物料都与高温、低湿的介质相接触，因此干燥推动力比较大，又可采用较高的气体速度，所以干燥速率很高，它适用于：

1. 无论在高或低的含水量时，都可以进行快速干燥，且可耐高温的物料；
2. 因阻力大或干燥器构造的要求不适宜采用并流或逆流操作的场合。

## 6.2　气流干燥器的设计

### 6.2.1　典型的气流干燥器

所谓气流干燥是指将湿态时为泥状、粉粒状或块状的物料，在热气流中分散成粉粒状，一边随热气流并流输送，一边使物料中的湿分蒸发得到粉状或粒状干燥产品的过程。气流干燥器的类型很多，这里主要介绍几种工业上常用的结构形式。

6.2.1.1　直管型气流干燥器

直管型气流干燥器是应用最广的一种气流干燥器。它的最大优点是结构简单，制造容易，如图 6-8 所示。湿物料进入干燥管后，随向上的热风一起向上流动，在流动过程中物料与热风之间进行传热和传质，完成干燥任务。一般情况下，直管型气流干燥器的干燥管都比较长，在 10～20 m，所以会受到厂房高度的限制。

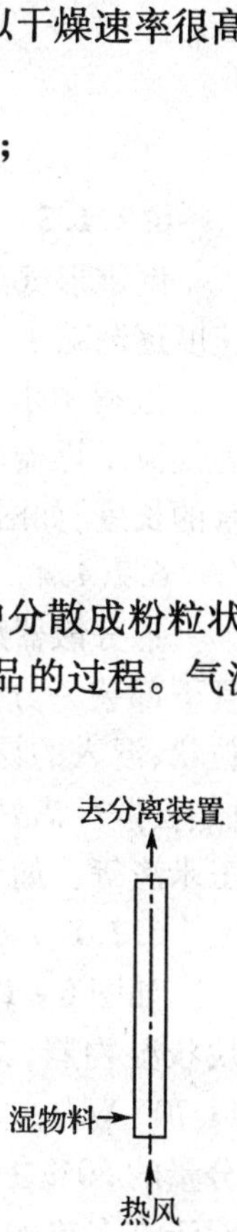

**图 6-8　直管型气流干燥器**

6.2.1.2　脉冲型气流干燥器

为使干燥过程得到强化，可以将干燥管做成交替扩大和缩小的形式，使物料颗粒不断地被加速和减速，这就是脉冲型气流干燥器，如图 6-9 所示。加速运动段在气流干燥管中所占比例并不大，但却可以除去湿物料中的大部分水分。物料首先进入管径小的一段，高速气流使物料颗粒被加速，当加速运动接近终了时，干燥管径突然扩大，使气流速度骤然下降，而颗粒由于惯性进入扩大段。由于颗粒受到阻力的作用而不断被减速，直至气－固两相间的相对速度再一次等于颗粒的沉降速度时，干燥管径突然缩小，颗粒又被加速。如此反复，使颗粒总是被加速或减速，大大强化了传热和传质过程，提高了设备的干燥能力，从而可进一步缩短干燥管的长度。

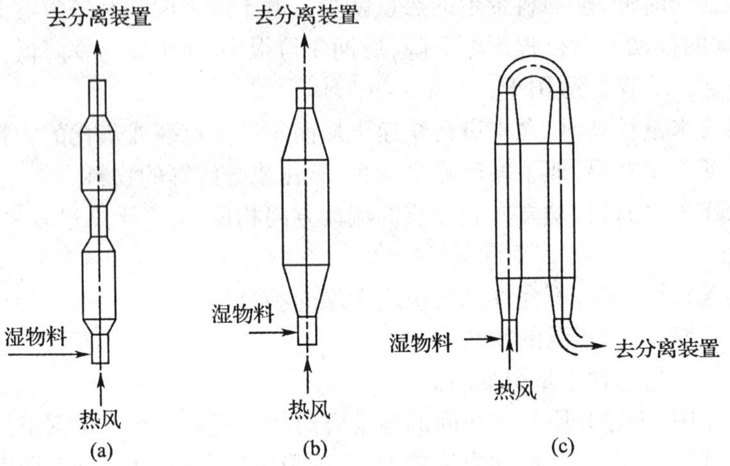


**图6－9　脉冲型气流干燥器**

(a)直管扩缩型；(b)锥型；(c)S型

6.2.1.3　倒锥形气流干燥器

倒锥形气流干燥器的管径沿气流方向逐渐扩大，从而使管内气流速度逐渐减小，不同粒度的颗粒分别分散在不同的高度。由于物料在干燥过程中水分蒸发而逐渐变轻，故其带出速度逐渐减小，采用倒锥型气流干燥器增加了物料在干燥管中的停留时间，同时也降低了干燥管的长度，如图6－10所示。

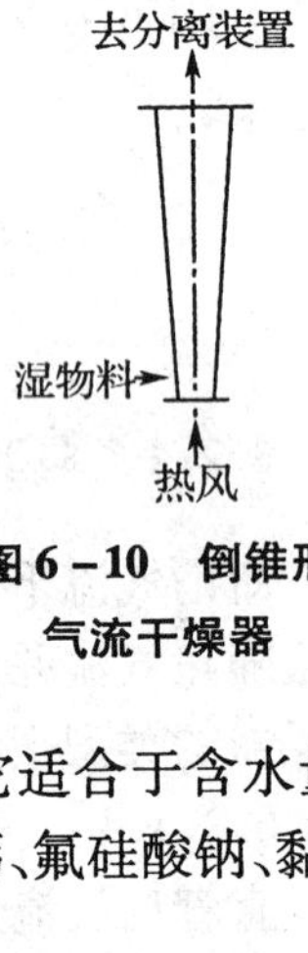


**图6－10　倒锥形气流干燥器**

6.2.1.4　带分散器型气流干燥器

带分散器型气流干燥器的结构如图6－11所示，其特点是在干燥管下部装一分散器，可将含有水分而凝聚、在热气流中不易分散的颗粒状、混入的易破碎的块状物料等，通过分散器将其加入热的气流中。它适合于含水量较低、松散性尚好的块状物料，如离心机、过滤机的滤饼，以及磷石膏、碳酸钙、氟硅酸钠、黏土、玉米渣等。如果湿物料含水量较多，可返回部分干物料以改善操作。

6.2.1.5　带粉碎机型气流干燥器

如图6－12所示的是一种带粉碎机型气流干燥器，干燥管下部安装的粉碎机用于粉碎块状湿物料，减小粒径，增加物料表面积，强化干燥过程，其体积传热系数达到3 470～11 700 W/($m^3$·℃)。因此，大量水分在粉碎过程中得到蒸发，一般情况下，可完成气化水分量的50%～80%。这样，便于采用较高的进气温度，以获得较高的生产能力和热效率。对于许多热敏性物料，其进气温度仍可高于其熔点、软化点和分解点。

除以上介绍的几种外，气流干燥器还有其他许多类型，限于篇幅，就不再多加介绍，读者可参考其他文献。

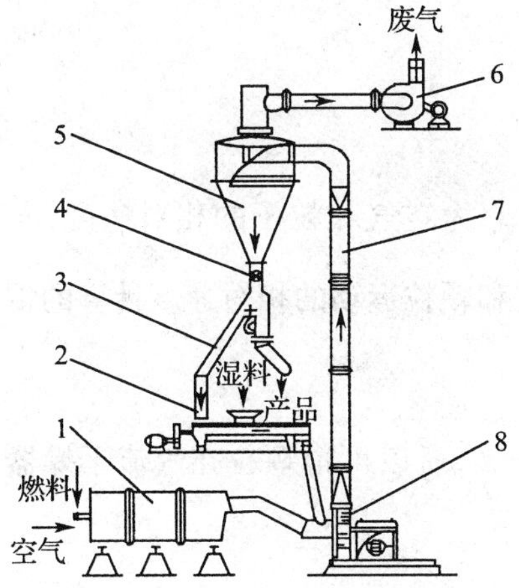


**图6－11　带分散器型气流干燥器**

1—燃烧室;2—混合器;3—干料分配器;
4—加料器;5—旋风分离器;6—风机;
7—干燥管;8—鼠笼式分散器

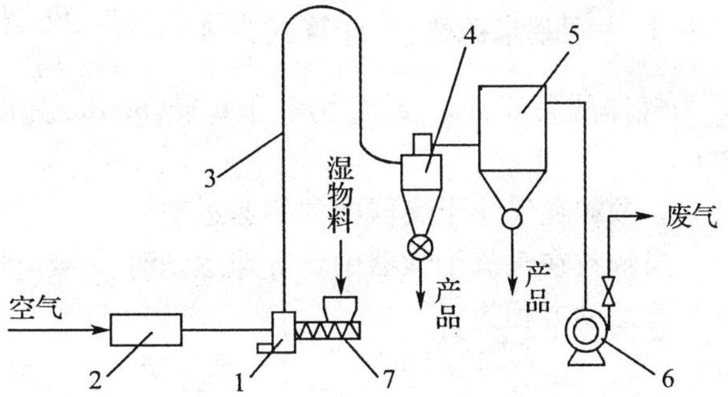


**图6－12　带粉碎机型气流干燥器**

1—粉碎机;2—加热器;3—干燥管;4—旋风分离器;
5—袋滤器;6—风机;7—加料器

## 6.2.2　气流干燥的基础理论

### 6.2.2.1　颗粒在气流干燥管中的运动

颗粒在气流干燥器中运动时,其受力情况如图6－13所示。

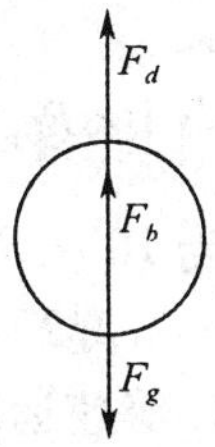


**图6－13　颗粒在气流中的受力分析**

1. 颗粒在气流干燥器中的加速运动

在气流干燥器中,颗粒受到的阻力 $F_d$,浮力 $F_b$ 和重力 $F_g$ 分别为

$$F_d = \zeta A_d \rho_g \frac{(u_g - u_m)^2}{2} \tag{6-1}$$

$$F_b = V_s \rho_g g \tag{6-2}$$

$$F_g = V_s \rho_s g \tag{6-3}$$

因此,颗粒在气流干燥管中作加速运动时的运动方程可表示为

$$m\frac{\mathrm{d}u_m}{\mathrm{d}\tau} = \zeta A_d \rho_g \frac{(u_g - u_m)^2}{2} - V_s(\rho_s - \rho_g)g \tag{6-4}$$

式中 $F_d$,$F_b$,$F_g$ 分别为颗粒受到的阻力、浮力和重力,N;$u_g$,$u_m$ 分别为干燥介质(空气)和颗粒的运动速度,m/s;$V_s$ 为颗粒的体积,$m^3$;$\rho_s$,$\rho_g$ 分别为颗粒和气体的密度,$kg/m^3$;$m$ 为颗粒的质量,kg;$\zeta$ 为粒子与气流间的阻力系数,无因次;$\tau$ 为颗粒运动时间,s;$A_d$ 为颗粒在运动方向的投影面积,$m^2$。

对于直径为 $d_p$ 的球形颗粒,由于 $V_s = \frac{\pi}{6}d_p^3$,$A_d = \frac{\pi}{4}d_p^2$,$m = \frac{\pi}{6}d_p^3\rho_s$,式(6－4)写成

$$\frac{\mathrm{d}u_m}{\mathrm{d}\tau} = \frac{3\zeta\rho_g(u_g - u_m)^2}{4\mathrm{d}_p\rho_s} - g\left(\frac{\rho_s - \rho_g}{\rho_s}\right) \tag{6-5}$$

上式即为球形颗粒在气流干燥器中作加速运动时运动微分方程的一般形式。

设 $u_r = u_g - u_m$，$Re_r = \frac{d_p u_r \rho_g}{\mu_g}$，则式(6－5)可整理为

$$\frac{4\rho_s d_p^2}{3\mu_g}\frac{dRe_r}{d\tau} = \frac{4d_p^3\rho_g(\rho_s - \rho_g)g}{3\mu_g^2} - \zeta Re_r^2 = \frac{4}{3}A_r - \zeta Re_r^2 \quad (6-6)$$

式中 $A_r$ 为阿基米德数，其计算式为 $A_r = \frac{d_p^3\rho_g(\rho_s - \rho_g)g}{\mu_g^2}$；$u_r$ 为空气和粒子的相对速度，m/s；$\mu_g$ 为气体的黏度，Pa·s；$d_p$ 为粒子直径，m；$Re_r$ 为以空气和颗粒运动的相对速度计算的雷诺数。

2. 颗粒在气流干燥器中的等速运动

当颗粒在气流干燥器中作等速运动时，$u_r = u_g - u_m = u_t$，所以可得颗粒在气流干燥器中的等速运动方程为

$$\frac{3\zeta_t\rho_g u_t^2}{4d_p\rho_s} = g\left(\frac{\rho_s - \rho_g}{\rho_s}\right) \quad (6-7)$$

或

$$A_r = \frac{3}{4}\zeta_t Re_t^2 \quad (6-8)$$

式中 $u_t$ 是颗粒的(自由)沉降速度，$\zeta_t$ 是等速沉降的阻力系数，$Re_t$ 是用颗粒沉降速度表示的雷诺数。

对于等速沉降时的阻力系数，可按以下公式计算

当 $10^{-4} < Re_t < 1$ 时：$\zeta = \frac{24}{Re_t}$；

当 $1 < Re_t < 10^3$ 时：$\zeta = \frac{18.5}{Re_t^{0.6}}$；

当 $10^3 < Re_t < 2 \times 10^5$ 时：$\zeta = 0.44$。

6.2.2.2 颗粒在气流式干燥器中的传热

1. 等速运动阶段颗粒与气流间的传热

对于空气－水系统，颗粒在气流干燥器内作等速运动时，颗粒与气流间的对流传热膜系数 $\alpha$ 为

$$\alpha = \frac{\lambda}{d_p}(2 + 0.54Re_t^{0.5}) \quad (6-9)$$

式中 $\alpha$ 为对流传热膜系数，W/(m$^2$·℃)；$\lambda$ 为空气的导热系数，W/(m·℃)。

2. 加速运动阶段颗粒与气流间的传热

对于直径大于 100 μm 的颗粒，在刚进入气流干燥器时，颗粒与气流间的对流传热膜系数 $\alpha_{max}$ 为

$$400 < Re_r < 1300 \text{ 时：} Nu_{max} = 1.95 \times 10^{-4} Re_r^{2.15} \quad (6-10)$$

$$30 < Re_r < 400 \text{ 时：} Nu_{max} = 0.76 Re_r^{0.65} \quad (6-11)$$

式中 $Nu_{max}$ 为努塞尔准数：$Nu_{max} = \frac{\alpha_{max} d_p}{\lambda}$。

在整个加速运动过程中，由于颗粒的相对速度是变化的，因此颗粒与气流间的对流传热膜系数也是变化的，即由进料处的最大值[可按式(6－10)或式(6－11)估算]逐渐减小到加速段终了(亦即等速运动段开始)的最小值可按式(6－9)估算，在此二截面间可近似地看作

$Nu$ 与 $Re_r$ 之间的变化在双对数坐标上为一直线关系，可采用图解法或代数法进行计算。

### 6.2.3 直管型气流干燥器的设计

在讨论直管型气流干燥的设计时，一般要作下列假定：

①颗粒是均匀的球形，在干燥过程中不产生形变；

②颗粒在重力场中运动，即颗粒在不旋转的、向上的热气流中运动；

③颗粒群的运动及传热等行为可用单个颗粒的特性来描述；

④忽略加速段的影响，把颗粒在干燥管内的运动看成是等速的。

直管型气流干燥器的设计一般按以下步骤进行：

①确定基本数据，包括设计的已知条件、设计者自行确定的数据、自行查询的数据；

②对干燥管进行物料衡算与热量衡算；

③计算干燥管的直径 $D$；

④计算气流干燥管的高度；

⑤计算气流干燥管的压降；

⑥附属设备的选择和设计。

#### 6.2.3.1 基本数据的确定

需要确定的基本数据包括设计的已知条件、设计者自行确定的数据和自行查询的数据。

1. 设计已知条件

干燥物料的产量、物料进出干燥器的湿含量、湿物料进口温度、干物料平均粒径、当地空气状态（$t_0$，$H_0$）及车间室温等。

2. 设计者自行确定的数据

（1）热风入口温度 $t_1$

取决于被干燥物料的允许温度。一般为 150 ~ 500 ℃，最高可达 700 ~ 800 ℃。

（2）热风出口温度 $t_2$

选择原则是避免在旋风分离器及袋滤器中出现"返潮"现象。对于一级旋风分离器，热风出口温度可取比其露点高 20 ~ 30 ℃，多级旋风分离器可取 60 ~ 80 ℃。

（3）产品出口温度 $\theta_2$

产品的出口温度 $\theta_2$ 与物料在干燥器内经历的过程有关，主要取决于物料的临界含水量 $X_c$ 值及干燥第二阶段的传质系数。若物料的出口含水量高于临界含水量 $X_c$，则物料出口温度 $\theta_2$ 等于与它相接触的气体湿球温度；若物料出口含水量低于临界含水量 $X_c$，则 $X_c$ 值越低，物料的出口温度 $\theta_2$ 也愈低；传质系数愈高，$\theta_2$ 愈低。目前还没有计算 $\theta_2$ 的理论公式。有时按物料允许的最高温度估计，即

$$\theta_2 = \theta_{max} - (5 \sim 10)℃ \tag{6-12}$$

式中 $\theta_2$ 为物料离开干燥器时的温度，℃；$\theta_{max}$ 为物料允许的最高温度，℃；

显然这种估算是很粗略的，因为它仅考虑物料的允许温度，并未考虑降速阶段中干燥的特点。

若 $X_c < 0.05$ kg 水/kg 绝干料时，对于悬浮或薄层物料可按下式计算物料出口温度

$$\frac{t_1 - \theta_2}{t_1 - t_w} = \frac{r_{t_w}(X_2 - X^*) - c_s(t_1 - t_w)\left(\frac{X_2 - X^*}{X_c - X^*}\right)^{\frac{r_{t_w}(X_c - X^*)}{c_s(t_1 - t_w)}}}{r_{t_w}(X_c - X^*) - c_s(t_1 - t_w)} \tag{6-13}$$

式中 $t_1$ 为降速干燥阶段热空气入口温度,℃;$t_w$ 为入口状态下热空气的湿球温度,℃;$X_1$,$X_2$,$X_c$,$X^*$ 分别为湿物料的初始干基含水量、干燥产品的干基含水量、物料的临界干基含水量和物料的平衡干基含水量,质量分数;$c_s$ 为干物料的比热容,kJ/(kg·℃);$r_{t_w}$为 $t_w$ 时水的气化潜热,kJ/kg。

(4)气流速度 $u_g$

从气流输送的角度来看,只要气流速度大于最大颗粒的沉降速度 $u_{max}$,则全部物料便可被气流带走。但为了操作安全起见,在上升管中,取气流平均速度 $u_g=(2\sim5)u_{max}$,或 $u_g=u_{max}+(3\sim5)$ m/s,在下降管中,$u_g=u_{tmax}+(1\sim2)$ m/s;在加速运动段,$u_g=(30\sim40)$ m/s。有些设计中,不管颗粒的大小及物料的性质,气流平均速度一律按 20 m/s(甚至高达 40 m/s)左右选择。

(5)气流干燥管的压降

气流干燥管的压降主要包括气、固相与管壁的摩擦损失、颗粒和气体位能提高引起的压力损失、颗粒加速引起的压力损失、局部阻力引起的压降等。一般直管型气流干燥器(气流干燥器)的压降为 1 200 ~2 500 Pa。

(6)操作设备中的热损失

干燥器的热损失一般取加热量(理论耗热量)的 10%。

3. 自行查询的数据

包括物料的性质,如物料的临界含水量、物料的比热容及其密度等,干燥介质的性质,如在平均温度下的黏度、密度、导热系数等。

6.2.3.2　干燥管的物料衡算与热量衡算

干燥过程的物料衡算和热量衡算主要包括水分蒸发量的计算、所需空气量的计算和干燥过程中热源提供给干燥介质的热量计算。图 6-14 为连续干燥过程的衡算示意图。

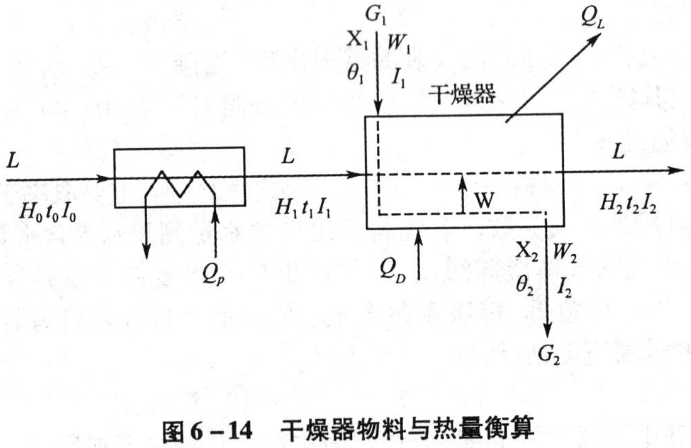


**图 6-14　干燥器物料与热量衡算**

$H_0$,$H_1$,$H_2$ 分别为新鲜湿空气进入预热器、离开预热器(即进入干燥器)和离开干燥器时的湿度,kg/kg 绝干气;$I_0$,$I_1$,$I_2$ 分别为新鲜湿空气进入预热器、离开预热器(即进入干燥器)和离开干燥器时的焓,kJ/kg 绝干气;$t_0$,$t_1$,$t_2$ 分别为新鲜湿空气进入预热器、离开预热器(即进入干燥器)和离开干燥器时的温度,℃;$X_1$,$X_2$ 分别为物料进入和离开干燥器时的干基含水量,kg 水分/kg 绝干料;$w_1$,$w_2$ 分别为物料进入和离开干燥器时的湿基含水量;$L$ 为绝干空气的流量,kg 绝干气/h;$Q_p$ 为单位时间内预热器消耗的热量,kW;$G_1$,$G_2$ 为分别为湿物料进入和离开干燥器时的流量，kg 湿物料/h；$\theta_1$，$\theta_2$ 分别为湿物料进入和离开干燥器时的温度，℃；$I'_1$，$I'_2$ 分别为湿物料进入和离开干燥器时的焓，kJ/kg 绝干料；$Q_D$ 为单位时间内向干燥器内补充的热量，kW；$Q_L$ 为干燥器的热损失速率，kW。

1. 物料的水分蒸发量 $W$

干燥器中，水分蒸发量为湿物料进出干燥器时的流量之差，即 $W = G_1 - G_2$。

而绝干物料量 $G_c = G_1(1 - w_1) = G_2(1 - w_2)$，所以

$$W = G_1 \frac{w_1 - w_2}{1 - w_2} = G_2 \frac{w_1 - w_2}{1 - w_1} \tag{6-14}$$

2. 空气用量 $L$

由进入和排出干燥器的湿分相等可得 $G_cX_1 + LH_1 = G_cX_2 + LH_2$

而 $W = G_c(X_1 - X_2) = L(H_2 - H_1)$，所以干空气的用量 $L$ 为

$$L = \frac{W}{H_2 - H_1}, \text{kg 干空气/h} \tag{6-15}$$

蒸发 1kg 水分所消耗的干空气量 $l$（称为比空气用量或单位空气消耗量）为

$$l = \frac{L}{W} = \frac{1}{H_2 - H_1}, \text{kg 干空气/kg 水} \tag{6-16}$$

3. 热量衡算

（1）预热器消耗的热量

若忽略预热器的热损失，对图 6-14 的预热器列焓衡算，得 $LI_0 + Q_p = I_1L$

故单位时间内预热器消耗的热量为

$$Q_p = L(I_1 - I_0) \tag{6-17}$$

（2）向干燥器补充的热量

对图 6-14 的干燥器列焓衡算，得 $LI_1 + G_CI'_1 + Q_D = LI_2 + G_CI'_2 + Q_L$

故单位时间内向干燥器补充的热量为

$$Q_D = L(I_2 - I_1) + G_C(I'_2 - I'_1) + Q_L \tag{6-18}$$

（3）干燥系统消耗的总热量

$$Q = Q_P + Q_D = L(I_2 - I_1) + G_C(I'_2 - I'_1) + Q_L \tag{6-19}$$

式中湿物料进、出干燥器的焓 $I'_1$、$I'_2$ 可表示为 $I' = c_s\theta + Xc_w\theta = (c_s + Xc_w)\theta = c_m\theta$；$c_s$，$c_w$，$c_m$，$c_g$ 分别为绝干物料、水分、湿物料和空气的比热容；湿空气进、出干燥器的焓 $I_1$，$I_2$ 可表示为 $I = c_gt + HI_v$；$I_v$ 为水气的焓，可表示为 $I_v = r_0 + c_vt = 2\,490 + 1.88t$。

因为 $L(H_2 - H_1) = W$、$I_{v0} \approx I_{v2}$、$c_{m1} = c_{m2}$，所以热量衡算式还可表示为

$$Q = Q_P + Q_D = 1.01L(t_2 - t_0) + G_Cc_{m2}(\theta_2 - \theta_1) + W(2\,490 + 1.88)t_2 + Q_L \tag{6-20}$$

可见，干燥系统中加入的热量等于加热空气与物料、蒸发水分所需的热量及干燥系统中热损失之和。

6.2.3.3　干燥管直径 D 的计算

1. 等直径管 $D$ 的计算

$$D = \sqrt{\frac{4V_g}{3600\pi u_g}} \tag{6-21}$$

式中 $D$ 为气流干燥管的直径，m；$V_g$ 为平均气体体积流量，$m^3/h$；$u_g$ 为平均气体速度，m/s。

2. 变直径管 $D$ 的计算

加速段直径 $D_1$ 的计算式为

$$D_1 = \sqrt{\frac{4V_{g1}}{3600\pi u_{g1}}} \tag{6-22}$$

等速段直径 $D_2$ 的计算式为

$$D_2 = \sqrt{\frac{4V_{g2}}{3600\pi u_{g2}}} \tag{6-23}$$

上两式中 $V_{g1}$，$V_{g2}$分别为进口和出口气体流量，$m^3/h$；$u_{g1}$，$u_{g2}$分别为进口和出口气体速度；进口气速一般取 30 m/s，出口气速取最大粒子沉降速度的 2 倍或比其大 3 m/s。

6.2.3.4　气流干燥管高度 Z 的计算

根据传热速率方程可得

$$Z = \frac{Q}{\alpha a\left(\frac{\pi}{4}D^2\right)\Delta t_m} \tag{6-24}$$

$$Q = Q_1 + Q_2 \tag{6-25}$$

$$Q_1 = G_c\left[(X_1 - X_2)r_w + (c_m + c_w X_1)(t_w - \theta_1)\right] \tag{6-26}$$

$$Q_2 = G_c\left[(X_c - X_2)r_{av} + (c_m + c_w X_2)(\theta_2 - t_w)\right] \tag{6-27}$$

$$\Delta t_m = \frac{(t_1 - \theta_1) - (t_2 - \theta_2)}{\ln\frac{t_1 - \theta_1}{t_2 - \theta_2}} \tag{6-28}$$

式中 $Z$ 为气流干燥管长度，m；$Q$ 为热空气传给物料的热量，kW；$Q_1$，$Q_2$ 分别为恒速、降速干燥阶段的传热量，kW；$G_c$ 为绝干物料的质量流量，kg/h；$t_1$，$t_2$ 为热风的进出口温度，℃；$\theta_1$，$\theta_2$ 为物料的进出口温度，℃；

6.2.3.5　气流干燥管的压降计算

气流干燥管的压降损失包括如下四部分：气、固相与管壁的摩擦损失；克服位能提高所需的压降；由于颗粒加速所引起的压降损失；其他的局部阻力引起的压降损失（包括管径的扩大、缩小及弯头等的局部阻力所造成的压降）。局部阻力所引起的压降损失常占总压降的相当大的比例，故应尽量减少局部阻力以降低压降损失。一般情况下气流干燥管的总压降损失大约为 980 ~ 1 470 Pa。

6.2.3.6　附属设备的选择和设计

附属设备包括风机、加热器、加料器、除尘器、出料器等。

### 6.2.4　气流干燥器设计计算示例

6.2.4.1　设计任务及操作条件

现有含水 $w_1 = 2\%$ 的某晶体物料，物料平均颗粒直径 $d_p = 0.6$ mm，颗粒最大直径 $d_{pmax} = 1$ mm，密度 $\rho_s = 2\ 490\ kg/m^3$，经实验测定其临界含水量 $w_c = 1\%$，干物料的定压比热 $c_m = 1.005$ kJ/(kg · ℃)，要求产品量为 730 kg/h，干燥后产品含水 $w_2 = 0.03\%$（均为湿基）。已知物料进入干燥器的温度为 15 ℃，离开干燥器的温度为 60 ℃（实测值），使用空气作干燥介质,空气进入预热器的温度为 15 ℃,相对湿度 $\varphi = 80\%$,进入干燥器的温度为 146 ℃,离开干燥器的温度为 64 ℃。试设计一气流干燥器完成此干燥任务。

6.2.4.2　物料衡算与热量衡算

1. 水分蒸发量 $W$

$$W = G_2 \frac{w_1 - w_2}{100 - w_1} = 730 \times \frac{2 - 0.03}{100 - 2} = 14.7\ (\text{kg/h})$$

则加料量 $G_1 = G_2 + W = 730 + 14.7 = 744.7 \approx 745\ (\text{kg/h})$

2. 空气消耗量

首先确定空气离开干燥器的出口状态。由于过程存在热损失,对干燥器进行热量衡算,整理得

$$\frac{t_1 - t_2}{H_2 - H_1} = \frac{q_1 + q_L - q_D - c_w\theta_1 + r_0}{c_H}$$

式中,$q_1$,$q_L$,$q_D$ 分别为蒸发 1 kg 水时,绝干物料升温所需热量、热损失及向干燥器内补充的热量。依题意:$t_0 = 15$ ℃,$t_1 = 146$ ℃,$t_2 = 64$ ℃,$H_1 = H_0$,$\varphi = 80\%$,查饱和水蒸气表可得 $t_0 = 15$ ℃时,$Ps = 1.71$ kPa,则

$$H_1 = H_0 = 0.622 \frac{\varphi P_S}{P - \varphi P_S} = 0.622 \times \frac{0.80 \times 1.71}{101.32 - 0.80 \times 1.71} = 0.008\,5$$

过程中干燥器没有补充加热,所以 $q_D = 0$

物料升温所需热量 $q_1$

$$q_1 = \frac{G_2 c_s(\theta_2 - \theta_1)}{14.7} = \frac{730 \times 1.005 \times (60 - 15)}{14.7} = 2\,246\ (\text{kJ/kg 水})$$

热损失取绝热干燥过程总热量消耗的 10%。按绝热过程计算,单位空气消耗量为

$$l_{绝热} = \frac{1}{H'_2 - H'_1}$$

式中,$H'_2$ 为按绝热过程计算所得的空气出口湿度。

因为是绝热过程,所以焓值不变,即

$$(1.01 + 1.88 \times 0.008\,5) \times 146 + 2\,490 \times 0.008\,5 = (1.01 + 1.88H'_2) \times 64 + 2\,490H'_2$$

解得 $H'_2 = 0.041$

则
$$l_{绝热} = \frac{1}{H'_2 - H_1} = \frac{1}{0.041 - 0.008\,5} = 30.77\ (\text{kg 干空气/kg 水})$$

而 $I_1 = (1.01 + 1.88H_1)t_1 + 2\,490H_1 = (1.01 + 1.88 \times 0.008\,5) \times 146 + 2\,490 \times 0.008\,5$
$= 170.79\ (\text{kJ/kg 水})$

$I_0 = (1.01 + 1.88H_0)t_0 + 2\,490H_0 = (1.01 + 1.88 \times 0.008\,5) \times 15 + 2\,490 \times 0.008\,5$
$= 36.55\ (\text{kJ/kg 水})$

故干燥系统的比热量消耗

$$q' = l_{绝热}(I_1 - I_0) = 30.77 \times (170.79 - 36.55) = 4\,130.42\ (\text{kJ/kg 水})$$

所以,热损失为 $q_L = 4\,130.42 \times 10\% = 413$ kJ/kg 水

湿空气比热近似取为进口湿度下的湿比热,即

$$c_H = 1.01 + 1.88 \times 0.008\,5 = 1.026\ (\text{kJ/(kg·℃)})$$

水的气化潜热 $r_0 = 2\,490$ kJ/kg,水的定压比热 $c_w = 4.18$ kJ/(kg·℃),湿物料进口温度

$\theta_1 = 15$ ℃，解得 $H_2 = 0.0246$ kg 水/kg 干空气

故该过程干空气的消耗量为 $L = \dfrac{W}{H_2 - H_1} = \dfrac{14.7}{0.0246 - 0.0085} = 913$ (kg 干空气/h)

湿空气的体积：

湿空气的比容 $v$ 可按平均温度 $t = (146 + 64)/2 = 105$ ℃及平均湿含量 $H = (0.0246 + 0.0085)/2 = 0.0165$ kg 水/kg 干空气计算，即

$$v = (0.772 + 1.244 \times 0.0165) \times \frac{273 + 105}{273} \approx 1.1 \text{ (m}^3 \text{ 湿空气/kg 干空气)}$$

则湿空气体积为 $V = 913 \times 1.1 = 1004$ m$^3$ 湿空气/h

故取湿空气的体积为 1 010 m$^3$ 湿空气/h。

3. 总热量消耗 $Q$

该过程总热量消耗 $Q$ 为

$$Q = L(I_1 - I_0) = 913 \times (170.79 - 36.55) = 122\,561 \text{ (kJ/h)} = 34.0 \text{ (kW)}$$

6.2.4.3　干燥管直径

采用变径干燥管。

1. 加速段管径计算

取加速段管内的气体速度 $u = 30$ m/s，此时，加速段管径 $D$ 为

$$D = \sqrt{\frac{V}{\frac{\pi}{4} u \times 3\,600}} = \sqrt{\frac{1\,010}{3\,600 \times 0.785 \times 30}} \approx 0.110 \text{ m}$$

2. 等速段干燥管直径计算

取等速段管内速度 $u = u_{tmax} + 3$ m/s

式中，$u_{tmax}$ 为最大颗粒的自由沉降速度，已知，$d_{pmax} = 1$ mm，$\rho_s = 2\,490$ kg/m$^3$。

空气的物性按平均温度 105 ℃计算，查得空气黏度 $\mu = 0.022 \times 10^{-3}$ Pa·s，

密度 $\rho_g = \dfrac{29}{22.4} \times \dfrac{273}{273 + 105} = 0.935$ (kg/m$^3$)

假定 $Re_t = 1 \sim 500$ 范围内，则 $\zeta = \dfrac{18.5}{Re_t^{0.6}}$，而

$$\zeta u_t^2 = \frac{4}{3} \frac{g d_p (\rho_s - \rho_g)}{\rho_g}$$

将 $\zeta = \dfrac{18.5}{Re_t^{0.6}}$ 和 $Re_t = \dfrac{d_p u_t \rho}{\mu}$ 代入上式得

$$u_{tmax} = \frac{0.78 d_p^{1.14} (\rho_s - \rho_g)^{0.714}}{\mu^{0.429} \rho_g^{0.286}} = \frac{0.78 \times 0.001^{1.14} (2\,490 - 0.935)^{0.714}}{(0.022 \times 10^{-3})^{0.429} \times 0.935^{0.286}} = 8 \text{ (m/s)}$$

检验雷诺数 $Re_{tmax} = \dfrac{d_{pmax} u_{tmax} \rho_g}{\mu} = \dfrac{0.001 \times 8 \times 0.935}{0.022 \times 10^{-3}} = 340 < 500$

假设成立。所以，$u = u_{tmax} + 3 = 8 + 3 = 11$ (m/s)。

等速段干燥管直径为 $D = \sqrt{\dfrac{V}{\frac{\pi}{4} u \times 3\,600}} = \sqrt{\dfrac{1\,010}{3\,600 \times 0.785 \times 11}} = 0.180$ (m)

所以干燥管加速段直径为 0. 110 m,等速段直径为 0. 180 m。

6.2.4.4　干燥管长度

干燥管长度 $Z$,根据式(6-24)得

$$Z = \frac{Q}{\alpha a(\frac{\pi}{4}D^2)\Delta t_m}$$

式中,空气传给湿物料的总热量 $Q = Q_1 + Q_2$。

恒速干燥阶段传热量(包括物料预热)$Q_1$:

首先将物料湿含量换算为干基,即

$$X_1 = \frac{w_1}{1-w_1} = \frac{0.02}{1-0.02} = 0.020\,4$$

$$X_2 = \frac{w_2}{1-w_2} = \frac{0.000\,3}{1-0.000\,3} \approx 0.000\,3$$

$$X_c = \frac{w_c}{1-w_c} = \frac{0.01}{1-0.01} \approx 0.01$$

物料湿含量由 $X_1$ 降到 $X_c$ 时为干燥第一阶段,由 $X_c$ 降到 $X_2$ 时为干燥第二阶段。温度为 146 ℃、湿度为 0. 008 5 的空气的湿球温度 $t_w$ = 41 ℃,所以湿物料和空气的湿含量及温度变化如图 6-15 所示。

物料温度由 15 ℃加热到 41 ℃,再由 41 ℃加热到 60 ℃。在降速段内,物料的水分气化温度取

$$\theta' = \frac{\theta + \theta_2}{2} = \frac{41 + 60}{2} = 50.5\ (℃)$$

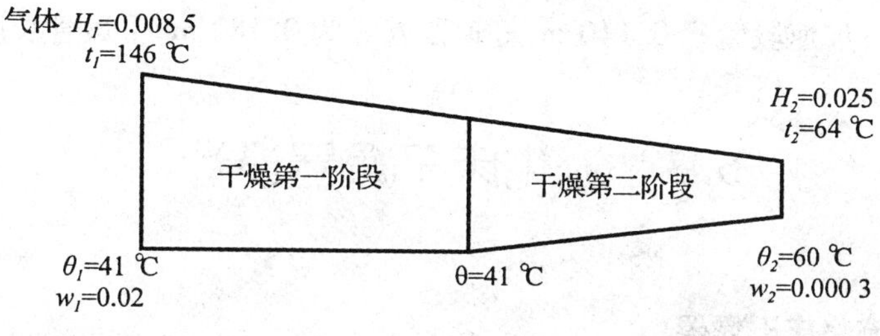


**图 6-15　空气和湿物料变化示意图**

在 $\theta$ = 41 ℃时,$r_\theta$ = 2 402. 8 kJ/kg;在 $\theta'$ = 50. 5 ℃时,$r_{av}$ = 2 380. 6 kJ/kg

所以,在恒速干燥阶段

$$\begin{aligned} Q_1 &= G_c[(X_1 - X_c)r_\theta + (C_m + C_w X_L)(t_\theta - t_{m1})] \\ &= \frac{730}{3\,600} \times [(0.020\,4 - 0.01) \times 2\,402.8 + (1.005 + 4.187 \times 0.020\,4) \times (41 - 15)] \\ &= 10.8\ (\mathrm{kW}) \end{aligned}$$

降速干燥阶段的传热量

$$Q_2 = G_c[(X_c - X_2)r_{av} + (C_m + C_w X_2)(t_{m2} - t_\theta)]$$

$$= \frac{730}{3\ 600}[(0.01 - 0.000\ 3) \times 2\ 380.6 + (1.005 + 4.187 \times 0.000\ 3) \times (60 - 41)]$$

$$= 8.6\ (\text{kW})$$

全管对数平均温度差 $\Delta t_m = \dfrac{(t_1 - \theta_1) - (t_2 - \theta_2)}{\ln \dfrac{t_1 - \theta_1}{t_2 - \theta_2}} = \dfrac{(164 - 15) - (64 - 60)}{\ln \dfrac{164 - 15}{64 - 60}} = 40.1\ (℃)$

为计算 $\alpha$，首先计算平均颗粒尺寸的沉降速度，以便计算 $Re_t$。此时空气的温度仍取平均温度 105 ℃，其 $\mu = 2.2 \times 10^{-5}$ Pa · s，$\rho = 0.935$ kg/m$^3$，导热系数 $\lambda = 0.032\ 56$ W/(m · ℃)，平均颗粒直径 $d_p = 0.6$ mm，则

$$u_t = \frac{0.78 d_p^{1.14}(\rho_s - \rho)^{0.714}}{\mu^{0.429}\rho^{0.286}} = \frac{0.78 \times (0.000\ 6)^{1.14} \times (2\ 490 - 0.935)^{0.714}}{(0.022 \times 10^{-3})^{0.429} \times (0.93.5)^{0.286}} = 4.46\ (\text{m/s})$$

$$Re_t = \frac{d_p u_t \rho}{\mu} = \frac{0.000\ 6 \times 4.46 \times 0.935}{0.022 \times 10^{-3}} = 114 < 500$$

故计算所得 $u_t$ 正确。因此

$$\frac{\alpha d_p}{\lambda} = 2 + 0.54 Re_t^{0.5} = 2 + 0.51 \times 114^{0.5} = 7.78$$

所以，$\alpha = 7.78\dfrac{\lambda}{d_p} = 7.78 \times \dfrac{0.032\ 56}{0.000\ 6} = 422\ (\text{W/(m}^2 \cdot ℃))$

可得 $\alpha \cdot \dfrac{\pi}{4}D^2 = \dfrac{G_c}{600 d_p \rho_s (u - u_t)} = \dfrac{730}{600 \times 0.000\ 6 \times 2\ 490 \times (11 - 4.46)} = 0.125$

则干燥管高度 $Z = \dfrac{Q}{\alpha a(\dfrac{\pi}{4}D^2)\Delta t_m} = \dfrac{19.4 \times 10^3}{422 \times 0.125 \times 40.1} = 9.17\ (\text{m}) \approx 9.2\ (\text{m})$

计算结果如下：加速段管径 0.110 m，等速段管径为 0.180 m，干燥管长度为 9.2 m。

## 6.3　流化床干燥器设计

### 6.3.1　常见流化床干燥器

流化床干燥器的形式有很多，按操作情况可分为间歇流化床干燥器和连续流化床干燥器；按结构形式可分为单层流化床干燥器、多层流化床干燥器、卧式多室流化床干燥器、振动流化床干燥器、离心流化床干燥器、喷动床干燥器等。

#### 6.3.1.1　单层流化床干燥器

单层（连续）流化床干燥器的流程图如图 6 - 16 所示。湿物料由加料器加入到流化床干燥器内，环境空气经鼓风机和空气加热器加热到一定温度后，由干燥器底部经分布器进入流化床干燥器中与物料进行接触干燥，干燥产品由出料口排出，含有细粉的空气经旋风分离器后排空。

单层流化床干燥器可以间歇操作，也可以连续操作。连续操作时，一般要设置隔板，以防出现短路问题。这种干燥器的主要缺点是物料停留时间分布宽、干燥产品残余水分不均

匀。所以通常用于除去物料表面附着水分及干燥程度要求不太高的场合。

6.3.1.2 多层流化床干燥器

为克服单层(连续)流化床干燥器存在的物料停留时间分布宽、干燥产品残余水分不均匀等问题,就出现了多层流化床干燥器。多层流化床干燥器系采用多层气体分布板,将被干燥物料划分为若干层,气-固逆流操作,增加了过程的推动力,使物料的停留时间分布和干燥程度都比较均匀,提高了传热传质效率。多层流化床干燥器的结构类似于气-液传质设备中的板式塔,其形式有很多种,按固体溢流方式可分为溢流管式和穿流筛板式两大类,国内目前均以溢流管式为多,图6-17即为多层溢流管式流化床干燥器的结构示意图。

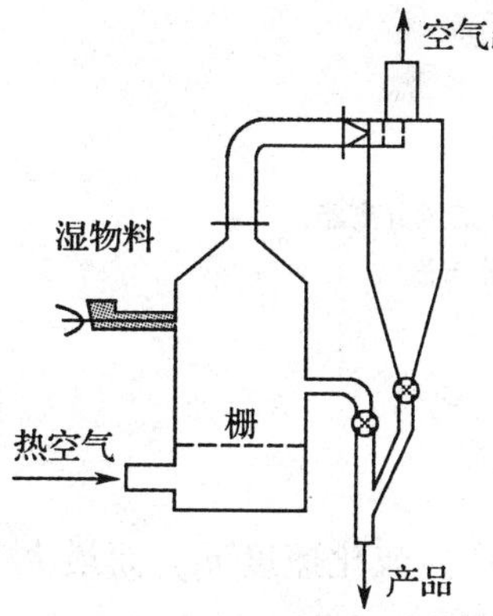


**图6-16 单层流化床干燥器**

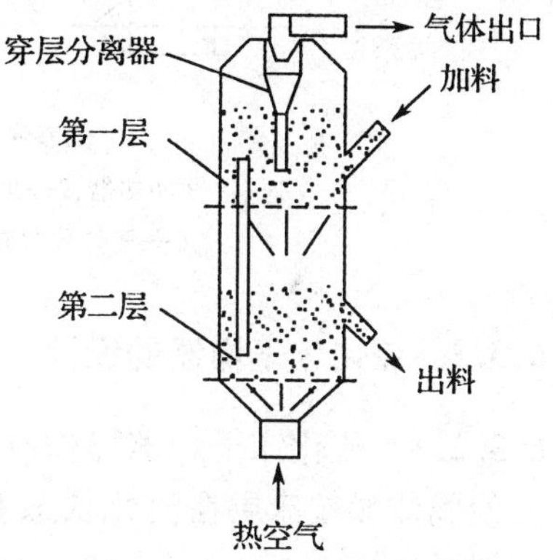


**图6-17 多层流化床干燥器**

多层流化床干燥器的结构复杂,床层阻力大,操作的可靠性和稳定性差,因此在工业上的应用还是比较少的。

6.3.1.3 卧式多室流化床干燥器

为克服多层流化床干燥器存在的结构复杂、床层阻力大、操作不易控制等不足,便出现了卧式多室流化床干燥器,如图6-18所示。它是一矩形箱体外壳,其气体分布板为长方形,且按一定间隔垂直于它设置一定数量的隔板,将床层分隔成多室。为使气体分布得更加均匀,一般在气体分布板的下部有一个气体预分布室,分成若干个热风室。物料的停留时间可通过调节出口堰板高度来实现。颗粒在热风的作用下,通过分布板与隔板之间的间隙向其他室移动,直至出口排出。这种流化床干燥器处理量大,产品湿含量均匀,操作也比较稳定。与多层流化床相比,结构简单,系统压降低,但耗气量大,热效率低。

为了适应工艺要求,还有许多型式的流化床干燥器。诸如惰性粒子流化床干燥器可以将溶液、悬浮液或膏状物料干燥;振动流化床干燥器、脉冲式流化床干燥器适用于处理不易流动以及特殊要求(如保持晶形完整,晶体闪光度好等)的物料;新开发的高湿物料的低温干燥,可采用内热构件流化床干燥器;离心流化床干燥器除去表面水分的干燥速率是传统流化床干燥器的10~30倍,对于被干燥物料的粒度、含湿量及表面黏性的适应能力很强。随着对流态化技术的更深入认识,其应用前景将越来越广阔。

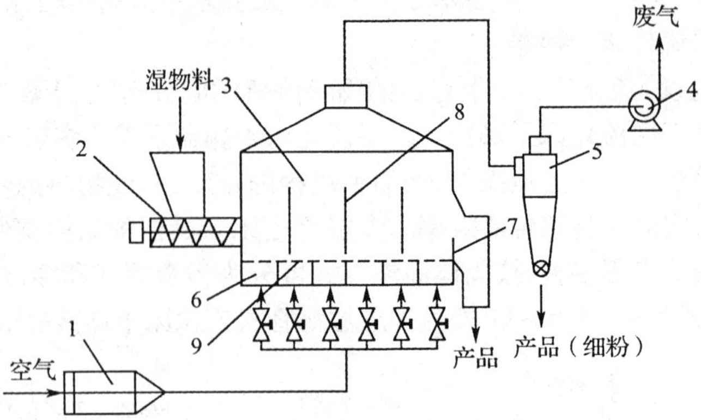


**图 6 – 18　卧式多室流化床干燥器**

1—空气加热器；2—加料器；3—干燥室；4—引风机；5—旋风分离器；
6—气体预分布器；7—堰板；8—隔板；9—气体分布板

### 6.3.2　流化床干燥器的设计

#### 6.3.2.1　流化床干燥器操作流化速度的确定

要使固体颗粒床层在流化状态下操作，必须使气速高于临界流化速度 $u_{mf}$，而最大气速又不得超过颗粒带出速度 $u_t$，因此流化床的操作范围应在临界流化速度和带出速度之间。

1. 临界流化速度 $u_{mf}$

临界流化速度 $u_{mf}$（又叫起始流化速度或最小流化速度）是流化床操作的最低速度。确定临界流化速度的最好方法是实验。在不易实验确定时，可以近似计算。

当颗粒直径较小时，颗粒床层雷诺数 $Re_b$ 一般小于 20，根据经验，得到起始流化速度的近似计算式为

$$u_{mf} = \frac{d_p^2(\rho_s - \rho)g}{1\ 650\mu} \tag{6-29}$$

对于大颗粒，颗粒床层雷诺数 $Re_b$ 一般大于 1 000，得到近似计算式为

$$u_{mf} = \sqrt{\frac{d_p(\rho_s - \rho)g}{24.5\rho}} \tag{6-30}$$

式中 $d_p$ 为颗粒直径。非球形颗粒时用当量直径，非均匀颗粒时用颗粒群的平均直径；$\rho$ 为实际流化介质的密度，$kg/m^3$。

2. 带出速度 $u_t$

颗粒的带出速度即颗粒的沉降速度，其计算方法参见 6. 2. 2 节。

值得注意的是，计算 $u_{mf}$ 时要用实际存在于床层中不同粒度颗粒的平均直径 $d_p$，而计算 $u_t$ 时则必须用最小颗粒直径。

3. 流化床的操作范围

流化床的操作范围，可用比值 $u_t/u_{mf}$ 的大小来衡量，该比值称为流化数。

对于均匀的细颗粒：$u_t/u_m = 91.7$　　(6 – 31)

对于大颗粒：$u_t/u_{mf} = 8.62$　　(6 – 32)

研究表明，上述两个上下限值与实验数据基本相符，$u_t/u_{mf}$比值常在 10 ~ 90 之间。$u_t/u_{mf}$比值是表示正常操作时允许气速波动范围的指标，大颗粒床层的 $u_t/u_{mf}$值较小，说明其操作灵活性较差。实际上，不同生产过程的流化数差别很大。有些流化床的流化数高达数百，远远超过上述 $u_t/u_{mf}$高限值。

对于粒径大于 500 μm 的颗粒，根据平均粒径计算出粒子的带出速度，通常取操作流化速度为$(0.4 \sim 0.8)u_t$。

另外，一般流化床干燥器的实际空隙率 $\varepsilon$ 在 0.55 ~ 0.75 之间，可根据选定的 $\varepsilon$ 和 $Ar$ 值用 $Ly - Ar$ 关系曲线计算操作流化速度。

6.3.2.2　流化床干燥器主体工艺尺寸的计算

1. 流化床干燥器底面积的计算

(1)单层圆筒流化床干燥器

单层圆筒流化床干燥器截面积 $A$ 由下式计算

$$A = \frac{vL}{3600u} \tag{6-33}$$

式中 $L$ 为绝干气的流量，kg/h；$v$ 为气体在温度 $t_2$ 及湿度 $H_2$ 状态下的比容，$m^3$/kg 绝干气，由下式计算

$$v = (0.772 + 1.244H_2)\frac{273 + t_2}{273} \times \frac{1.013 \times 10^5}{P} \tag{6-34}$$

若流化床设备为圆柱形，根据 $A$ 可求得床层直径 $D$；若流化床采用长方形，可根据 $A$ 确定其长度 $l$ 和宽度 $b$。

在流化床上部常常设置扩大段，其主要目的是降低风速，使其小于某一粒径颗粒的沉降速度，则大于这些直径的颗粒就会沉降下来回到床层中去，以减轻细粉回收设备的负荷。

扩大段直径的确定，须由带入细粉回收设备中的最小颗粒的直径，计算其带出速度 $u_{t\min}$，再按下式求出扩大段直径 $D_1$，并加以圆整。

$$D_1 = \sqrt{\frac{vL}{900\pi u_{t\min}}} \tag{6-35}$$

有时取扩大段中的气速为操作气速的一半(即 $u_{t\min} = \frac{1}{2}u$)来确定扩大段的直径，也可获得满意的结果。

(2)卧式多室流化床干燥器

物料在干燥器中通常经历表面气化控制和内部迁移控制两个阶段。床层底面积等于两个阶段所需底面积之和。

①表面气化阶段所需底面积 $A_1$

对干燥装置，在忽略热损失的条件下，列出热量衡算及传热速率方程，并经整理得表面气化阶段所需底面积 $A_1$ 计算式如下

$$\alpha_a Z_0 = \frac{(1.01 + 1.88H_0)\bar{L}}{\left[\frac{(1.01 + 1.88H_0)\bar{L}A_1(t_1 - t_2)}{G(X_1 - X_2)r_{t_w}} - 1\right]} \tag{6-36}$$

$$\alpha_a = \alpha a \tag{6-37}$$

$$a = \frac{6(1-\varepsilon_0)}{d_m} \text{或} a = \frac{6\rho_b}{\rho_s d_m} \tag{6-38}$$

$$\alpha = 4 \times 10^{-3} \frac{\lambda}{d_m}(Re)^{1.5} \tag{6-39}$$

$$Re = \frac{d_m u \rho}{\mu}$$

式中 $Z_0$ 为静止时床层厚度，m（一般可取 0.05 ~ 0.15 m）；$\bar{L}$ 为干空气的质量流速，kg 绝干气/（$m^2 \cdot s$）；$A_1$ 为表面气化控制阶段所需底面积，$m^2$；$t_1$ 为干燥器入口空气的温度，℃；$t_w$ 为入口空气的湿球温度，℃；$r_{t_w}$ 为温度 $t_w$ 时水的气化潜热，kJ/kg；$\alpha_a$ 为流化床的体积传热系数或热容系数，kW/（$m^3 \cdot$ ℃）；$a$ 为静止时床层的比表面积，$m^2/m^3$；$\rho_b$ 为静止床层的颗粒堆积密度；$\varepsilon_0$ 为静止床层的空隙率；$d_m$ 为颗粒的平均粒径，m；$\alpha$ 为流化床层的对流传热系数，kW/（$m^2 \cdot$ ℃）；$\lambda$ 为气体的导热系数，kW/（m · ℃）。

由式 6－36 可求得 $\alpha_a$ 或 $A_1$。

应予指出，当 $d_m < 0.9$ mm 时，由该式求得值偏高，需根据图 6－19 校正。其横坐标 $C = \alpha'_a/a_a$。$\alpha'_a$ 为修正后的体积传热系数。

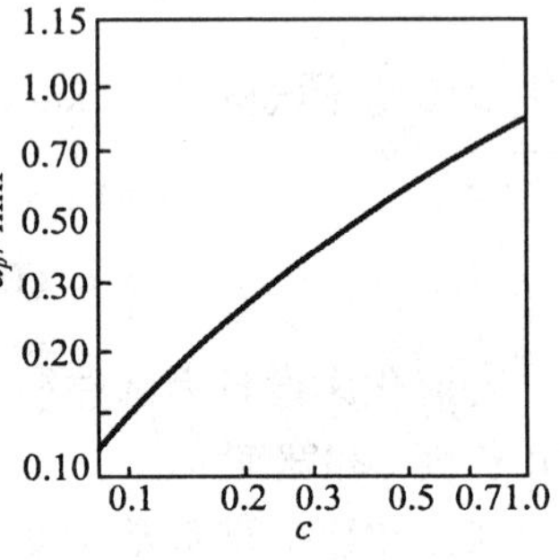

图 6－19　$\alpha_a$ 的校正系数

②物料升温阶段所需底面积 $A_2$

在流化床干燥器中，物料的临界含水量一般都很低，故可认为水分在表面气化控制阶段已全部蒸发，在此阶段物料由湿球温度升到排出温度。对干燥器微元面积列热量衡算和传热速率方程，经化简、积分，整理得物料升温阶段的所需底面积 $A_2$ 计算式

$$\alpha_a Z_0 = \frac{(1.01 + 1.88H_0)\bar{L}}{\left[\frac{(1.01 + 1.88H_0)\bar{L}A_2}{Gc_{m2}} \Big/ \ln\frac{t_1 - \theta_1}{t_2 - \theta_2} - 1\right]} \tag{6-40}$$

$$c_{m2} = c_s + 4.187X_2$$

式中 $c_{m2}$ 为干燥产品的比热容，kJ/（kg 绝干料 · ℃）。

流化床层总的底面积　$A = A_1 + A_2$　(6－41)

(3)卧式多室流化床干燥器的宽度和长度

在流化床层底面积确定之后，设备的宽度和长度需进行合理的布置。其宽度的选取以保证物料在设备内均匀分散为原则，通常不超过 2 m。若需设备宽度很大，在物料分散性不良情况下，则应该设置特殊的物料散布装置。设备中物料前进方向的长度受到热空气均匀分布的条件限制，一般取 2.5 ~ 2.7 m 以下为宜。在设计中，往往需要通过反复调整。

2. 物料在流化床中的平均停留时间

$$\tau = \frac{Z_0 A \rho_b}{G_2} \tag{6-42}$$

式中 $G_2$ 为干燥产品的流量，kg/s；$\rho_b$ 为颗粒的堆积密度，kg/$m^3$；$Z_0$ 为静止床层高度，m；$\tau$ 为物料的停留时间，s。

需要指出，物料在干燥器中的停留时间必须大于或至少等于干燥所需时间。

3. 流化床干燥器的高度

流化床的总高度分为密相段(浓相区)和稀相段(分离区)。流化床界面以下的区域称为浓相区,界面以上的区域称为稀相区。

(1)浓相区高度

当操作速度大于临界流化速度时床层开始膨胀,气速越大或颗粒越小,床层膨胀程度越大。由于床层内颗粒质量是一定的,对于床层截面积不随床高而变化的情况,浓相区高度 $Z_1$ 与起始流化高度 $Z_0$ 之间有如下关系

$$R_c = \frac{Z_1}{Z_0} = \frac{1 - \varepsilon_{mf}}{1 - \varepsilon} \tag{6-43}$$

$R_c$ 称为流化床的膨胀比。床层的空隙率 $\varepsilon$ 可由下式近似计算

$$\varepsilon = \left(\frac{18Re + 0.36Re^2}{Ar}\right)^{0.21} \tag{6-44}$$

(2)分离高度

流化床中的固体颗粒都有一定的粒度分布,而且在操作过程中也会因为颗粒间的碰撞、磨损产生一些细小的颗粒,因此,流化床的颗粒中会有一部分细小颗粒的沉降速度低于气流速度,在操作中会被带离浓相区,经过分离区而被流体带出器外。另外,气体通过流化床时,气泡在床层表面上破裂时会将一些固体颗粒抛入稀相区,这些颗粒中大部分颗粒的沉降速度大于气流速度,因此,它们到达一定高度后又会落回床层。这样就使得离床面距离越远的区域,其固体颗粒的浓度越小,离开床层表面一定距离后,固体颗粒的浓度基本不再变化。固体颗粒浓度开始保持不变的最小距离称为分离区高度。床层界面之上必须有一定的分离区,以使沉降速度大于气流速度的颗粒能够重新沉降到浓相区而不被气流带走。

分离区高度的影响因素比较复杂,系统物性、设备及操作条件均会对其产生影响,至今尚无适当的计算公式。图6-20给出确定分离段高度 $Z_2$ 的参考数据。图中的虚线部分是在小床层下实验得出的,数据可靠性较差;对于非圆柱形设备,用当量直径 $De$ 代替图中的高备直径 $D$。

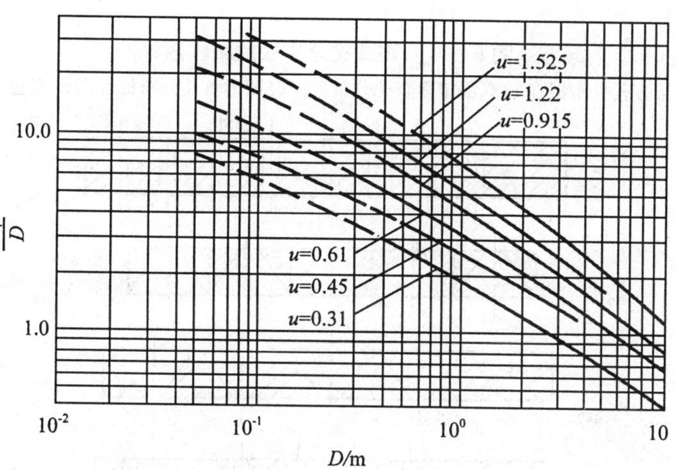


**图6-20 流化床的分离高度($u$ 的单位为 m/s)**

也有资料提出,分离段高度可近似等于浓相段高度。

为了进一步减小流化床粉尘带出量,可以在分离段高度之上再加一扩大段,降低气流速度,使固体颗粒得以较彻底的沉降。扩大段的高度一般可根据经验视具体情况选取。

6.3.2.3　流化床干燥器的结构设计

流化床干燥器的结构设计主要包括气体的分布和预分布装置、隔板和溢流堰的设计。

1. 气体分布板

气体分布板(简称筛板、分布板)是流化床内重要的构件之一。分布板对整个流化床的直接作用范围仅有 0.2 ~ 0.3 m,然而它对整个床层的流化状态却具有决定性的影响。在生产过程中常会由于分布板设计不合理,气体分布不均匀,造成沟流和死区现象,使床层不能正常流态化。常用的分布板类型大致可分为直流式、侧流式和填充式等。

(1) 直流式分布板

如图 6 - 21 和图 6 - 22 所示。它结构简单,易于设计制造,但气流方向正对床层,易使床层形成沟流,小孔也容易被堵塞,停车时又易漏料。因此除特殊情况外,一般不使用直流式分布板。图 6 - 21(b) 所示为用两层直孔筛板错叠而成,它可以克服单层直孔筛板的不足。在大直径流化床中颗粒物料的负荷较重,平筛板易受压弯曲;可采用图 6 - 21(c) 和图 6 - 21(d) 所示的弧形板,这种气体分布板可以经得起热应力。图 6 - 21(c) 所示的设计使中间料层厚,有助于防止沟流和使气体分布均匀。图 6 - 21(d) 所示的结构由于周围的孔数比中心多,也能使气体分布均匀,但图 6 - 21(c) 和图 6 - 21(d) 所示的气体分布板制作比较困难。直流式气体分布板的开孔布置一般为等边三角形,其直孔的结构也是多种多样,如图 6 - 22 所示。

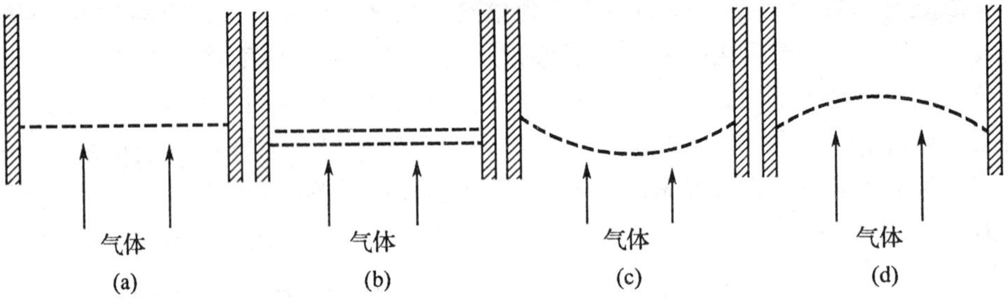


**图 6 - 21　直流式分布板的结构形式**

(a) 单层直孔分布板;(b) 双层错叠直孔分布板;(c) 凹形直孔分布板;(d) 凸形直孔分布板

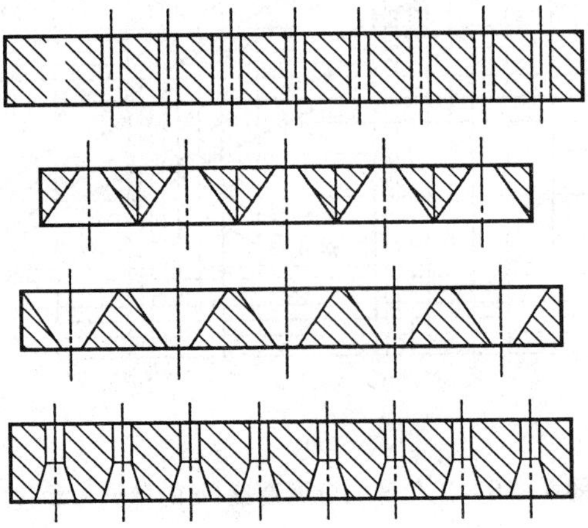

**图 6 - 22　直流式分布板的孔结构形式**

(2)侧流式分布板

如图6－23,图6－24,图6－25所示,这种形式是在筛板孔中装有锥形风帽(简称锥帽),气流从锥帽底部的侧缝或锥帽四周的侧孔吹出,可以防止颗粒通过筛板下落。尽管其结构复杂,但目前工业上还是广泛采用,效果也较好。其中侧缝式采用尤多,它具有以下优点:

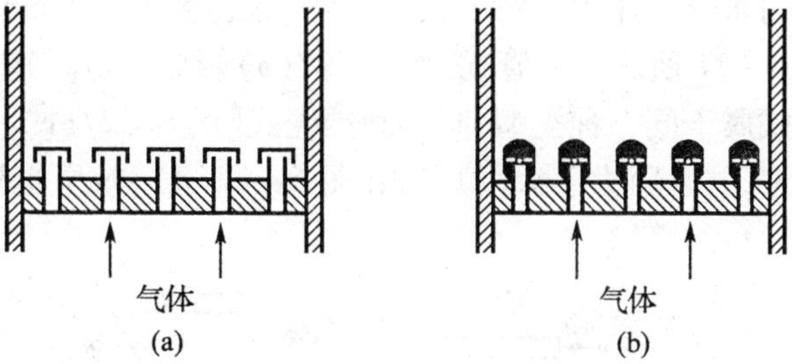


**图6－23　侧流式分布板的结构形式**

(a)侧缝式锥帽分布板;(b)侧孔式锥帽分布板

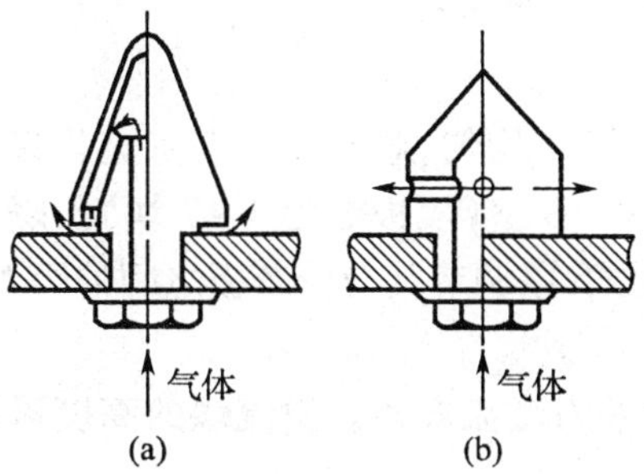


**图6－24　侧流式分布板的锥帽与筛板装配示意图**

(a)侧缝式锥帽分布板;(b)侧孔式锥帽分布板

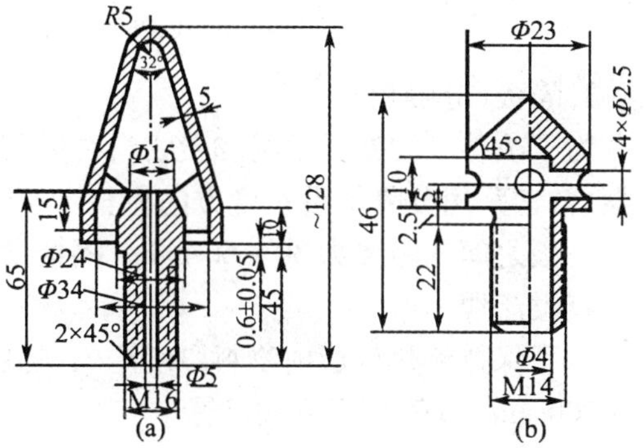


**图6－25　锥帽的结构示意图**

(a)侧缝式锥帽;(b)侧孔式锥帽

①固体颗粒不会在锥帽顶部堆成死床,每3个或4个锥帽之间形成一个小锥形床,由此形成许多个小锥形床,改善了床层的流化质量。

②热气体紧贴分布板面从侧缝吹出而进入床层,在筛板面上形成一层"气垫",使颗粒不能在板面上停留,这就消除了在板面上形成死床或发生绕结现象,大大减轻工分布板的磨蚀。

(3)填充式分布板

填充式分布板是在直孔筛板或栅板上铺上金属丝网,再间隔地铺上卵石、石英砂、卵石,最上层再用金属丝网压紧,如图6－26所示。此型结构简单,能够达到均匀布气的要求。但操作时,固体颗粒一旦进入填充层内就很难被吹出去,容易烧结;长期使用后,填充层常常松动、移位,使布气均匀程度降低。因此填充式分布板目前也很少使用。

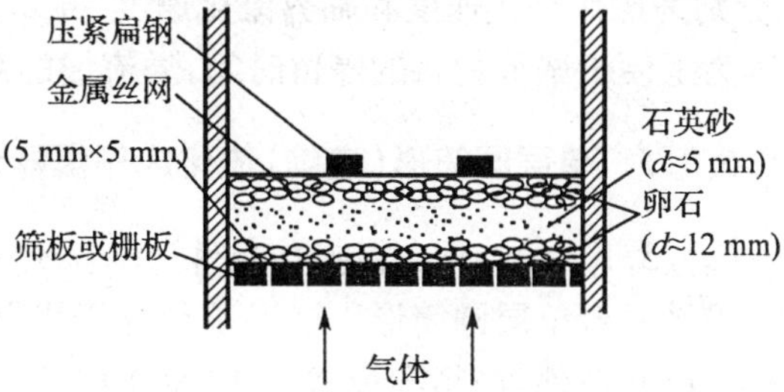


**图6－26　填充式分布板**

2. 气体预分布器

为使气体更均匀地进入分布板,一般在流化床干燥器内加设气体预分布器,将气体预先分布一次,这样可避免气流直冲分布板而造成局部流速过高,可使分布板在较低阻力下达到均匀布气的作用。对于大型设备(床径大于1.5 m)更是如此。常用气体预分布器示意图如图6－27所示。弯管式[图6－27(a)]结构简单,应用最为广泛;开口式[图6－27(b)]与弯管式属于同一种类型;同心圆锥壳式[图6－27(c)]预分布器结构稍微复杂,但预分布效果很好,并且阻力不大;填充式[图6－27(d)]效果也较好,但阻力较大,目前应用得不多。

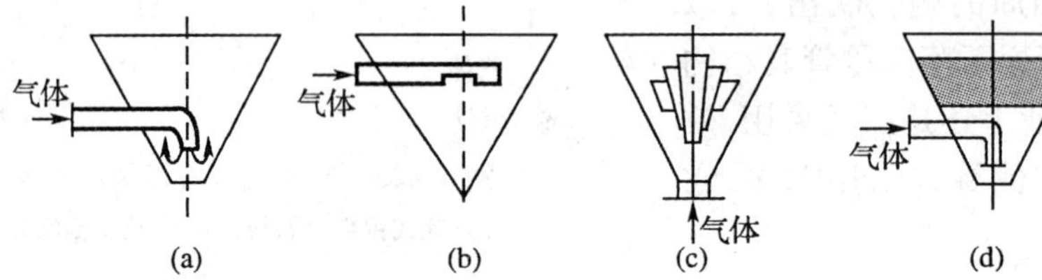


**图6－27　常用的气体预分布器形式**

(a)弯管式;(b)开口式;(c)同心圆锥壳式;(d)填充式

3. 隔板(分隔板)

为了改善气固接触情况和使物料在床层内停留时间分布均匀,对于卧式多室流化床干燥器,常常采用分隔板沿长度方向将整个干燥室分隔成4～8室(隔板数为3～7块)。隔板与分布板之间的距离为30～60 mm。隔板做成上下移动式,以调节其与分布板之间的距离。

4. 溢流堰

为了保持流化床层内物料厚度均匀,物料出口通常采用溢流方式。溢流堰的高度可取50～200 mm,其值可用下式计算

$$\frac{2.14\left(Z_0-\frac{h}{E_V}\right)}{\left(\frac{1}{E_v}\right)^{\frac{1}{3}}\left(\frac{G}{b\rho_b}\right)^{\frac{2}{3}}}=18-1.52\ln\left(\frac{Re}{5h}\right) \quad (6-45)$$

$$\frac{E_V-1}{u-u_{mf}}=\frac{25}{Re_t^{0.44}} \quad (6-46)$$

式中h为溢流堰高度,m;$\rho_b$为颗粒的堆积(表观)密度,$kg/m^3$;$Re_t$为对应于颗粒带出速度的雷诺准数;$b$为溢流堰的宽度,m;$G$为绝干物料流量,kg/s;$E_V$为床层膨胀率,无因次;$u$,$u_{mf}$分别为操作流化速度和临界流化速度,m/s。

为了便于调节物料的停留时间,溢流堰的高度设计成可调节结构。

### 6.3.3　单层圆筒形(连续)流化床干燥器设计计算示例

#### 6.3.3.1　设计任务及操作条件

设计一台单层圆筒形(连续)流化床干燥器。干燥介质为热空气,被干燥的湿物料为氯化铵。已知条件:产品产量$G_2$＝13 500 kg/h,湿物料含水量$w_1$＝5%(湿基,质量分数,下同),产品含水量$w_2$＝0.5%,物料堆积密度$\rho_b$＝950 $kg/m^3$,物料的真密度$\rho_{bp}$＝1 470 $kg/m^3$,热风入口温度$t_1$＝200 ℃,热风出口温度$t_2$＝60 ℃,物料进干燥器时的温度$t_{m1}$＝9 ℃,产品离开干燥器时的温度$t_{m2}$＝55 ℃,物料平均直径$d_p$＝0.44 mm,产品颗粒平均直径$d_{p0}$＝0.15 mm,干物料比热容$c_s$＝1.6 kJ/(kg·℃),空气初始湿含量$H_1$＝0.019 8 kg水/kg干空气。

### 6.3.3.2　物料料衡算与热量衡算

1. 物料衡算

(1)湿物料处理量 $G_1$

$$G_1 = G_2 \frac{100 - w_2}{100 - w_1} = 13\ 500 \times \frac{100 - 0.5}{100 - 5.5} = 14\ 214\ (\text{kg/h})$$

(2)水分蒸发量 $W$

$$W = G_1 - G_2 = 14\ 214 - 13\ 500 = 714\ (\text{kg/h})$$

2. 热量衡算

(1)水分蒸发所需的热量 $Q_1$

$$Q_1 = W(2\ 490 + 1.88t_2 - 4.186t_{m1}) = 714 \times (2\ 490 + 1.88 \times 60 - 4.186 \times 9) = 1\ 831\ 500\ (\text{kJ/h})$$

(2)干物料升温所需的热量 $Q_2$

$$Q_2 = G_2 c_m (t_{m2} - t_{m1}) = 13\ 500 \times 1.6 \times (55 - 9) = 993\ 600\ (\text{kJ/h})$$

(3)干燥过程所需有效热量 $Q'$

$$Q' = Q_1 + Q_2 = 1\ 831\ 500 + 993\ 600 = 2\ 825\ 100\ (\text{kJ/h})$$

(4)热损失 $Q_3$

$$Q_3 = 10\% Q' = 282\ 510\ (\text{kJ/h})$$

(5)干燥过程所需总热量 $Q$

$$Q = Q_1 + Q_2 + Q_3 = 1\ 831\ 500 + 993\ 600 + 282\ 510 = 3\ 107\ 610\ (\text{kJ/h})$$

(6)干空气用量 $L$

$$L = \frac{Q}{(1.01 + 1.88H_1)(t_1 - t_2)} = \frac{3\ 107\ 610}{(1.01 + 1.88 \times 0.019\ 8) \times (200 - 60)} = 21\ 196\ (\text{kg 干空气/h})$$

(7)废气湿含量 $H_2$

$$H_2 = H_1 + \frac{W}{L} = 0.019\ 8 + \frac{714}{21\ 196} = 0.053\ 5\ (\text{kg 水/kg 干空气})$$

### 6.3.3.3　床层直径 D 的确定

根据实验结果,适宜的空床气速(即操作气速)为 1.2 ~ 1.4 m/s,现取为 1.2 m/s 进行计算。在 60 ℃下,湿空气的比容 $v_{H_2}$ 和体积流量 $V$ 分别为

$$v_{H_2} = (0.773 + 1.224 \times 0.053\ 5) \times \frac{273 + 60}{273} = 1.024\ (\text{m}^3/\text{kg 干空气})$$

$$V = L v_{H_2} = 21\ 196 \times 1.024 = 21\ 705\ (\text{m}^3/\text{h})$$

流化床床层的横截面积 $A$ 为

$$A = \frac{V}{3\ 600u} = \frac{21\ 705}{3\ 600 \times 1.2} = 5.02\ (\text{m}^2)$$

因此,床层直径为

$$D = \sqrt{\frac{A}{\pi/4}} = \sqrt{\frac{5.02 \times 4}{\pi}} = 2.53\ (\text{m})$$

圆整后取实际床层直径为 $\Phi$2 600 mm。

6.3.3.4　分离段直径 $D_1$ 的确定

在 60 ℃时，空气的密度 $\rho = 1.06\ kg/m^3$，黏度 $\mu = 2.01 \times 10^{-5}\ Pa \cdot s$，对于平均直径 $d_{p0} = 0.15$ mm的产品颗粒，

$$A_{r0} = \frac{d_{p0}^3 \rho(\rho_p - \rho) g}{\mu^2} = \frac{(0.15 \times 10^{-3})^3 \times 1.06 \times (1\,470 - 1.06) \times 9.8}{(2.01 \times 10^{-5})^2} = 127.5$$

$$\therefore \zeta = \frac{18.5}{Re_t^{0.6}}$$

由式(6－8)可得 $A_r = \frac{3}{4} \times 18.5 Re_f^{1.4}$

即 $127.5 = \frac{3}{4} \times 18.5 \times (\frac{d_{p0} u_f \rho_a}{\mu_a})^{1.4}$，解得 $u_f = 0.63$ m/s

$$D_1 = \sqrt{\frac{V}{3\,600 u_f \times \pi/4}} = \sqrt{\frac{21\,750 \times 4}{3\,600 \times 0.63 \times \pi}} = 3.49\ (m)$$

圆整后取实际分离段直径为 $\Phi$3 500 mm。

6.3.3.5　流化床层高度的计算

固定床空隙率为

$$\varepsilon_0 = 1 - \frac{\rho_b}{\rho_p} = 1 - \frac{950}{1\,470} = 0.354$$

对于颗粒平均直径 $d_p = 0.44$ mm 的物料

$$Ar = \frac{d_p^3 \rho(\rho_p - \rho) g}{\mu^2} = \frac{(0.44 \times 10^{-3})^3 \times 1.06 \times (1\,470 - 1.06) \times 9.8}{(2.01 \times 10^{-5})^2} = 3\,218$$

$$Re = \frac{d_p u \rho}{\mu} = \frac{0.44 \times 10^{-3} \times 1.2 \times 1.06}{2.01 \times 10^{-5}} = 27.8$$

所以流化床的空隙率

$$\varepsilon_f = (\frac{18Re + 0.36Re^2}{Ar})^{0.21} = (\frac{18 \times 27.8 + 0.36 \times 27.8^2}{3\,218})^{0.21} = 0.742$$

取静止床层高度 $Z_0 = 150$ mm，则流化床层高度为

$$Z = Z_0 \frac{1 - \varepsilon_0}{1 - \varepsilon_f} = 0.15 \times \frac{1 - 0.354}{1 - 0.742} = 0.38\ (m)$$

平均停留时间 $\tau$ 物料在流化床干燥器内的平均停留时间可按式(6－42)估算，即

$$\tau = \frac{Z_0 A \rho_b}{G_2} = \frac{0.15 \times \frac{\pi}{4} \times 2.6^2 \times 950 \times 60}{13\,500} = 3.4\ (min)$$

### 6.3.4　卧式多室流化床干燥器设计计算示例

6.3.4.1　设计任务及操作条件

含水量 35%（湿基）的有机粉沫经气流干燥后含水 3%（干基），现要求采用（连续）卧式流化床干燥器，再进一步干燥到 0.3%（干基）。干燥介质为热空气。已知条件：产品产量 $G_2 = 2\,000$ kg/h，物料的临界含水量 $X_c = 2\%$（干基），物料的平衡含水量为 0，物料的堆密度 $\rho_b = 450\ kg/m^3$，物料的真密度 $\rho_p = 1\,400\ kg/m^3$，物料的平均直径 $d_p = 0.15$ mm，热风入口温

度$t_1=85$ ℃，湿含量$H_1=0.02$ kg 水/kg 干空气，物料进干燥器时的温度$\theta_1=20$ ℃，干物料比热容$c_s=1.26$ kJ/(kg·℃)，实验结果表明，当空床气速$u=0.6$ m/s 时，可形成良好的流态化床层。

6.3.4.2　体积给热系数$\alpha_a$的计算

对于 85 ℃的空气，$\lambda=0.0308$ W/(m·℃)，$\mu=0.21\times10^{-3}$ Pa·s，$\rho=0.988$ kg/m³，则

$$Re=\frac{d_p u\rho}{\mu}=\frac{0.15\times10^{-3}\times0.6\times0.988}{0.021\times10^{-3}}=4.2$$

由式(6-39)可以计算出给热系数

$$\alpha=4\times10^{-3}\frac{\lambda}{d_p}Re^{1.5}=4\times10^{-3}\times\frac{0.0308}{0.15\times10^{-3}}\times4.2^{1.5}=7.1\ (\mathrm{W/(m^2\cdot℃)})$$

$$a=\frac{6\rho_b}{\rho_p d_p}=\frac{6\times450}{1400\times0.15\times10^{-3}}=12857\ (\mathrm{m^2/m^3})$$

所以

$$\alpha_a=\alpha a=7.1\times12857=91285\ (\mathrm{W/(m^3\cdot℃)})$$

由图 6-19 查得，当$d_p=0.15$ mm 时，$C=0.11$，因此，实际床层的体积给热系数

$$\alpha'_a=C\alpha_a=0.11\times91285=10041\ (\mathrm{W/(m^3\cdot℃)})$$

6.3.4.3　产品离开干燥器时的温度

当空气$t_1=85$ ℃，$H_1=0.02$ kg 水/kg 干空气时，$t_w=37$ ℃，$r=2411.1$ kJ/kg。所以产品离开干燥器时的温度可由式(6-13)来计算，即

$$\frac{t_1-\theta_2}{t_1-t_w}=\frac{r_{t_w}(X_2-X^*)-c_s(t_1-t_w)\left(\frac{X_2-X^*}{X_c-X^*}\right)^{\frac{r_{t_w}(X_c-X^*)}{c_s(t_1-t_w)}}}{r_{t_w}(X_c-X^*)-c_s(t_1-t_w)}$$

代入数据可得

$$\frac{85-\theta_2}{85-37}=\frac{2411.1\times0.003-1.26(85-37)\left(\frac{0.003}{0.02}\right)^{\frac{0.02\times2411.1}{1.26\times(85-37)}}}{0.02\times2411.1-1.26(85-37)}$$

$$\theta_2=61.1\ (℃)$$

6.3.4.4　流化床干燥器底面积 A

1. 表面气化阶段所需的底面积$A_1$

表面气化阶段所需底面各$A_1$可按式(6-36)计算

$$\alpha_a Z_0=\frac{(1.01+1.88H_0)\bar{L}}{\left[\frac{(1.01+1.88H_0)\bar{L}A_1(t_1-t_2)}{G(X_1-X_2)\gamma_{t_w}}-1\right]}$$

式中，取静止时床层高度$Z_0=150$ mm，绝干物料量$G\approx G_2=2000$ kg/h。

$$\bar{L}=\rho u=0.988\times0.6=0.5928\ (\mathrm{kg/(m^2\cdot s)})$$

前已算得体积传热系数$\alpha'_a=10041$ W/(m³·℃)

代入得

$$10\ 041 \times 0.15 = \frac{(1.01 + 1.88 \times 0.02) \times 0.592\ 8}{\left[\dfrac{(1.01 + 1.88 \times 0.02) \times 0.592\ 8A_1(85 - 37)}{\dfrac{2\ 000}{3\ 600}(0.03 - 0.003) \times 2\ 411.1} - 1\right]} = \frac{0.621\ 0}{0.824\ 2A_1 - 1}$$

解得 $A_1 = 1.21\ m^2$

2. 物料升温阶段所需底面积

物料升温所需底面积 $A_2$ 可以按(6－40)式计算

$$\alpha_a Z_0 = \frac{(1.01 + 1.88H_0)\bar{L}}{\left[\dfrac{(1.01 + 1.88H_0)\bar{L}A_2}{Gc_{m2}} / \ln\dfrac{t_1 - \theta_1}{t_2 - \theta_2} - 1\right]}$$

式中 $c_{m2} = c_s + 4.187X_2 = 1.26 + 4.187 \times 0.003 = 1.273$；

$$10\ 041 \times 0.15 = \frac{0.621\ 0}{\dfrac{0.621\ 0A_2 \times 3\ 600}{2\ 000 \times 1.273 \times \ln\dfrac{85 - 20}{85 - 61.1}} - 1} = \frac{0.621\ 0}{0.877\ 6A_2 - 1}$$

解得 $A_2 = 1.14\ m^2$

3. 床层总底面积 $A = A_1 + A_2 = 1.21 + 1.14 = 2.35\ (m^2)$。

6.3.4.5　干燥器的宽度和长度

取宽度为1.2 m，长度为2 m，则流化床的实际底面积为2.4 m²。沿长度方向在床层内设置三个横向分隔板，板间距为0.5 m。

## 6.4　干燥装置附属设备的计算与选型

流化床干燥装置的附属设备主要包括风机、空气加热器、气固分离器及供料器（加料器和排料器）。

### 6.4.1　风机

为了克服整个干燥系统的阻力以输送干燥介质，必须选择合适类型的风机并确定其安装方式。风机的安装方式基本有三种。

6.4.1.1　送风式

风机安装在空气加热器前，整个系统在正压下操作。这时要求系统的密封性良好，避免粉尘飞入室内污染环境，恶化操作条件。

6.4.1.2　后抽式

风机安装在气固分离器之后，整个系统在负压下操作，粉尘不会飞出。这时同样要求系统的密封性良好，以免把外界气体吸入系统内破坏操作条件。

6.4.1.3　前送后抽式

用两台风机分别安装在空气加热器之前和气固分离器之后，前台为送风机，后台为抽风机，调节前后压力，可使干燥室处于略微负压下操作，整个系统与外界压差很小。

离心通风机的选择根据所输送气体的性质及所需的风压范围，确定风机的材质和类型。然后，根据计算的风量和系统所需要的风压，选择适宜的风机型号。需要注意的是，风量是指单位时间内从风机出口排出的气体体积，并以风机进口处的气体状态计，单位为 $m^3/h$。而风压则需要将操作条件下的风压换算为实验条件下的风压 $H_T$ 来选择风机，即

$$H_T = H'_T(1.2/\rho') \tag{6-47}$$

式中 $\rho'$ 为操作条件下空气的密度，$kg/m^3$。

通风机铭牌或手册中所列的风压是在空气的密度为 1.2 $kg/m^3$（20 ℃，101.3 kPa）的条件下用空气作介质测定的。

干燥系统中各部分的压力损失范围如下：

| | |
|---|---|
| 干燥器 | 5 500 ~ 15 500 Pa |
| 旋风分离器 | 500 ~ 2 000 Pa |
| 袋滤器 | 1 000 ~ 2 000 Pa |
| 湿式洗涤器 | 1 000 ~ 2 000 Pa |

### 6.4.2　空气加热器

用于加热干燥介质（空气）的换热器称为空气加热器。一般采用烟道气或饱和水蒸气作为加热介质，且以饱和蒸气应用更为广泛。空气在蒸气加热器的出口温度通常不超过 160 ℃，其所用蒸气的压力一般在 185 kPa 以下，最高压力可达 1 374 kPa。由于蒸气冷凝侧热阻很小，故总传热系数接近于空气侧的对流传热系数值。为了强化传热，应设法减小空气侧的热阻，例如加大空气的湍动或增大空气侧的传热面积。

可用作空气加热器的换热器有以下两种。

6.4.2.1　翅片管加热器：工业上常用的翅片管加热器有叶片和螺旋形翅片式。这类换热器均有系列产品可供选用。

6.4.2.2　列管式和板式换热器：这是适应性很强、规格齐全的两类换热器，可根据任务要求选用适宜的型号。

### 6.4.3　供料器

供给或排出颗粒状与片状物料的装置一般统称为供料器。在干燥过程中进料器所处理的往往是湿物料，而排料器所处理的往往是较干物料。

供料器作为干燥装置的附属设备，其作用是保证按照要求定量、连续（或间歇）、均匀地向干燥器供料和排料。设计时要根据物料的物理性质和化学性质（如含湿量、堆积密度、粒度、黏附性、吸湿性、磨损性和腐蚀性等）以及要求的加料速率选择适宜的供料器。在工业生产中，使用较多的固体物料供料器有以下几种。

6.4.3.1　圆盘供料器

圆盘供料器在料斗底部安装有用水平方向旋转的圆盘，它靠管板将水平板上的物料刮落。加料量是以圆盘的转数、与料斗间的距离以及刮刀的角度等进行调节，其操作情况如图 6-28 所示。它的供料量调节幅度很大，也很方便。这种加料器的特点是物料无破损，装置不会磨损，结构简单，设备费用低，故障少。主要适用于定量要求不严格而流动性较好的粒状物料，不适宜于含湿量高的物料。若物料含湿量及粒度变动，将会影响物料的定量排出。

6.4.3.2　旋转叶轮供料器

旋转叶轮供料器又称星形供料器，是应用最广泛的供料器之一，其操作原理是：电机通过减速器带动星形叶轮转动，物料进入叶片之间的空隙中，借助叶轮旋转由下方排放受料系统，如图 6－29 所示。它的供料量调节幅度很大，也很方便。这种加料器的特点是结构简单，操作方便，物料颗粒几乎不受破碎，对高达 300 ℃的高温物料也能使用，体积小，安装方便，可用耐磨耐腐蚀材料制造，适用范围很广。但这种供料器在结构上不能保证完全的气密性，对含湿量高以及有黏附性的物料不宜采用。星形供料器的规格见表 6－1。

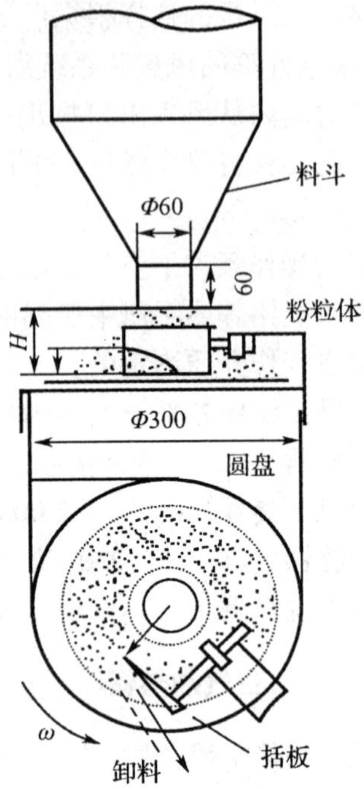


**图 6－28　圆盘供料器**

**表 6－1　星形供料器的规格参数**

| 规格 mm | 生产能力 $m^3/s$ | 叶轮转速 $n$ r/min | 传动方式 | 齿轮减速电机 | | | 设备质量 kg |
|---|---|---|---|---|---|---|---|
| | | | | 型号 | 功率 kW | 输出转速 $n$ r/min | |
| Φ200×200 | 4 | 20 | 链轮直联 | *JTC*561 | 1 | 31 | 66 |
| | 7 | 31 | | | | | |
| Φ200×300 | 6 | 20 | 链轮直联 | *JTC*561 | 1 | 31 | 76 |
| | 10 | 31 | | | | | |
| Φ300×300 | 15 | 20 | 链轮直联 | *JTC*561 | 1 | 31 | 155 |
| | 23 | 31 | | | | | |
| Φ300×400 | 20 | 20 | 链轮直联 | *JTC*562 | 1.6 | 31 | 174 |
| | 31 | 31 | | | | | |
| Φ400×400 | 35 | 20 | 链轮直联 | *JTC*571 | 2.6 | 31 | 224 |
| | 53 | 31 | | | | | |
| Φ400×500 | 43 | 20 | 链轮直联 | *JTC*571 | 2.6 | 31 | 260 |
| | 67 | 31 | | | | | |
| Φ500×500 | 68 | 20 | 链轮直联 | *JTC*572 | 4.2 | 31 | 350 |
| | 106 | 31 | | | | | |

6.4.3.3　螺旋供料器

螺旋供料器的主体是安装在圆筒形机壳内的螺旋。依靠螺旋旋转时产生的推送作用使物料从一端向另一端移动而进行送料。其结构和工作原理如图6－30所示。螺旋供料器横截面积尺寸小,密封性能好,操作安全方便,进料定量性高。选择适当结构的螺旋可使之适用于含湿量范围宽广的物料。另外,通过材质的选择又可使它适用于输送腐蚀性物料。但这种供料器动力消耗较大,难以输送颗粒大、易粉碎的物料。由于螺旋叶片和壳体之间易沉积物料,所以它不宜于输送易变质、易结块的物料。在输送质地坚硬的磨削性物料时,螺旋磨损也较严重。

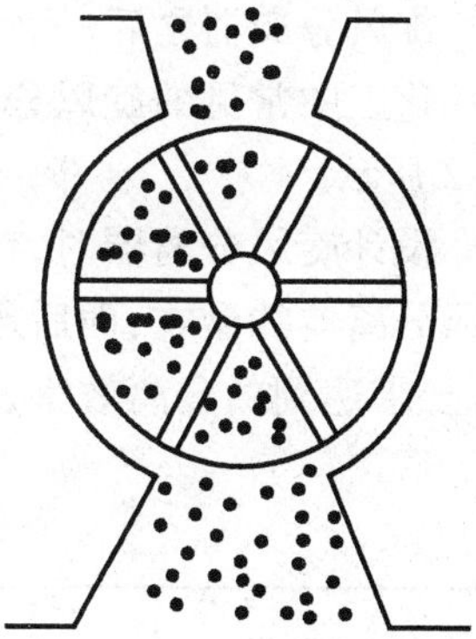

**图6－29　星形供料器**

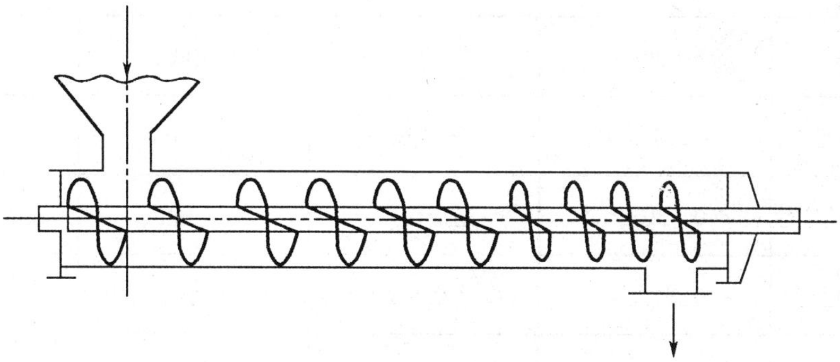

**图6－30　螺旋供料器**

膏状物料的定量输送可采用立式螺旋供料器,加料量由螺旋的转速进行调节。第一个螺旋尺寸大小及其位置的高低随膏状物料的性质调节,这是决定能否顺利加料的关键。

## 6.4.4　气固分离器

对流干燥器工作过程中,从干燥器出来的气流总是夹带有部分被干燥物料的粉尘。这部粉尘的收集关系到产品的收率和操作环境的保护,因此,任何对流干燥器后都要设置气固分离设备。工业中常用的气固分离器有旋风分离器、袋滤器和湿式除尘器等,但应用最广的是旋风分离器。

6.4.4.1　旋风分离器

旋风分离器的优点是构造简单、分离效率较高(达70%～90%),可以分离出小到5 μm的粒子,也可以分离高温含尘气体。其缺点是对于小于5 μm的粒子分离效果比较差;气体在器内的阻力损失较大;对气体流量的变化很敏感,气体流量太小时分离效率很低;粒子对器壁的磨损大,特别是颗粒大时磨损更严重,生产中当粒子大于200 μm时,一般是先用重力沉降除去大颗粒后再用旋风分离器。

旋风分离器可以单筒(单个分离器)使用,也可以做成多级组合使用。当处理气量大时可为并联装置,而当分离效率要求较高或要求体型较小的高效分离器时可以设计成串联装置。

旋风分离器之后，通常再设置袋滤器或其他高效分离器，以收集 5 μm 以下的粉尘。

化工中常见的旋风分离器类型有 *XLT/A*，*XLP/A*，*XLP/B* 及 *XLK* 型，其性能比较如下表 6－2 所示。

设计旋风分离器时，首先应根据具体的分离含尘气体任务，结合各型设备的特点，选定旋风分离器的型式，而后通过计算决定尺寸与个数。计算的主要依据有含尘气体的体积流量、要求达到的分离效率、允许的压力降。

**表 6－2　化工常用的各种旋风分离器的比较**

| 分离器种类 | *XLT/A* 型 | *XLP/A* 型 | *XLP/B* 型 | *XLK* 型 |
|---|---|---|---|---|
| 气速范围/m/s | 10～18 | 12～20 | 12～20 | 12～16 |
| 分离效率 | 低 | 高 | 次低 | 次高 |
| 对粒度适应性 | ＜10 μm | ＜5 μm | ＜5 μm | ＜10 μm |
| 对含尘浓度的适应性 | 4.0～50 $g/m^2$ | 适应性广 | 适应性广 | 1.7～200 $g/m^2$ |
| 摩擦阻力 | 次大 | 次小 | 小 | 大 |
| 结构 | 简单 | 复杂 | 复杂 | 简单 |

6.4.4.2　袋滤器

袋滤器是由若干个滤袋组成的一种气固分离设备，其生产强度通常不超过 2～2.5 $m^3/(m^2 \cdot min)$。每个滤袋长约 2～3.5 m，直径为 0.15～0.2 m。

袋滤器的优点是能去除气流中细小的固体颗粒（＜1 μm），而且分离效率高，一般为 94%～97%，最高可达 99%。其主要缺点是滤布的磨损或堵塞较快；不适合处理高温或潮湿的气体。

袋滤器的主要构件是滤袋，目前推荐使用的袋料有以下几种。

1. 工业涤纶布。它具有耐酸、耐热（120 ℃以下）、耐磨，负荷大，效率高等优点。

2. 印刷毡。其性能与工业涤纶布相近，但价格较高。

3. 玻璃丝布。它具有过滤效率高（一般为 90%～99%）、阻力小、耐高温（＜150 ℃）、不吸湿及化学稳定性好等优点。其缺点是随温度升高而变脆。经过特殊处理的玻璃丝布能在 260 ℃下正常工作。目前国内已成批生产各种直径的玻璃丝布袋（无缝）。

此外，还有单面棉绒布、丝绸平纹布、毛呢等。

袋料的性能对袋式除尘器的效率有很大影响。选择合适的袋料必须以含尘气体的特性（如粒度、化学性质、温度、湿度等）为依据，同时考虑操作条件和分离要求。

实践证明，具有斜纹和表面有绒毛的布料分离效率较高，适用于过滤非纤维性颗粒，而平纹无绒毛布料则适合于过滤纤维性颗粒。

目前工业生产中用得比较多的是脉冲式袋滤器，如图6－31所示。它是一种周期性地向滤袋内喷吹压缩空气以清除滤袋上积料的除尘器。所处理的含尘气体浓度可达3～5 g/m³，分离效率可达99%。

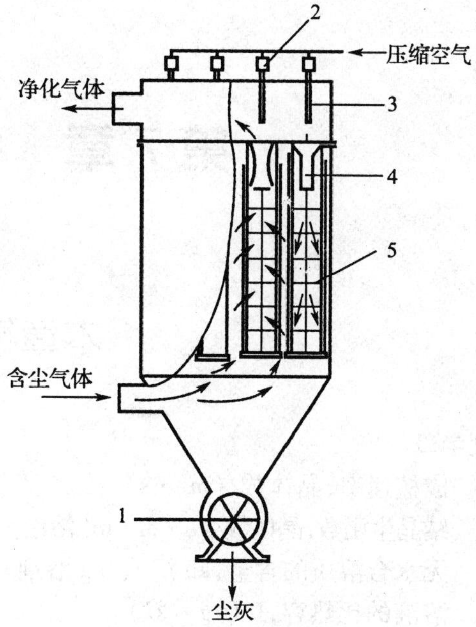


**图6－31　袋滤器**

1—排灰阀；2—电磁阀；3—喷嘴；4—文丘里管；5—滤袋骨架；6—灰斗

# 第 7 章　结晶器设计

## 本章符号说明

**英文字母**

$B$　成核速率，晶体数/($m^3$·s)

$B'$　结晶生函数，晶体数/(s·m·$m^3$ 溶液)

$C$　无水合溶质的含量，kg 溶质/kg 溶剂

$C_p$　溶液的比热容，J/(kg·℃)

(*C. F. C*)　结晶操作特性因子

$D$　结晶死函数，晶体数/(s·m·$m^3$ 溶液)

$g$　成长指数

$G$　晶体生长速率，m/s

$K$　成核动力学常数

$K_g$　成长动力学常数

$K_R$　成长速率常数

$K_o$　质量结晶成长速率常数，kg/[$m^2$·h·(kmol/$m^3$)]

$L$　晶体粒度，m

$L_D$　主粒度，m

$M$　结晶物质的分子量

$M_T$　悬浮密度，kg/$m^3$

$n$　粒数密度，晶体数/(m·$m^3$/溶液)

$n_i$　晶体的粒数密度，晶体数/(m·$m^3$ 溶液)

$P$　结晶产品的产量，kg 或 kg/h

$q$　成核指数

$Q_I$　进结晶器的母液流量，$m^3$/s

$Q_0$　出结晶器的产品悬浮液流量，$m^3$/s

$R$　溶质水合物与无溶剂溶质摩尔质量比

$r_{cr}$　结晶热，J/kg

$r_s$　溶剂气化热，J/kg

$t_1$，$t_2$　溶液的初始温度和最终温度，℃

$V$　结晶母液体积，$m^3$

$V_1$　单位进料溶剂蒸发量，kg(溶剂)/kg(进料)

$V^*$　结晶物质的摩尔体积，$m^3$/(mol)

$W$　原料液或母液中溶剂量，kg 或 kg/h

$x_1$　无因次粒度

$Z$　结晶器高度，m

**希腊字母**

$\alpha$　体积形状因子

$\beta$　面积形状因子

$\Delta C$　过饱和度，kg/$m^3$ 溶剂

$\varepsilon$　空隙率

$\rho_c$　晶体密度，kg/$m^3$

$\Phi$　无因次过饱和度

**下标**

$I$　进入结晶器

$O$　出结晶器

## 7.1　概述

结晶是固体物质以晶体形态从蒸气、溶液或熔融物中析出的单元操作。在化学工业中，许多工业产品都是采用结晶方法分离提纯而形成的晶体物质，如糖、盐、化肥、染料、炸药、医

药以及相当部分的精细化学品。为了得到高质量的结晶产品,需控制影响结晶过程的性能指标,如晶型、晶体外部形态和粒度分布等。由于结晶过程是多相多组元的传热、传质和动量传递过程,涉及成核与晶体生长、固液混合物的混合等复杂的流体流动,所以至今结晶过程的操作和计算仍然是需要深入研究的课题,而结晶设备的设计理论尚不成熟,设计方法仍处于半经验状态。

本章主要介绍结晶的基本概念、结晶过程的主要特征、结晶方式、结晶器类型、溶液结晶器的结构和设计方法等内容。

### 7.1.1 结晶的基本概念

从溶液、熔融混合物或蒸气中析出晶体形态固体物质的过程称为结晶,是获得纯净固态物质的重要方法之一。晶体是其内部结构中的质点(原子、离子或分子)作三维有序排列的固态物质,晶体中任一宏观质点的物理性质和化学组成以及晶格结构都相同。当物质在不同条件下结晶时,所生成晶体的大小、形状、颜色等可能不同。例如,因结晶温度的不同,碘化汞的晶体可以是黄色或红色;氯化钠从纯水溶液中形成的结晶为立方晶体,但若水溶液中含有少许尿素,则氯化钠形成的结晶为八面体。

通常结晶过程可分为溶液结晶、熔融结晶、升华结晶及沉淀结晶四大类。其中溶液结晶是最常采用的结晶方法,本章重点介绍溶液结晶过程。溶质从溶液中结晶需经历两个步骤:首先要产生微观的晶粒作为结晶的核心,称为晶核;然后晶核长大为宏观的晶体,这个过程称为晶体生长。无论是成核过程还是晶体生长过程,都必须以浓度差即溶液的过饱和度作为推动力。溶液的过饱和度大小直接影响成核和晶体生长过程的快慢,而这两个过程的快慢又影响着晶体产品的粒度分布,因此,过饱和度是结晶过程中一个极其重要的参数。

从溶液结晶出来的晶体和剩余的溶液所构成的悬混物称为晶浆。去除晶体后所剩的溶液称为母液。结晶过程中,含有杂质的母液会以表面黏附或晶间包藏的方式夹带在固体产品中。工业上,通常在对晶浆进行固液分离后,再用适当的溶剂对固体进行洗涤,以尽量除去由于黏附和包藏母液所带来的杂质。

如果物质结晶时存在着水合作用,则所得晶体中会含有一定数量的水分子,称为结晶水。结晶水的含量不仅影响晶体的形状,也影响晶体的性质。例如,无水硫酸铜在240 ℃以上结晶时,是白色的三棱形针状晶体,但常温结晶时,则是含5个结晶水的大颗粒蓝色晶体水合物。晶体水合物具有一定的蒸气压。

### 7.1.2 结晶过程的主要特征

结晶过程由过饱和溶液或过冷熔体的形成、晶核的出现、晶体生长和再结晶等阶段组成,各阶段在时间上的次序可能不同,或者几乎彼此兼容地同时进行。整个结晶过程的动力学可用过饱和度或过冷度、成核速率及晶体生长速率等参数进行表征。此外,在描述结晶过程时还应当包括诱导期、半转变期、最大结晶速度、过程阶数等。

过饱和度或过冷度是结晶过程的推动力。若溶液的浓度超过平衡浓度(溶解度),则这种溶液称为过饱和溶液,而温度低于熔点的熔体称为过冷熔体。过饱和度可用绝对过饱和度 $\Delta c$、相对过饱和度 $\delta$ 与过饱和系数 $s$ 等参数衡量,其表达式如下

$$\Delta c = c - c_{eq} \tag{7-1}$$

$$\delta = (c - c_{eq})/c_{eq} \tag{7-2}$$

$$s = c/c_{eq} \tag{7-3}$$

过冷度一般以绝对过冷度 $\Delta T = T_f - T$ 来评定。

结晶速度是指单位时间内溶液(或熔体)浓度的变化 $\dot{m} = \Delta c/\Delta t$,或是指单位体积内单位时间形成的晶相数量 $\dot{m} = \Delta c/(\Delta t \Delta v)$。单位时间内形成的晶核数称为成核速率 $N = \Delta N/\Delta t$。每个晶体的生长速率可分别地看成是晶体各个晶面生长线速度的总和。生长线速度是指单位时间内产生与晶面自身平行的位移 $\dot{L} = \Delta L/\Delta t$。

结晶进程可用"浓度 - 时间"图予以说明,如图 7 - 1 所示。图中,由曲线 0 和曲线 2 将整个 $C-T$ 平面分成 3 个区域,其中曲线 0 以下的区域为稳定态区;曲线 2 以上的区域为不稳定态区;曲线 0 和曲线 2 之间为介稳态区。相变过程主要取决于过饱和溶液在的哪个区域内开始相变。

系统的结晶速度取决于成核速率和各个晶体的生长速率。当然,所有对成核和生长线速度发生影响的因素,也影响到整个结晶过程的动力学。结晶可能发生在动力区、扩散动力区或扩散区内,如图 7 - 2 所示。在动力区内,过程的速度取决于最简单的结构微粒(离子或分子)与晶体表面相互作用的反应,也就是直接取决于物质从液相转变为固相的行为。在扩散动力区内,相界面相互作用的速度与扩散速度大致相等,二者都影响相变的速度。在扩散区内,结晶速度则由扩散速度决定。

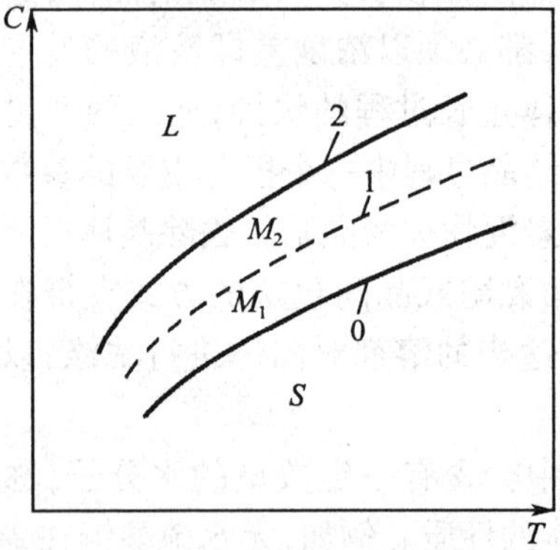


**图 7 - 1　溶液状态图**

S—稳定区;$M_1$,$M_2$—第一和第二介稳区;L—不稳定区;

0—溶解度曲线;1,2—表示第一和第二介稳度界线的曲线

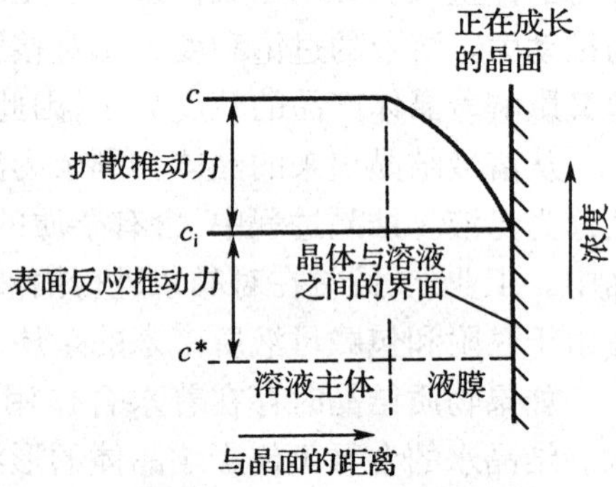


**图 7 - 2　晶体生长示意图**

# 7.2　结晶方式与结晶器的类型

## 7.2.1　结晶方式

根据析出固体的原因不同,可将结晶分为溶液结晶、熔融结晶、升华结晶和沉淀结晶,工业上使用最为广泛的是溶液结晶。

7.2.1.1　溶液结晶

溶液结晶采用降温或浓缩的方法使溶液达到过饱和状态，析出溶质作为产品。溶液结晶得以进行的首要条件是在溶液内建立一个适当的过饱和度并加以控制，以保证结晶过程的顺利进行。溶解度曲线表示溶质在溶剂中的溶解度随温度的变化关系，是结晶过程的平衡关系。结晶物质按溶解度曲线大致分为三种类型。第一类物质，溶解度随温度变化较大，如 $KNO_3$，$NH_4NO_3$，$NaNO_3$ 等。第二类物质，溶解度随温度变化较小或基本不随温度变化，如 KCl，NaCl，$(NH_4)_2SO_4$ 等。第三类物质，溶解度随温度升高反而减少，如 $CaSO_4$ 和 $MgSO_4$。针对不同的物系，应采用不同的方法建立过饱和度。

1. 冷却法

冷却法基本上不除去溶剂，靠移去溶液的热量以降低温度，使溶液达到过饱和状态进行结晶，此种方法适用于溶解度随温度变化不显著的情况。冷却又分为自然冷却、间壁冷却和直接接触冷却三种形式。自然冷却法是使溶液在大气中冷却结晶，其设备结构和操作均最简单，但冷却速度慢、生产能力低且难于控制晶体质量；间壁冷却法是工业上广为采用的结晶方法，靠夹套或管壁间接传热冷却结晶，由于冷却传热系数小，允许采用的传热面积又不能大，故多用于产量不大的场合，并且存在结晶体附着冷却器表面难以去除的困难；直接接触冷却器以空气或专用冷冻剂直接与溶液接触冷却。

2. 蒸发法

靠去除部分溶剂来达到溶液过饱和状态，从而实现结晶操作的方法为蒸发法，适用于溶解度随温度升高而减少的物系。蒸发结晶消耗的能量较多，但对可以回收溶剂的结晶过程还是合算的，故在适宜的情况下广为采用。

3. 真空冷却法

真空冷却法又称闪蒸冷却结晶法。它是溶剂在真空下闪蒸蒸发，所遗留的溶液被急剧冷却以建立过饱和度的结晶过程。此方法尤其适用于溶解度随温度变化的速度介于第一和第三类之间的物质。此法主体设备较简单、无换热壁面、晶疤少、检修时间可较长，设备的防腐蚀问题也容易解决，为大规模结晶生产中首选的方法。

4. 盐析法

盐析法通过向溶液中加入某种物质以降低溶质在溶剂中的溶解度，以建立过饱和度进行结晶的方法。所以称为盐析法是由于氯化钠是最常见的添加剂，如在联合制碱法中，向低温氯化铵溶液中加入氯化钠，使溶液中的氯化铵结晶出来。盐析法的优点是可将结晶温度保持在较低度水平，对热敏性物质的结晶有利，一般杂质在溶剂与盐析的混合物中有较高的溶解度，有利于提高产品的纯度，适于药物结晶。另一优点是可与冷却法结合，进一步提高结晶收率。其缺点是常需要回收设备来处理结晶母液，以回收溶剂和盐析剂。

5. 反应结晶

反应结晶的原理是气体与液体或液体与液体之间发生化学反应以产生固体沉淀，这是在化工和医药生产中常用的单元操作过程。显然，固体的析出是由于反应产物在液相中的浓度超过了饱和浓度或构成产物的离子的浓度超过了溶度积的结果。反应结晶产生的固体粒子一般较小，要想获得符合粒度分布要求的晶体产品，必须小心控制溶液的过饱和度，如将反应试剂适当稀释或适当延长沉淀时间。

7.2.1.2　其他结晶方法

1. 熔融结晶

熔融结晶是利用待分离物质之间的凝固点不同而实现结晶分离的过程。以过冷度为推动力，操作温度在结晶组分的熔点附近，产品形态可为液体或固体，多用于有机物的分离提纯，如混合二氯苯的分离。

2. 升华结晶

升华是物质不经过液态直接从固态变成气态的过程，通过这种方法可以将一个升华组分从含其他不升华组分的混合物中分离出来，例如碘、萘等常采用这种方法进行分离提纯。

3. 沉淀结晶

沉淀结晶包括反应结晶和盐析结晶。反应结晶利用气体（或液体）与液体之间的化学反应，生成溶解度小的产物，从而建立过饱和度。盐析结晶过程是通过往溶液里加入某种物质来降低溶质在溶剂中的溶解度，使溶液达到过饱和。

### 7.2.2　结晶器的类型

在工业生产中，被结晶物系的性质各有不同，对结晶产品的粒度、晶形以及生产能力大小的要求也有所不同，因此使用的结晶器多种多样。按照物质溶解度随温度变化的不同特性，基本上有四种类型：冷却结晶器、蒸发结晶器、真空结晶器和分级结晶器。其他类型如喷雾结晶器，附有反应的结晶器，两相直接接触制冷结晶器等。此外，还可按操作方式分为间歇式和连续式；按有无搅拌分为搅拌式和无搅拌式；按流动方式还可分为混浆式和分级式、母液循环式和晶浆循环式等。

7.2.2.1　冷却结晶器

冷却结晶器最原始的结晶器，结晶在敞槽中进行，在大气中冷却，使槽中温度逐渐降低，同时会有少量溶剂气化。通常不加入晶种，不搅拌，也不采用任何方式控制冷却速率及晶核的生长。

1. 间接换热冷却结晶器

目前应用较广的有带搅拌的内循环式冷却结晶器和外循环式冷却结晶器，如图7－3和图7－4所示。冷却结晶过程所需的冷量可由夹套换热或通过外换热器传递实现。选用哪种形式结晶器主要取决于换热量大小的需求，外循环式操作可以强化结晶器内均匀混合与传热，欲提高换热速率可按需要加大换热面积，但必须选择合适的循环泵，以避免悬浮颗粒晶体磨损破碎。操作方式可以是连续的或间歇的。

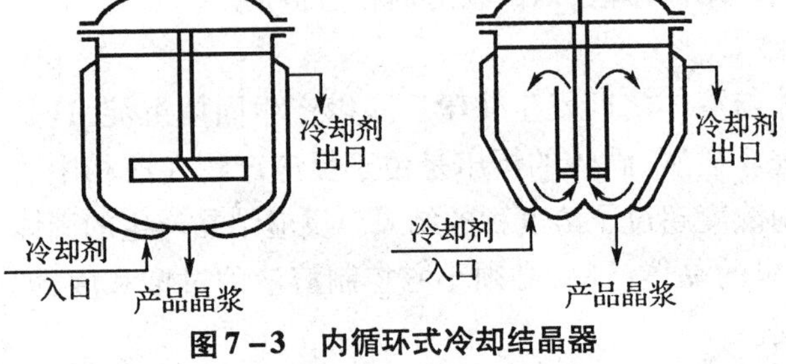


**图7－3　内循环式冷却结晶器**

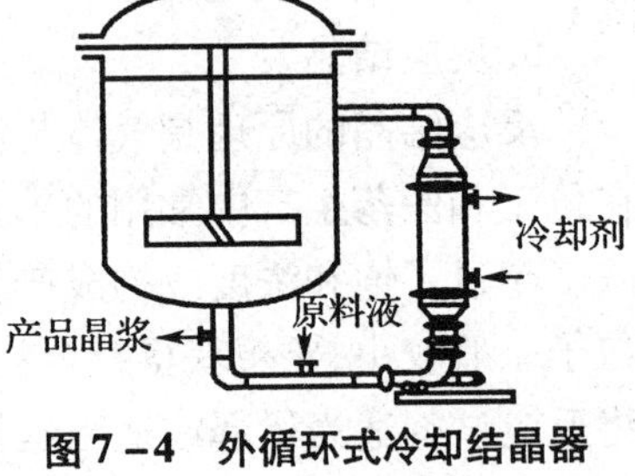


**图7－4　外循环式冷却结晶器**

2. 直接冷却结晶器

直接接触冷却结晶是依靠结晶母液与冷却介质直接混合制冷。常用的冷却介质为液化的碳氢化合物等惰性液体，如乙烯、氟里昂等，借助于这些惰性液体的蒸发气化而直接制冷。选用这种操作的注意事项是，结晶产品不存在被冷却介质污染问题，且结晶母液中溶剂与冷却介质不互溶或者虽互溶但易于分离。目前在润滑油脱蜡、水脱盐及某些无机盐生产中使用了该过程。结晶设备有简单釜式、回转式、湿壁塔等多种类型。

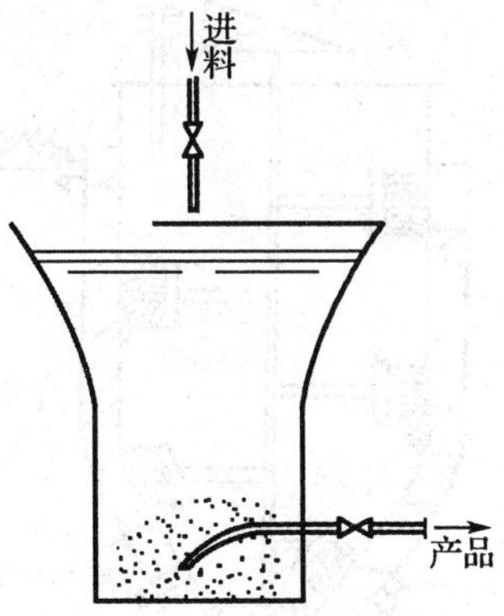

图7-5　空气冷却式结晶器

空气冷却式结晶器是最简单的敞开型结晶器，如图7-5所示。依靠顶部较大的敞开液面与空气间的换热而达到冷却析出结晶的目的。由于操作是间歇的，冷却又很缓慢，对于一些含有多结晶水的盐类往往可以提到较大粒径高质量的结晶。如用于生产的铁铵钒、铁矾、硼砂等。这种结晶器的缺点是占地面积大，生产能力低。

3. 桶管式结晶器

桶管式结晶器的主体结构为一圆筒管，此类结晶器生产能力比较小，操作过程中不控制过饱和度，因此必须在结垢严重影响传热能力（也就是生产能力）时，进行切换、清洗。按照过程操作条件的需要，桶管式结晶器可采用连续或间歇操作。在对桶管式冷却结晶器改进的基础上，近年来提出了许多新型的此类结晶器，如图7-6所示。

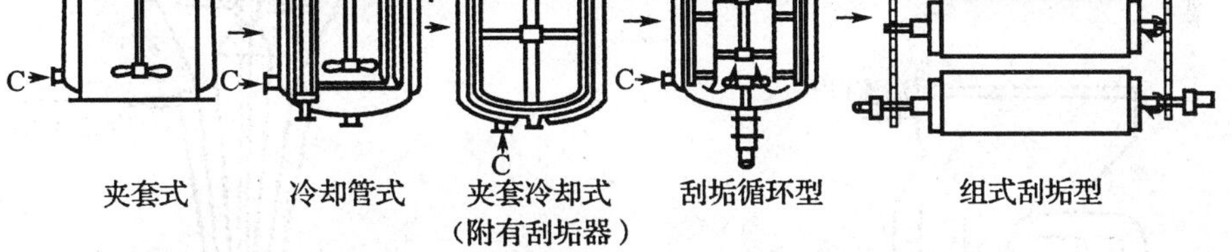


图7-6　桶管式-夹套冷却式-组式冷却结晶器的发展进程

有些结晶器在夹套冷却的内壁装有毛刷见图7-7，既起到搅拌作用，又减缓结垢的速度，延长使用时间。但是，过饱和度没有得到控制，结垢未根本解决，机械除垢不会达到理想的效果。此外，还有双循环结晶器，即圆锥形遮流管分成两个空腔的壳体，由同心装置的中心管形成两个内循环回路；由螺旋搅拌桨形成一个回路；由另一个空腔形成第二个回路。产生双循环，以提高换热强度，增加结晶生产能力和消除传热表面结垢。图7-8是一种两个互相连通结晶槽组成的带搅拌的冷却结晶器，也称孪生式结晶器。它有两组换热器，使两槽操作温度不同，热料先入A槽，冷却后的部分晶浆从B挡板下方流入温度低的C槽，一部分晶浆又从B的上方流回A槽。如此循环，长大的结晶沉于底部取出，可以得到整齐大粒晶体。此外还有OSLO冷却结晶器，如图7-9。

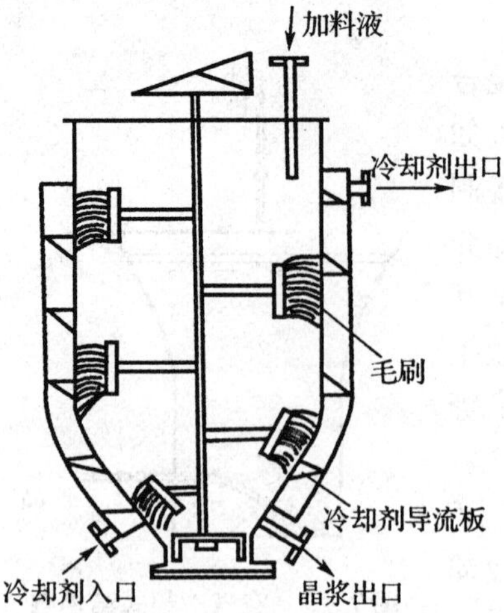


图 7-7　毛刷除垢结晶器

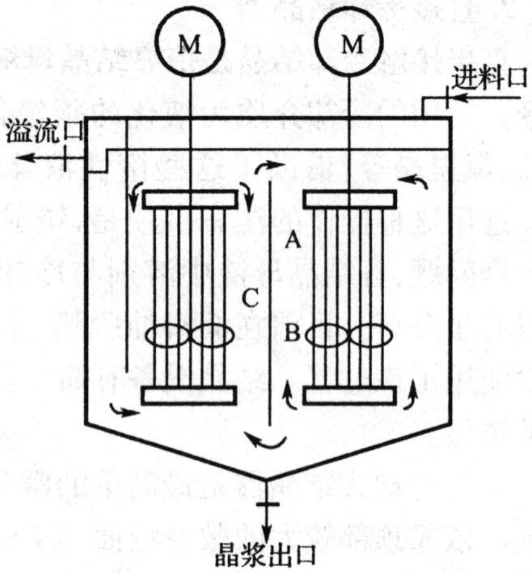


图 7-8　孪生式结晶器

4. 锥形夹套式(Howard)结晶器

这种结晶器虽属连续式(图 7-10)，对析出的结晶有淘洗、分级、选粒的功能。此种结晶器属于夹套冷却，没有溶液的循环系统，因此只适用于小规模生产，更确切地说，只适用于试验。在流动设计上是理想的，对液相造粒分级，质量传递，以及用新鲜加料溶液洗涤成品结晶，溶解或浮选细小结晶是它独到之处。

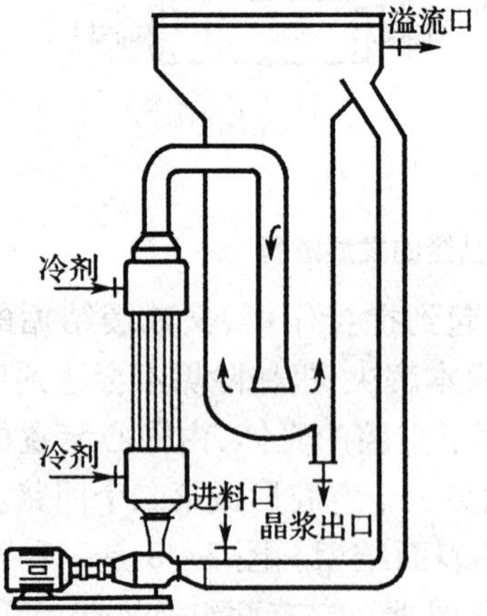


图 7-9　OSLO 冷却结晶器

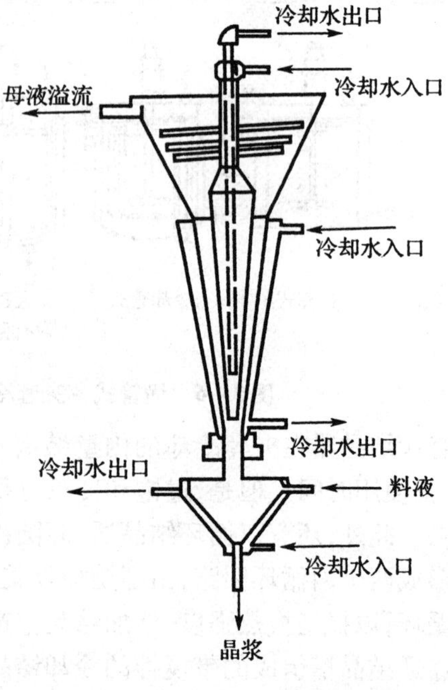


图 7-10　Howard 冷却分级结晶器

5. Krystal-Oslo 分级结晶器

Krystal-Oslo 结晶器是 20 世纪 20 年代由挪威 Lssachsen 及 Jeremiassen 等人开发的一种制造大粒结晶、连续操作的结晶器，至今仍广泛应用。这类结晶器又分为蒸发式与冷析式以及真空蒸发式三种。不论过饱和度产生的原因如何，过饱和溶液都是通过晶浆的底部，然后上升，从而消失过饱和度（如图 7－11a）。接近饱和的溶液由结晶段的上部溢流而出，再经过循环泵进行下一次循环；强烈循环产生在由溢流口经循环泵通过过饱和发生器再至晶床的底部，回到溢流口。设计与操作控制在过饱和发生器中不超过介稳态区的限度；在溢流口上面的一段，通过的流量在不取出成品晶浆时等于在溢流管注入的加料流率，因此上升速度很低，细小结晶就在这一段积累，另由一个外设的细晶捕食器间歇或连续取出，经过沉降后，或者过滤，或者用新鲜加料液溶解，也可以辅之以加热助溶的办法，消除过多的细小结晶，溶化后的溶液供给结晶器作为原料液。这样可以保证结晶颗粒稳步长大。

冷却式 Krystal 分级结晶器的过饱和产生设备是一个冷却换热器（如图 7－11b），一般是溶液通过换热器的管程，而且管程以单程式的最普遍。壳程冷却介质采用循环方式，在管程通过的溶液过饱和度设计限是靠主循环泵的流量所控制。

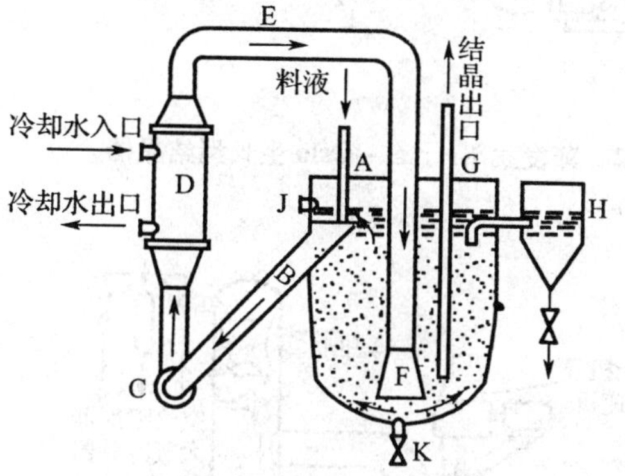


**图 7－11a　Krystal 式冷却结晶器**

A—结晶器进液管；B—循环管入口；C—主循环泵；
D—冷却器；E—过饱和吸入管；F—放空管；
G—晶浆取出管；H—结晶捕集器；J—加液口；
K—制冷剂出口

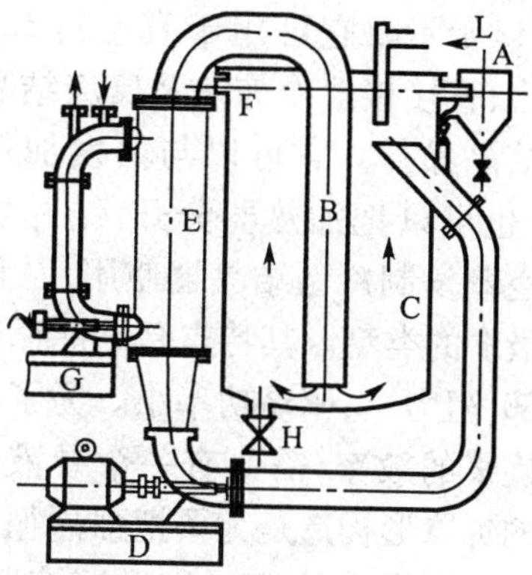


**图 7－11b　Krystal 式连续分级结晶器**

A—结晶捕集器；B—中心降液管；C—分级段；
D—主循环泵；E—冷却器；F—溢流；
G—辅助循环泵；H—取出口；L—排放出口

7.2.2.2　蒸发结晶器

结晶母液在加压、常压或减压条件下加热蒸发浓缩而产生过饱和度，依靠蒸发除去一部分溶剂的结晶过程称为蒸发结晶。

1. Krystal－Oslo 蒸发结晶器

该结晶器由蒸发室和结晶室两部分组成。蒸发室在上，结晶室在下，中间由一根中央降液管相连接。结晶室的器身带有一定的锥度，下部截面小，上部截面较大。母液经循环泵输送后与加料液一起在换热器中被加热，经再循环管进入蒸发室，溶液部分气化后产生过饱和度。该结晶器的缺点是操作弹性较小，母液循环量受到了产品颗粒在饱和溶液中沉降速度的限制。

2. 蒸发式Krystal－Oslo 生长型结晶器

图 7－12 给出了典型蒸发式 Krystal－Oslo 生长型结晶器的示意图。加料溶液由 G 进入，经循环泵进入加热器，蒸气（或者前级的二次蒸气）在管间通入。过饱和控制在介稳区

以内产生,溶液在蒸发室内排出蒸气(A点)由顶部导出。溶液在蒸发室分离蒸气之后,由中央下行管直送到结晶生长段的底部(E点),然后再向上方流经晶体流化床层、过饱和得以消失,晶床中的晶粒得以生长。当粒子生长到要求的大小后,从产品取出口排出,排出晶浆经稠厚器、离心分离,母液送回结晶器。

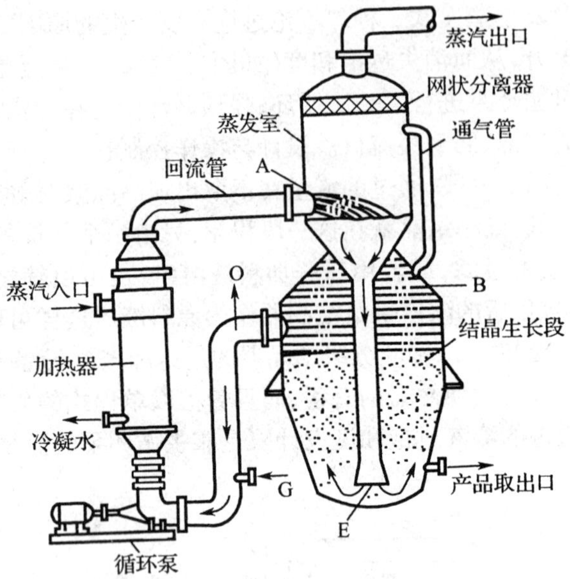


图7－12　蒸发式 Krystal－Oslo 生长型结晶器

3. DTB 型蒸发结晶器

DTB 型结晶器是遮挡板与导流管结晶器的缩写,简称遮导式结晶器,如图7－13所示。它可用于真空冷却法、蒸发法、直接接触冷冻法及反应结晶等多种结晶操作。它可以与蒸发加热器联用,也可以把加热器分开,结晶器作为真空蒸发制冷型结晶器使用,是目前采用最多的类型。其特点是结晶循环泵设在内部,阻力小,驱动功率小。为了提高循环螺旋桨的效率,需要有一个导液管。遮挡板的钟罩形构造是为了把强烈循环的结晶生长区与溢流液穿过细晶沉淀区隔开,互不干扰。

过饱和度产生在蒸气蒸发室。液体循环方向是经过导流管快速上升至蒸发液面,然后过饱和液沿环形面积流向下部,属于快升慢降型循环,在强烈循环区晶浆的浓度是一致的,所以过饱和度的消失比较容易,而且过饱和溶液始终与加料溶液并流。由于搅拌桨的水力阻力小,循环量较大,所以这是一种过饱和度最低的结晶器。器底设有一个分级腿,取出的产品晶浆要先通过它,在此腿内有另外一股加料溶液进入,作为分级液流,把细微晶体重新漂浮进入结晶生长区,合格的大颗粒冲不起来,落在分级腿的底部,同时对产品也进行一次洗涤,最后由晶浆泵排除器外分离。这样可以保证产品结晶的质量和粒径均匀,不夹杂细晶。一部分细晶随着溢流溶液排出器外,用新鲜加料液或者用蒸气溶解后返回。

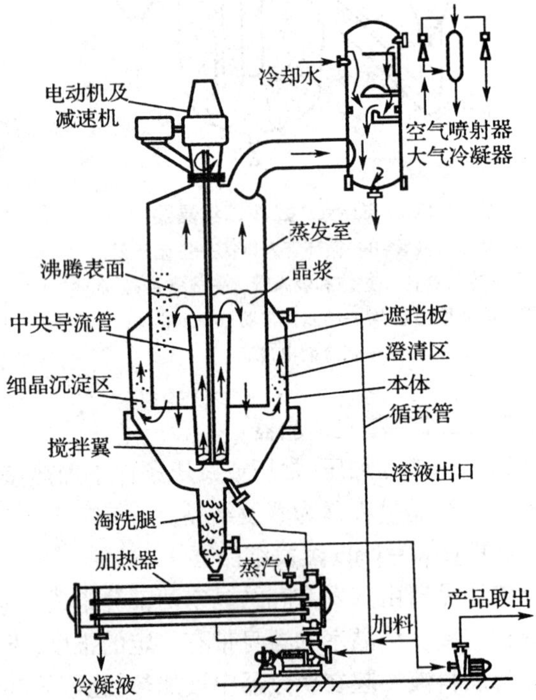


图7－13　Krystal－Oslo 结晶器冷却换热器的辅助冷却剂循环系统

4. DP 型结晶器

DP 型结晶器是对 DTB 型结晶器的改进，如图 7－14 所示。DTB 型只在导流筒内安装螺旋桨，向上推送循环液，而 DP 型结晶器在导流筒外侧的环隙中也设立了一组螺旋桨叶，安装方向与导流筒内的叶片相反，其外径与筒型挡板的内径接近。导流筒分为三段，上下两段固定不动，中间一段导流筒与此大螺旋桨制成一体而同步旋转。加大叶片直径可降低搅拌器的功率消耗，还可降低二次成核速率。显然这种结晶器也可用于冷却结晶，只不过在外循环管线上须加冷却器。DP 型结晶器的缺点在于它的大螺旋桨制作比较困难，要求精度高而且要有良好的耐腐蚀及动平衡性能。

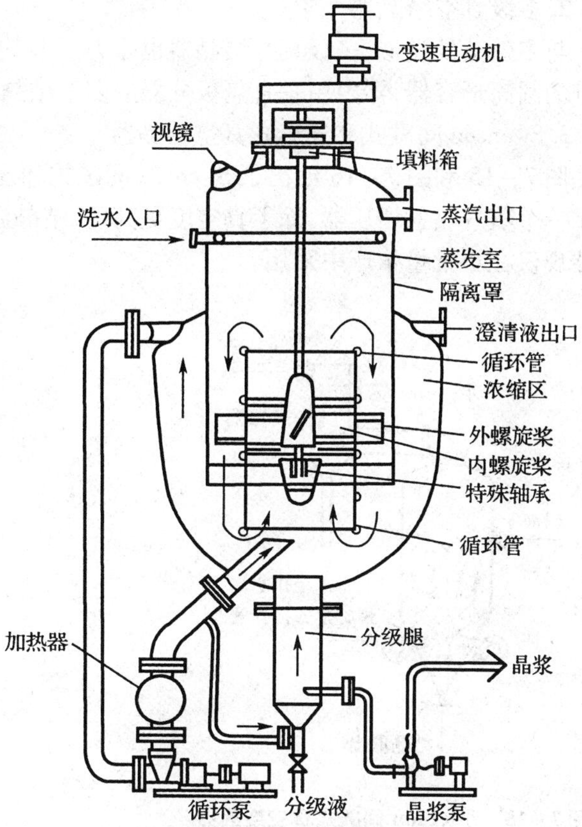


**图 7－14　DP 型结晶器装置简图**

7.2.2.3　真空结晶器

蒸发式和真空式结晶器之间并没有很严格的界限，这是因为蒸发往往是在真空下进行的。如果要区别它们，严格的界限在于真空结晶器是绝热蒸发方式，真空度很高，其绝对压力与操作温度下的溶液蒸气分压一致；蒸发结晶器主要决定于多效蒸发末级的真空度要求，也就是真空结晶器操作温度更低，真空度更高。真空式结晶器的原料多半是靠装置外部的加热器预热，然后注入结晶器。当进入真空蒸发器后，立即发生闪蒸效应，瞬间即可把蒸气抽走，随后开始降温过程，当达到稳定状态后，溶液的温度与饱和蒸气压力相平衡。因此真空结晶器也就同时起到移去溶剂和冷却溶液的作用。溶液变化沿着溶液浓缩与冷却的两个方向前进，迅速接近介稳区。

特别要指出的是，真空结晶器一般没有加热器或者冷却器，如果要使溶液升温或者预冷都是在不饱和状态下进行的。这就避免了在复杂的表面换热器上析出结晶，延长了换热器的使用周期，防止了因结垢降低换热能力等现象。常采用多级蒸气喷射泵及热力压缩机来产生真空。在大型生产中，为了节约能耗，也常选用由多个真空绝热结晶器组成的多级结晶器。前面提到的 DTB 型，DP 型和 Oslo 型均可用于真空绝热结晶。

1. 湍流结晶器

Standard 湍流结晶器在 20 世纪 60 年代末期实现工业化，其特点是在结晶器内有高流速的液体湍流区，加剧了溶液的混合，但结晶器内又实行晶体分级管理，保护大粒度晶体不与高速旋转的叶轮相接触。此类结晶器对粒度的控制非常有利，优于其他结晶器，其缺点是结构较复杂。

2. 多级真空结晶器

与多效蒸发类似，多级真空结晶器也是为了节约能量的需要而设计的。这种结晶器为横卧的圆筒形容器，器内用垂直隔板分隔成多个结晶室。

3. Swenson 间歇式和连续式真空结晶器

图 7 – 15 和图 7 – 16 给出了 Swenson 间歇式和连续式真空结晶器的装置简图。其中增设了一个蒸气喷射增压器，除了真空度更高些，结晶温度更低一些外，其他都相同，这两种结晶器现仅在小批量生产中采用。

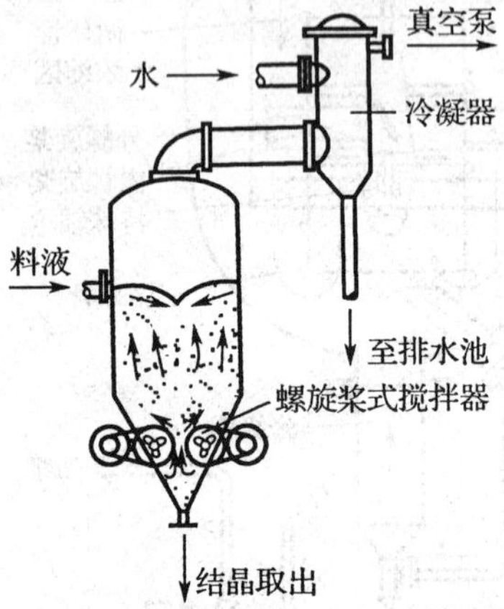


**图 7 – 15　Swenson 间歇式真空结晶器**

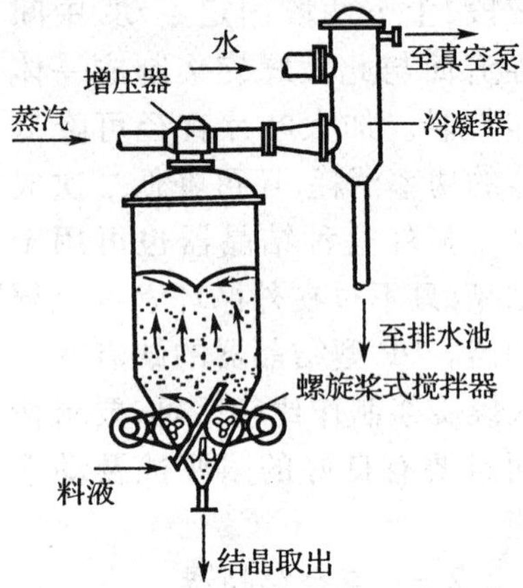


**图 7 – 16　Swenson 连续式真空结晶器**

4. Krystal – Oslo 真空结晶器

前面已叙述过，蒸发结晶与真空结晶装置的根本区别在于是否与蒸发加热器连在一起，Krystal 真空结晶器与 Krystal 蒸发结晶器的结构基本相同。图 7 – 17(a) 为分级式 Krystal 真空结晶器的装置简图，控制循环泵抽吸的是基本不含晶体的清溶液，然后输送到蒸发室去进行闪蒸，在一定真空度下与溶液达到气液相平衡而实现降温制冷的效应。分级操作使底部的晶粒与上部未生长到产品粒度的互相分开，因此取出的产品都是均匀的球状大粒结晶，这是它最大优点。其主要缺点是生产能力低、操作弹性小。

采用晶浆循环操作可以改善上述缺点，见图 7 – 17(b)。由于加大了晶浆循环液量流量，远远能弥补过饱和度值较小的因素，实际产量在相同的晶床截面条件下，可比分级操作法大若干倍。这种晶浆循环法所取出的产品结晶是大小晶粒相混合的，如果要得到均匀的颗粒，就必须增加外部的分级设备，把大粒的淘选出来过滤分离，把不合格的晶粒随同溶液返回结晶系统。将这种操作法连同外部的分级淘洗设备合并在一起，后来发展为 DTB 型以及 DP 型结晶器。

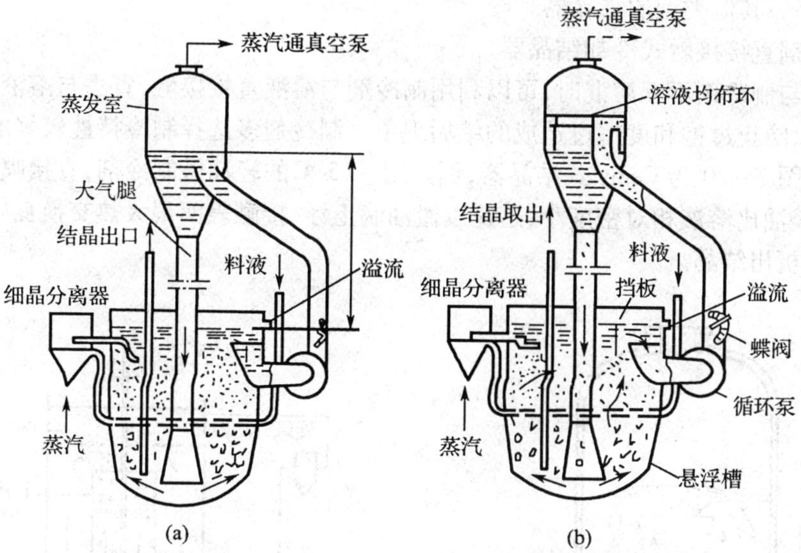


**图7-17 Krystal-Oslo型真空结晶器**

(a)分级式(清液循环);(b)混浆式(晶浆循环)

5. DTB真空结晶器

DTB真空式结晶器(图7-18),除不带有蒸发加热器外,与DTB蒸发式结晶器完全相同。它是在密闭式Krystal真空结晶器发展起来的,以内搅拌螺旋桨代替循环泵,减少外部循环管系的阻力损失,节省驱动功率,晶浆循环完全,过饱和度较低,晶核发生速率低,产量高;将细晶沉降区与晶浆循环区用遮蔽罩隔开;导液管是上大下小,对沸腾闪蒸表面激烈形成的过饱和度又能得到稀释;晶浆取出之前要经过分级腿淘洗分级,使取出的晶粒大而均匀。这种结晶器用途最广,已取代了大部分Krystal型结晶器。

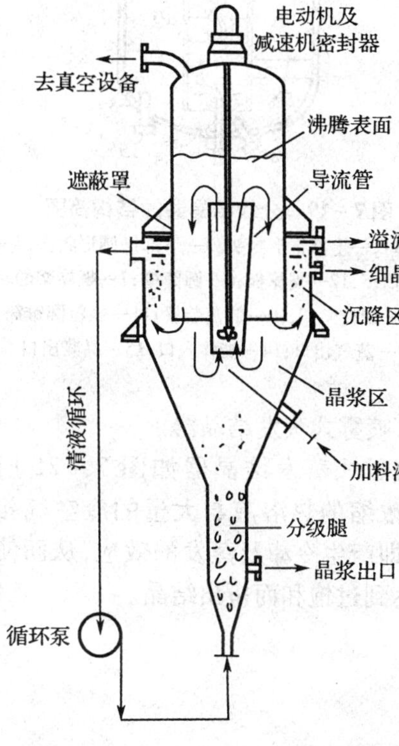


**图7-18 DTB式真空结晶器**

7.2.2.4 分级结晶器

晶浆循环型结晶器存在结晶易被螺旋桨所破碎、不能控制粗结晶的生长等缺点,分级结晶器就是为克服上述缺点而设计的。分级结晶器在循环液流上升的圆筒中设置了旋流装置,使之产生离心力,随着循环液流的上升,利用离心力的作用,使含有微小结晶的液流和含粗结晶的液流分离,含微结晶的液流产生过饱和使之与蒸发面直接接触,含粗粒结晶的液流仅保持在不大的过饱和状态下进行循环。图7-19给出了从高温饱和溶液里通过真空冷却析出结晶的分级结晶器的结构简图。

7.2.2.5　其他类型的结晶器

1. 制冷剂直接接触式冷却结晶器

当溶液与制冷剂不互溶混时，可以利用制冷剂与溶液直接接触，省去与溶液接触的换热器，同时可以防止过饱和度超过造成的结垢现象。制冷剂多选择制冷持性较好的丁烷、各类氟里昂等。图7－20为Cemy式结晶器，例如用－15 ℃的轻油做制冷剂，直接喷入结晶器的底部，由于轻油比溶液相对密度小，迅速以微油滴上浮，接触表面很大热交换良好，溶液即达到过饱和而析出结晶。

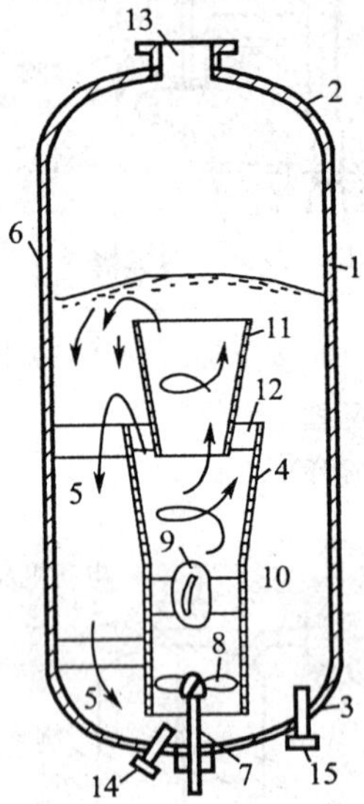


**图7－19　分级结晶器的结构简图**

1—筒体；2—上部锥形封头；3—下部椭圆形封头；4—上升圆锥筒；5，12—支撑板；6—圆筒槽；7—螺旋桨的驱动轴；8—螺旋桨；9，10—旋流装置；11—微粒圆锥筒；13—蒸气出口；14—液体入口；15—晶浆出口

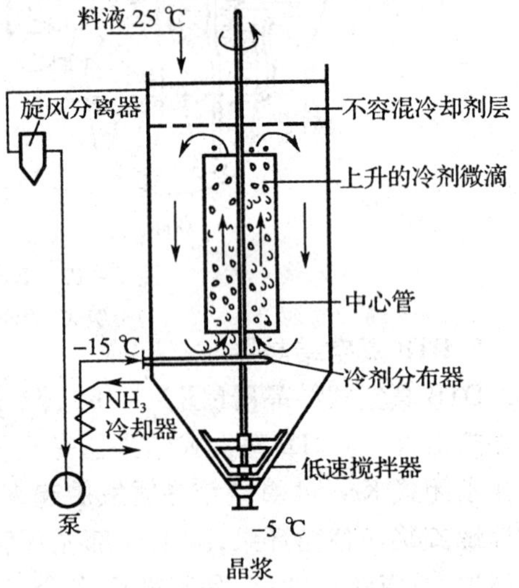


**图7－20　Cemy 制冷剂直接接触式结晶器**

2. 喷雾式蒸发结晶器

喷雾式蒸发结晶器如图7－21所示，将浓缩的热溶液与大量的冷空气相混合，即产生冷却及蒸发的效应，从而使溶液达到过饱和而析出结晶。

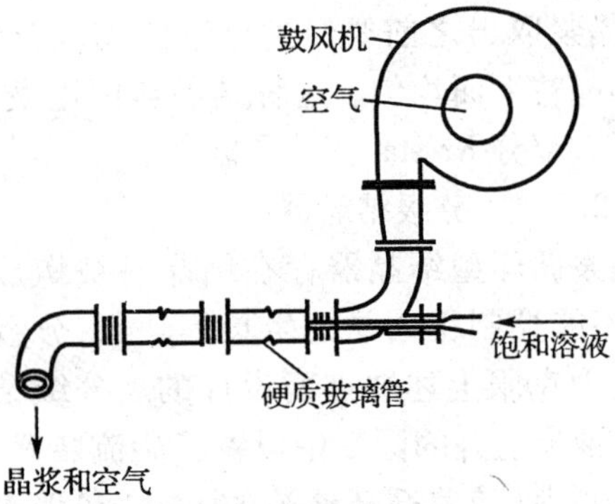


**图7－21　喷雾式蒸发结晶器**

## 7.3　结晶器的设计

结晶过程是一个比较复杂的多相、多组分相变过程，传热和传质同时发生，既有流体相

又有固相存在,涉及结晶成核和晶体成长动力学,很难描述结晶粒子的粒径和粒径分布随时间的变化关系。一般分离过程的要求通常只有产品的纯度和收率,而对溶液结晶要求除上述两点要求外,还包括产品的粒度。长期以来结晶器的设计主要依赖于经验,直到近些年,随着对结晶成核、晶体生长的研究以及对非均相流体力学、传热传质理论的深入研究,结晶器的设计才由完全依赖经验向半理论半经验阶段发展。

在结晶器设计工作开展之前,首先用所处理的工业原料液在适当规模的结晶装置中完成结晶动力学参数的测量和操作参数的选择,而后方能进行结晶器的设计。在结晶操作设计之前,需要收集一定的产品及溶液基础资料,如结晶物质是否含有结晶水、粒度分布要求、溶解度及其随温度的变化等;还要收集相平衡数据(包括介稳区数据)、结晶成核与成长动力学特征;结晶溶液流体力学数据,如过饱和度、结晶生长速度、核形成速度等基础设计数据。

### 7.3.1　结晶器设计步骤

结晶器的设计包括设计方案的选择、结晶器主体设计及辅助设备的计算与选型等内容。

7.3.1.1　确定设计方案

设计方案包括选择合适的操作方式、选择溶剂、选择合适的结晶器形式及选择合适的操作条件等内容。

7.3.1.2　结晶器主体设计

包括工艺计算,主体设备结构设计计算,绘出流程图等内容。

7.3.1.3　辅助设备的计算与选型

包括换热器和流体输送设备的选择等内容。

### 7.3.2　设计方案的确定

7.3.2.1　操作方式

间歇结晶设备的结构相对简单,热交换器表面上结垢现象不严重,对于某些结晶物系,只有使用间歇操作才能生产出指定纯度、粒度分布及晶型的合格产品。但间歇操作的产量较低且成本高,不同批产品的质量可能有差异,即操作及产品的稳定性较差。间歇结晶操作产生的结晶悬浮液可以达到热力学平衡态,比较稳定,而连续操作生产的结晶悬浮液不可能完全达到平衡态,只有放入一个产品悬浮液的中间贮槽中等待它达到平衡态,如果没有这一步,有可能在结晶出口管道或其他部位继续结晶,出现不希望有的固体沉积现象。一般说来,当结晶规模大到一定的水平时应采用连续操作。

7.3.2.2　溶剂选择

水是最常用的溶剂,这是由于大多数化学物质很容易溶于水,而且水很便宜、无毒。有几百种有机液体可以用作结晶溶剂,但常用的只有乙酸及其酯、低醇、酮、醚、氯代碳氢化合物、苯同系物和轻汽油馏分等。两种或多种溶剂的混合物往往对某一结晶物系表现出最好的性质,常用的是乙醇分别与水、酮、醚、氯代碳氢化合物或苯的同系物所组成的二元混合物,其他还有苯与环己烷的混合物等。选择溶剂时一般要遵循以下原则:

1. 对溶质的溶解能力大,且溶解度随温度变化敏感;
2. 溶剂和溶质之间不发生化学反应;

3. 高黏度的溶剂对有效结晶、过滤和洗涤都有不良影响，应选用低黏度的溶剂；

4. 若加入溶剂回收过程包含精馏，则要考虑挥发度；

5. 优先选用无毒无害的溶剂。

7.3.2.3 结晶器选择

选择结晶器时，要考虑物系的性质、产品的粒度和粒度分布、晶型的要求、处理量大小及能耗等多种因素。

一般说来，首先根据物质溶解度随温度变化规律的不同选择不同的结晶器。对溶解度随温度下降而大幅度下降的物系，可选用冷却结晶器或真空结晶器；对溶解度随温度降低而变化很小、不变或反而上升的物质，应选择蒸发式结晶器。其次考虑对产品形状、粒度及粒度分布的要求。如要获得颗粒较大而且均匀的晶体，应选具有粒度分级作用的结晶器，或能进行产品分级排出的混合型结晶器。此外，还应考虑设备投资费用和操作费用的大小及操作弹性等。真空结晶器和蒸发结晶器具有一定空间高度，在同样的生产能力下，其占地面积较冷却槽式结晶器要小。针对具体物系的物理性质，按流体流动要求可选择搅拌式、强制循环式或流化床式，还可根据换热量的大小选择外循环或内循环。实际情况往往无法同时满足以上所列原则，要根据不同情况做出选择

7.3.2.4 操作温度与压力

对于冷却结晶，需要通过介稳区的测量确定过饱和度或过冷度。操作温度对成核和生长速率都有影响。工业上一般控制在二次成核区域，采用程序降温。若是通过移除溶剂的方法获得过饱和度的，则应考虑操作的压力，一般真空条件下可以降低溶剂蒸发温度，减少能耗。

### 7.3.3 物料衡算和热量衡算

溶液在结晶器中结晶形成的晶体和余下的母液的混合物称为晶浆。母液是过程最终温度下的饱和溶液。由投料的溶质初始浓度、最终温度下的溶解度和蒸发水量，即可计算结晶过程的晶体产率。料液的量和浓度与产物的量和浓度之间的关系可由物料衡算和溶解度决定。当然，如果结晶操作结束时尚未达到饱和，则要根据实际母液浓度计算。溶质从溶液中结晶析出时会发生焓变而放出热量，这同纯物质从液态变为固态时发生焓变化而放热类似，但在数值上不相等，前者还包括了物质浓缩的焓变化。溶液结晶过程中单位溶质晶体所放出的热量称为结晶热。结晶逆过程是溶解，单位溶质晶体在溶剂中溶解时所吸收的热量称为溶解热。由于许多物质的稀释热与溶解热相比很小，因此结晶热近似等于负的溶解热。

结晶过程中溶液与加热介质之间的传热速率计算与间壁传热过程相同。溶液与晶体颗粒之间的传热速率、传质速率都与结晶器内的流体流动情况密切相关，可近似采用球形颗粒外的传热、传质系数关联式进行估算。

7.3.3.1 物料衡算

物料衡算包括总物料的衡算和溶质的物料衡算。

对于不含水合物的结晶过程，物料衡算方程为

$$WC_1 = P(W - V_1 W)C_2 \tag{7-4}$$

或

$$P = W[C_1 - (1 - V_1)]C_2 \tag{7-5}$$

式中，$W$ 为原料液中的溶剂量，kg 或 kg/h；$P$ 为结晶产品的产量，kg 或 kg/h；$V_1$ 为溶剂移出

强度,即单位进料溶剂蒸发量,kg/kg 原料溶剂;$C_1$,$C_2$ 分别为原料液与母液中溶质无水合溶质的含量,kg 无溶剂溶质/kg 溶剂。

对于形成水合物的结晶过程,溶质水合物携带的溶剂不再存在于母液中,则

$$WC_1 = \frac{P}{R} + W'C_2 \tag{7-6}$$

式中,$R$ 为溶质水合物摩尔质量与无溶剂溶质摩尔质量之比;$W'$为母液中溶剂量,kg 或 kg/h。

对溶剂作质量衡算,得

$$W' = (1 - V_1)W - P(1 - \frac{1}{R}) \tag{7-7}$$

联立式(7-6)与式(7-7),可得

$$P = \frac{WR[C_1 - (1 - V_1)C_2]}{1 - C_2(R - 1)} \tag{7-8}$$

式(7-8)是一个通用的表达式,对于不同的结晶过程,具有不同的简化形式。对不移出溶剂的冷却结晶,$V_1 = 0$,式(7-8)变为

$$P = \frac{WR[C_1 - C_2]}{1 - C_2(R - 1)} \tag{7-9}$$

对移出部分溶剂的结晶,如在蒸发结晶器中,移出溶剂量 $V_1$,若已预先规定,可由式(7-5)求 $P$。反之,可根据已知的结晶产量 $P$ 求 $V_1$。

7.3.3.2　热量衡算

对于真空冷却结晶,溶剂蒸发量为未知数,需通过热量衡算求出。由于真空冷却蒸发是溶液在绝热情况下闪蒸,故蒸发量取决于溶剂蒸发时需要的气化热、溶质结晶时放出的结晶热以及溶液绝热冷却时放出的显热。热量衡算式为

$$V_1 W r_s = c_P(t_1 - t_2)(W + WC_1) + r_{cr}P \tag{7-10}$$

与式(7-4)联立求解,得

$$V_1 = \frac{r_{cr}R(C_1 - C_2) + c_p(t_1 - t_2)(1 + C_1)[1 - C_2(R - 1)]}{r_s[1 - c_2(R - 1)]r_{cr}RC_2} \tag{7-11}$$

式中,$r_{cr}$为结晶热,J/kg;$r_s$ 为溶剂气化热,J/kg;$t_1$,$t_2$ 为溶液的初始温度和最终温度,℃;$c_p$ 为溶液的比热容,J/(kg·℃)。

若有热量加入,则要根据具体情况对结晶器作热量衡算。

### 7.3.4　结晶器主体尺寸的设计

结晶器是提供固液混合物相接触的场所,又要使得生成的晶体能够顺利分离出来,其流体流动状况影响到过饱和度的分布,对成核和生长都有影响。所以搅拌桨的选择,结晶器内部结构都有特殊的要求。现代先进的软件可以用来模拟结晶器内的流动状况,结合实验,指导结晶器内部结构的设计。这里只讨论结晶器主体尺寸的设计方法,也就是根据对产品粒度的要求及成核生长动力学数据,确定晶体在结晶器内的停留时间;以停留时间及蒸气释放面积为基础,确定结晶器有效体积、截面积和高度等。

7.3.4.1　成核与生长动力学

溶液结晶过程主要经历两个阶段,即形成晶核和晶体长大阶段。形成晶核有两种方式,即初级成核和二级成核。初级成核是指在过饱和溶液中晶核自发地形成或在外来物诱导下

产生晶核的过程；二次成核指溶液中已含有晶体，由于晶体相互碰撞或晶体与搅拌桨（或器壁）碰撞所产生的微小晶体而形成的晶核。二次成核是大多数结晶器工作时的主要成核机理。由于结晶产品要求具有指定粒度分布指标，而二次成核速率是决定粒度分布的关键因素之一，所以控制二次成核速率是实际工业结晶过程最重要的操作要点之一。晶核形成以后，原子或分子在这个初形成的微小晶核上一层又一层地覆盖上去，直到达到要求的晶粒大小，这叫做生长。晶体生长的传质过程主要有两步：第一步是溶质从溶液主体向晶体表面扩散传递，它以浓度差为推动力；第二步是溶质在晶体表面上附着并沿表面移动至合适位置，按某种几何规律构成晶格，并放出结晶热。

溶液的过饱和度作为传质的推动力，影响到晶核的形成及晶体的成长，是考虑结晶过程的重要因素。如果溶液没有过饱和度产生，晶核既不能发生，晶体也不能生长。在介稳区内，晶体就可以增长，但晶核的形成速率却很慢；超过此限，进入第二过饱和区，晶核的形成速率将很快增加。从物料衡算可以确定溶液初始状态和最终状态间的产量，但不能确定晶体的粒径以及晶核的多少。晶核过多，粒径就要受到很大影响。

成核速率表达式为

$$B = KM_T^j \Delta C^q \tag{7-12}$$

式中，$K$ 为成核动力学常数；$q$ 为成核指数；$M_T$ 为悬浮密度，kg/m$^3$。

晶体生长速率也可表达为过饱和度的函数

$$G = K_g \Delta C^g \tag{7-13}$$

式中，$K_g$ 为一成长动力学常数；$\Delta C$ 为过饱和度。

将式(7－13)代入式(7－12)，可得

$$B = K_R M_T^j G^i \tag{7-14}$$

式中，$K_R$ 为晶体成长速率常数，$K_R = \dfrac{K}{K_g}$；$i = \dfrac{q}{g}$。

影响结晶生长速率的因素很多，按重要的次序排列有：过饱和度、粒度、物质移动的扩散过程（其中包括晶体与溶液间的相对流速和溶液的物性，主要是黏度、表面张力等）。由于受上述因素的控制，情况比较复杂，所以工业上实际采用的都是实测值，然后按一定数学模型进行回归。在工业结晶器中，晶体的成核和成长不是互相独立的，而是相互关联的，并且结晶系统其他参数的影响。

7.3.4.2　粒数衡算模型

1. 晶体的粒度分布 CSD（Crystal Size Distribution）

晶体的粒度分布是产品的一个重要质量指标，不同的产品用途常要求不同的粒度分布指标。较常用的简便方法是以平均粒度（Medium Size，*M. S.*）与变异系数（Coefficient of Variation，*C. V.*）来描述粒度分布。平均粒度是 50% 颗粒穿过的筛网尺寸，这实际上说明了分布的中心粒径。变异系数值为一统计量，与 Gaussian 分布的标准偏差相关，计算式为：

$$C.V. = \frac{100[PD_{84\%} - PD_{16\%}]}{2PD_{50\%}} \tag{7-15}$$

式中 $PD_m$ 为筛下累积质量百分数为 m 的筛孔尺寸。对于一个晶体样品，平均粒度大，代表总的平均粒度大，变异系数值大，表明其粒度分布范围愈广；相反，变异系数值愈小，表明晶体粒度趋于均匀一致。应用筛分法可测出准确的粒度分布，目前开发的粒度仪等，使用更为

便捷。

2. 粒数衡算模型

溶液结晶过程中晶体的粒度分布直接与晶体的成核、生长以及晶体在结晶器中的悬浮状态、循环周期及停留时间等因素有关，是结晶器设计计算中重要的计算模型。目前在国际上应用最广的是 Randolph 和 Larson 依据结晶系统物料衡算推导的溶液结晶过程的数学模型。

晶体粒数密度定义为单位体积、单位尺寸的晶体数目，即

$$\lim_{\Delta L \to 0} = \frac{\Delta N}{\Delta L} = \frac{\mathrm{d}N}{\mathrm{d}L} = n \tag{7-16}$$

式中 $\Delta N$ 是单位体积晶浆在 $\Delta L$ 之间的晶体数目

$$\Delta N = \int_{L_1}^{L_2} n\mathrm{d}L \tag{7-17}$$

则 Randolph 和 Larson 导出的结晶系统衡算方程可表示为

$$\frac{\partial n}{\partial t} + \frac{\partial (Gn)}{\partial L} + \frac{Q_o n}{V} = \frac{Q_i n_i}{V} + (B' - D') \tag{7-18}$$

式中，$n$ 为粒数密度，晶体数/($\mathrm{m \cdot m^3}$ 溶液)；$G$ 为晶体生长速率，m/s；$L$ 为晶体粒度，m；$Q_o$ 为引出结晶器的产品悬浮液流量，$\mathrm{m^3/h}$ 或 $\mathrm{m^3/s}$；$Q_i$ 为引入结晶器的母液流量，$\mathrm{m^3/h}$ 或 $\mathrm{m^3/s}$；$n_i$ 为引入结晶器的母液中晶体的粒数密度，晶体数/($\mathrm{m \cdot m^3}$ 溶液)；$V$ 为结晶母液体积，$\mathrm{m^3}$；$B'$ 为结晶生函数，晶体数/($\mathrm{s \cdot m \cdot m^3}$ 溶液)；$D'$ 为结晶死函数，晶体数/($\mathrm{s \cdot m \cdot m^3}$ 溶液)。

Randolph 和 Larson 应用这个模型，首先开发了连续操作的混合悬浮混合出料结晶器(MSMPR)的模型，后来又按照工业结晶设备中出现的大多数结晶器，如有细晶消除系统或带淘洗腿产品粒度再分级系统的特定初始边界条件特征，验证了利用该模型各种变化及求解计算的合理性。

3. MSMPR 结晶器的分析

假设系统在稳态下操作，生长速率 $G$ 与粒度尺寸 $L$ 无关(符合 $\Delta L$ 定律)，进料中无固体，所有的晶体都是相同的形状，可用特征尺寸 $L$ 表示大小，则式(7-18)可简化为

$$\frac{\mathrm{d}n}{\mathrm{d}L} = -\frac{n}{G\tau} \tag{7-19}$$

而

$$\tau = \frac{V}{Q} \tag{7-20}$$

假定停留时间 $\tau$ 不变，在极限 $n_o$(假定在该处 $L$ 为零，即晶核的粒数密度)及 $n$(即任意选定的晶体粒度为 $L$ 的粒数密度)之间积分，则任意选定的晶体粒度为 $L$ 的粒数密度为

$$\ln n = -\frac{L}{G\tau} + \ln n_o \tag{7-21}$$

或

$$n = n_o \exp(-L/G\tau) \tag{7-22}$$

$\ln n$ 对 $L$ 的标绘是一条直线，其截距为 $\ln n_o$，其斜率为 $-1/G\tau$(若在以 10 为底的对数坐标纸上绘制，必须对斜率适当修正)。于是，若某实验满足推导的假定及产生一条直线的话，由已知晶浆密度及停留时间的一个给定的产品试样，便可得到实验条件下的成核速率与生长速率、粒数分布及系统平均性质的计算方程式。

成核速率可表示为过饱和度的函数

$$B = \frac{\mathrm{d}N}{\mathrm{d}t}_{L=0} = k_1 \Delta C^b \tag{7-23}$$

晶体生长速率也可近似表示为

$$G = \frac{\mathrm{d}L}{\mathrm{d}t} = k_2 \Delta C^g \tag{7-24}$$

则有

$$\frac{\mathrm{d}N}{\mathrm{d}t}_{L=0} = \frac{\mathrm{d}N}{\mathrm{d}t}_{L=0} \cdot \frac{\mathrm{d}L}{\mathrm{d}t} \tag{7-25}$$

所以，可以得到 $B = n_o G$ (7-26)

或

$$B = k_3 C \tag{7-27}$$

令

$$i = \frac{b}{g} \tag{7-28}$$

则

$$n_o = k_4 G^{i-1} \tag{7-29}$$

从图7-22(a)可以看出，鼓距为 $\ln n_o$，其斜率为 $-1/G\tau$，如停留时间已知，则可得到生长速率 $G$；改变停留时间，可得到几组 $n_o$ 和 $G$，由图7-22(b)知其斜率为 $i-1$，可以计算成核速 $B$。

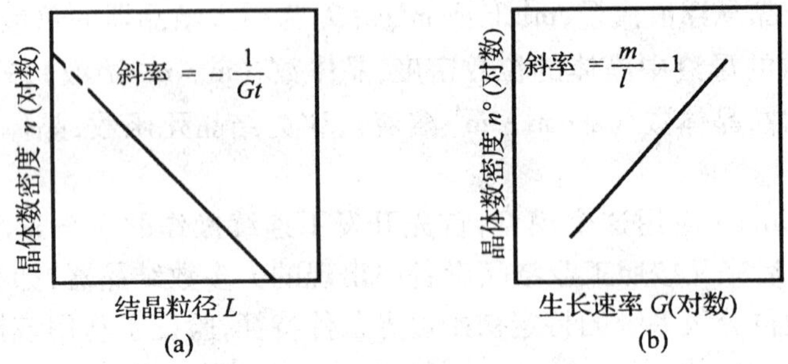


**图7-22 不同方程的斜率算图图解**

通过求取粒数密度分布的各阶矩 $M_j$

$$M_j = \int_0^l nL^j \mathrm{d}L \quad j = 1,2,3,\cdots n \tag{7-30}$$

可得到系统的特征数据，如对于稳态操作的 MSMPR 结晶器，则可分别求出单位体积悬浮液中在 0 ~ $L$ 粒度中的晶体粒子总数、粒数总和、总表面积及粒子质量的总和。

7.3.4.3 结晶器设计方法

欲完成一台结晶器的设计，首先必须收集与测定必要的结晶物性数据与资料，了解产品的产量与质量要求，然后确定结晶过程的类型，选择好的操作模式，进而完成结晶器的选型与操作条件的确定。针对不同类型的结晶器，已提出有很多的模型，在这里介绍美国 Larson - Randolph 的方法、日本丰仓贤设计方法等几种方法。

1. Randolph 和 Larson 模型

通过推导，可得晶体粒度分布的主粒度为

$$L_D = 3G\tau \tag{7-31}$$

粒度分布的平均尺寸为

$$L_m = 3.67G\tau \tag{7-32}$$

总的固体质量由进料状况和操作条件控制

$$M_T = 6a\rho_c(\frac{B}{G})(G\tau)^4 \tag{7-33}$$

将式(7-31),式(7-32)分别代入式(7-33)可得

$$M_T = 2a\rho_c BL_D^4/27G \tag{7-34}$$

及

$$M_T = \frac{a\rho_c BL_m^4}{30G} \tag{7-35}$$

将式(7-14)分别代入式(7-34)和式(7-35),可得

$$G = [\frac{27M_T^{1-j}}{2a\rho_c K_R L_D^4}]^{\frac{1}{i-1}} \tag{7-36}$$

及

$$G = [\frac{30M_T^{1-j}}{a\rho_c K_R L_m^4}]^{\frac{1}{i-1}} \tag{7-37}$$

设计时,首先根据式(7-36)或式(7-37)算出生长速率,由式(7-31)和式(7-32)算出停留时间,根据停留时间算出流体的体积即为结晶器的有效体积。具体结构尺寸根据结晶器形式的不同采确定。

2. 丰仓贤设计方法

丰仓贤提出了以结晶操作特性因子概念为基础的设计理论。在公式推导中应用了晶体成核与成长的经验式,并假定了成长指数 $g=1$,导出了输送层型(含 DTB 型)、混合槽型和分级层型结晶器设计计算式。这里以 DTB 型的设计为例进行说明。

将粒径为 $L_s$ 的晶种加入结晶器,原料溶液连续进入结晶器本体的下部,器内由于循环搅拌器的作用充分循环,晶种逐渐长大,直到产品需要的粒度 $L_P$ 沉入分级腿中,进行水力分级。比产品粒度小的晶体仍然送回本体继续生长,合格的大颗粒晶体取出器外与母液分离。图7-23为DTB结晶器的模型。

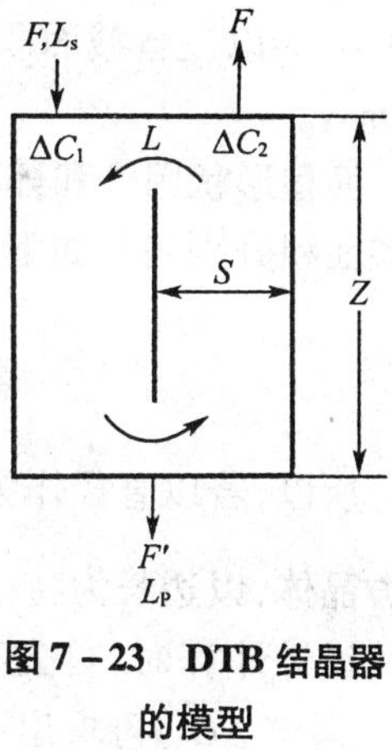


图7-23 DTB结晶器的模型

对于连续式 DTB 型结晶器的设计,结晶器的容积为

$$V = \frac{W_t}{\rho_c(1-\varepsilon)} \tag{7-38}$$

晶体总质量 $W_t = A_1(C.F.C)_1$ (7-39)

式中

$$A_1 = \frac{3PL_p}{4\beta K_o V^* \Delta C_1} \tag{7-40}$$

$$(C.F.C)_1 = \frac{(1-x_1^4)\ln\Phi}{1-\frac{1}{\Phi}} \tag{7-41}$$

$$\Phi = \frac{\Delta C_1}{\Delta C_2} \tag{7-42}$$

$$x_1 = \frac{L_s}{L_p} \tag{7-43}$$

产品体积流率 $F = A_2(C.F.C)_2$ (7-44)

式中

$$A_2 = \frac{P}{M\Delta C_1} \tag{7-45}$$

$$(C.F.C)_2 = \frac{1 - x_1^3}{1 - \frac{1}{\Phi}} \tag{7-46}$$

上述各式中，$P$ 为生产速率，kg/h；$L_D$ 为主粒度，m；$\beta$ 为面积形状因子；$K_o$ 为质量结晶成长速率常数，kg/[$m^2$ · h · (kmol/$m^3$)]；$M$ 为结晶物质的分子量；$V^*$ 为结晶物质的摩尔体积，mL/(kmol)；$\Delta C_1$ 为溶液入口处过饱和度，(kmol)/$m^3$ 溶剂；$\Delta C_2$ 为溶液出口处过饱和度，(kmol)/$m^3$ 溶剂；$\Phi$ 为无因次过饱和度；$x_1$ 为无因次粒度；($C.F.C$)为结晶操作特性因子；$\varepsilon$ 为空隙率：$\rho_c$ 为晶体密度，kg/$m^3$；$A_1$，$A_2$ 可从物性数据及设定的条件算出；$(C.F.C)_1$，和$(C.F.C)_2$ 是结晶操作的特性因子，是 $\Phi$ 及对比粒度的函数，与系统及操作条件的绝对值无关。

空隙率 $\varepsilon$ 指单位体积中除了晶体颗粒以外的体积，可用如下公式计算

$$\varepsilon = 1 - \frac{W}{P_c V} \tag{7-47}$$

式(7-47)中的第二项的物理意义是单位体积中晶体净占的体积分率。根据资料推荐：在结晶器底部使用空隙率为0.5，在顶部为0.975，但在实践中发现，结晶器的总平均空隙率一般为0.8~0.9。可根据具体情况选择。

空隙率与结晶粒度和溶液上升速度之间的关系可用下式表达

$$u = \left(\frac{\varepsilon}{1.05}\right)^3 u_1 \tag{7-48}$$

式中，$u$ 为以设备截面积为基准的溶液流速，m/s；$u_1$ 为终端速度，在清溶液中颗粒沉降速度，m/s。

面积形状因子和体积形状因子指的是用一个特征尺寸 $L$ 来表达一个颗粒的尺寸，其体积和面积分别满足如下关系

$$v = aL^3 \tag{7-49}$$

$$s = \beta L^2 \tag{7-50}$$

所以，若以直径作为球形粒子的特征尺寸，则 $a = v/d^3 = \frac{6}{\pi}$，而 $\beta = s/d^2 = \pi$。同理，对于立方晶体，以边长为特征尺寸，则 $a = 1$，$\beta = 6$。

设计计算时，首先确定结晶产量 $P$，粒度 $L_P$，晶种粒度 $L_s$，再由实验测最大过饱和度 $\Delta C_1$，假定 $\Delta C_2$，可求出 $\Phi = \Delta C_1/\Delta C_2$，$x_1 = L_s/L_P$，可求出$(C.F.C)_1$，和$(C.F.C)_2$。结合实验得 $K_o$，$\rho_C$ 及 $\varepsilon$，可求体积 $V = A_1(C.F.C)/\rho_C(1-\varepsilon)$。

求产品体积流率 $F$，假设 $u$ 为以结晶器空截面为基准的流速，则结晶器的截面积 $S = F/u$，结晶器的高度 $Z = V/S$。为防止计算结果中高径比 $Z/D$ 过于矮粗或过于细长，必须选择合适的 $u$ 和出口饱和度 $\Delta C_2$。导流筒的形状可上下一样，也可上大下小，上部的直径为结晶器直径的$\sqrt{2}/2$ 倍，下部的直径为结晶器直径的 1/2 倍。

3. Mullin 分级式结晶器(Classify Crystallizer)的设计方法

(1)基本设计参数

$$\text{溶液的循环量}\ Q = \frac{\text{结晶的产率}\ P}{\text{有效过饱和度}\ S} \tag{7-51}$$

$$结晶器截面积 A = \frac{溶液的循环量 Q}{溶液的上升速度 u_c} \quad (7-52)$$

$$晶浆层的高度 H = \frac{晶浆的容积 V}{结晶器的截面积 A} \quad (7-53)$$

$$总停留时间 T = \frac{晶浆中结晶的的质量 W}{结晶器的产率 P} \quad (7-54)$$

$$晶浆的容积 V = \frac{晶浆中结晶的的质量 W}{晶浆的密度 \rho_c} \quad (7-55)$$

时间 $T$ 对于稳态系统是指溶液中固体的停留时间。

(2)有效过饱和度($s$)

它与温度、冷却速度、搅拌速度、杂质与异物质点有关。最重要的是选择有晶体存在条件下实际可使用的过饱和度(即第一过饱和曲线与平衡饱和曲线之间的介稳区域)。此处所指的有效过饱和度是初始过饱和度与离开晶浆床的实际过饱和度之差。晶床的高低直接影响着过饱和度的消失程度,这种消失程度就是有效过饱和度,未消失的部分称为剩余过饱和度。

(3)粗粒晶浆的沉降速度($u_c$)

流化床中晶体的沉降速度是流体上升产生晶体的曳力与重力的平衡力所造成的,保持溶液的上升速度与沉降速度相等,晶体就悬浮在溶液中只能滚动不能上升,因此与粒径和密度有关。当溶液中晶体浓度增加,直径又大于 100 μm 时,目录的沉降速度受到阻滞而下降,Richardson 和 Zaki 证明有下述关系

$$u_e = u_i e^n \quad (7-56)$$

或

$$\lg u_e = \lg u_i + n\lg e \quad (7-57)$$

上述各式中,$u_e$ 为晶浆中颗粒的下降速度或溶液的上升速度;$u_i$ 为终端速度;$e$ 为晶浆的空隙率;$W$ 为晶浆中干固体的质量,g;$V$ 为含有 $W$ 重晶体的浆体积,$cm^3$;$W/V$ 为单位体积中干晶体重,称为晶浆浓度;$W/V\rho_c$ 为单位体积中晶体净占的质量,g。

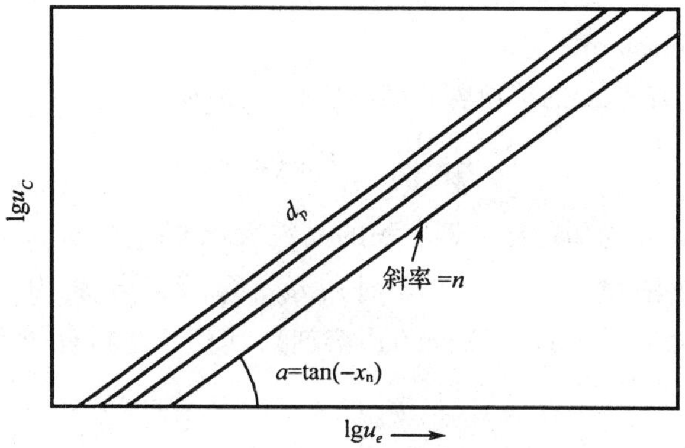


图 7-24　$Lgu_c, Lgu_e, d_p$ 的关系

$Re'$是以清溶液的黏度、密度、流速以及晶体粒径 $d_p$ 为基准算出的雷诺数的函数,当容器直径 $D$ 与粒径接近时,又是 $d_p/D$ 的函数。由上述关系可标会得到图 7-24。

将图 7-24 回归,可得如下关系式:

$$0 < Re' < 0.2 时, n = 4.6 + 20d_p/D \quad (7-58)$$

$$0.2 < Re' < 1 时, n = (4.4 + 18d_p/D)Re'^{-0.33} \quad (7-59)$$

$$1 < Re' < 200 时, n = (4.4 + 18d_p/D)Re'^{-0.1} \quad (7-60)$$

$$200 < Re' < 50 时, n = 4.4 Re'^{-0.1} \quad (7-61)$$

$$Re < 500 \text{时}, n = 2.4 \tag{7-62}$$

$d_p/D$ 是对比直径，只要使用任意统一单位均可，当 $Re' > 200$ 以后，$d_p/D$ 的改正就不需要。大型设备中 $d_p/D$ 值很小，可忽略不计。

4. Krystal – Oslo 分级型结晶器的设计方法

在结晶器的高度大幅度放大时，应根据高度方向相应的空隙率分布与过饱和度分布来进行设计为宜。如图 7 – 25 所示的模型，原料溶液由器底进入，在液固流化床中以活塞流沿轴向上升。由结晶器顶部加入粒径均匀的晶种，随着床层中原料液以及循环的过饱和溶液过饱和度的消失，晶种逐渐生长、增大。在结晶器截面上的上升速度必须与流化床中的粒径相应，否则上升速度过高，晶粒就会大部分带到循环溢流口以上与顶部溢流口之间的细晶沉积段，达不到床内构筑成晶种层的目的，如果上升速度过小，晶种又会大部分下沉，实际上这些现象是靠流化床内的空隙来自衡的。当晶粒生长到一定大小，质量超过曳力，就会慢慢下沉，集中到结晶器的下部。这就是分级床层形成的原因。过饱和度由结晶器底部从峰值沿轴向方向下降，使析出的固相生长在床层的晶粒表面上。这种沿轴向以大幅度的空隙率变化、过饱和度由介稳区的器底峰值下降到出口的较低水平是分级式结晶器的特点。至于温度上下始终一致，则各式结晶器都是共同的。分级式结晶器还存在着固相浓度、过饱和度的分布有局部的返混现象，在一般模型处理中为了简化，返混现象是不考虑的。

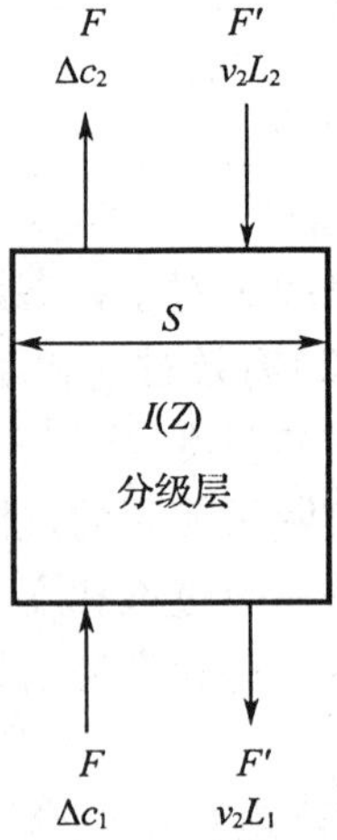

**图 7 – 25　Krystal – Oslo 分级型结晶器模型图**

图 7 – 25 中各符号的含义，$S$ 为结晶器的截面积，$m^2$；$Z$ 为结晶体器的高度，m；$F$ 为原料液的进料量，$m^3$(溶剂)/h；$F'$ 为晶种的进料量，粒数/h；$c_1$，$c_2$ 为结晶器底部、顶部溶液的浓度，$kmol/m^3$(溶剂)。

结晶器的单位容积结晶生长速度为

$$\frac{1}{M}\frac{\mathrm{d}W}{\mathrm{d}Q} = K_0\alpha(c - c_s) = K_D\alpha(c - c_i) = K_R\alpha(c_i - c_s) \tag{7-63}$$

式中，$a$ 为单位结晶器容积的晶粒表面积，$m^2/m^3$；$c_s$，$c_i$ 分别为平衡饱和浓度与晶体界面的溶液浓度，$kmol/m^3$（溶剂）；$K_D$，$K_R$，$K_O$ 分别为扩散、表面反应阶段及总传质系数，$kmol/(m^2 \cdot h) \cdot (kmol/m^3$ 溶剂)，其相互之间有如下关系

$$\frac{1}{K_O} = \frac{1}{K_D} + \frac{1}{K_R} \tag{7-64}$$

设结晶器内任意微分高度 $dz$，由物料平衡得到下述关系式

$$-\frac{\rho_c F'\mathrm{d}v}{M} = -F\mathrm{d}c = S\mathrm{d}zK_o\alpha(c - c_s) \tag{7-65}$$

方程式的最左方一项是结晶器在这个微分高度内微分容积 $SdZ = dv$ 中由于结晶生长而引起晶体质量的变化；中间一项是溶液在 $dZ$ 内的变化；最右方一项是结晶器微分容积内的结晶生长速度。

设：　$f = F/S$（以结晶器截面为基准的进料量）

$f' = F'/S$（以结晶器截面为基准的晶种进料量）

将$f'$代入式(7-65)得

$$dz = \frac{f'\rho_c d\upsilon}{MK_0\alpha(c-c_s)} \tag{7-66}$$

将式(7-64)代入式(7-66),再由器底到器顶进行积分得

$$z = -\int_{\upsilon_1}^{\upsilon_2}\frac{f'}{K_D\alpha}\cdot\frac{\rho_c d\upsilon}{M(c-c_s)} - \int_{\upsilon_1}^{\upsilon_2}\frac{f'}{K_R\alpha}\cdot\frac{\rho_c d\upsilon}{M(c-c_s)} \tag{7-67}$$

上述各式中$M$为相对分子质量;$\rho_s$为结晶的密度 $kg/m^3$;$\upsilon$为结晶的体积 $m^3$。

令单位传递数 $N.T.U. = -\int_{\upsilon_1}^{\upsilon_2}\frac{f'\rho_c d\upsilon}{MK_0\alpha(c-c_s)}$ (7-68)

$$H.CG.U. = \int_{\upsilon_1}^{\upsilon_2}\left[\frac{f'}{K_D\alpha}+\frac{f'}{K_R\alpha}\right]\cdot\frac{\rho_c d\upsilon}{M(c-c_s)}/N.T.U \tag{7-69}$$

又设单元传递高度 $H.T.U.$ 和表面反应单元高度 $H.SR.U.$ 分别为

$$H.T.U. = \int_{\upsilon_1}^{\upsilon_2}\frac{f'}{K_D\alpha}\cdot\frac{\rho_c d\upsilon}{M(c-c_s)}/N.T.U \tag{7-70}$$

$$H.SR.U. = \int_{\upsilon_1}^{\upsilon_2}\frac{f'}{K_R\alpha}\cdot\frac{\rho_c d\upsilon}{M(c-c_s)}/N.T.U \tag{7-71}$$

且有

$$H.CG.U. = H.T.U. + H.SR.U. \tag{7-72}$$

单元传递数 $N.T.U.$ 的计算

在结晶器内任意位置和器顶之间,结晶体积与物料平衡、溶液浓度等的关系是

$$c = c_2 + \frac{f'}{f}\frac{\rho_c}{M}(\upsilon-\upsilon_2) \tag{7-73}$$

将式(7-73)代入(7-68)式,得

$$N.T.U. = \frac{f'}{f}\ln\frac{c_1-c_s}{c_2-c_s} = \frac{f'}{f}\ln\Phi \tag{7-74}$$

式中,$\Phi = \frac{c_1-c_s}{c_2-c_s} = \frac{\text{器底过饱和度}}{\text{器顶过饱和度}}$。

单元传递高度 $H.T.U.$ 的计算:

如果$a$和$K_D$已知,即可求出 $H.T.U.$。Gupta 等人根据大量的实验数据回归适用于$K_D$计算的经验式为

$$K_D = 1.6c'D^{2/3}G^{1/3}/(d_p^{2/3}\varepsilon) \tag{7-75}$$

式中,$c'$为溶剂的浓度,$m^3$(溶剂)/$m^3$(溶液);$D$为扩散系数,$m^2/h$;$d_p$为晶体的当量直径,m;$G$为以结晶器截面积为基准的流速,m/s;$\varepsilon$为空隙率。

空隙率与结晶粒度和溶液上升速度有关,也就是与晶浆密度和晶体密度之比有关。前面已叙述过,然而下式更为简单,并且十分接近其他关系式与实验式

$$\varepsilon = 1.05(G/u_t)^{1/3} \tag{7-76}$$

式中,$u_t$为终端速度,m/h。在服从 Allen 法则时,有

$$u_t = Id_p \tag{7-77}$$

若将器顶的空隙率$\varepsilon_2$与$d_{p2}$粒径代入式(7-76)后,可得

$$\varepsilon = 1.05(G/Id_{p2})^{1/3} \tag{7-78}$$

$$\varepsilon = 1.05(G/Id_p)^{1/3} \tag{7-79}$$

则

$$\frac{\varepsilon}{\varepsilon_2} = \left(\frac{d_{p2}}{d_p}\right)^{1/3} \tag{7-80}$$

令，$\frac{d_p}{d_{p2}} = \gamma$，则

$$\varepsilon = \varepsilon_2 \gamma^{-1/3} \tag{7-81}$$

令 $\alpha$ 为单位体积结晶的表面积 $m^2/m^3$，则 $\alpha = n\pi d_p^2 = n\pi d_p^2(1-\varepsilon)/(kd_p^2)$

当 $n$ 忽略不计时

$$\alpha = \pi(1 - \varepsilon_2 \gamma^{-1/3})/(kd_p) \tag{7-82}$$

将(7－75)式和(7－82)式代入(7－70)式，整理得

$$H.T.U = \frac{0.2\rho_c(f')^2}{fC'D^{2/3}G^{1/3}M}\int_{v_2}^{v_1} \frac{\varepsilon d_p^{4/3}\mathrm{d}v}{(1-\varepsilon_2\gamma^{-1/3})(c-c_s)\ln\Phi} \tag{7-83}$$

# 7.4　结晶器设计计算示例

## 7.4.1　强制外循环蒸发结晶器

### 7.4.1.1　设计任务及操作条件

设计一台硫酸铵结晶器，要求主粒度为 $1.5 \times 10^{-4}$ m，产量为 5 000 kg/h。已知母液的排出量为进料量的 10%（质量分数），进料温度为 109 ℃，母液温度为 54 ℃，母液密度为 1156.3 kg/m³，沸点升高为 13.3 ℃，结晶热为 232 kJ/kg，晶体悬浮密度为 200（晶体）kg/m³（晶浆），体积形状因子 $\alpha = 0.7$，晶体的成核生长动力学公式为 $B = 2.94 \times 10^{10} G^{1.83}$。

### 7.4.1.2　结晶器类型的选择

查得 109 ℃硫酸铵在水中的溶解度为 0.36（质量分数），54 ℃为 0.326（质量分数），溶解度随温度的变化较小，故采用连续蒸发结晶。估计热负荷较高，为保证换热和便于检修，采用强制外循环蒸发结晶器，如图 7－26 所示。

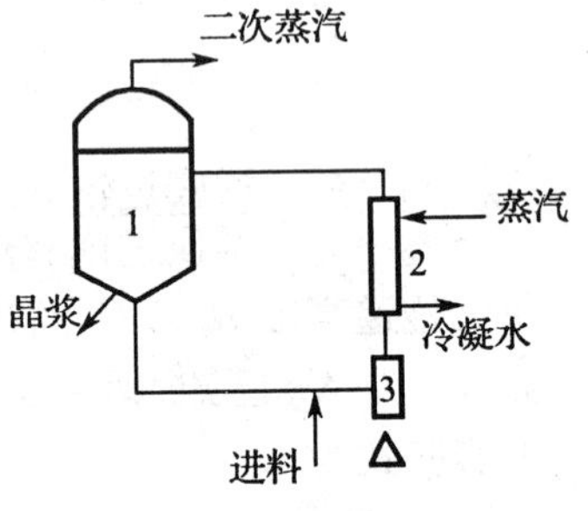


图 7－26　强制外循环蒸发结晶器

### 7.4.1.3　有关温度的选择

加热蒸气温度为 100 ℃；母液温度为 54 ℃，沸点升高 13.3 ℃，故二次蒸气的温度为 54－13.3＝40.7 ℃。由上述数据可查得：二次蒸气的气化潜热为 2 394 kJ/kg；二次蒸气的比容为 18.44 m³/kg。

### 7.4.1.4　物料衡算

以 100 kg 进料为基础。

| 物流 | 总量 | 水 | 硫酸铵 |
|---|---|---|---|
| 进料 | 100 | 100－36＝64 | 36 |
| 排出母液 | 10 | 10－3.26＝6.74 | 3.26 |
| 产品 | 32.74 | | 36－3.26＝32.74 |
| 二次蒸气 | 57.26 | 64－6.74＝57.26 | |

对于 5 000 kg/h 的产量：

进料量为(100/32.74) ×5 000 =15 271.8 (kg/h)

水的蒸发量为(57.26/100) ×15 271.8 =8 744.6 (kg/h)

排料量为(10/100) ×15 271.8 =1 527.18 (kg/h)

7.4.1.5　热量衡算

以 1 小时为基准。

假如加热蒸气的冷凝潜热等于二次蒸气的气化潜热，且忽略循环泵的能量输入，已查得溶液的平均比热容 2.59 kJ/(kg・℃)。

进料放出的显热为：$15\ 271.8\times(109-54)\times 2.59=2.18\times 10^6$ (kJ/h)

释放的结晶热为：$5\ 000\times 232=1.16\times 10^6$ (kJ/h)

蒸发水分所需要的热量为：$8\ 744.6\times 2\ 394=2.09\times 10^7$ (kJ/h)

需要从外界补充的热量为：$(20.9-1.16-2.18)\times 10^6=1.756\times 10^7$ (kJ/h)

7.4.1.6　结晶器有效体积的计算

结合式(7 -14)，由已知 $B=2.94\times 10^{10}G^{1.83}$，可见 $K_o=2.94\times 10^{10}$，$j=0$，$i=1.83$。代入式(7 -36)计算生长速率，得

$$G=\left[\frac{27M_T^{1-j}}{2a\rho_c K_R L_D^4}\right]\frac{1}{i-1}=\left[\frac{27\times 200}{2\times 0.7\times 1\ 156.3\times 2.94\times 10^{10}\times(1.5\times 10^{-4})^4}\right]\frac{1}{0.83}$$
$$=1.0\times 10^{-8}\ (\mathrm{m/s})$$

用式(7 -31)计算停留时间，得

$$\tau=\frac{L_D}{3G}=\frac{1.5\times 10^{-4}}{3\times 1.0\times 10^{-8}}=5\times 10^3 s=1.39\ (\mathrm{h})$$

晶浆排出速率为

$$Q=\frac{P_c}{M_T}=\frac{5\ 000}{200}=25\ (\mathrm{m^3/h})$$

计算有效体积 $V=Q\tau=25\times 1.39=34.75$ ($m^3$)

7.4.1.7　结晶器的尺寸

结晶器的最小直径可用下式计算

$$D=\left(\frac{4V_V}{\pi u_V}\right)^{1/2}$$

式中，$V_v$ 为二次蒸气的体积速率 $m^3/h$；$u_V$ 为蒸气速度，一般要求上升保持较低，以使上升蒸气不致夹带过量的雾滴。通常可按下式估算

$$u_V=K_V\left(\frac{\rho_l-\rho_V}{\rho_V}\right)^{1/2}$$

式中，$\rho_l$，$\rho_V$ 分别为母液和蒸气的密度，$kg/m^3$；$K_V$ 为夹带因子，对于水溶液，可以接受的最大值为 0.017 m/s。

$$\rho_V=\left(\frac{1}{18.44}\right)=0.054\ 2\ (\mathrm{kg/m^3})$$

$$u_V=0.017\times\left(\frac{1\ 156.3-0.054\ 2}{0.054\ 2}\right)^{1/2}=2.48\ (\mathrm{m/s})$$

$$D = (\frac{4V_V}{\pi u_V})^{1/2} = (\frac{4 \times 8\,744.6 \times 18.44}{\pi \times 3\,600 \times 2.84})^{1/2} = 4.8\ (\text{m})$$

器内液层深度为

$$(\frac{34.75}{\pi/4 \times 4.8^2}) = 1.92\ (\text{m})$$

7.4.1.8　辅助设备的选择

换热器的有关计算参见有关章节，循环泵的选择略。

### 7.4.2　分级式连续结晶器设计

7.4.2.1　设计任务及操作条件

以粒径为0.3 mm 正方体的氯酸钠作晶种，试设计一台日产100 吨，产品粒径为0.8 mm 的分级式连续结晶器。已知：产量 $P_1 = 100t/d = 4.167 \times 10^3 (\text{kg/h})$，晶种粒径 $L_2 = 3 \times 10^{-4} (\text{m})$，产品粒径 $L_1 = 8 \times 10^{-4} (\text{m})$。

7.4.2.2　物性数据

由辅助试验测得：

操作过饱和度 $\Delta c_1 = 0.3\ (\text{kmol/m}^3 \cdot (H_2O))$

总系数 $\alpha_1{}^* = 2 \times 10^4 (\text{kgmol} \cdot \text{h/m}^{4/3} \cdot \text{m}^3 (H_2O))$

晶体的密度 $\rho_c = 2.49 \times 10^3 (\text{kg/m}^3)$

溶液的密度 $\rho_u = 1.437 \times 10^3 (\text{kg/m}^3)$

溶液的黏度 $\mu = 19.9\ (\text{kg/m} \cdot \text{h})$

溶液的浓度 $c' = 0.6\ (\text{m}^3 (H_2O)/\text{m}^3)$

空隙率取 0.9

形状系数 $k = 0.806$

7.4.2.3　物料衡算

1. 当量直径 $d_{p1}$，$d_{p2}$ 的计算

因为结晶为正方体，则有

$$d_{p1} = \sqrt{\frac{6}{\pi}} L_1 = \sqrt{\frac{6}{\pi}} \times (8 \times 10^{-4}) = 1.105\,6 \times 10^{-3} (\text{m})$$

$$d_{p2} = \sqrt{\frac{6}{\pi}} L_2 = \sqrt{\frac{6}{\pi}} \times (3 \times 10^{-4}) = 4.146\,0 \times 10^{-4} (\text{m})$$

2. 以空器截面积为基准的溶液流速 $G$

$$G = (\varepsilon_2/1.05)^3 I d_{p2}$$

$$I = k\left[\frac{4}{225} \cdot \frac{\rho_c - \rho_u}{\mu \rho_u} \cdot g^2\right]^{1/3} = 0.806 \times \left[\frac{4}{225} \times \frac{(2\,490 - 1\,437)^2}{\frac{9.9}{3\,600} \times 1437} \times 9.81^2\right]^{1/3} = 63.110\ (1/\text{s})$$

$$G = (\varepsilon_2/1.05)^3 I d_{p2} = (\frac{0.9}{1.05})^3 \times 63.11 \times 4.146 \times 10^{-4} = 59.317\ (\text{m/h})$$

3. 以空器为基准的进液量 $f$

$$f = c'G = 0.6 \times 59.317 = 35.59\ (\text{m}^3 H_2O/\text{m}^2 \text{h})$$

4. 晶种的加入量 $F'$

$$F' = \frac{P_1}{\rho_c L_1^3} = \frac{4\ 167}{2\ 490 \times (8 \times 10^{-4})^3} = 3.268 \times 10^9 (\text{粒}/\text{h})$$

5. 溶液的进料量 $F$

由器底与器顶的物料平衡得

$$P_1 - \rho_c F' L_2^3 = FM(\Delta c_1 - \Delta c_2)$$

取对比过饱和度，$\Phi = 3 = \Delta c_1 / \Delta c_2$

则

$$\Delta c_2 = \Delta c_1/3 = 0.3/3 = 0.1\ (\text{kmol/m}^3\text{H}_2\text{O})$$

$$F = \frac{P_1 - \rho_c F' L_2^3}{M\Delta c_1 (1 - \frac{1}{\varphi})} = \frac{4\ 167 - 2\ 490 \times 3.268 \times 10^9 \times (3 \times 10^{-4})^2}{106.5 \times 0.3 \times (1 - \frac{1}{3})} = 185.302\ (\text{m}^3\text{H}_2\text{O/h})$$

7.4.2.4 结晶器的尺寸

1. 结晶器的截面积 $S$

$$S = \frac{F}{f} = \frac{185.302}{35.59} = 5.207\ (\text{m}^2)$$

2. 结晶器的直径 $D$

$$D = \sqrt{\frac{4S}{\pi}} = \sqrt{\frac{4 \times 5.207}{\pi}} = 2.578\ (\text{m})$$

取 $D = 2.57\text{m}$，则实际的截面积 $S = 5.187\text{m}^2$。

3. 结晶器的高度 $Z$

$$p_1 = \frac{P_1}{S\rho_c} = \frac{4\ 167}{5.187 \times 2\ 490} = 0.322\ 6\ (\text{m}^3/\text{m}^2\text{h})$$

则

$$Z = \frac{\alpha^* p_1 d_{p1}^{4/3} (C \cdot F \cdot D) \ln\Phi}{S\rho_c \Delta c_1 y_1^{13/3}}$$

$$y_1 = \frac{L_1}{L_2} = \frac{8 \times 10^{-4}}{3 \times 10^{-4}} = 2.667$$

$\Phi = 3$，由式(7-47)得$(C.F.D) = 80$，则

$$Z = \frac{2.0 \times 10^4 \times 0.322\ 6 \times (1.105\ 6 \times 10^{-3})^{4/3} \times 80 \times \ln 3}{0.3 \times 2.667^{13/3}} = 3.081\ (\text{m})$$

取 $Z = 3.1$ m，则

$$Z/D = 1.206 (\text{细长比还比较合适})$$

# 附:结晶器设计任务两则

## 一、混合悬浮混合出料 MSMPR 冷却结晶器的设计

1. 设计题目

$K_2SO_4$ 结晶器的设计。

2. 设计任务及操作条件

(1)生产速率 $P_c$ =7 200(吨/年)(按 300 个工作日计算)。

(2)平均粒度 $L_m$ =750 (μm)。

(3)体积形状系数 $\alpha$ =0.7。

(4)晶浆密度 $M_T$ =250 (kg/m)$^3$。

(5)操作温度 20 ℃,达饱和后出料。

(6)进料是 80 ℃的饱和溶液。

3. 设计内容

(1)设计方案的确定及流程说明。

(2)物料衡算、热量衡算、结晶器有效体积的设计。

(3)结晶器内部尺寸的计算。

(4)附属换热器、循环泵的选择。

(5)结晶器工艺流程图。

(6)结晶器工艺条件图。

4. 厂址

齐齐哈尔地区。

5. 设计基础数据

(1)溶解度(克无水溶质/100 克水)随温度的变化

**溶解度(克无水溶质/100 克水)随温度的变化**

| 温度/℃ | 0 | 10 | 20 | 30 | 40 | 60 | 80 | 100 |
|---|---|---|---|---|---|---|---|---|
| 溶解度 | 7.4 | 9.3 | 11.1 | 13.1 | 14.9 | 18.3 | 21.4 | 24.2 |

(2)饱和溶液密度随温度的变化

**饱和溶液密度随温度的变化**

| 温度/℃ | 0 | 10 | 20 | 30 | 40 | 50 | 60 | 70 | 80 | 90 |
|---|---|---|---|---|---|---|---|---|---|---|
| 密度/(kg/m$^3$) | 1.06 | 1.07 | 1.08 | 1.09 | 1.10 | 1.105 | 1.111 | 1.114 | 1.117 | 1.119 |

(3)晶体密度为 $\rho_c$ =2 660 (kg/m$^3$)。

(4)稳态下结晶动力学方程表示为 $B=4\times10^{18}M^{T}G^{2}(\mathrm{m^{-3}\cdot s^{-1}})$。
(5)溶液比热容为 2.926 (kJ/(kg·℃))。
(6)结晶热为 30.68 (kJ/mol)。

## 二、D.T.B 型结晶器的设计

1. 设计题目
联合制碱所用的冷析结晶器的设计。
2. 设计任务及操作条件
(1)生产速率
冷、盐析两结晶器的生产能力(以粗铵记)为 $P'=80\ 000$ 吨/年(年工作日为300天)。冷析结晶器的产量占总产量的32.7%,扣除母液分离不净所夹带的氯化铵,冷析结晶器的纯产氯化铵只占96.3%。
(2)产品粒度 $L_o=1\times10^{-3}$(m),晶种的粒径 $L_s=2\times10^{-4}$(m)。
(3)晶体的表面形状系数(球形)$\beta=6$。
(4)晶浆密度为 $M_T=250$ (kg/m³)。
(5)操作温度 $t=7$ ℃,达饱和后出料。
(6)空隙率 $\varepsilon=0.967\ 7$。
(7)原料溶液(氨母液Ⅰ)及半母液Ⅱ(完成溶液)的组成及数量,组成的单位为 kmol/m³。

**溶解度(克无水溶质/100克水)随温度的变化**

| | $NH_4Cl$ | NaCl | $(NH_4)_2CO_3$ | $Na_2CO_3$ | $NH_4OH$ | m³(溶液)/t(总产品) |
|---|---|---|---|---|---|---|
| Ⅰ | 4.071 5 | 1.212 0 | 0.800 7 | 0.238 3 | 0.580 6 | 8.082 6 |
| Ⅱ | 3.457 5 | 1.254 3 | 0.828 0 | 0.246 5 | 0.600 4 | 7.815 6 |

3. 设计内容
(1)设计方案的确定及流程说明。
(2)物料衡算、热量衡算、结晶器有效体积的设计。
(3)结晶器内部尺寸的计算。
(4)附属换热器,循环泵的选择。
(5)结晶器工艺流程图。
(6)结晶器工艺条件图。
4. 厂址
齐齐哈尔地区。
5. 设计基础数据
(1)氯化铵的摩尔质量 $M=53.5$ (kg/kmol)。
(2)质量结晶成长速率常数 $K_o=0.077\ 25$ $(\mathrm{kg/(m^2h\Delta C)})$。
(3)晶体的密度 $\rho_c=1\ 460$ (kg/m³)。
(4)溶液的密度 $\rho_u=1\ 129.06$ (kg/m³)。

(5)溶剂水的密度 $\rho_v$ =999.90 ($kg/m^3$)。

(6)最大操作过饱和度 $\Delta C_1$ =0.024 3 ((kmol)/$m^3$($H_2O$))。

(7)终端速度 $u_1$ =4.070 2 (cm/s)。

(8)结晶热为 15.884 (kJ/mol)。

(9)溶液的比热容为 3.344 (kJ/kg·℃)。

# 参考文献


[1] 框国柱,史启才. 化工单元过程及设备课程设计[M]. 北京:化学工业出版社,2002.

[2] 涂伟萍,陈佩珍,程达芳. 化工过程及设备设计[M]. 北京:化学工业出版社,2000.

[3] 中国石化集团上海工程有限公司. 化工工艺设计手册(上、下)[M]. 北京:化学工业出版社,2003.

[4] [美] E. E. 路德维希. 化工装置适用工艺设计[M]. 北京:化学工业出版社,2006.

[5] 朱有庭,曲文海,于浦义. 化工设备设计手册[M]. 北京:化学工业出版社,2004.

[6] 贾绍义,柴诚敬. 化工原理课程设计[M]. 天津:天津大学出版社,2002.

[7] 马沛生. 化工数据[M]. 北京:中国石化出版社, 2003.

[8] 王福安. 化工数据导引[M]. 北京:化学工业出版社,1995.

[9] 陈英男,刘玉兰. 常见化工单元设备设计[M]. 上海:华东理工大学出版社,2005.

[10] 王明辉. 化工单元过程课程设计[M]. 北京:化学工业出版社 , 2002.

[11] 夏清,陈常贵. 化工原理[M]. 天津:天津大学出版社,2005.

[12] 陈敏恒,从德滋,方图南. 化工原理(上、下册)(第二版)[M]. 北京:化学工业出版社,1999.

[13] 《化学工程手册》编委会. 化学工程手册(第二版)[M]. 北京:化学工业出版社,1996.

[14] 卢焕章. 石油化工基础数据手册[M]. 北京:化学工业出版社,1982.

[15] 大连理工大学化工原理教研室. 化工原理课程设计[M]. 大连:大连理工大学出版社,1994.

[16] 钱颂文. 换热器设计手册[M]. 北京:化学工业出版社工业装备与信息工程出版中心,2002.

[17] 秦叔经,叶文邦等. 化工设备设计全书——换热器[M]. 北京:化学工业出版社工业装备与信息工程出版中心,2002.

[18] 李功样,陈兰英,崔英德. 常用化工单元设备设计[M]. 广州:华南理工大学出版社,2003.

[19] 郑津洋,董其伍,桑芝富. 过程设备设计(第二版)[M]. 北京:化学工业出版社,2005.

[20] 邢晓林. 化工设备[M]. 北京:化学工业出版社,2005.

[21] 匡照忠. 化工机器与设备[M]. 北京:化学工业出版社,2006.

[22] 潘红良,郝俊文. 过程设备机械设计[M]. 上海:华东理工大学出版社,2006.

[23] 谭慰. 化工设备设计基础[M]. 天津:天津大学出版社,2000.

[24] 杨祖荣. 化工原理[M]. 北京:化学工业出版社,2004.

[25] 蒋维钧,戴元,顾惠君. 化工原理[M]. 北京:清华大学出版社,2002.

[26] 《化学工程手册》编委会. 化学工程手册[M]. 北京:化学工业出版社,1989.

[27] 北京化工研究院. 浮阀塔[M]. 北京:燃料化学工业出版社,1972.
[28] 贺匡国. 化工容器及设备设计简明手册[M]. 北京:化学工业出版社,2002.
[29] 王松汉. 石油化工设计手册[M]. 北京:化学工业出版社,2002.
[30] 柴诚敬,张国亮等. 化工流体流动与传热[M]. 北京:化学工业出版社,2000.
[31] 柴诚敬. 化工原理[M]. 北京:高等教育出版社,2005.
[32] 于才渊,王宝和,王喜忠. 干燥装置设计手册[M]. 北京:化学工业出版社,2005.
[33] 贾绍义等. 化工传质与分离过程[M]. 北京:化学工业出版社,2001.
[34] 金国森等. 干燥设备[M]. 北京:化学工业出版社,2005.